La Lumière révélée

Serge Haroche
PRIX NOBEL DE PHYSIQUE

La Lumière révélée

De la lunette de Galilée à l'étrangeté quantique

Odile Jacob

© Odile Jacob, septembre 2020
15, rue Soufflot, 75005 Paris

www.odilejacob.fr

ISBN : 978-2-7381-5171-1

« Alors que l'invention d'hypothèses plausibles sans rapport avec des observations expérimentales ne peut être que d'une faible utilité pour enrichir nos connaissances naturelles, il faut pour faire progresser la raison humaine toujours attacher une grande importance à la découverte de principes simples et uniformes par lesquels un grand nombre de phénomènes apparemment disparates sont expliqués par des lois cohérentes et universelles. »

Thomas YOUNG, *Bakerian Lecture*, 1801.

À Elsa, Rachel, Samuel et Vadim.

Sommaire

CHAPITRE III

Rêveries dans le laboratoire de Faraday

CHAPITRE IV

Les deux nuages de lord Kelvin

CHAPITRE V
La lumière dévoile le monde étrange des quanta

CHAPITRE VI
Des lasers, des photons et des atomes géants

CHAPITRE VII

Apprivoiser le chat de Schrödinger

Avant-propos

La lumière éclaire et fascine l'humanité depuis le début des temps. Ce n'est cependant que durant les quatre derniers siècles que nous en avons progressivement percé les secrets. Nous ne l'avons domestiquée dans les technologies modernes qui ont révolutionné notre vie que beaucoup plus récemment encore. Il ne s'est passé qu'un peu plus d'une centaine d'années depuis la découverte des micro-ondes, ces cousines de la lumière visible qui sont omniprésentes dans les appareils de communication, de navigation et de radiographie médicale modernes. Et cela ne fait que soixante ans à peine que nous avons apprivoisé la lumière visible en inventant le laser. Les propriétés extraordinaires de ses rayons nous ont permis de faire des découvertes fondamentales et d'inventer des instruments qui étaient inimaginables du temps de ma jeunesse.

J'ai eu la chance de participer à cette aventure au cours du dernier demi-siècle. En décrivant le cheminement d'une vie scientifique consacrée à la lumière, je tente ici de partager avec le lecteur le plaisir qu'un chercheur éprouve chaque fois qu'il voit un phénomène nouveau qui éclaire le monde d'un jour inattendu et surprenant. Après de longues années de recherche, je suis parvenu avec mon équipe à piéger pendant plus d'un dixième de seconde quelques photons de micro-onde dans une boîte aux parois réfléchissantes. En faisant interagir ces grains de lumière fragiles et élusifs avec des atomes excités par des faisceaux laser, nous avons observé le comportement à la fois ondulatoire et corpusculaire de la lumière dans des expériences qui illustrent les propriétés étranges du monde quantique. Au plaisir de la découverte s'est ajoutée l'excitation de penser que ces travaux mèneront peut-être un jour à des applications nouvelles, même s'il est encore difficile de prévoir ce qu'elles seront vraiment. Tous les chercheurs qui ont découvert quelque chose de neuf et de prometteur ont éprouvé un plaisir et une excitation semblables.

À une époque où le besoin de science est plus grand que jamais, il est important qu'un public non spécialisé puisse comprendre, à travers un témoignage personnel, les motivations d'un chercheur, les ressorts de sa curiosité et le rôle de la chance dans une démarche dont les surprises ne sont jamais absentes. Il est aussi essentiel de rappeler que la recherche est avant tout créatrice de connaissances qui enrichissent un patrimoine culturel construit au cours des siècles. Les chercheurs voient le monde d'un peu plus haut que les autres car ils sont, selon la phrase célèbre attribuée à Newton, assis sur les épaules des géants qui les ont précédés. Depuis cette position privilégiée, ils sont les transmetteurs, d'une génération à la suivante, du savoir et de la démarche scientifique rationnelle essentiels à notre civilisation.

En parlant de science, celle que j'ai pratiquée moi-même, mais aussi celle des autres qui m'a enrichi et fait voir le monde de façon plus profonde, je souhaite faire partager ma passion par les jeunes, lycéens, étudiants et débutants dans la recherche, pour qu'ils prennent le relais dans une aventure sans cesse renouvelée. J'espère aussi intéresser ceux qui dans le grand public sont curieux d'en savoir plus sur une histoire qui a profondément influencé notre façon de voir le monde et nous a donné de puissants moyens d'action et de contrôle sur lui. Je souhaite aussi intéresser le lecteur qui connaît déjà les grandes lignes de cette histoire en lui apportant mon éclairage personnel. J'ai essayé de décrire dans ce livre ce que nous savons aujourd'hui sur la lumière et comment nous l'avons appris, mais j'y parle aussi de ce que nous ignorons encore et que les générations futures devront élucider.

Il m'a semblé impossible d'évoquer mes recherches sans les placer dans le contexte d'une riche épopée de la connaissance qui a couvert plusieurs siècles. Cette histoire, au-delà de l'optique, a rencontré tous les courants du savoir. Découvrir ce qu'est la lumière, cela a consisté à faire de la physique bien sûr, mais cette recherche a aussi eu une influence profonde sur les autres sciences – l'astronomie, la chimie, la biologie et même les sciences de la vie. L'exploration de notre planète, la détermination de sa taille et de sa forme précises ont été aussi des entreprises dans lesquelles les avancées sur la lumière ont joué un grand rôle. Parler de la lumière c'est ainsi évoquer tous les champs de la connaissance.

Mesurer avec toujours plus de précision a joué un rôle essentiel dans cette histoire. L'observation de la nature est véritablement devenue scientifique avec l'invention des instruments qui ont permis de quantifier les phénomènes étudiés et de les décrire par des nombres mesurant de façon objective et reproductible d'abord les distances et les intervalles de temps, puis des quantités plus subtiles comme les forces, les charges et les champs. Les mathématiques, géométrie et algèbre progressant ensemble, ont mis ces nombres en rapport dans des modèles théoriques unifiant des phénomènes apparemment disparates dans un cadre explicatif global. Évoquer cette histoire, c'est montrer comment le savoir scientifique s'est construit pas à pas, dans une interaction constante entre les progrès de l'instrumentation et ceux des méthodes de calcul. Les artisans taillant les premières lentilles et les associant dans des lunettes grossissantes ainsi que les horlogers construisant les premières horloges pendulaires précises ont été des acteurs essentiels de cette histoire, tout comme les mathématiciens découvrant les nombres complexes ou la notion de dérivée et de calcul intégral.

Présenter la science à un public de non-spécialistes est un art difficile. Il est tentant d'utiliser des images et des métaphores, mais il faut éviter qu'elles ne soient trompeuses. L'évocation de la physique quantique, essentielle pour comprendre ce qu'est la lumière, risque de conduire sur le terrain glissant du mysticisme.

Cette physique est déroutante car nous ne la percevons pas directement avec nos sens et notre intuition du monde macroscopique, mais elle n'a en fait rien de mystérieux. Elle s'est révélée à ses découvreurs de façon logique et elle a conduit à une théorie mathématique rigoureuse qui nous permet de calculer les phénomènes observés avec précision, ne laissant aucune place à un flou ésotérique.

Galilée a sans doute été l'un des premiers scientifiques qui ait tenté de présenter ses découvertes de façon pédagogique à un large public. Dans son *Dialogue sur les deux grands systèmes du monde*, il a exposé sa théorie de la relativité du mouvement à des contemporains incrédules et désorientés. Renoncer à l'évidence d'une Terre immobile et centre du monde était pour l'homme de la Renaissance aussi difficile que pour l'homme moderne de s'affranchir des images classiques de trajectoires newtoniennes dans la description du monde indéterministe des atomes et des photons. Pour Galilée, le risque était grand car s'opposer aux dogmes de la religion était une hérésie, le pire des crimes sous l'Inquisition. De nos jours, le scientifique qui cherche à exposer les concepts contre-intuitifs d'une physique dont les applications multiples ont révolutionné notre vie quotidienne ne risque évidemment pas le sort du savant du XVIIe siècle.

Je suis conscient cependant des dangers moins dramatiques mais bien réels encourus par un chercheur s'adressant à des non-spécialistes. Il risque d'être ou trop technique ou trop simpliste. J'ai essayé d'éviter ces écueils en présentant les concepts sur la lumière, la relativité et la physique quantique de façon progressive, sans équations ni formalisme. En suivant au cours des siècles la généalogie des idées et des théories, en évoquant les interrogations qu'elles ont suscitées auprès des grands savants du passé, j'ai pensé aussi qu'elles deviendraient au fil des pages plus familières et plus faciles à assimiler.

Remonter dans l'histoire jusqu'aux origines de la science moderne m'a donné l'occasion de parler de mes héros scientifiques, de Galilée à Einstein, en évoquant les travaux des savants illustres que tout le monde connaît au moins de nom et d'autres, plus obscurs, qui ont aussi contribué à cette grande aventure. Ce livre n'est pas le travail impartial d'un historien des sciences. J'ai pu me tromper sur des détails en décrivant cette histoire de la connaissance si riche en rebondissements. Il faut plutôt voir les pages qui suivent comme ma vision personnelle de l'évolution des connaissances sur la lumière au cours des siècles, telle que je me la suis représentée et telle qu'elle m'a guidé et inspiré dans mes propres recherches.

Ce livre entrelace cette histoire de la lumière avec mon expérience personnelle. Il est divisé en deux parties de longueurs à peu près égales. Trois chapitres, le premier et les deux derniers, couvrent les soixante dernières années. Ils décrivent mes recherches et celles de mes contemporains dont j'ai été témoin des découvertes. Les lecteurs qui ont une certaine connaissance des bases de la physique et qui sont intéressés par les développements modernes de la science de la lumière et des lasers peuvent commencer par ces chapitres. La partie centrale du livre, des chapitres II à V, forme une toile de fond en présentant un panorama de la science de la lumière du XVIIe au XXe siècle. J'y montre comment celle-ci a évolué en influençant de façon décisive notre vision du monde. Ces chapitres illustrent aussi les liens profonds qui se sont tissés, dès les débuts de la science moderne, entre la recherche fondamentale, motivée par la curiosité pure, et les activités humaines qu'ont été l'exploration de la planète ainsi que le développement du commerce et de l'industrie. J'espère qu'elle intéressera le lecteur non scientifique et qu'elle rappellera aux spécialistes des détails ignorés ou oubliés d'une histoire passionnante et riche en surprises.

J'ai illustré ce livre de nombreuses figures, mais je ne m'y suis pas référé de façon explicite dans le texte afin d'en laisser la lecture plus fluide. Certaines de ces illustrations et leurs légendes sont des compléments qui peuvent être consultés indépendamment. Dans la mesure du possible j'ai aussi essayé de rendre les chapitres lisibles séparément, en les focalisant sur des périodes différentes de l'histoire de la lumière ou de mon parcours personnel. Quelques rappels d'un chapitre à l'autre relient cependant les idées et concepts abordés au fil des pages dans différents contextes. J'ai présenté en appendice une liste d'ouvrages dont certains m'ont inspiré, principalement pour la partie historique. J'y ai ajouté trois publications personnelles. Un index alphabétique des scientifiques, acteurs passés et présents de cette histoire, mentionne les pages où ils sont évoqués. Les biographies de nombre d'entre eux, facilement accessibles sur Wikipédia, pourront être consultées comme des compléments utiles à la lecture de ce livre.

CHAPITRE I

L'aube d'une vocation

Depuis quelques années, on me demande souvent : « Qu'est-ce qui a fait de vous un chercheur ? D'où vous est venue votre passion pour la science ? » Quand je parle à des lycéens ou à des étudiants, je n'échappe plus à ces questions, qu'on ne me posait jamais quand j'étais plus jeune. Lorsque je donnais une conférence il y a une vingtaine d'années, mes auditeurs étaient plus intéressés par ma recherche que par mes motivations. L'âge et les honneurs qui l'ont accompagné sont la cause de cette interrogation nouvelle. Je ne m'y soustrais pas et cherche à y répondre aussi honnêtement et précisément que possible car la question, au-delà de ma personne, est intéressante. Pourquoi devient-on chercheur ? Que représentait la science il y a soixante ans pour un jeune qui se lançait dans cette aventure ?

Me rappeler mes années d'enfance et d'adolescence devant un auditoire de jeunes gens vivant dans un monde très différent de celui d'alors est un exercice un peu nostalgique mais vivifiant. La discussion qui s'ensuit souvent me montre que, au-delà du temps, la curiosité de la jeunesse est restée la même. Nos connaissances fondamentales sur l'Univers et la vie se sont considérablement accrues, nos moyens de nous instruire et de collecter des informations sur le monde sont immensément plus puissants aujourd'hui, mais l'enthousiasme que je lis dans les yeux des jeunes qui m'écoutent et leurs questionnements ne sont pas différents de ceux qui m'animaient quand j'avais leur âge.

Le monde dans lequel ils grandissent est seulement plus complexe, plus difficile à appréhender que celui dans lequel j'ai eu la chance de grandir.

Pendant la période des Trente Glorieuses de ma jeunesse régnait, malgré la guerre froide et les soubresauts de la décolonisation, l'espoir que le monde allait vers un avenir de progrès et de civilisation toujours plus avancée et éclairée. Les jeunes attirés par la recherche trouvaient plus facilement qu'aujourd'hui les chemins leur permettant d'exercer leur passion. La confiance dans la connaissance n'était pas encore sapée par le poison de la postvérité qui s'attaque aujourd'hui aux valeurs mêmes de la science. Malraux avait certes annoncé que le XXIe siècle serait religieux ou ne serait pas, mais nous n'y croyions pas vraiment et je n'aurais jamais prévu que je vivrais aujourd'hui dans un monde aussi irrationnel, où le créationnisme se porte bien et où une proportion non négligeable de la population pense que la Terre est plate ou que les vaccins sont dangereux.

Bien sûr, les élèves et étudiants qui me questionnent ne croient pas en ces absurdités, mais il s'agit d'auditoires sélectionnés, prêts à m'écouter et à partager les valeurs de la méthode scientifique. Il est crucial que ces valeurs ne soient pas l'apanage d'une minorité éduquée face à une masse qui doute ou qui se laisse influencer par les mensonges. Notre société a besoin plus que jamais de science et parler de la curiosité en général et de la curiosité scientifique en particulier et de ce qui la fait naître et l'entretient est une question essentielle. C'est le message que j'essaie de faire passer à ceux qui viennent m'écouter.

Je leur parle des avancées vers la connaissance dont l'histoire m'a passionné et de celles dont j'ai été le témoin depuis plus d'un demi-siècle. J'espère ainsi leur montrer la beauté de la démarche scientifique et la force de ses valeurs. En leur parlant de science, je suis amené à évoquer ce qu'est la vérité scientifique, notion subtile et évolutive. C'est cette recherche tâtonnante de la vérité, qui connaît des périodes de doute et de remises en question, mais aussi des moments d'exaltation et de triomphe éclatants que je voudrais décrire dans ce livre.

Premières passions : des mathématiques à l'astronomie

Mais revenons à la question initiale : pourquoi suis-je devenu chercheur ? D'aussi loin que je m'en souvienne, j'ai toujours été attiré par les nombres et j'ai eu la passion de mesurer les choses. Je me souviens d'avoir compté très tôt le nombre de carreaux de céramique sur le mur de la salle de bains et de pavés dans la cour de l'école. Je mesurais la longueur de la diagonale d'un carré ou d'un rectangle et la comparais à celle de ses côtés. Je faisais de la trigonométrie sans le savoir. L'idée de classer des objets à partir de mesures précises m'a aussi conduit à reporter sur un tableau la liste des métaux, ordonnés suivant leur densité croissante, du léger aluminium au lourd uranium. Il n'y avait pas d'Internet ni de Google à l'époque et je prenais toutes ces données dans un *Petit Larousse illustré*. J'aimais, depuis mon plus jeune âge mesurer, classer, comparer.

La géométrie aussi me passionnait. J'ai vite commencé à tracer des cercles au compas et des ellipses en attachant une ficelle à deux piquets et en la tendant à l'aide d'un crayon. Dès l'âge de 11 ou 12 ans, j'ai été fasciné par le nombre π. Je me souviens de l'écriture de ce nombre dont les décimales formaient une longue spirale sur un des murs du Palais de la Découverte que je visitais assidûment.

Que cette séquence se prolonge à l'infini, sans aucune régularité ni répétition repérable, me fascinait. Comment pouvait-on déterminer cette suite avec cette précision infinie alors que mes mesures sur les figures que je traçais maladroitement me disaient seulement que π, le rapport entre la circonférence et le diamètre du cercle, était un peu plus grand que 3 ?

Le mystère de ce nombre ne s'arrêtait pas là. Il y avait au Palais de la Découverte une expérience interactive qui m'intriguait. Il s'agissait de lancer une aiguille sur un plancher et de

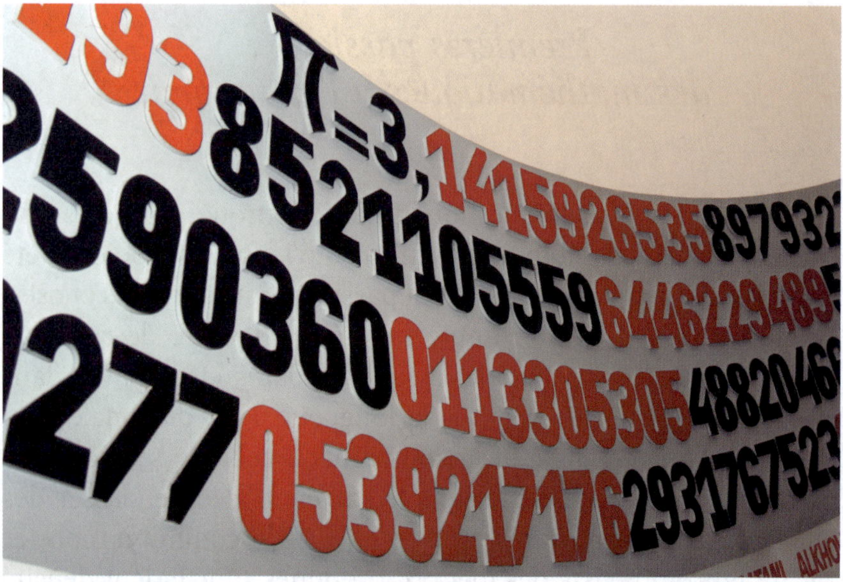

Figure I.1. Le nombre π sur le mur du Palais de la Découverte *(© Palais de la Découverte/C. Rousselin)*.

compter le nombre de fois où elle tombait à cheval sur deux lattes. Le panneau explicatif qui présentait cette expérience indiquait que si l'aiguille avait une longueur égale à la largeur des lattes, la probabilité de ce résultat était égale à 2 sur π, à peu près 64 %. Et les visiteurs successifs, en appuyant sur un bouton, réalisaient un lancer dont le résultat s'ajoutait aux statistiques affichées sur un compteur.

La valeur de π, qui s'en déduisait après quelques dizaines de milliers de lancers, donnait ce nombre avec deux ou trois décimales exactes. Qu'on puisse déterminer ce nombre par une telle expérience m'intriguait et je commençais à concevoir la notion de probabilité et à entrevoir le lien entre probabilité et mathématiques. Il m'arrivait au retour à la maison de refaire l'expérience avec une poignée de crayons que je lançais sur le parquet de ma chambre. Ce n'est que bien plus tard que j'ai pu me convaincre par un raisonnement que la valeur de π et les propriétés du cercle jouaient effectivement un rôle dans le calcul de la probabilité pour que les crayons touchent deux lattes à la fois.

Le planétarium du Palais de la Découverte m'a très tôt attiré vers l'astronomie. Je me souviens de la voûte étoilée parcourue par le ballet des zigzagantes planètes et des levers du soleil au-dessus de la silhouette des monuments parisiens représentés à la base du dôme du planétarium. L'astre éteignait progressivement les étoiles alors qu'une musique triomphale accompagnait l'aube nouvelle et que les spectateurs sortaient, leurs yeux éblouis s'habituant progressivement à la lumière du jour.

L'*Astronomie populaire* de Camille Flammarion, un grand in-folio, me permit vers l'âge de 12 ou 13 ans d'approfondir ce que le planétarium m'avait fait entrevoir. J'ai perdu ce livre depuis longtemps, mais je me souviens de ses illustrations, des photographies de la Lune et des planètes, de Jupiter et de Saturne surtout, vus à travers des télescopes, des photos bien moins précises que celles que les sondes spatiales nous ont envoyées depuis mais qui me fascinaient. Le livre parlait aussi des grandes découvertes qui avaient mis à sa place l'Homme dans l'Univers, de Tycho Brahe qui mesurait la position des planètes à l'œil nu, de Copernic et de son hypothèse héliocentrique, de Kepler qui détermina la forme des orbites et la loi des vitesses des planètes, de Galilée qui fut le premier à pointer une lunette astronomique vers le ciel et de Newton qui expliqua par des mathématiques qu'il avait dû inventer tout ce que ses prédécesseurs avaient découvert. Appliquant aux planètes ma manie classificatoire, je les ordonnais suivant leurs tailles, leurs distances au Soleil et leurs périodes de rotation orbitale.

L'*Astronomie populaire* évoquait aussi un personnage moins connu que les illustres savants que je viens de mentionner. Le livre parlait d'un jeune astronome, Urbain Le Verrier qui, cent ans avant ma naissance, avait prédit l'existence d'une planète inconnue qui perturbait l'orbite d'Uranus. Et il avait indiqué la région du ciel où les astronomes devaient pointer leurs lunettes, pour découvrir cette planète qu'il baptisa Neptune. Qu'on puisse par le calcul prédire des phénomènes nouveaux et que l'Univers obéisse aux lois des mathématiques m'a dès cette époque

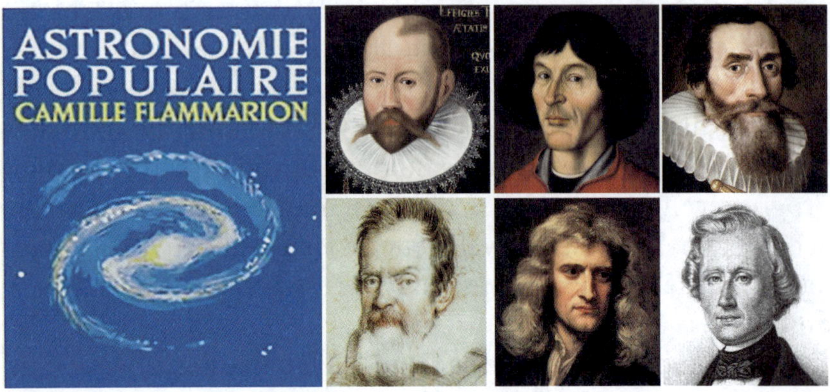

Figure I.2. L'*Astronomie populaire* et les savants dont elle évoquait les découvertes (*de gauche à droite et de haut en bas*) : Tycho Brahe, Copernic, Kepler, Galilée, Newton et Le Verrier.

énormément frappé, et je dois le dire continue à m'émerveiller aujourd'hui. Le livre mentionnait aussi que Le Verrier avait été en concurrence avec un astronome anglais, John Couch Adams, qui lui aussi avait prédit, quoique avec moins de précision, l'existence de Neptune. Cette histoire me donna un premier aperçu sur un aspect de la recherche que l'idéalisme de la jeunesse ignore, la dure compétition entre chercheurs – parfois teintée de rivalités nationalistes – pour l'attribution de l'antériorité d'une découverte. Quelques années plus tard, en classe de seconde ou de première, je sus assez de mathématiques pour comprendre la théorie de la gravitation de Newton et suivre le raisonnement qui, à partir de la loi d'attraction universelle, conduit à des orbites planétaires elliptiques. Que cette loi explique aussi bien la chute des corps que le mouvement des planètes autour du Soleil me frappait. Comme le suggérait le livre de Flammarion, je pus retrouver la trajectoire de la Lune autour de la Terre en calculant la distance dont elle tomberait en une seconde vers notre planète si elle n'était pas entraînée par son mouvement orbital dans une direction tangentielle. C'était ce mouvement qui, combiné à sa chute, faisait que la Lune tombait sans cesse sans jamais rejoindre la Terre. Cette explication fut pour moi une révélation !

Cette passion pour l'astronomie fut amplifiée par l'actualité de l'époque. En 1957, j'étais en classe de troisième lorsque les Russes lancèrent le premier satellite artificiel, Spoutnik, et que commença la course à l'espace entre l'URSS et les États-Unis. J'étais très fier de pouvoir calculer avec les mathématiques que je venais d'apprendre la vitesse du Spoutnik autour de la Terre et sa période de révolution, d'environ une heure et demie. Je calculais aussi la vitesse de libération, 11 kilomètres par seconde, qu'il fallait donner à une fusée pour qu'elle atteigne la Lune ou puisse quitter le système solaire. Mon goût pour la classification et les comparaisons m'amena naturellement à calculer la valeur des mêmes paramètres pour la Lune et les différentes planètes et à déterminer combien je pèserais sur Mars ou sur Jupiter.

Ma fascination pour l'astronomie rejoignit alors une autre passion que j'avais développée dès le plus jeune âge, celle de l'histoire de l'exploration de la Terre. J'avais lu les aventures de Colomb, Magellan, Cook, Bougainville et Lapérouse. L'épopée

Figure I.3. Spoutnik I, le premier satellite artificiel lancé en 1957 *(© NSSDC/NASA)*.

du capitaine Scott mourant d'épuisement et de froid dans l'Antarctique après avoir été devancé dans la conquête du pôle Sud par le Norvégien Amundsen m'avait ému. C'était encore une histoire de compétition pour arriver le premier, plus tragique celle-là que celle qui avait opposé Le Verrier à Adams. J'avais écrit à Paul-Émile Victor, l'explorateur des régions polaires français, pour lui parler de ma passion et avais été fier de recevoir en réponse une carte postale avec un mot autographe. Avec la course pour la conquête de la Lune, mes deux passions – celle de l'astronomie et celle de l'exploration – se rejoignaient.

Je reconstruis ici les impressions et expériences du lycéen que j'étais à la fin des années 1950. On aura compris que j'étais un bon élève, curieux de science et mordu de mathématiques. La conquête de l'espace avec son côté aventureux ajoutait à ma passion pour les nombres une touche de romantisme. Pouvoir calculer avec mes connaissances scolaires limitées de calcul intégral et différentiel le mouvement des satellites et des fusées dont les journaux parlaient quotidiennement me procurait un sentiment d'enthousiasme et d'exaltation dont je me souviens bien.

Cela dit, ma curiosité et mon envie d'explorer et de découvrir le monde n'avaient rien d'exceptionnel. Ce sont des traits innés chez les enfants, nourris dans mon cas par des parents aimants et cultivés et par d'excellents enseignants, souvent passionnés par ce qu'ils m'apprenaient, qu'il s'agisse d'histoire, de littérature ou de mathématiques. Mon goût pour le calcul, le plaisir que j'éprouvais à résoudre des problèmes d'algèbre ou de géométrie ont orienté ma curiosité naturelle vers la science et ma première inclination allait vers l'astronomie qui m'apparaissait comme la prolongation naturelle de l'exploration de la Terre. Le programme Apollo qui allait amener des hommes sur la Lune était une aventure que je suivais avec passion, et je voyais cette exploration comme une aventure virtuelle, qui devait m'emporter vers les étoiles par l'observation et les mathématiques. Progressivement, plus que ne l'avaient été Scott et Cook, mes héros devinrent Kepler, Galilée et Newton.

Les programmes de mathématique et de physique ont bien changé depuis l'époque de mes études. Les lycéens d'aujourd'hui ne savent plus calculer l'orbite d'un satellite. Leurs capacités de calcul ne leur permettent plus d'appréhender directement les phénomènes fondamentaux de la mécanique classique. Ils apprennent souvent la physique comme une leçon de choses, une histoire qualitative dans laquelle les lois simples de la mécanique et les résultats les plus ésotériques de la physique moderne sont présentés un peu sur le même plan, comme des propriétés du monde dont il faut avoir une idée, sans être capable de les comprendre vraiment. Je me demande ce que cette différence d'approche aurait changé pour moi. Aurais-je été aussi déterminé à devenir un chercheur si je n'avais pas eu très tôt la possibilité directe d'entrevoir grâce aux mathématiques la richesse de la science, l'exaltation de comprendre et le privilège de pouvoir suivre la démarche de la pensée des géants qu'étaient pour moi un Newton ou un Galilée ?

Après avoir passé le bac, je m'orientai vers les classes préparatoires du lycée Louis-le-Grand, la voie naturelle vers les grandes écoles. Pendant deux années de travail intensif, les maths prirent le pas sur la physique. J'appris l'essentiel de ce qui devait me servir par la suite en analyse, calcul différentiel et algèbre des espaces vectoriels. Ces noms mystérieux pour le profane désignent les méthodes mathématiques qui servent au physicien tous les jours pour calculer les trajectoires d'objets classiques soumis à différents types de forces, mais aussi la propagation d'ondes, le comportement bizarre des systèmes quantiques ou encore les propriétés statistiques d'un ensemble de particules. J'appris alors, entre autres, comment calculer les décimales de π qui m'avaient donné le vertige quelques années plus tôt. Je continuais à aimer le défi posé par la résolution d'un problème difficile, même si la nécessité de préparer les concours m'imposait de m'astreindre à la résolution de problèmes types souvent fastidieux.

Je me rendis compte également au cours de ces années de classes préparatoires que certains de mes camarades étaient plus forts que moi en mathématiques pures. Ils conceptualisaient mieux certains principes abstraits et s'intéressaient plus à la structure des théories mathématiques et à leur axiomatique qu'à leur utilité pour calculer des effets concrets. C'était l'époque, dans les années 1960, où triomphait le bourbakisme du nom de Nicolas Bourbaki, un personnage imaginaire qu'un groupe de mathématiciens francophones avait inventé et qu'il s'était facétieusement donné comme maître. Le bourbakisme des années 1960 se caractérisait par une forte tendance à formaliser les maths, ce qui a conduit en particulier à introduire systématiquement à cette époque la théorie des ensembles dans l'enseignement secondaire.

Je me souviens de discussions dans lesquelles un de mes amis dont j'admirais l'intuition me disait que la beauté des maths résidait dans leur parfaite inutilité. Je lui opposais la noblesse du travail du physicien qui ne peut se complaire dans des jeux stériles mais doit subir les contraintes du réel, et trouver les formules mathématiques auxquelles la physique obéit. Je lui assenais que le physicien était l'explorateur de la nature et que les mathématiques étaient son navire amiral dans cette exploration. Il devait, comme tout bon navigateur qui prépare son voyage, s'équiper du bagage théorique adéquat et entretenir son savoir en mathématiques pour l'utiliser à bon escient dans cette aventure de découverte. Naviguer dans les formules juste pour son plaisir, comme le faisait un pur matheux, était un jeu gratuit qui n'était pas fait pour moi. Je cherchais peut-être par cette rationalisation un peu grandiloquente à me consoler de mes limites en maths.

La suite de ma formation m'a d'ailleurs montré que nous étions, mon ami et moi, très naïfs dans notre dispute et que la séparation entre maths inutiles et utiles était impossible à faire. Plus d'une fois, des théories mathématiques abstraites, nées de l'imagination de purs mathématiciens, se sont ensuite révélées essentielles pour élaborer des théories physiques puissantes. La théorie des groupes conçue en 1832 par Évariste Galois pour résoudre des équations algébriques est devenue un siècle plus tard un outil fondamental pour rendre compte des symétries auxquelles obéissent les phénomènes, en physique quantique en particulier.

Un autre exemple en est donné par l'analyse vectorielle qui décrit la manipulation de vecteurs définis dans un espace abstrait. Ces vecteurs sont représentés par des suites de nombres, leurs coordonnées dans cet espace qui peut avoir un nombre de dimensions arbitraire. Les transformations de ces vecteurs sont décrites par des tableaux de nombres appelés matrices. Ces transformations peuvent être des rotations, des translations ou encore des homothéties, des allongements ou des raccourcissements de ces vecteurs. Les mathématiques définissent l'algèbre de ces transformations, c'est-à-dire les règles qui régissent leurs combinaisons. En général, le produit de deux transformations, le résultat de l'action successive de deux d'entre elles, dépend de l'ordre dans lequel elles sont réalisées. Faire agir sur un vecteur la transformation A puis B donne un résultat différent du produit dans l'ordre inverse, B agissant avant A.

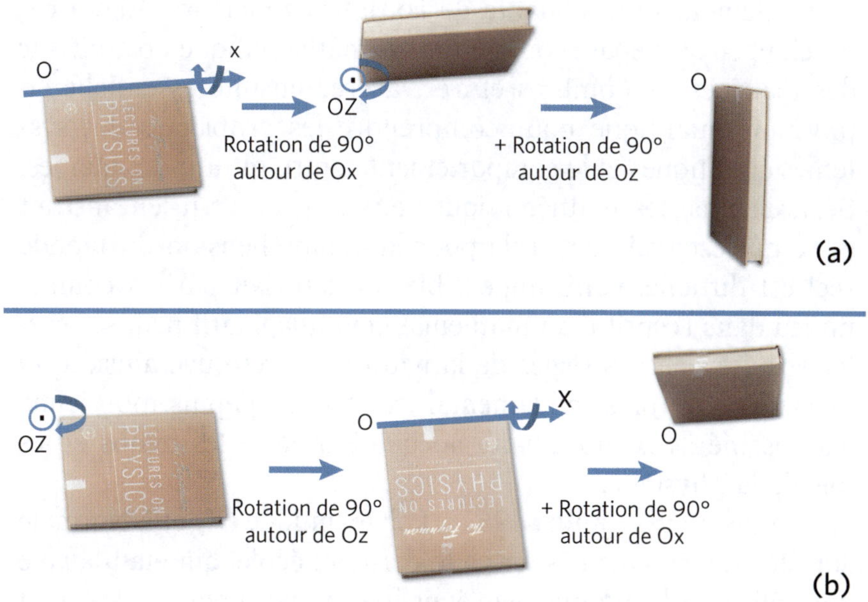

Figure I.4. Le produit de deux rotations est non commutatif. Faire tourner un livre autour de Ox, puis autour de Oz (a), ne donne pas le même état final qu'exécuter les rotations dans l'ordre inverse (b). Le grand livre rouge choisi pour cette démonstration, les *Lectures on Physics* de Richard Feynman, a été une de mes lectures favorites au début de mes études universitaires.

Cette propriété non commutative se vérifie simplement dans le cas des opérations de rotations dans notre espace ordinaire. Posez par exemple un livre à plat sur votre table, la page de couverture tournée vers vous. Appelez Ox l'axe aligné le long de la reliure du livre dans le plan de la table et Oz l'axe perpendiculaire à ce plan, le point d'intersection O de ces deux axes coïncidant avec le coin inférieur gauche du livre. Faites maintenant tourner le livre de 90° autour de Ox, puis du même angle autour de Oz. Il se trouve à la suite de ces opérations debout sur sa reliure. Remettez-le ensuite dans sa position initiale et effectuez les rotations dans l'ordre inverse, d'abord autour de Oz, puis autour de Ox. Le livre se retrouve finalement toujours debout, mais cette fois sur sa petite tranche. Le résultat du produit des deux opérations dépend donc de leur ordre.

Cette algèbre dite « non commutative » est différente de celle des nombres ordinaires dans laquelle la multiplication est naturellement indépendante de l'ordre des facteurs. Elle a été développée au départ comme un jeu mathématique abstrait sur des matrices de nombres et s'est avérée ensuite essentielle en physique quantique pour comprendre les propriétés des systèmes quantiques et le comportement contre-intuitif des atomes. Séparer ainsi les mathématiques en ce qui est un jeu abstrait et ce qui est vraiment utile pour la compréhension du monde réel est difficile, voire impossible. Ce qui naît parfois comme un jeu dans l'esprit d'un mathématicien imaginatif peut se révéler ensuite une des règles de la nature. On retrouve ainsi, à un niveau encore plus fondamental, ce qui m'a depuis mon jeune âge fasciné : l'extraordinaire adéquation entre les maths et les lois de la physique.

Je fus reçu en juillet 1963 à Polytechnique (X) et à Normale sup. Je choisis sans hésiter cette dernière école, qui était la voie naturelle vers le but que je m'étais fixé, à une époque où l'X était surtout une école d'ingénieurs et n'avait pas encore développé ses filières vers la recherche. Et c'est dans mes années à Normale que j'ai vraiment appris ce qu'était la vie d'un chercheur. J'ai alors été amené à choisir une voie différente de celle à laquelle j'avais rêvé au lycée et en classes préparatoires. Je voudrais dire maintenant comment ce changement s'est produit, pour illustrer le rôle important que peuvent jouer les influences liées aux rencontres et tout simplement la chance dans l'orientation de la carrière d'un chercheur.

Initiation à la physique moderne

La première année à Normale est un temps de récupération, de détente après la pression des classes préparatoires et le travail intensif de bachotage pour les concours d'entrée aux grandes écoles. Ce fut au cours de cette année que j'ai rencontré Claudine, une étudiante à la Sorbonne en psychologie et sociologie. Nous ne nous sommes plus quittés depuis. On comprendra que j'ai suivi peu de cours cette année-là, passant plus de temps dans les cinémas et les cafés du quartier Latin que sur les bancs des amphithéâtres. Je choisis seulement de suivre deux enseignements de licence, l'un d'approfondissement des mathématiques pour la physique et l'autre sur la théorie de la relativité. Mon inclination pour l'astronomie demandait une compréhension plus profonde de ce qu'était la gravitation. Je savais qu'Einstein avait un demi-siècle plus tôt détrôné Newton en donnant de la gravitation une description radicalement nouvelle, révolutionnant les concepts d'espace et de temps, et je voulais en savoir plus sur cette mystérieuse théorie, dont tout le monde parlait mais que personne dans mon entourage ne comprenait vraiment.

Je reparlerai plus loin de la relativité et des idées contre-intuitives qu'elle a introduites en physique. Je me contenterai ici de décrire l'effet que ce premier contact avec la physique moderne fit sur moi. Ce que j'avais appris jusqu'alors, c'était la physique telle qu'elle était connue à la fin du XIXe siècle, ce qu'on appelle la physique classique. Elle incluait la mécanique, la science du mouvement des corps soumis à des forces, dont le fondateur était Newton, l'électromagnétisme, la science des phénomènes électriques, magnétiques et optiques qui avait été couronnée un siècle avant mon entrée à Normale par les travaux de Maxwell, et la thermodynamique, la science des échanges entre travail et chaleur ou encore entre ordre et désordre qui s'est précisée au cours du XIXe siècle à la suite des travaux d'une lignée de savants allant de Sadi Carnot à Ludwig Boltzmann.

Dans cette physique classique, le temps et l'espace définissaient une scène universelle et immuable sur laquelle se jouait une pièce parfaitement déterministe. On pouvait en principe calculer tout ce qui allait se passer dans une expérience si on en connaissait les conditions initiales. Pour des situations simples, décrites par un petit nombre de paramètres, le déterminisme s'appliquait sans peine et l'évolution future du système se calculait à partir de la connaissance du présent. Pour des systèmes formés d'un grand nombre de particules comme un gaz d'atomes ou de molécules, la limite de la connaissance venait seulement de l'impossibilité de connaître tous les paramètres à un instant donné (la position et la vitesse de toutes les particules) et les physiciens s'en tiraient en codifiant leur ignorance par la théorie des probabilités qui leur permettait de calculer des quantités moyennes accessibles aux mesures, quantités qui étaient les seuls paramètres pertinents pour le système concerné.

On m'avait bien parlé en classe terminale du lycée et en classes préparatoires à Louis-le-Grand de deux théories puissantes, la relativité et la physique quantique, nées moins d'un demi-siècle avant moi, qui avaient révolutionné ces conceptions rassurantes d'un espace et d'un temps absolu et d'un déterminisme triomphant. Mais cela restait mystérieux, et je décidai donc en première année de Normale sup de m'attaquer d'abord à l'énigme de la relativité, dont la compréhension me paraissait primordiale si je voulais entreprendre des recherches en astrophysique.

Ce cours de relativité fut une révélation. À partir d'un principe simple, l'indépendance de la vitesse de la lumière par rapport au repère dans lequel on la mesure, tout se déduisait de façon logique, imparable. Si la vitesse de la lumière est une constante, la même pour tous les observateurs, alors on ne peut l'ajouter ni la retrancher d'aucune autre vitesse et donc la loi de composition des vitesses, établie depuis Galilée et Newton, n'est plus valable. Dans la vie courante, cette loi nous dit par exemple que si nous roulons en voiture sur une route à la vitesse v_1 et qu'un mobile vient à notre rencontre à la vitesse v_2, alors nous le voyons approcher avec la vitesse $v_1 + v_2$. Si au contraire il roule dans le même sens et nous dépasse, nous le voyons s'éloigner de nous avec la vitesse $v_2 - v_1$. Pour établir cette loi simple, on admet le fait « évident » que les distances entre deux points et l'intervalle de temps entre deux instants sont des données absolues, valables pour tous les observateurs. Si la loi classique de composition des vitesses est fausse pour la lumière, c'est que cette évidence est trompeuse et on doit renoncer aux notions intuitives de temps et d'espace absolus.

Einstein avait décrit cette révolution avec des images simples que le cours explicitait. Il avait imaginé des expériences de pensée, dans lesquelles des horloges situées sur le quai d'une gare ou embarquées dans des trains comparaient leurs temps en échangeant des signaux lumineux. À partir de ces expériences virtuelles, on pouvait établir en quelques lignes les relations qui décrivent comment les longueurs et les intervalles de temps se trouvent modifiés selon que l'on est sur le quai ou dans le train. Les différences sont minimes pour des vitesses de train de quelques dizaines, voire quelques centaines de kilomètres à l'heure, et la variation des longueurs et des temps dans ces situations habituelles est négligeable, ce qui sauve la physique newtonienne dans notre vie quotidienne. Il n'en est plus de même aux très grandes vitesses. Ce qu'on appelle les corrections relativistes devient alors important. J'en reparlerai plus loin. Ce qui m'a fasciné et captivé à l'époque, c'est le côté inéluctable de cette théorie, le fait qu'on pouvait à partir de prémices simples tirer des conclusions aussi fondamentales, que l'on ne pouvait qu'accepter malgré leur caractère étrange.

Je n'ai parlé jusqu'ici que de ce qu'on appelle la relativité restreinte. Le cours se poursuivait par une esquisse de la théorie de la relativité générale, qu'Einstein avait élaborée pour étendre les concepts de la théorie aux mouvements accélérés. Au lieu de trains roulant à vitesse constante, les expériences de pensée parlaient de fusées accélérant au décollage ou d'ascenseurs en chute libre. La trajectoire des corps dans ces repères en mouvement non uniforme était comparée à celle de corps en présence de corps massifs, et de cette comparaison naissait l'idée que la présence de masse dans l'espace déformait celui-ci, lui donnait une courbure qui influait sur la trajectoire des objets évoluant en leur présence. Le problème de la gravitation devenait un problème de géométrie dans un espace courbe, un problème que le mathématicien Bernhard Riemann avait traité comme une de ces questions « gratuites » que j'avais évoquées plus haut. Encore un exemple d'application inattendue de mathématiques dites « inutiles » à la physique !

Les équations de la relativité restreinte sont simples. Elles ont une symétrie qui traduit la beauté et la simplicité des idées qui leur ont donné naissance. À partir des relations qui décrivent les transformations des coordonnées d'espace et de temps lorsqu'on change de repère, on déduit en quelques lignes de calcul la fameuse équation $E = mc^2$ qui exprime que toute masse de matière m peut potentiellement délivrer en s'annihilant une énergie E égale à cette masse multipliée par le carré de la vitesse de la lumière c. On a pu dire de cette formule, sans doute la plus connue de toute la science auprès du grand public, qu'elle annonce la bombe atomique et les centrales nucléaires. Être capable de rétablir cette formule moi-même, de comprendre d'où elle venait et d'en entrevoir les conséquences me donna un sentiment d'exaltation extraordinaire.

Ce cours de relativité était enseigné par un jeune professeur d'à peine 30 ans, Claude Cohen-Tannoudji, qui nous présentait les idées physiques avec une grande clarté, les replaçant dans leur contexte historique, en nous montrant la filiation entre Galilée qui avait posé les principes de la relativité du mouvement en mécanique, Newton qui en avait tiré les conséquences mathématiques et Einstein qui, en appliquant les mêmes idées aux phénomènes lumineux, avait révolutionné nos conceptions de l'espace et du temps. Partant du principe physique, Claude décrivait les expériences de pensée d'Einstein et déroulait de façon lumineuse les étapes des calculs qui conduisaient aux équations de la théorie. Il revenait enfin à la physique pour en tirer toutes les conséquences, décrivant les phénomènes qui prouvaient la validité des principes de relativité restreinte et générale. Sa clarté, la rigueur de ses raisonnements, son enthousiasme à nous faire partager son admiration pour les géants de la physique dont il nous transmettait les idées étaient communicatifs. Je sortais de ses cours avec l'impression d'avoir tout compris, même s'il fallait ensuite beaucoup travailler pour en assimiler toutes les subtilités.

J'avais même organisé, pour mes camarades qui n'avaient pas suivi le cours mais qui avaient été convaincus par mes commentaires enthousiastes, un petit séminaire sur la relativité. Je m'y attachais à leur transmettre mon savoir fraîchement acquis. Nous y discutions des paradoxes de la théorie et des conséquences plus ou moins philosophiques qu'elle impliquait pour la vision du monde. Ces cours improvisés que je restituais à mes camarades dans l'atmosphère de grande liberté intellectuelle de Normale sup m'ont donné le goût de l'enseignement. J'ai aimé le défi qui consiste à faire comprendre des idées subtiles, à trouver la meilleure façon de faire passer une vérité scientifique et d'en étudier toutes les conséquences. Ce plaisir ne m'a plus quitté depuis. L'effort pédagogique nécessaire pour rendre l'exposé d'une question scientifique clair à mon auditoire me permet d'abord de la clarifier pour moi-même, et cela m'a souvent donné des idées pour approfondir davantage mes connaissances, et pour suivre des directions nouvelles dans mes recherches. J'ai compris dès cette époque que pour moi, la recherche ne pouvait être dissociée de l'enseignement.

Lorsque j'appris que Cohen-Tannoudji enseignait aussi à Normale la mécanique quantique, l'autre sujet mystérieux sur lequel je n'avais que de vagues idées, je décidai sans hésiter de m'inscrire au DEA (diplôme d'études approfondies) dans lequel il pratiquait cet enseignement. S'il exposait aussi bien la physique quantique que la relativité, j'allais pouvoir satisfaire ma curiosité et qu'importait si cette physique n'était pas directement utile à une recherche en astrophysique (je me trompais d'ailleurs sur ce point tant la physique quantique s'est depuis révélée essentielle pour étudier la cosmologie et décrire l'origine de l'Univers).

Quoi qu'il en soit, c'est au cours de cette année de spécialisation, ma deuxième année à Normale, que s'est véritablement confirmée ma passion pour la physique et s'est décidée l'orientation de ma carrière de chercheur. Je la dois à l'influence qu'a eue sur l'étudiant que j'étais le charisme d'un enseignant hors pair. On ne peut jamais insister assez sur l'importance des rencontres et des relations humaines dans la naissance et l'évolution d'une vie de chercheur. Claude Cohen-Tannoudji a été mon premier professeur à l'université, puis mon maître de thèse, et il est resté pour moi un guide et une référence pour le reste de ma vie scientifique.

Le cours de mécanique quantique du DEA a largement tenu ses promesses. Claude y mettait le même enthousiasme et la même clarté que dans son enseignement de la relativité. Les postulats de base, qui avaient été énoncés par le physicien danois Niels Bohr moins de quarante ans avant que je ne suive ce cours, étaient moins simples que ceux sur lesquels la relativité est basée. Mais Claude, qui avait une grande admiration pour Bohr et nous la faisait partager, nous présentait les postulats quantiques avec beaucoup d'autorité et de clarté et toutes leurs conséquences en découlaient. Le monde microscopique des atomes se dévoilait progressivement.

La physique quantique est née de l'observation de phénomènes atomiques que la physique classique du XIXe siècle ne parvenait pas à expliquer. Claude avait commencé son cours en nous rappelant l'évolution historique des idées ayant conduit à la révolution quantique. Au départ je me crus en terrain plus ou moins familier. Après tout, ne m'avait-on pas dit au lycée et en classes préparatoires que l'atome était comme un petit système solaire dans lequel le noyau jouait le rôle du Soleil et les électrons celui des planètes ? Et la loi d'attraction électrique entre les noyaux chargés positivement et les électrons négatifs n'avait-elle pas la même forme que celle de la gravitation, avec une force décroissant comme le carré de la distance entre le noyau et l'électron ? Les ordres de grandeur étaient bien sûr très différents mais les choses devaient se ressembler et cette analogie devait permettre d'aborder la physique des atomes avec des idées familières.

Cette impression devait cependant vite s'évanouir. La grande différence entre la physique classique à laquelle obéissent les planètes et celle des électrons dans les atomes, m'avait-on expliqué en classes préparatoires, est la quantification des orbites électroniques, le fait que, pour une raison qui m'apparaissait alors mystérieuse, les électrons dans un atome ne peuvent graviter que sur certaines orbites d'énergie bien définie. Cette quantification étrange, m'avait-on aussi enseigné, s'applique également à la lumière qui est constituée de paquets d'énergie discrets appelés *photons*. Chaque photon d'une onde de fréquence ν transporte une énergie $E = h\nu$ où h est la fameuse constante que le physicien allemand Max Planck introduisit en physique en 1900, marquant ainsi symboliquement la naissance de la physique quantique.

Les électrons atomiques ne peuvent transiter d'une orbite à une autre que par sauts quantiques instantanés, en émettant ou en absorbant un photon dont l'énergie est égale à la différence de celles des orbites initiale et finale de la transition. La fréquence de la lumière, inversement proportionnelle à sa longueur d'onde, augmente continûment, comme on le sait depuis le collège, lorsque la couleur passe du rouge au bleu. Il en résulte que les atomes n'émettent ou n'absorbent que certaines couleurs bien définies, qui sont celles des photons dont l'énergie est égale à celle perdue ou gagnée par les électrons dans la transition qui les porte d'un niveau discret à un autre.

Joseph von Fraunhofer
(1787-1826)

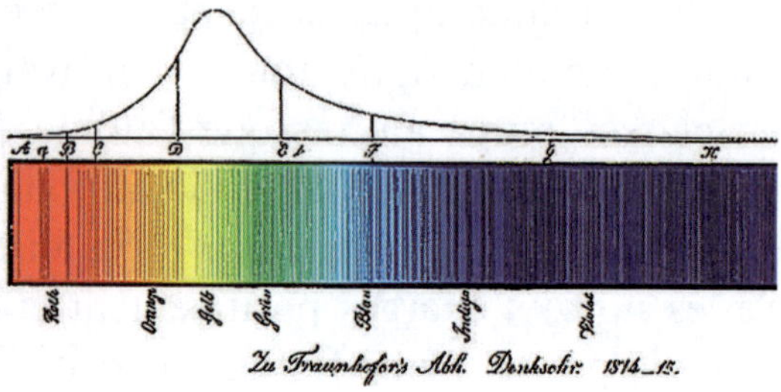

Figure I.5. Joseph von Fraunhofer et les raies sombres d'absorption atomique dans le spectre du Soleil.

L'*Astronomie populaire* de Flammarion m'avait déjà montré dans ses pages les spectres d'absorption observés dès la première moitié du XIXe siècle par le physicien allemand Joseph von Fraunhofer. En dispersant à l'aide d'un prisme la lumière blanche du soleil en un spectre continu s'étendant du rouge au violet, il avait vu sur cet arc-en-ciel des raies sombres très fines correspondant aux fréquences que des atomes, présents dans l'atmosphère solaire, avaient absorbées. Ces raies constituent une sorte de *code-barres* universel caractérisant les différents types d'atomes partout dans l'Univers. L'hydrogène, le carbone ou l'hélium ont des spectres différents et leur identification dans la lumière provenant de l'atmosphère des étoiles ou dans les gaz interstellaires atteste la présence de ces éléments dans les astres et les espaces intersidéraux.

J'étais intrigué et fasciné par le fait que la lumière transporte ainsi une information essentielle sur la composition du monde, que les atomes ont partout les mêmes signatures spectrales et qu'on peut repérer leur présence à des millions d'années-lumière de la Terre en observant et classant des spectres mesurés par les instruments attachés à nos lunettes ou nos télescopes. Mais cela restait largement de la leçon de choses. D'où provenait le caractère discret de ces spectres, comment pouvait-on être sûr de leur universalité ? Par quels calculs pouvait-on les prévoir et y avait-il pour la physique des atomes une formule aussi simple et de portée aussi générale que celle de la relativité $E = mc^2$, dont la démonstration m'avait procuré autant de joie l'année précédente ? J'allais avoir une réponse à ces questions en suivant l'enseignement de mécanique quantique du DEA.

Cette réponse fut étonnante et illustra une fois de plus le lien profond et inattendu entre mathématiques abstraites et physique concrète. La théorie quantique associe à chaque état ou configuration d'un système physique un vecteur mathématique dans un espace abstrait dont le nombre de dimensions dépend du système étudié. Ce système peut être un simple électron, une molécule, ou un solide constitué d'un nombre gigantesque de particules. Le système décrit par la physique quantique peut aussi être immatériel, par exemple de la lumière visible ou une onde électromagnétique invisible comme celle que détectent nos appareils de radio ou de télévision (ou encore les téléphones portables d'aujourd'hui qui n'existaient pas à l'époque que j'évoque ici). Le vecteur quantique associé à un système donné a autant de coordonnées, de dimensions dans l'espace abstrait dans lequel il évolue, qu'il y a de configurations possibles pour ce système. Il ne faut pas confondre l'espace classique à trois dimensions dans lequel les phénomènes physiques se produisent et l'espace abstrait du monde quantique, dont le nombre de dimensions dépend des systèmes étudiés. Pour certains, ce nombre est fini (D = 2 dans le cas le plus simple où le système étudié évolue entre deux états quantiques seulement). Pour d'autres systèmes, la dimension de l'espace des états est infinie, le vecteur qui représente l'état quantique ayant alors une infinité continue de coordonnées.

La théorie introduit aussi des opérateurs agissant sur ces vecteurs, qui représentent les transformations que peut subir le système. Il peut s'agir de ses rotations ou translations dans l'espace, ou encore de son évolution dans le temps. Ces opérateurs ne commutent en général pas entre eux (j'ai déjà introduit cette propriété plus haut). C'est cette propriété algébrique de non-commutation qui entraîne la discrétisation des valeurs prises par certaines des quantités que l'on mesure sur ces systèmes. On comprend ainsi la quantification des états d'énergie atomique et celle du champ électromagnétique lui-même, constitué de composantes de fréquences différentes, appelées modes du champ. Chaque mode a une échelle d'états d'énergie discrète, à barreaux équidistants. Chacun de ces barreaux correspond à un nombre de photons précis dans le mode du champ considéré.

Il n'est pas question de donner ici une description détaillée de la théorie quantique ni d'en analyser toutes les propriétés étranges et contre-intuitives. Je reviendrai plus loin sur certains de ces aspects. Je cherche simplement à revivre l'état d'esprit dans lequel j'étais en cette année universitaire 1964-1965 lorsque j'apprenais les règles du monde quantique et commençais à m'en servir. L'outil mathématique indispensable était l'algèbre vectorielle des espaces de Hilbert d'après le nom du mathématicien allemand contemporain d'Einstein qui en avait établi les règles. Cet espace était celui des états dans lequel tout système quantique évolue. Cette algèbre m'était connue depuis les classes préparatoires, mais je pouvais maintenant lui donner une vie, une « chair » concrète en l'utilisant pour analyser les phénomènes du monde atomique, en comprenant finalement comment on calculait les fréquences du spectre émis ou absorbé par les atomes. La formule simple de Planck, $E = h\nu$, reliant énergies et fréquences était omniprésente dans la théorie. Elle était, pour ainsi dire, le pendant pour la physique quantique de l'équation $E = mc^2$ de la relativité.

Tais-toi et calcule !

Il n'est pas inutile de rappeler que le formalisme quantique avec lequel je me familiarisais alors avait été découvert moins de quarante ans auparavant. Je reviendrai dans d'autres chapitres sur les débats entre Einstein, Bohr ainsi que d'autres protagonistes qui avaient alors accompagné la naissance de la physique quantique. L'interprétation du formalisme, les tentatives pour essayer de raccrocher les idées quantiques déroutantes aux conceptions classiques du monde furent dans un premier temps un aspect dominant de la réflexion des physiciens. Mais rapidement, dès le début des années 1930, la communauté des savants se consacra quasi exclusivement à exploiter le formalisme pour comprendre les propriétés du monde microscopique et celles de la lumière. Les questions d'interprétation, jugées stériles, furent reléguées à l'arrière-plan. Cette attitude était largement justifiée par les succès de cette approche qui dévoila rapidement les mystères de l'atome, de son noyau et ceux de la matière condensée. Elle permit également d'élucider les propriétés fondamentales de l'interaction entre électrons et photons, conduisant à la théorie puissante de l'électrodynamique quantique. Et dans les années où j'étais à Normale et celles qui suivirent immédiatement, cette approche pragmatique mena à la théorie des champs et au modèle standard des particules élémentaires, qui représente jusqu'à aujourd'hui la théorie physique la plus aboutie de la nature. Le point de vue qui consistait à utiliser la théorie quantique sans se poser trop de questions philosophiques à propos de son interprétation a dominé. Le mot d'ordre opposé à ceux qui continuaient à se poser des questions – parmi lesquels Einstein, alors aux États-Unis, et Louis de Broglie en France étaient les plus en vue – était : « *Shut up and compute* » (« Tais-toi et calcule »).

Claude Cohen-Tannoudji, malgré son admiration pour Einstein, adhérait largement à ce point de vue pragmatique. Sans éluder les problèmes posés par l'interprétation de la théorie qu'il mentionnait rapidement, il passait l'essentiel de ses cours à armer les étudiants pour qu'ils deviennent de bons calculateurs du monde quantique. Son point de vue était, je crois, qu'il est bon de constater que la nature obéit à des lois qui peuvent paraître étranges, qu'on peut s'en étonner une bonne fois, mais qu'il est vain de le contester et de chercher ailleurs avant d'avoir tiré toutes les conséquences de la théorie en la confrontant à des résultats expérimentaux de plus en plus précis.

Dans les années 1980, environ vingt ans après l'époque que j'évoque dans ces lignes, le point de vue sur la mécanique quantique a évolué. Les questions sur l'interprétation de la théorie sont revenues au premier plan, sans mettre en doute toutefois l'approche pragmatique qui continue à prouver son efficacité. La raison de ce retour aux questions d'interprétation vient de ce que les aspects étranges de la physique quantique, ceux qui sont les plus contre-intuitifs pour les observateurs que nous sommes du monde classique des objets macroscopiques, peuvent maintenant se manifester de façon spectaculaire dans des expériences lors desquelles on manipule des atomes, des molécules ou des photons isolés.

L'étrangeté quantique, voilée pendant longtemps dans les objets formés d'un grand nombre de particules, peut maintenant nous sauter aux yeux pour ainsi dire. J'évoquerai plus loin cette résurgence des questions d'interprétation dans la physique quantique. Mais je suis reconnaissant d'avoir appris cette physique dans le cours de DEA de Claude Cohen-Tannoudji sans trop avoir eu à me poser ces questions. Et je m'interroge sur la tendance actuelle qui est d'introduire la physique quantique aux jeunes étudiants en mettant ces interrogations au premier plan. Je pense qu'il est sans doute plus efficace de commencer par « tais-toi et calcule » avant d'aborder des questions qui n'auront peut-être jamais de réponses définitives dans nos cerveaux câblés par l'évolution darwinienne pour comprendre intuitivement le monde des objets macroscopiques et pas celui des atomes ou des photons.

Quand les atomes et les photons sont des toupies : le pompage optique

Le cours de mécanique quantique n'était pas le seul à nous parler des atomes cette année-là à Normale sup. Alfred Kastler et Jean Brossel, les deux mentors de Claude, y enseignaient également. Ils avaient ensemble inventé dans les années 1950 la méthode du *pompage optique*. Il s'agit d'un procédé permettant, en les éclairant avec de la lumière, d'orienter dans une même direction les petits aimants portés par les atomes d'un gaz contenu dans une cellule en verre. Cette *aimantation atomique* est intimement liée aux mouvements de rotation des charges électriques contenues dans les atomes. Pour expliquer ce qu'est le pompage optique qui joua un rôle essentiel dans ma formation de chercheur, il me faut donc parler d'électrons, d'atomes et de photons qui tournent.

Les rotations sont omniprésentes autour de nous, à commencer dans l'Univers dont l'étude fut ma première passion. Les planètes tournent sur elles-mêmes et autour du Soleil et le système solaire tout entier est entraîné, avec les autres étoiles de notre Voie lactée, dans un mouvement d'ensemble de rotation galactique. Il en est de même des milliards d'autres galaxies qui peuplent l'Univers, groupées dans d'énormes amas. Les tourbillons d'étoiles forment souvent dans ces galaxies des bras en spirale s'étendant sur des centaines de milliers d'années-lumière. Ces structures spiralées donnent une preuve directe des gigantesques mouvements rotatoires se déroulant dans l'Univers.

Si l'on revient sur Terre, la roue et le rouet à filer la laine ont été les premières inventions humaines exploitant le phénomène de rotation. Les révolutions industrielles modernes en ont multiplié l'utilisation, qu'il s'agisse des dynamos, des turbines de moteurs ou des éoliennes. La physique quantique enfin nous a révélé, à une tout autre échelle, l'importance des phénomènes giratoires cachés dans la matière et dans la lumière. Ces phénomènes sont aujourd'hui exploités dans des appareils, dont certains sont basés sur le pompage optique.

La rotation d'un objet se caractérise par sa fréquence, indiquée souvent par la lettre grecque ν, égale au nombre de tours qu'il effectue par seconde. L'unité de fréquence est le hertz (noté Hz), du nom d'un physicien allemand de la fin du XIXe siècle dont nous reparlerons. On peut de façon équivalente exprimer une rotation par sa vitesse angulaire. On compte généralement les angles de rotation en radians, l'angle d'environ 57° sous lequel on voit du centre d'un cercle un arc de longueur égale à son rayon. Un tour du cercle vaut par définition 2π radians. La vitesse angulaire – généralement notée ω – d'un objet en rotation à la fréquence ν est donc égale à $2\pi\nu$ radians par seconde.

Les rotations observées dans la nature ou dans les objets de notre civilisation industrielle couvrent un spectre gigantesque de fréquences. Une rotation galactique, dont la période peut s'étendre sur des milliards d'années, correspond à une fréquence de l'ordre de 10^{-17} hertz (une fraction de hertz égale à 1 divisé par 100 millions de milliards !). À l'extrême opposé, un électron peut être représenté classiquement comme une particule tournant sur son orbite autour d'un noyau atomique avec une fréquence typique de 10^{15} hertz (1 million de milliards de tours par seconde). Entre ces deux limites, on trouve les ordres de grandeur des fréquences de rotations des planètes autour du Soleil (de l'ordre de 3.10^{-8} hertz pour la Terre) et de leurs rotations diurnes sur elles-mêmes (un jour correspond à 1/86400 hertz). Plus élevées, à peu près à égales distances – lorsqu'on compte en puissances de 10 – entre les fréquences des galaxies et celles des électrons, on trouve celles des aiguilles, roues, rouets, pales d'éoliennes et turbines, bref de tous les objets que notre civilisation a inventés (de 1/3600 hertz pour l'aiguille des minutes d'une montre aux quelques centaines de hertz des turbines et des sirènes).

Que ces fréquences usuelles se situent au milieu de l'échelle logarithmique des fréquences n'est pas un hasard. Cela tient bien sûr à la valeur de l'unité de temps, la seconde définie dès l'époque babylonienne, qui mesure un intervalle court de l'ordre d'un battement de cœur, directement perceptible à nos sens. Il n'est donc pas étonnant que les fréquences des phénomènes de notre vie quotidienne s'expriment en nombres de hertz ni trop petits ni trop grands, alors que celles de phénomènes cosmiques ou atomiques, moins directement accessibles à nos sens, s'expriment à l'aide de puissances de 10 positives ou négatives très élevées.

Mesurer la vitesse ou la fréquence de rotation d'un objet c'est faire de la cinétique. À un niveau plus fondamental, il faut comprendre les lois qui régissent son mouvement, comment il peut être mis en rotation, comment sa vitesse angulaire peut changer, comment son énergie dépend de cette vitesse et à quelles lois de conservation obéit son mouvement. Il ne s'agit plus alors de cinétique, mais de dynamique. Cette science est née avec Newton au XVIIe siècle. Elle décrit bien les mouvements des objets à l'échelle de notre expérience quotidienne, mais elle a dû être modifiée pour décrire les phénomènes à l'échelle de l'Univers (en tenant compte de la courbure relativiste de l'espace-temps) et à celle des atomes (il faut alors adopter la théorie quantique). La physique classique de Newton, apprise au lycée, introduit cependant des concepts généraux de dynamique qu'il faut assimiler avant de comprendre comment les idées quantiques les ont modifiés.

Commençons donc par décrire la rotation des objets macroscopiques qui nous entourent. Qui a joué avec une toupie sait que pour mettre un solide en rotation, il faut lui appliquer une force F_t perpendiculaire à l'axe autour duquel il tourne, dans la direction tangentielle au mouvement. On peut le faire, par exemple, en tirant sur une ficelle enroulée autour de l'axe de la toupie. L'efficacité de cette force tangentielle dépend de la distance r à l'axe de son point d'application. On définit le couple exercé par cette force comme le produit de son intensité F_t par la distance r. L'effet de ce couple sur le mouvement du solide dépend de son moment d'inertie I, un paramètre qui décrit la résistance que le solide oppose à sa mise en rotation. Plus l'objet est massif et plus la masse est répartie loin de l'axe de rotation, plus le moment d'inertie est grand et plus grand doit être le couple à appliquer pour lui impartir une fréquence de rotation donnée.

Pour définir la « quantité de rotation » contenue dans un corps tournant autour d'un axe, la dynamique newtonienne introduit le concept de *moment cinétique*, appelé aussi *moment angulaire* (*angular momentum* en anglais), une quantité vectorielle alignée le long de l'axe de rotation, dont le module $L = I\omega$ est le produit du moment d'inertie par la vitesse angulaire. Ce moment cinétique est, pour les rotations, l'équivalent de l'impulsion $p = mv$ qui mesure la « quantité de mouvement » associée à la translation d'un solide de masse m se déplaçant dans l'espace à la vitesse linéaire v. De même que le changement d'impulsion par unité de temps d'une particule est égal à la force qu'on lui applique (ce qui exprime la loi fondamentale de la mécanique newtonienne), de même le changement par unité de temps du moment cinétique d'un corps en rotation est égal au couple qui s'exerce sur lui.

En l'absence d'influence extérieure, c'est-à-dire de couple appliqué, le moment cinétique est invariant. C'est la généralisation à la dynamique des rotations de la loi d'inertie de Newton qui dit qu'en l'absence de force, un corps en mouvement continue sa course à vitesse uniforme, sans aucune accélération. Cette loi de conservation du moment cinétique explique par exemple qu'une patineuse pivotant sur elle-même qui rapproche brusquement ses bras de son corps se met à tourner plus vite. Elle diminue en effet son moment d'inertie et comme le produit de cette quantité par sa vitesse angulaire doit rester constant, celle-ci augmente. À l'échelle astronomique, cette même loi de conservation explique que la période de rotation diurne de la Terre reste constante au cours du temps.

La correspondance entre les dynamiques de rotation et de translation se retrouve dans l'expression des énergies cinétiques qui leur sont associées. Une masse ayant la vitesse linéaire v transporte l'énergie $E_c = mv^2/2 = pv/2$. De même un solide tournant de moment d'inertie I possède une énergie cinétique de rotation $E_c = I\omega^2/2 = L\omega/2$. Cette énergie, proportionnelle au carré de la vitesse angulaire, est restituée à l'environnement lorsque le solide revient à l'immobilité. Dans le cas de la rotation d'une roue de voiture, l'énergie cinétique se dissipe par exemple en chaleur sur les tambours du frein qui bloque la roue, ou partiellement en énergie rechargeant la batterie si la voiture est électrique. L'énergie stockée dans un corps en rotation est égale à la moitié de son moment cinétique multiplié par sa vitesse angulaire.

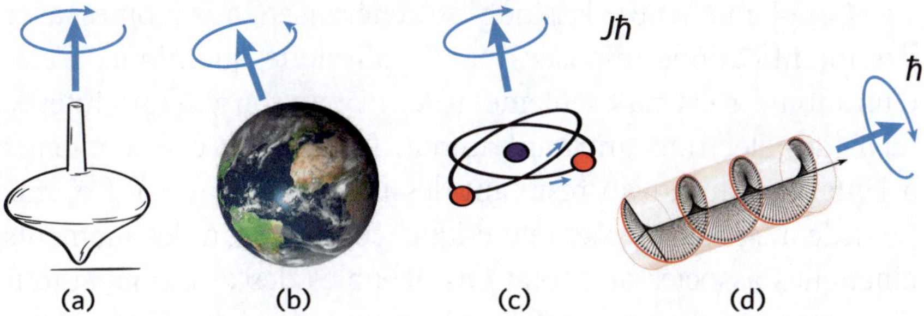

Figure I.6. Moments cinétiques divers : (a) toupie tournant autour d'un axe vertical, (b) la Terre, tournant autour de son axe incliné sur le plan de son orbite, (c) atome constitué de charges en mouvement, dont le moment cinétique total $J\hbar$ résulte de la combinaison des moments cinétiques orbitaux et de spins des électrons et du noyau, (d) photon polarisé circulairement de moment cinétique $\hbar$, le quantum d'une onde lumineuse dont l'extrémité du champ électrique décrit un mouvement hélicoïdal autour de la direction de propagation de la lumière.

Si un objet en rotation est porteur de charges électriques, sa rotation s'accompagne de phénomènes magnétiques. Une charge qui tourne autour d'un axe génère un champ magnétique dont la distribution spatiale est la même que celle d'un aimant aligné le long de cet axe. On mesure l'intensité de cette aimantation par le *moment magnétique* de l'objet en rotation, une quantité proportionnelle à son moment cinétique (le rapport entre les deux est appelé *rapport gyromagnétique*). Plus la charge électrique est importante et plus elle tourne vite, plus le moment magnétique et l'aimantation qui lui est associée sont grands. L'exemple que tout le monde connaît de cette correspondance entre rotation et magnétisme est donné par la Terre. Elle possède un moment magnétique intrinsèque, à peu près aligné sur son axe polaire de rotation. Le champ magnétique terrestre en résulte. Son origine réside dans des phénomènes d'hydrodynamique dans le magma souterrain qui contient des charges en mouvement. La situation est plus complexe que celle d'une charge ponctuelle tournante, mais l'idée générale reste la même : les propriétés de rotation et les propriétés magnétiques des corps sont intimement liées.

Ces phénomènes classiques se généralisent aux atomes, avec des modifications imposées par la physique quantique. L'état d'un atome n'est pas seulement défini par son énergie interne (celle des électrons gravitant autour du noyau et celle contenue à l'intérieur du noyau résultant des forces nucléaires). L'atome possède aussi un moment cinétique, combinaison des moments cinétiques associés aux rotations orbitales des électrons autour du noyau ainsi qu'aux rotations intrinsèques de ces particules qui se comportent comme de petites toupies virevoltant sur elles-mêmes. On appelle *spins* ces moments cinétiques intrinsèques des électrons et du noyau atomique (le nom vient de l'anglais *to spin*, « faire tourner »).

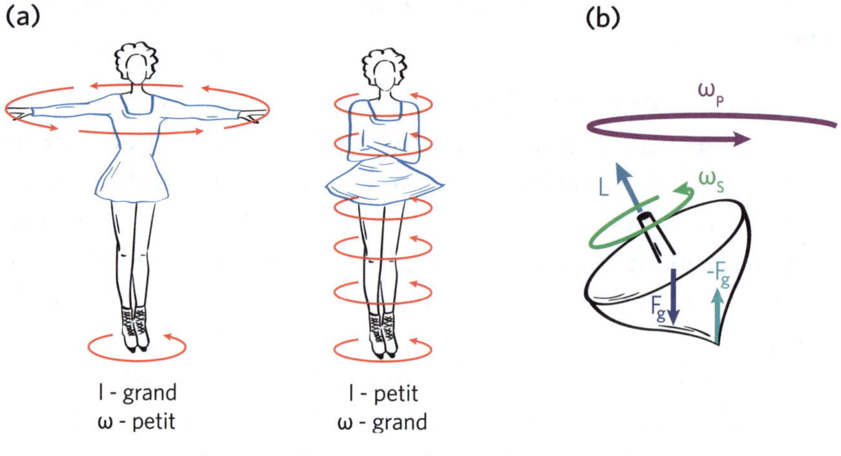

Figure I.7. Conservation du moment cinétique : (a) une patineuse tourne sur elle-même plus vite en rapprochant ses bras du corps. Comme aucun couple ne s'exerce sur elle, son moment cinétique $L = I\omega$ reste constant, ω augmentant à mesure que I diminue. (b) Une toupie en rotation à la vitesse angulaire ω_S autour d'un axe incliné précesse autour de la direction verticale (vitesse angulaire de précession ω_P). Le poids F_g et la réaction du sol $-F_g$, deux forces opposées appliquées sur l'axe de rotation de la toupie, exercent un couple nul par rapport à cet axe : ω_S est donc constant. La composante verticale du moment cinétique L de la toupie est aussi invariante car le couple des forces F_g et $-F_g$ est nul par rapport à la verticale. Le module de L et sa projection sur la verticale étant conservés, l'axe de la toupie tourne sur un cône, gardant un angle d'inclinaison constant avec la verticale.

La situation est en quelque sorte semblable à celle du système solaire évoqué plus haut, dont le moment cinétique global est constitué de trois termes : l'un est associé à la rotation du Soleil sur lui-même (analogue au spin du noyau atomique), un autre aux moments cinétiques de rotation diurne des planètes sur elles-mêmes (analogue aux spins électroniques) et le troisième à leurs rotations orbitales autour du Soleil (analogue aux moments cinétiques orbitaux des électrons). À tous les moments cinétiques de l'atome sont associés – comme en physique classique – des moments magnétiques. La mécanique quantique décrit comment ces moments interagissent entre eux, comment leur présence modifie légèrement les niveaux d'énergie de l'atome et comment ils se combinent pour constituer un moment cinétique global, auquel est associé un moment magnétique atomique d'ensemble.

Les moments cinétiques des électrons, du noyau, ainsi que le moment global de l'atome sont, comme l'énergie, quantifiés, variant suivant des incréments discrets. Un moment cinétique quantique peut être vu, si l'on veut s'en faire une représentation classique, comme un vecteur dans l'espace ordinaire, dont les composantes le long des trois axes de coordonnées spatiales s'expriment en unités de $h/2\pi$ où h est la constante de Planck. On note par un h barré ($\hbar$) (prononcé hbar) le quantum de moment cinétique $h/2\pi$. On retrouve ainsi, pour décrire le moment cinétique quantique, la constante reliant l'énergie absorbée ou émise par un atome à la fréquence du photon qui apporte ou emporte cette énergie.

On peut avoir qualitativement l'intuition de ce résultat en remarquant qu'un moment cinétique s'exprime classiquement comme une énergie divisée par une vitesse angulaire. Si l'énergie d'un atome varie par paquets discrets $h\nu = \hbar\omega$ lorsqu'un électron saute d'une orbite à l'autre alors que sa vitesse angulaire est de l'ordre de ω, on comprend que le moment cinétique change par incréments de l'ordre de $\hbar$, résultat de la division de $\hbar\omega$ par ω.

Cet argument n'est bien sûr pas une démonstration. La théorie quantique rigoureuse que m'enseigna Claude en 1964 associe aux composantes spatiales du moment cinétique des opérateurs décrivant comment se transforment dans l'espace de Hilbert les états quantiques d'un système lorsqu'il est soumis à des rotations dans l'espace ordinaire. La non-commutation de ces opérations, évoquée plus haut, entraîne celle des opérateurs décrivant les composantes du moment cinétique le long des trois axes de coordonnées spatiales. En quelques lignes de calcul, Claude nous montrait que cette non-commutation rendait compte de la quantification, par sauts de $\hbar$, des valeurs que pouvait prendre le moment cinétique d'un atome ou le spin d'un électron lorsqu'on le mesurait dans une direction donnée.

Le moment cinétique le plus simple est le spin de l'électron, qui ne peut prendre que deux valeurs $+\hbar/2$ ou $-\hbar/2$ lorsqu'on mesure sa composante le long d'un axe quelconque. Le spin est aligné soit dans la direction parallèle, soit dans la direction antiparallèle à cet axe. On le représente symboliquement comme un petit vecteur pointant « vers le haut » ou « vers le bas » (*spin up* ou *down* en anglais). On dit qu'il s'agit d'un *spin 1/2*. Cette propriété est partagée par certains noyaux, comme celui de l'atome d'hydrogène, le proton, qui porte aussi un *spin* 1/2. L'évolution de ces systèmes quantiques à deux états se décrit dans un espace de Hilbert à deux dimensions. L'étude de leur dynamique dans un champ magnétique est ainsi un problème quantique très simple qui sert d'exemple et de modèle à bien des situations où le système étudié évolue essentiellement entre deux états.

La valeur du moment cinétique global de l'atome dépend de la configuration des orbitales électroniques et du spin du noyau. De façon plus précise, la composante du moment cinétique d'un atome le long d'un axe arbitraire peut prendre les $2J+1$ valeurs équidistantes comprises entre $J\hbar$ et $-J\hbar$. Ces deux valeurs extrêmes correspondent aux cas où le moment cinétique global est exactement parallèle ou antiparallèle à l'axe considéré. Les valeurs intermédiaires entre les extrêmes correspondent classiquement aux cas où le moment cinétique est orienté transversalement dans une direction faisant un angle plus ou moins grand avec l'axe. La valeur de J qui peut être un entier ou un demi-entier (1/2, 1, 3/2, 2, etc.) dépend de l'atome considéré et du niveau d'énergie électronique dans lequel il se trouve (état fondamental d'énergie la plus basse ou état excité d'énergie plus élevée).

Dans un solide magnétique les moments des différents atomes sont alignés entre eux et l'ensemble possède un moment magnétique macroscopique. C'est ainsi que l'on explique le magnétisme de certains matériaux, des oxydes de fer comme la magnétite par exemple, à partir des propriétés des atomes qui les constituent. Lorsqu'on chauffe un aimant, il perd son magnétisme à une certaine température, lorsque l'agitation thermique l'emporte sur les forces qui tendent à aligner entre eux les moments des atomes voisins. Dans un gaz dilué, les forces interatomiques sont négligeables en raison de la relativement grande distance moyenne entre les atomes et l'agitation thermique fait que les atomes ont leurs composantes du moment angulaire également réparties entre toutes les valeurs possibles. Le moment cinétique et le moment magnétique d'ensemble du gaz sont alors nuls, même si chaque atome du milieu porte un moment magnétique individuel.

La lumière, elle aussi, peut transporter du moment cinétique. Les champs électrique et magnétique associés à un rayon lumineux oscillent dans un plan perpendiculaire à sa direction de propagation. Lorsqu'on polarise la lumière circulairement, ce que l'on réalise en lui faisant traverser une lame matérielle transparente aux propriétés optiques particulières, le champ électrique émergeant tourne à la fréquence ν de l'onde, dans un plan transversal à la direction du rayon lumineux. Ce mouvement de rotation confère du moment cinétique au champ. Chacun de ses photons, d'énergie $h\nu = \hbar\omega$, transporte alors, selon que le champ électrique tourne dans le sens des aiguilles d'une montre ou en sens inverse, une quantité $+\hbar$ ou $-\hbar$ de moment cinétique aligné le long du faisceau lumineux. On dit que le spin du photon, deux fois plus grand que celui de l'électron, est égal à 1.

Nous pouvons maintenant qualitativement comprendre ce qui se passe lorsqu'un gaz d'atomes interagit avec un faisceau de lumière polarisé circulairement. Si ses photons possèdent l'énergie $h\nu$ correspondant à l'intervalle d'énergie entre l'état fondamental de l'atome et un état excité, la lumière va faire subir aux atomes des cycles répétés d'absorption et d'émission, qui obéissent au principe de conservation du moment cinétique. Lorsqu'un atome absorbe un photon du champ incident et est porté dans un état excité, le moment cinétique global de la matière et du champ est conservé et le moment cinétique de l'atome augmente de $\hbar$, alors que celui de la lumière, qui perd un photon, diminue de la même quantité. L'atome encaisse une unité de moment cinétique emprunté à la lumière.

Après l'absorption, l'atome retombe dans son état fondamental en émettant spontanément un photon dans une direction aléatoire. Le moment cinétique de ce photon le long de la direction de propagation de la lumière incidente est en général plus petit que $\hbar$ (il n'est égal à cette valeur que si le photon réémis se trouve avoir la même direction avec la même polarisation que le photon absorbé, ce qui est peu probable). Le bilan de l'échange de moment cinétique entre l'atome et le champ à la suite d'un cycle d'absorption suivi d'émission est donc en moyenne favorable à l'atome. Le champ perd du moment cinétique dans sa direction de propagation et l'atome en gagne.

Après quelques cycles de ce processus d'absorption de lumière suivi d'émission, les atomes se trouvent transférés dans l'état de moment cinétique (et donc de moment magnétique) maximum, celui où les moments sont tous orientés dans la direction de propagation de la lumière. L'échantillon atomique a été « pompé » optiquement dans cet état hors d'équilibre thermodynamique. Il est devenu comme un aimant macroscopique dont tous les atomes ont leur moment magnétique pointant dans la même direction.

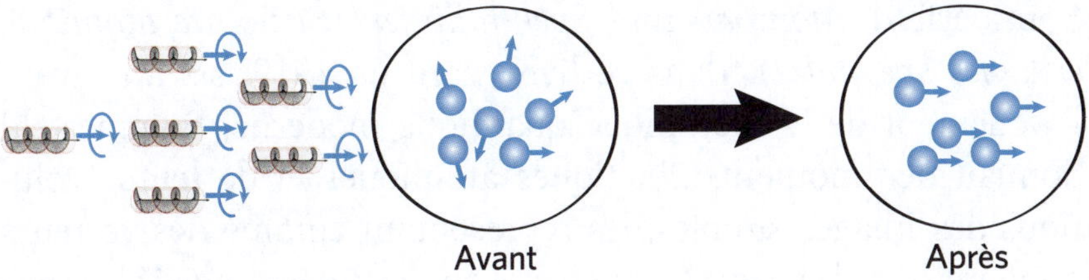

Figure I.8. Pompage optique. L'échange de moment cinétique entre les atomes et la lumière polarisée circulairement oriente les moments cinétiques de tous les atomes dans la direction du faisceau lumineux, en vertu de la conservation du moment cinétique total du système atome-lumière : le gaz dont les moments magnétiques atomiques sont initialement distribués aléatoirement (*avant, à gauche*) devient un échantillon aimanté (*après, à droite*).

Le faisceau de lumière qui réalise le pompage peut en même temps servir à la détection de l'orientation des atomes. Lorsqu'ils sont pompés dans l'état de composante maximale du moment cinétique, les atomes ne peuvent en effet plus absorber la lumière et le gaz devient transparent. La quantité de lumière transmise par le faisceau de pompage sert ainsi de mesure de l'état d'orientation du gaz.

J'ai décrit en détail le principe du pompage optique parce qu'il a joué un rôle essentiel pour orienter ma vocation de chercheur. Je me souviens comme si c'était hier des cours d'Alfred Kastler qui nous faisait vivre la danse des moments cinétiques atomiques éclairés par la lumière. Il donnait des atomes et de leurs interactions avec les photons des descriptions imagées, parfois poétiques. On sentait en lui le rêveur, celui qui avait eu l'intuition de ce qui se passait à une échelle invisible bien avant d'en avoir calculé les effets par les mathématiques.

Kastler était, par certains aspects, un chercheur du monde d'avant. Il avait appris la physique à une époque qui avait précédé l'émergence de la théorie quantique que nous présentait Claude dans son cours. Il nous racontait comment, né dans l'Alsace prussienne d'avant 1914, il avait fait ses études en allemand et appris les rudiments de ce qu'on appelait alors la théorie des quanta dans l'ouvrage fameux du physicien allemand Arnold

Sommerfeld, *Atombau und Spektrallinien* (*Structure atomique et lignes spectrales*). Dans ce livre, écrit en 1919, six ans avant l'avènement de la mécanique quantique moderne, Sommerfeld donnait des moments cinétiques atomiques et de leurs évolutions des images simples, les représentant comme des vecteurs pointant dans l'espace – un peu suivant les images que j'ai essayé de développer dans les lignes qui précèdent. Ces images étaient aussi la façon dont Kastler les voyait, en se raccrochant encore à la physique classique. La théorie quantique que nous enseignait Claude en parallèle s'affranchissait de cette vision forcément approximative et décrivait les composantes du moment cinétique comme des opérateurs agissant dans l'espace abstrait des états quantiques, des opérateurs dont la non-commutation rendait compte de toutes les propriétés quantiques que j'ai énoncées plus haut.

Voir le monde comme quelque chose de riche et d'étrange

En suivant ces deux cours en parallèle, celui de Claude et celui de Kastler, je compris que les mathématiques et le formalisme n'étaient pas tout. Pour découvrir ou inventer, il fallait quelque chose de plus que la rigueur mathématique, que l'habileté à résoudre des équations. Il fallait aussi une intuition allant au-delà, une imagination qui vous permet de rêver ce qui se passe dans un monde non directement accessible aux sens. Kastler avait cette imagination. Elle lui avait permis d'inventer une façon nouvelle de voir l'interaction entre la matière et la lumière, ouvrant des champs de recherche que nous ne soupçonnions pas à l'époque.

Après Kastler le poète et le rêveur, je dois parler de Jean Brossel, l'homme des détails et de la passion pour la précision.

Brossel était le collaborateur de Kastler, celui qui avait confronté les idées du rêveur avec le réel, réalisant les cellules en verre dans lesquelles les gaz d'atomes pompés optiquement étaient contenus. Leurs enduits de paraffine, que Brossel était le seul à savoir déposer sur les parois en verre des cellules, faisaient que les moments magnétiques orientés des atomes ne perdaient pas leur direction après avoir rebondi sur elles. C'était une propriété essentielle pour que les gaz puissent être orientés efficacement par la lumière. C'est lui qui remplissait également les petites lampes en verre contenant des atomes qui sous l'effet d'une décharge électrique émettaient les photons éclairant les cellules de pompage. Jonglant avec les déplacements isotopiques, le fait que des atomes d'un même élément mais possédant des noyaux contenant des nombres différents de neutrons rayonnent à des fréquences légèrement différentes, il était capable de produire des sources de lumière exactement résonnantes avec les atomes des cellules, ou émettant des photons légèrement hors de résonance.

Brossel nous enseignait tout cela dans son cours de DEA. Il nous montrait que dans une expérience de physique, le diable est dans les détails. Une idée, même géniale, ne suffit pas. Pour la mettre en œuvre, il faut aussi penser à tout ce qui dans la vie réelle vient compliquer le schéma idéal et perturber les conditions de l'expérience de pensée. Ce n'est que quand ces perturbations sont éliminées ou compensées que la nature nous permet de voir dans le laboratoire ce que l'intuition aura initialement imaginé. Prévoir toutes les difficultés et trouver les moyens de les éviter demande souvent une imagination et une créativité aussi grandes que celles qui ont au départ conduit à l'idée de l'expérience elle-même.

En suivant les cours de Kastler et de Brossel, je voyais apparaître cette complémentarité essentielle en recherche expérimentale : avoir une idée et savoir la mettre en œuvre au laboratoire. Ces deux faces du travail de chercheur étaient magnifiquement illustrées par la comparaison que je pouvais faire entre les cours de ces deux savants.

Brossel ne se contentait pas de nous parler du pompage optique. Il nous décrivait aussi les grandes expériences de la physique atomique du demi-siècle précédent, qui avaient validé de façon de plus en plus précise les concepts quantiques et permis d'établir l'électrodynamique quantique, la théorie qui explique avec une précision extraordinaire les phénomènes d'interaction entre les atomes et la lumière. Je me souviens de sa description de l'expérience d'Otto Stern et de Walther Gerlach, deux physiciens allemands qui avaient découvert en 1922 l'existence du spin de l'électron. C'était là un exemple remarquable d'une découverte inattendue, annonciatrice d'applications et d'inventions nombreuses qui ont eu un immense retentissement sur la technologie moderne.

Stern et Gerlach, qui voulaient mesurer le moment magnétique d'atomes d'argent, avaient expérimenté avec un jet atomique rudimentaire, envoyant les atomes issus d'un four à travers l'entrefer d'un aimant. En recueillant les atomes sur une plaque de verre après la traversée de l'aimant, ils s'attendaient à voir une tache oblongue due à la déflexion des atomes suivant des angles différents, selon l'orientation des petits aimants qu'ils portaient. Au lieu de cette tache unique, Stern et Gerlach eurent la surprise d'observer une double trace, première manifestation directe de la quantification spatiale des moments cinétiques atomiques.

Une analyse de l'expérience démontra que ce moment cinétique n'était pas dû à la rotation orbitale de l'électron externe de l'atome d'argent, mais à son spin intrinsèque qui, pointant vers le haut ou vers le bas, conduisait les atomes sur deux trajectoires distinctes dans l'entrefer de l'aimant, ce qui expliquait les deux taches observées. Brossel nous décrivait en détail cette expérience et nous montrait comment elle avait conduit l'élève de Stern, Isidor Rabi, à raffiner la méthode des jets atomiques et moléculaires et à développer la méthode de la résonance magnétique pour effectuer la mesure précise des moments magnétiques de nombreux noyaux atomiques. Il y avait en germe dans ces expériences historiques toute la physique qui allait conduire à l'invention des horloges atomiques, des lasers, de l'imagerie par résonance magnétique et de bien d'autres instruments.

Brossel passait aussi du temps à nous décrire l'expérience réalisée en 1947 par l'Américain Willis Lamb, un élève de Rabi, qui avait mesuré le déplacement de niveaux d'énergies atomiques qui porte son nom (on l'appelle *Lamb shift* en anglais). Je dois dire maintenant quelques mots de ce fameux déplacement qui a joué un rôle important en physique atomique. La mécanique quantique avait donné dès les années 1920 aux physiciens l'outil mathématique pour calculer avec exactitude les énergies des atomes, dans leur état fondamental et dans les états correspondant à des orbites électroniques excitées. La précision de la théorie a d'abord été testée sur l'atome le plus simple, l'hydrogène qui ne possède qu'un seul électron. L'effet prépondérant, l'attraction électrique de l'électron par le proton, traitée en première approche de façon non relativiste, donne une bonne approximation des niveaux d'énergie de l'atome, de l'état fondamental et des états excités. On utilise pour cela soit l'équation de Schrödinger, soit celle de Heisenberg, qui présentent la mécanique quantique non relativiste de deux façons différentes mais complètement équivalentes.

Il faut ensuite tenir compte des effets magnétiques dont j'ai parlé plus haut, du couplage du spin de l'électron avec son mouvement orbital qui déplace les niveaux d'énergie par un effet qu'on appelle « de structure fine ». Pour décrire ces effets de façon complète, il est indispensable de tenir compte de la relativité, qui fournit un cadre incorporant de façon cohérente tous les phénomènes magnétiques. La relativité introduit aussi, même en l'absence de spin, des corrections orbitales liées au fait qu'on ne peut complètement négliger la vitesse de l'électron sur son orbite devant la vitesse c de la lumière. Cette vitesse v est environ cent fois plus faible que c, ce qui produit des corrections relativistes de quelque dix millièmes, du second ordre en v/c, qui sont du même ordre que les corrections magnétiques. En fait, cette coïncidence n'est pas un hasard, puisque les effets magnétiques sont en fait des effets relativistes, toutes ces corrections apparaissant ensemble dès qu'on ne néglige plus les vitesses des objets que l'on considère devant celle de la lumière. Lorsqu'on incorpore toutes ces corrections, ce qui fut fait par le physicien anglais Paul Dirac un an seulement après Schrödinger et Heisenberg, on peut calculer avec une grande précision les niveaux d'énergie de l'hydrogène. Et on trouve que les deux premiers niveaux excités, de moment cinétique 1/2 (notés $^2S_{1/2}$ et $^2P_{1/2}$ dans le jargon de la spectroscopie), devraient avoir exactement la même énergie, être dégénérés, comme on dit.

Or l'expérience de Lamb montra que ces deux niveaux étaient séparés par une petite quantité de l'ordre d'un dix millionième de celle qui sépare ces deux premiers états excités de l'état fondamental. Il s'agissait d'une expérience de spectroscopie très délicate consistant à irradier un jet d'hydrogène par un champ de radiofréquence résonnant avec la transition entre les deux niveaux et à détecter le transfert d'un niveau à l'autre en exploitant le fait qu'ils retombaient vers le niveau fondamental avec des vitesses très différentes. Brossel nous expliquait tout cela en détaillant les problèmes qui s'étaient posés à Lamb et comment il les avait résolus.

Cette expérience a été cruciale parce qu'elle a fait apparaître l'importance du rôle du vide dans l'électrodynamique quantique et plus généralement en physique. Ce que Dirac avait négligé dans son équation, c'est que toutes les particules de l'Univers, et en particulier l'électron dans l'atome d'hydrogène, baignent dans un vide qui est parcouru de fluctuations quantiques. Même en l'absence de sources lumineuses, le champ ne peut dans l'espace être complètement nul. Il y existe de petites fluctuations, comme des vaguelettes de rayonnement résultant de façon ultime de la non-commutation des opérateurs quantiques décrivant le champ électromagnétique. On peut encore décrire ces fluctuations comme l'apparition de photons dits « virtuels » qui se créent constamment et disparaissent de façon aléatoire dans l'espace vide. Ces photons peuvent à leur tour créer des paires d'électron et de son antiparticule, le positron, dont la théorie de Dirac avait également prédit l'existence. Ces paires électron-positron s'annihilent après un temps très court mais leur apparition fugace avec celle des photons virtuels peuple le vide quantique et modifie la dynamique de l'électron gravitant autour du noyau de l'atome.

Ces fluctuations du vide perturbent en particulier de façon différente les deux états $^2S_{1/2}$ et $^2P_{1/2}$ de l'hydrogène et lèvent la dégénérescence entre eux. La mesure de Lamb, en excellent accord avec la théorie de l'électrodynamique quantique, joua un rôle crucial pour faire accepter cette théorie dans les années 1940 et 1950. La physique nous a depuis appris qu'à côté du vide électromagnétique, il y a les vides d'autres champs quantiques associés à d'autres particules que les photons, les électrons et les positrons.

L'expérience de Lamb décrite dans le cours de Brossel m'a donné une autre leçon que je n'ai pas oubliée, qui m'a rappelé ce que j'avais lu plusieurs années auparavant dans l'*Astronomie populaire* de Camille Flammarion. Mesurer avec toujours plus de précision peut conduire à une grande découverte. C'est après tout ce qui avait permis à Le Verrier de découvrir Neptune. Le calcul précis de l'orbite d'Uranus avait tenu compte de la perturbation apportée au mouvement de cette planète par la présence des autres planètes connues, Saturne et Jupiter principalement. Mais il restait une petite différence entre l'orbite observée et celle qui était calculée en tenant compte de ces perturbations. Cette différence minime devait être due à la présence d'une nouvelle planète inconnue jusqu'alors, et ce fut Neptune. Il en est de même du *Lamb shift*. Une fois qu'on avait tenu compte de toutes les perturbations magnétiques et relativistes connues du spectre de l'hydrogène, il restait une petite différence et ce fut la découverte de l'effet physique du vide. La précision dans les mesures n'est pas qu'une obsession gratuite des chercheurs, une compulsion les conduisant à chercher à ajouter toujours plus de décimales aux quantités qu'ils mesurent. Ce qui motive cette obsession, c'est qu'il y a toujours dans la quête de la précision la possibilité de découvrir quelque chose d'inattendu, et parfois de fondamental.

Où que se tournait mon intérêt en cette deuxième année à Normale, je reconnaissais l'importance de la physique quantique.

Cela apparaissait de façon éclatante dans les cours de Brossel et Kastler qui s'intéressaient aux propriétés d'atomes isolés que des techniques expérimentales en plein développement permettaient d'étudier, mais aussi dans les autres cours que je suivais également dans le cadre du DEA. Je me souviens en particulier de celui de Pierre-Gilles de Gennes qui portait alors essentiellement sur la supraconductivité, la propriété qu'ont certains métaux à très basse température de conduire l'électricité sans aucune perte. Cet effet découvert en 1911 n'avait été expliqué théoriquement que quelques années avant mon arrivée à Normale, en 1957. La théorie rendait compte des propriétés collectives des électrons de ces métaux qui au-dessous d'une température critique se comportent comme un fluide s'écoulant sans résistance. La mécanique quantique est essentielle pour en comprendre le mécanisme. De Gennes nous parla à cette occasion de l'effet Josephson, un phénomène étrange d'écoulement des électrons à travers une mince paroi isolante séparant deux échantillons supraconducteurs.

Là encore, la physique quantique se manifestait de façon éclatante. De Gennes avait mentionné que Josephson était un jeune étudiant anglais en thèse, de notre âge, qui venait de donner son nom à cet effet. Je ne savais encore rien de ce qu'est vraiment la recherche, mais j'entrevoyais qu'il y avait même pour un jeune en période d'apprentissage la possibilité de contribuer à faire avancer la connaissance. Je n'en fus que plus impatient de commencer un vrai travail de recherche.

Je me tournai pour cela vers Claude qui venait de créer son propre groupe dans le laboratoire de Kastler et Brossel. Ce sont ses cours de relativité et de mécanique quantique qui m'avaient le plus marqué. Ils ne traitaient pas d'astronomie ou d'astrophysique, les domaines qui m'avaient initialement orienté vers la science, mais je m'étais rendu compte que la physique est une, que les problèmes rencontrés dans les domaines de l'infiniment grand et de l'infiniment petit ont des points communs et que ce qui m'avait intéressé dans l'astrophysique, la possibilité d'appliquer les mathématiques à la compréhension du monde, était tout aussi vrai dans l'exploration du monde microscopique.

De plus la physique atomique, telle que la décrivaient Kastler et Brossel, avait l'avantage de pouvoir se pratiquer dans un laboratoire à échelle humaine, sans dépendre de grands instruments lointains. Les atomes et leur danse dans les champs magnétiques étaient pour ainsi dire à portée de main et on pouvait en attendre de belles découvertes. J'essaie ici de rationaliser ma décision. La vérité est qu'il n'y a pas eu d'hésitation. Ce choix m'est apparu comme une évidence et je commençai à l'automne 1965 ce qu'on appelait alors une thèse de troisième cycle sous la direction de Claude.

Je disposai d'une cellule en verre préparée par Brossel, contenant une goutte de mercure liquide. En la chauffant, on libérait dans la cellule un gaz d'atomes de mercure. L'isotope choisi, le mercure 199, a comme le proton un noyau de spin nucléaire 1/2 et ce spin constitue le moment cinétique global de l'atome. Dans l'état fondamental de cet atome, les contributions du magnétisme électronique s'annulent en effet exactement par le jeu des règles quantiques de combinaison des moments cinétiques. J'avais ainsi la possibilité d'expérimenter avec un système très simple, un ensemble de spins 1/2 pratiquement indépendants les uns des autres, que je pouvais soumettre à la lumière de la lampe à mercure, également fabriquée par Brossel, qui émettait par construction, à la longueur d'onde requise pour exciter les atomes de mon gaz. Très rapidement j'observai les signaux de pompage optique que Kastler et Brossel avaient décrits dans leurs cours et je pus commencer à expérimenter moi-même.

Je ne décrirai pas ici les expériences de ma thèse de troisième cycle, mais je voudrais, en évoquant l'une d'entre elles, dire un mot de l'impression qu'elles me firent, de l'état d'esprit dans lequel j'étais en observant par moi-même pour la première fois un phénomène atomique. Le principe de l'expérience est très simple. Une fois les spins orientés par pompage optique, j'appliquai brusquement un champ magnétique perpendiculaire à cette orientation. Une image naïve pouvait laisser croire que les petits aimants atomiques, telles des boussoles, allaient détecter le champ et venir s'aligner le long de sa direction en tournant de 90°. Je savais assez de physique cependant pour prévoir que l'évolution des spins allait être différente, plus déroutante.

Chaque atome est en effet non seulement un aimant mais aussi une petite toupie en rotation et l'effet d'une force sur une toupie défie l'intuition naïve. Si la toupie tourne autour d'un axe faisant un angle avec la verticale, on observe en effet qu'au lieu de tomber sous l'effet de la gravité en s'inclinant de plus en plus, elle se met, en plus de sa rotation rapide autour de son axe, à tourner plus lentement autour de la verticale en gardant un angle constant avec cette direction. C'est là une conséquence de la conservation de la composante verticale du moment cinétique. La force de gravité et la réaction du sol exercent en effet un couple nul par rapport à la verticale et la projection du moment cinétique sur cette direction doit rester constante, entraînant le mouvement de précession de l'axe de la toupie.

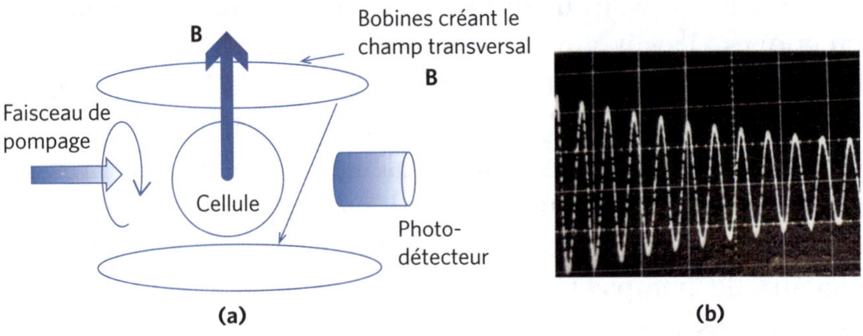

Figure I.9. Expérience de précession de Larmor des atomes dans un champ magnétique transversal B. (a) Schéma de principe de l'expérience : la cellule de résonance contenant la vapeur de mercure est pompée optiquement par le faisceau horizontal de lumière polarisée circulairement. L'orientation des atomes est détectée par un photo-détecteur mesurant l'intensité de la lumière transmise par la cellule. Un champ magnétique vertical B, généré par des bobines de courant, est brusquement appliqué aux atomes. (b) Signal sur l'oscilloscope révélant la précession de Larmor de l'aimantation atomique (un carreau représente 0,2 seconde).

Un effet similaire se produit sur les petites toupies aimantées que sont les atomes. Au lieu de s'aligner avec le champ ils se mettent à tourner autour de lui avec une fréquence de rotation proportionnelle à l'amplitude du champ. C'est ce qu'on appelle la « précession de Larmor », du nom du physicien qui l'a le premier expliquée. La composante de l'aimantation du gaz dans la direction transversale au champ du faisceau de pompage optique se met ainsi à osciller et cela se traduit par une modulation de l'intensité de la lumière transmise par l'échantillon, que je détectai facilement. Cette oscillation s'amortissait dans le temps, au fur et à mesure que les collisions des atomes avec les parois de la cellule détruisaient l'orientation initiale de l'échantillon.

Cette expérience fut l'une des premières que je fis. En soi, elle n'était pas nouvelle et ne méritait pas une publication, mais elle me donna l'occasion de réaliser pour la première fois que j'étais capable de piloter des atomes. Même si je ne les voyais pas de mes yeux, je pouvais être sûr, en observant l'oscillation qui retraçait la rotation des spins sur l'écran de mon oscilloscope, que là, tout près de moi, invisible à l'œil mais certainement présents, les atomes faisaient ce que j'avais prévu. Cette trace sur l'écran, que je pouvais répéter autant de fois que je voulais, dont je pouvais à volonté changer la fréquence en modifiant l'amplitude du champ magnétique, me fascinait.

Bien des années plus tard, j'ai trouvé dans la conférence Nobel donnée par Edward Purcell en 1952 une phrase qui exprime mieux que je ne pourrais le faire ce que j'avais ressenti alors. Purcell a, avec Felix Bloch, découvert le phénomène de résonance magnétique nucléaire dans les solides et les liquides, que l'on appelle la RMN et qui a permis, entre autres, l'invention de l'imagerie par résonance magnétique ou IRM. L'expérience que j'avais faite sur le mercure n'était rien d'autre qu'une expérience de RMN effectuée dans un gaz dilué et non dans un solide ou un liquide. Le noyau qui tournait dans mon expérience était celui du mercure et non le proton de l'atome d'hydrogène dont la précession avait été observée par Purcell pour la première fois en 1945, mais la physique était la même. Pour exprimer ce qu'il avait alors ressenti, Purcell écrivait :

Si banales que ces expériences sont devenues dans nos laboratoires, je n'ai pas encore perdu le sentiment d'émerveillement et de plaisir éprouvé en constatant que le mouvement subtil (des noyaux atomiques) devait se produire dans tous les objets ordinaires qui nous entourent, se révélant seulement à celui qui les regarde. Je me souviens, dans l'hiver de nos premières expériences, il y a sept ans, d'avoir contemplé la neige avec des yeux nouveaux. Il y avait là, sur le seuil de ma porte, de la neige, des monceaux de protons tournant tranquillement dans le champ magnétique terrestre. Voir le monde pendant un instant comme quelque chose de riche et d'étrange, voilà la récompense secrète de bien des découvertes.

Je n'avais quant à moi fait qu'une simple expérience de démonstration, mais j'éprouvai le même émerveillement. J'avais le sentiment d'avoir touché une vérité profonde et cachée. Les atomes étaient réels, bien qu'invisibles dans la cellule, prêts à se prêter aux expériences que j'allais tenter. Il y avait des milliards d'atomes qui tournaient ensemble, mais comme ils évoluaient tous de concert, le signal que j'observais révélait le comportement de chaque atome, entité microscopique tournant dans le champ magnétique indépendamment de tous les autres. Il faudrait encore trente ans avant que je puisse vraiment manipuler et observer des atomes ou des photons individuels, mais je me sentais déjà au départ d'une grande aventure.

Un apprentissage dans la confiance et la liberté

Je venais d'entamer en 1966 ma quatrième année à Normale quand fut annoncée la nouvelle du prix Nobel attribué à Kastler pour l'invention du pompage optique. Cela arriva par une journée d'octobre alors qu'une neige précoce tombait sur Paris. Le laboratoire fut immédiatement en révolution. Les journalistes affluèrent, le champagne coula, des photos furent prises dans les salles de manip avec les chercheurs, les étudiants, les techniciens et la secrétaire du laboratoire qui tous partageaient la même joie. J'éprouvais un plaisir immense et mesurais la chance que j'avais d'être tombé dans ce laboratoire et de travailler dans le domaine de recherche qui venait de recevoir une telle consécration mondiale, auprès de ceux qui avaient fait la découverte ainsi reconnue.

Il y avait une seule ombre au tableau. Le comité Nobel récompensait Kastler le rêveur qui avait imaginé la méthode mais non Brossel, l'amoureux du détail et le passionné de la précision, qui avait rendu le rêve possible. Les photos de la journée montrent un Brossel souriant, quoique un peu absent. J'imagine sa déception qui a dû se mêler à sa joie et donner à cette journée un goût doux-amer. Kastler lui-même a à maintes reprises exprimé son regret de ne pas avoir partagé le prix avec son collègue, mais Brossel n'a jamais manifesté la moindre amertume. Nous nous demandions tous au laboratoire quelle était la raison d'une telle omission et, plus de cinquante ans après, je me pose toujours cette question.

Figure I.10. Au Laboratoire de spectroscopie hertzienne de l'ENS le jour de l'annonce du prix Nobel de Kastler en octobre 1966. *De gauche à droite* : Franck Laloë, Claude Cohen-Tannoudji, Alfred Kastler, moi, Jean Brossel et Alain Omont, un jeune chercheur de quelques années mon aîné.

Ce prix Nobel soulignait l'importance du pompage optique, la première méthode permettant grâce à la lumière de manipuler des atomes, de les faire évoluer de façon précise et contrôlée, avec des possibilités nouvelles d'applications. C'étaient alors les moments cinétiques des atomes qui étaient en jeu, mais plus tard, la méthode serait, comme nous le verrons, étendue aux variables externes du mouvement, à la vitesse des atomes. La lumière servirait alors à les refroidir, à les piéger et à les manipuler un à un.

Le prix Nobel de Kastler signalait en fait la renaissance de la recherche française d'après-guerre. C'était le premier Nobel à être attribué à un physicien français depuis celui de Louis de Broglie en 1929. La création du Centre national de la recherche scientifique (CNRS) en 1939 et, surtout après la guerre, le développement de la recherche initié par les gouvernements de la IVe République à l'instigation en particulier de Pierre Mendès France, puis de la Ve République naissante sous l'impulsion du général de Gaulle, avaient permis à une recherche de qualité, compétitive sur le plan international, de se développer en France. Sept autres prix Nobel de physique devaient être attribués à des chercheurs français dans les années qui suivirent. Mais ces récompenses, qui témoignent des efforts faits pour la recherche dans les décennies 1960 à 1980, ne doivent pas cacher la crise profonde que la recherche traverse aujourd'hui en France.

Le jeune étudiant que j'étais bénéficiait alors de conditions de travail exceptionnelles, bien différentes de celles que doit affronter un chercheur débutant aujourd'hui. Je travaillais sous la supervision d'un mentor jeune et enthousiaste qui n'avait pas à se préoccuper constamment de chercher des financements pour sa recherche ni à avoir à la justifier par son utilité potentielle. Au lieu d'écrire des projets et des rapports, Claude pouvait consacrer tout son temps à la recherche, à l'encadrement des jeunes étudiants et à la rédaction des articles qui rendaient compte de nos résultats. J'ai appris auprès d'un maître, dont l'esprit était totalement investi dans la recherche et dans l'enseignement, ce que je n'aurais sans doute pas reçu d'un directeur de thèse d'aujourd'hui, assailli par les tâches administratives, des charges d'enseignement très lourdes et toutes les contraintes d'un entrepreneur constamment préoccupé par la nécessité d'assurer le financement de son équipe. Et je n'eus aucun mal, en 1967, alors que je n'étais pas encore docteur, à être engagé comme chercheur au CNRS, assurant ainsi ma carrière et pouvant me consacrer l'esprit libre à ce qui me passionnait.

Je me souviens avec nostalgie de l'atmosphère qui régnait alors au laboratoire de Kastler et Brossel, de la liberté qui était laissée aux jeunes chercheurs de choisir leur sujet de recherche en s'inspirant des possibilités infinies qu'ouvraient les idées du pompage optique pour approfondir nos connaissances sur les atomes et sur l'interaction entre la matière et le rayonnement. On nous faisait confiance, une fois que nous avions fait nos preuves en réussissant aux examens et en ayant manifesté notre passion pour la recherche. Si nous avions une idée qui semblait prometteuse, il suffisait de la présenter succinctement à Brossel et il nous donnait les moyens de la réaliser, en nous épargnant toute la bureaucratie qui accompagne aujourd'hui le travail des chercheurs. Cet esprit a, malgré toutes les vicissitudes actuelles, au moins partiellement survécu au laboratoire appelé maintenant le Laboratoire Kastler Brossel, le LKB. J'ai été privilégié de pouvoir y mener mes travaux pendant toute ma vie. Je suis conscient de la grande chance que j'ai eue de l'avoir choisi au départ, simplement parce que le cours d'un jeune professeur enthousiaste, auquel je m'étais inscrit un peu par hasard, m'y avait attiré.

Les promesses du laser

Mon autre chance a été d'être arrivé à la recherche peu après l'avènement du laser. Cette source de lumière extraordinaire, apparue dans les laboratoires en 1960, allait ouvrir des perspectives immenses en science fondamentale et appliquée. On en connaît aujourd'hui les innombrables applications dans notre vie quotidienne, allant de la lecture des disques CD et DVD à la communication par fibres optiques et à l'Internet, de la découpe ultraprécise des matériaux à la chirurgie de l'œil, de la lecture des codes-barres des caisses des magasins aux télémètres utilisés sur tous les chantiers. Le grand public connaît moins le rôle fondamental que le laser a joué au cours du dernier demi-siècle dans la recherche fondamentale, en physique, chimie, biologie et astronomie.

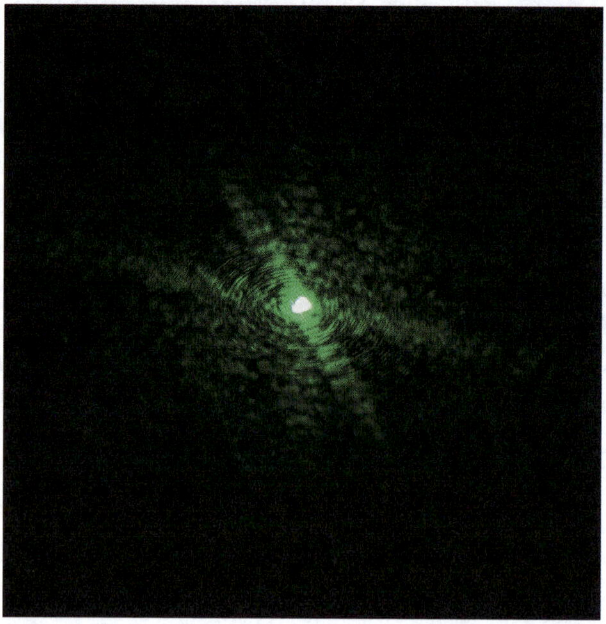

Figure I.11. Taches fluctuantes ou tavelures produites par un faisceau laser sur un écran (*speckle* en anglais) *(photo Patrick Imbert, service photo du Collège de France)*.

Pendant mes années de formation à Normale, les premiers lasers commençaient à apparaître dans le laboratoire. Je me souviens de l'étonnement que suscitaient ces fins faisceaux de lumière bleue, rouge ou verte intense qui se propageaient sur de longues distances sans diverger. Leur impact sur un mur blanc ou une feuille de papier formait une tache lumineuse scintillante présentant des tavelures étranges que la lumière des lampes classiques ne produit jamais. Ces tavelures, plus connues sous leur nom anglais *speckle*, sont des fluctuations de la lumière diffusée par les irrégularités de la surface éclairée par le faisceau laser. Elles sont dues à la grande stabilité en fréquence et en phase de la lumière, qui donne lieu à des phénomènes d'interférence lorsqu'elle est diffusée par des rugosités microscopiques. Cette stabilité allait permettre des progrès gigantesques en spectroscopie dans les années 1970. Pour l'instant les lasers n'émettaient qu'à des fréquences fixes et il fallait exploiter des coïncidences rares avec des transitions atomiques ou moléculaires pour les utiliser dans des expériences de physique atomique. Celles que je fis dans ma thèse ne purent donc encore profiter de cette source nouvelle de lumière et je dus me contenter de la lumière relativement peu intense des lampes spectrales classiques que fabriquait Brossel. Je rêvais cependant avec Claude de tout ce que nous pourrions faire si nous disposions de lasers accordables, dont la couleur pourrait être modifiée en tournant un bouton de façon à balayer les raies des spectres des atomes que nous pompions optiquement.

Un article visionnaire d'Arthur Ashkin, un physicien des fameux laboratoires Bell aux États-Unis, attira en 1968 notre attention. Il proposait d'utiliser la pression de radiation de lasers pour contrôler le déplacement des atomes dans l'espace. En fait, il proposait de faire à l'impulsion, à la quantité de mouvement des atomes, ce que le pompage optique faisait à leur moment cinétique. Pourrait-on utiliser la lumière non plus seulement pour contrôler l'axe de rotation des atomes mais aussi leurs vitesses ?

L'idée paraissait folle tant les lasers étaient encore loin d'avoir les qualités requises pour de telles expériences. Elle devint cependant une réalité vingt ans plus tard et les progrès des lasers permirent d'arrêter des atomes dans leur course, d'annuler quasi totalement leur agitation thermique et même de les piéger dans des boîtes de lumière réalisées à l'aide de faisceaux laser. Ces expériences de refroidissement et de piégeage par laser (*laser cooling and trapping* en anglais) révolutionnèrent la physique atomique et valurent à Claude et à deux physiciens américains, Steven Chu et William Phillips, de partager un prix Nobel en 1997. Arthur Ashkin dut, quant à lui, attendre cinquante ans pour que son idée prémonitoire fût finalement récompensée par ce prix en 2018, au moment où j'écris ce livre. Il a maintenant 97 ans. Ce délai, un peu extrême entre la découverte et sa reconnaissance, nous dit cependant certaines choses sur la recherche, sur le temps long de son déroulement et du passage de l'idée fondamentale aux applications, sur le fait aussi qu'il y a maintenant tant de chercheurs dans le monde qui ont fait des travaux importants dans de nombreux domaines que l'attribution du Nobel à une grande découverte peut parfois prendre beaucoup de temps.

En 1968, même dans nos rêves les plus fous, nous ne pouvions imaginer tout ce que les lasers allaient apporter à la recherche fondamentale. Sans la lumière laser, je n'aurai pu faire aucune des expériences qui m'ont permis d'explorer le monde quantique. Au-delà de l'utilisation que j'en ai faite pour mes propres recherches, j'ai aussi eu le privilège d'être le témoin des avancées extraordinaires qu'il a permises dans de nombreux autres domaines. Même si nous étions loin de prévoir l'étendue de ces progrès, nous avions cependant dès les années 1960 l'intuition que ces sources nouvelles de lumière allaient ouvrir des champs de recherche nouveaux et encore inexplorés en physique atomique.

Certains de mes camarades normaliens avaient choisi une autre voie. La physique théorique et celle des particules élémentaires étaient alors en grand développement. J'ai déjà dit que c'étaient les années où le modèle standard des interactions élémentaires s'élaborait, dans un échange permanent entre théoriciens et expérimentateurs travaillant sur les grands accélérateurs de particules. Il s'agissait, au-delà de la physique atomique, de percer la nature des noyaux et celle de leurs constituants. On commençait à parler des quarks, les particules élémentaires dont protons et neutrons sont faits. C'était de façon évidente, et à juste titre, un sujet chaud et à la mode qui attirait beaucoup d'étudiants brillants.

Mes camarades engagés dans cette voie regardaient avec un peu de condescendance celle que j'avais choisie. La physique atomique était un domaine un peu poussiéreux, me disaient-ils. Les lois de la mécanique quantique auxquelles obéissent les atomes étaient bien connues depuis près d'un demi-siècle et je ne faisais que vérifier des choses évidentes. Enregistrer des spectres atomiques avec de plus en plus de précision était selon eux plus un travail d'archiviste que de vrai physicien. Je me demandais parfois, dans des moments de doute, si je n'étais pas en train de céder à la manie de mon enfance, celle de mesurer les choses pour le plaisir de la précision et du classement. Bref, d'après ces camarades, je perdais mon temps. Ils auraient eu certainement raison si le laser n'était pas venu ouvrir tant de possibilités nouvelles. En faisant confiance à l'avenir de la physique atomique, j'entrevoyais sans doute inconsciemment qu'il y avait derrière l'horizon de grandes choses encore à découvrir grâce à cette source de lumière aux propriétés fantastiques.

Débuts dans la recherche

Quoi qu'il en fût, j'étais captivé par mon travail de thèse de troisième cycle, puis par celui que j'entrepris à la suite pour ce qu'on appelait alors une thèse d'État. Je n'avais pas perdu l'impression d'émerveillement que m'apportait l'observation des signaux que les atomes m'envoyaient par l'intermédiaire des simples appareils que j'utilisais pour les détecter. Les expériences étaient alors beaucoup plus simples que celles que les étudiants jonglant avec les lasers doivent maintenant maîtriser. Une ou deux lampes, une ou deux cellules contenant les atomes, un photomultiplicateur et une table traçante ou un oscilloscope était tout ce dont j'avais besoin. Nous étions loin des dizaines de miroirs, lentilles, lames semi-réfléchissantes et cristaux que les faisceaux laser doivent à présent rencontrer ou traverser sur de grandes tables optiques avant d'interagir avec les atomes.

Je complétai cet équipement élémentaire par un blindage cylindrique en mu-métal, un alliage de nickel et de fer qui annule le champ magnétique terrestre et atténue grandement le bruit magnétique ambiant. Dans cet environnement protégé, je mis au point un magnétomètre à atomes de rubidium pompés optiquement. Ce travail fut effectué en collaboration avec Jacques Dupont-Roc, un autre étudiant de l'équipe de Claude. Nous détections de très faibles changements du champ magnétique en mesurant les variations qu'ils induisaient sur l'intensité lumineuse transmise par la cellule pompée optiquement. Les spins des atomes de rubidium, dont le moment cinétique est d'origine électronique, ont des moments magnétiques environ mille fois plus grands que les spins nucléaires du mercure de mes premières expériences. Cela rendait ces atomes beaucoup plus sensibles aux variations du champ magnétique.

J'entrevoyais ainsi pour la première fois le lien possible entre recherches fondamentale et appliquée. Nous avons même pris un brevet pour ce magnétomètre. Je dois dire qu'il ne nous a rien rapporté, même si des versions à peine différentes de notre dispositif sont aujourd'hui employées en médecine et en recherche pour enregistrer des magnétocardiogrammes et magnétoencéphalogrammes mesurant les infimes fluctuations du champ magnétique produites par les battements du cœur et les courants neuroniques cérébraux.

Afin de démontrer la sensibilité de ce magnétomètre, nous décidâmes de l'employer pour observer la précession des spins des noyaux de l'hélium 3. Il s'agissait ainsi d'une double expérience de pompage optique, celle de l'hélium 3, qu'il fallait commencer par orienter, et celle du rubidium de notre magnétomètre. Le noyau de l'hélium 3 se compose de deux protons et d'un neutron, et possède comme le mercure 199 un spin 1/2. Ce spin porte dans l'hélium, comme dans le mercure, tout le magnétisme atomique. Pour l'orienter, il faut une procédure plus complexe que celle que j'ai décrite plus haut. Je ne la préciserai pas ici. Elle était mise en œuvre par un autre étudiant, Franck Laloë, qui travaillait à la même époque pour sa thèse avec des atomes d'hélium. Nous nous associâmes donc tous les trois, Jacques, Franck et moi, pour cette expérience.

Une fois les spins d'hélium orientés, ils étaient soumis à un tout petit champ magnétique transversal de l'ordre d'un dix millième du champ terrestre. Ils se mettaient alors à tourner autour du champ au rythme d'un tour en deux minutes et demie environ. La cellule du magnétomètre à rubidium était placée au voisinage de celle d'hélium. La précession des noyaux d'hélium produisait un petit champ magnétique tournant dont les variations périodiques étaient détectées à quelques centimètres de distance par le magnétomètre à rubidium. La modulation de la lumière que transmettait la cellule de ce magnétomètre s'enregistrait sous la forme d'une lente sinusoïde inscrite à l'encre rouge par une plume montant et descendant sur une longue bande de papier millimétrique qui se déroulait lentement. Les spins d'hélium restaient orientés pendant des heures et j'observais, hypnotisé, des centaines de lentes oscillations s'amortissant progressivement, pendant plus d'une journée. Ainsi, derrière les parois de mu-métal les atomes d'hélium et ceux du rubidium se parlaient par le truchement de variations infimes du champ magnétique, dont les amplitudes étaient de l'ordre d'un millionième du champ magnétique terrestre. L'information se transmettait de l'hélium au rubidium, puis du rubidium à la lumière et finalement de celle-ci à la plume de l'enregistreur.

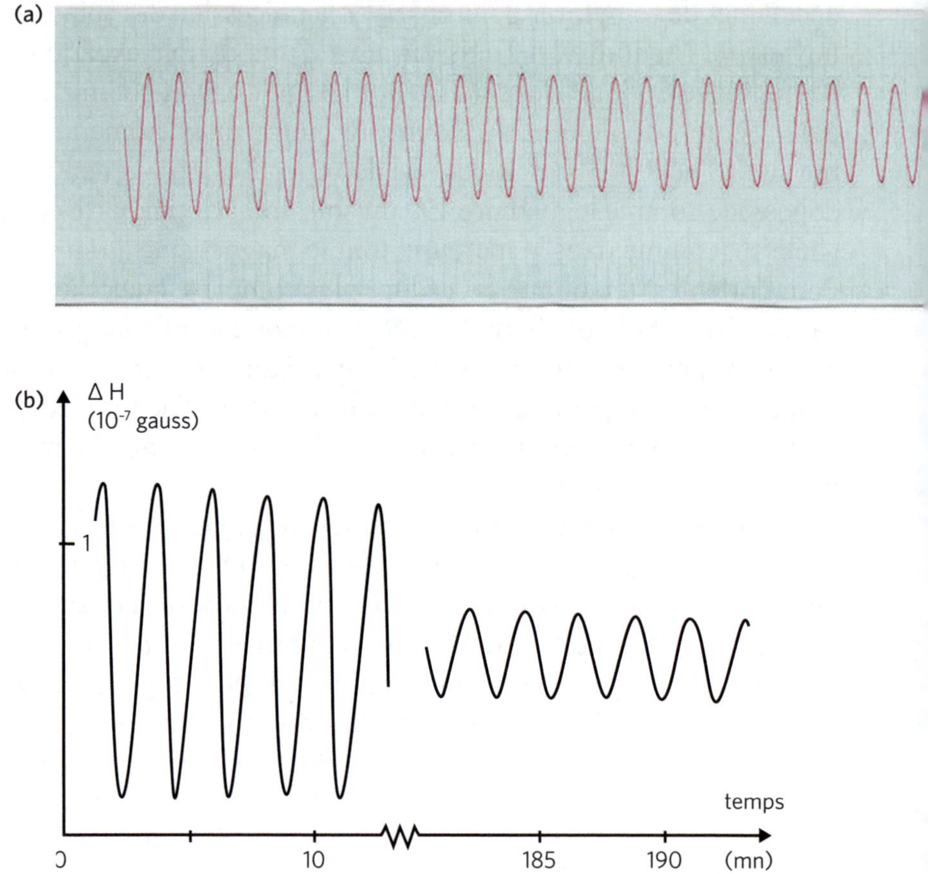

Figure I.12. (a) Observation à l'aide du magnétomètre à rubidium de la lente précession des noyaux d'hélium 3 dans un champ magnétique de 2 microgauss (2.10^{-10} tesla). Plus d'une centaine de périodes ont été enregistrées sur cette bande de papier défilant à la vitesse de 1 centimètre par minute. La période de précession était deux minutes trente secondes. Le signal s'amortissait lentement et restait visible après dix heures. (b) Le même signal tel qu'il a été présenté dans la publication de nos résultats dans *Physical Review Letters* en 1969 (faute de pouvoir montrer tout le signal, la figure se concentre sur deux portions de l'enregistrement au début, et après trois heures).

Cette expérience avait un côté ludique. Une fois les spins lancés comme de petites toupies microscopiques, je pouvais les laisser à eux-mêmes. Un jour je fermai doucement la salle du

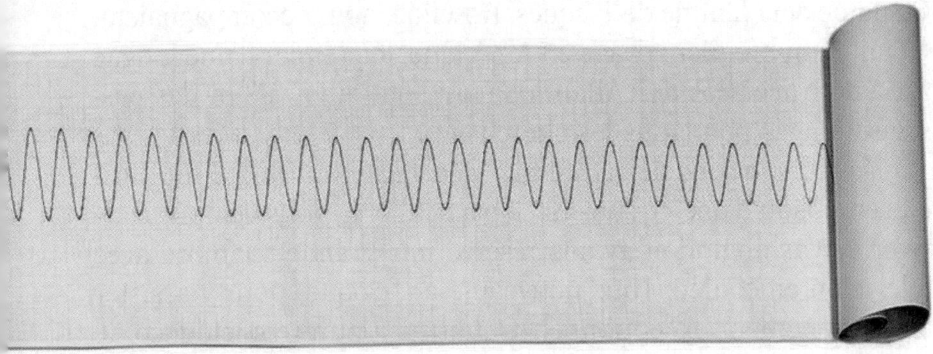

laboratoire en laissant un mot : « Ne pas déranger, expérience en cours », et j'allai avec Claudine voir un film dans un cinéma du quartier Latin. J'oubliai mes spins pendant deux heures et quand nous revînmes auprès d'eux, ils tournaient encore. J'ai gardé dans un tiroir cette longue bande de papier, témoin de la précession des atomes d'hélium. Ce papier est la seule trace qui me reste de cette expérience. Aujourd'hui elle aurait été directement numérisée et stockée dans la mémoire d'un ordinateur. Il n'y en avait pas à l'époque, et je ne suis pas sûr que la pérennité de ce signal fragile aurait été mieux assurée par une mémoire électronique qu'elle ne l'a été par l'antique méthode de l'archivage sur papier.

Premier séjour en Amérique et retour à ma première passion

L'année de cette expérience, Claude estima que Jacques et moi avions acquis assez de maturité pour présenter les résultats de nos travaux de magnétométrie dans un congrès au Canada. Nous en profitâmes pour étendre le voyage aux États-Unis et aller y visiter des laboratoires de recherche où Brossel et Kastler avaient des collègues et des amis auxquels ils nous avaient recommandés.

Claudine et la femme de Jacques, Roseline, nous accompagnaient. C'était mon premier voyage en Amérique, le premier d'une longue série de traversées de l'Atlantique qui sont aujourd'hui des passages obligés pour tous les chercheurs.

Je me souviens de ce premier décalage horaire qui fut difficile en raison d'une circonstance particulière. Nous venions d'arriver à Washington et avions réservé une grande chambre avec télévision en couleur (une nouveauté à l'époque) pour y assister à un événement exceptionnel. C'était, par pure coïncidence, le jour où les premiers hommes allaient alunir. L'événement était attendu à 9 heures du soir, le 21 juillet 1969. Ma passion pour l'exploration de l'espace était toujours là et je ne voulais à aucun prix manquer cet événement historique. Pour lutter contre le sommeil qui menaçait de nous terrasser en milieu d'après-midi, nous nous forçâmes à aller visiter la National Gallery, le grand musée de peinture de la capitale fédérale américaine. La splendeur de sa collection et la fièvre des musées qu'elle suscita accrurent encore notre fatigue. De retour à l'hôtel, nous nous endormîmes tous les quatre à 7 heures du soir, ce qui nous fit manquer le suspens des préparatifs de l'alunissage d'Apollo 11. Je me réveillai en sursaut deux heures plus tard, au moment où la silhouette fantomatique d'Armstrong descendait sur la surface lunaire en prononçant les paroles historiques : « C'est un petit pas pour un homme, un pas de géant pour l'humanité. » J'eus beaucoup de mal à réveiller Claudine et nos amis et à leur faire partager mon enthousiasme.

Je mentionne cette anecdote parce qu'elle va nous ramener au laser. Quelques jours plus tard, nous arrivâmes à Boulder, dans le Colorado, où Brossel nous avait conseillé d'aller voir un collègue, Peter Bender, travaillant au JILA, le Joint Institute for Laboratory Astrophysics. Comme son nom l'indique, le JILA était un centre réputé d'astrophysique, mais on y menait aussi – et on y mène toujours – une recherche de pointe en physique atomique et en optique. La visite que nous y fîmes fut inoubliable. Peter était responsable de l'expérience de télémétrie lunaire du programme Apollo. La nuit où nous avions eu tant de mal à garder les yeux ouverts, Armstrong et son collègue Aldrin avaient déposé sur la Lune un catadioptre, un panneau pavé de petits coins de cube réfléchissants et Peter et son équipe à Boulder avaient dirigé vers la Lune avec l'aide d'un télescope un faisceau laser puissant de lumière pulsée. La lumière réfléchie par les coins de cube fut renvoyée vers la Terre. En la détectant et en mesurant le délai entre l'instant de départ de chaque impulsion lumineuse et celui de son retour, un intervalle d'environ deux secondes et demie, Peter Bender et ses collègues pouvaient, pour la première fois dans l'histoire, mesurer directement et avec une grande précision une distance astronomique. Je reviendrai plus loin sur la longue et passionnante histoire qui, depuis Galilée, relie la question de la vitesse de la lumière à l'astronomie.

Figure I.13. Le réflecteur laser catadioptrique déposé par la mission Apollo 11 sur la Lune. Peter Bender et son équipe venaient de détecter la lumière d'un laser réfléchie par ce dispositif quand je leur ai rendu visite en juillet 1969 *(© NASA)*.

Cette méthode de télémétrie astronomique s'est poursuivie et raffinée depuis cinquante ans, avec le même catadioptre lunaire, et deux autres déposés par les missions Apollo 14 et 15. Elle a permis de déterminer l'orbite lunaire avec une précision extraordinaire, mesurant à chaque instant la distance Terre-Lune à quelques millimètres près. Ces observations confirment les prédictions de la théorie de la relativité générale d'Einstein.

Dès ses débuts, cette expérience démontrait de façon éclatante la puissance du laser qui ouvrait, de façon concrète, des fenêtres nouvelles sur le monde. Avoir assisté, pour ainsi dire en direct, à un événement scientifique aussi capital fut un moment de grande joie et de grande émotion. Et que Peter Bender, malgré l'excitation de la découverte, ait pris le temps de passer un après-midi entier à nous expliquer les détails de l'expérience ajoutait à mon exaltation. S'il me considérait digne de recevoir ses explications et de partager son enthousiasme, j'étais vraiment devenu un chercheur.

La recherche blue sky

Un demi-siècle s'est écoulé depuis et je n'ai jamais cessé de m'émerveiller devant la beauté complexe de la nature, avec le même sentiment d'exaltation et de joie profonde. À chaque fois que j'ai observé quelque chose de nouveau, j'ai vu le monde comme quelque chose de riche et d'étrange, pour reprendre les beaux mots de Purcell. En jonglant avec les atomes et les photons grâce aux instruments que la technologie n'a cessé de raffiner, je me suis aussi beaucoup amusé, s'il est vrai qu'une nouvelle expérience est toujours un défi ludique qu'on se lance.

J'ai eu la chance de pouvoir à mon tour créer et animer un groupe de recherche avec des étudiants et des collègues qui partagent la même passion. Le sentiment d'appartenance à une communauté de scientifiques mus, par-delà les frontières et les cultures, par la même curiosité d'exploration de la nature ne m'a pas quitté. Cette communauté nous relie de génération en génération à tous ceux qui nous ont précédés depuis des siècles et ont ouvert la voie de la connaissance que nous continuons à suivre. Le privilège d'un scientifique n'est pas seulement de contribuer à cette acquisition de savoir, mais aussi de pouvoir être le témoin des découvertes faites par ses collègues partout dans le monde et d'être capable de les comprendre et d'en apprécier la beauté.

Mon travail a toujours été motivé par la pure curiosité. Il s'est toujours agi de répondre à une question de nature fondamentale : « Comment se comporteront un atome et un photon si je les mets dans telle ou telle situation ? » et aussi : « Comment pourrais-je observer cela en perturbant le système au minimum ? » Il est vrai que, parfois, l'utilisation possible d'un résultat pour une application pratique pouvait être naturellement envisagée. Le magnétomètre à pompage optique en a été un exemple. Mais je n'ai jamais poursuivi moi-même le chemin qui mène de l'idée à la réalisation d'un instrument, sans même parler de sa mise sur le marché. Il y faut d'autres qualités et d'autres aptitudes.

Il en va de même des recherches fondamentales poursuivies par mon équipe sur la manipulation de systèmes quantiques individuels qui ont été reconnues par le prix Nobel de physique. Nous ne les avons pas entreprises pour construire un ordinateur quantique, même si beaucoup de journalistes semblent le croire. En fait nous ignorions au départ tout de l'informatique quantique théorique que des mathématiciens et des informaticiens commençaient à développer dans les années 1980. Nous étions simplement curieux de savoir si nous pourrions, en manipulant des atomes et des photons protégés de leur environnement, mettre en évidence l'étrange logique quantique qui permet à un atome ou à un champ électromagnétique d'être à plusieurs endroits à la fois ou d'occuper plusieurs états d'énergie simultanément. Et nous voulions en explorer toutes les conséquences.

Les Anglais ont forgé un nom pour cette recherche fondamentale « gratuite », au sens où elle ne cherche pas un profit économique, mais seulement à comprendre mieux le monde. Ils l'appellent « *blue sky research* ». J'aime ce nom car il renvoie au ciel, et au-delà à l'astronomie et à l'astrophysique qui ont été ma première passion en physique. Ces sciences de l'Univers ne sont-elles pas, par nature, « inutiles » puisqu'elles ne sont liées à aucune application directe ? Pour en revenir au ciel, le fait de savoir pourquoi il est bleu, ou encore pourquoi il devient rouge au lever et au coucher du soleil ne sert apparemment à rien, sinon à satisfaire notre curiosité. Et pourtant, en élucidant les propriétés de diffusion de la lumière par les molécules de gaz de l'atmosphère, on a découvert des phénomènes qui sont exploités par de nombreux instruments d'optique. Et il en sera sans doute de même un jour de nos expériences sur les atomes et les photons, qu'il s'agisse d'un ordinateur quantique ou de tout autre chose.

Lorsque je décris mes recherches dans une conférence, je n'échappe que rarement, après la question sur les raisons qui m'ont amené à devenir physicien et à mon domaine de recherche, à cette autre interrogation qui lui fait pour ainsi dire pendant : à quoi servent vos travaux ? Question que l'on peut généraliser en demandant : pourquoi faisons-nous de la recherche fondamentale, de la science *blue sky* ? Je tente d'y répondre dans ce livre.

CHAPITRE II

Réflexions au square de l'Observatoire

Je traverse tous les jours depuis plus de quarante ans le square de l'Observatoire pour me rendre à mon laboratoire. Cette belle allée gazonnée bordée de marronniers relie l'observatoire bâti sous Louis XIV au jardin du Luxembourg en suivant la ligne qui matérialise le méridien de Paris. C'est l'arc de ce méridien qui court entre Dunkerque et Barcelone que les astronomes Delambre et Méchain ont mesuré pendant la Révolution française pour définir le mètre. En traversant le square, je passe d'ouest en est la ligne imaginaire qui jusqu'en 1880 marquait l'origine des longitudes sur les mappemondes françaises, avant qu'elles n'adoptent le méridien de Greenwich qui passe quelque 2° plus à l'ouest.

Au sud, sur ma droite, je peux admirer au fond de l'allée le dôme blanc de l'Observatoire. L'astronome danois Römer y fit en 1676 les observations des satellites de Jupiter qui permirent la première mesure de la vitesse de la lumière. Sur ma gauche, j'aperçois le palais du Luxembourg, édifié sous Marie de Médicis. L'ingénieur Étienne Louis Malus, en observant depuis sa maison les rayons du soleil réfléchis par les vitres de ce palais, découvrit en 1808 les propriétés de la polarisation de la lumière qui ont joué, comme on l'a vu, un rôle important dans les expériences de pompage optique de mes premières années de chercheur.

J'ai ainsi souvent l'occasion de méditer sur la longue histoire de la science de la lumière. C'est une histoire dont les protagonistes sont des physiciens bien sûr, mais aussi des mathématiciens, des astronomes, des ingénieurs et des navigateurs. Je retrouve à leur évocation toutes les passions de ma jeunesse. J'aime cette histoire car elle illustre combien les différents domaines de la connaissance ont progressé ensemble au cours des siècles, pour nous révéler avec toujours plus de détails la riche et étrange beauté du monde. Pour percer les mystères de la lumière, il a fallu apprendre à observer le ciel et la Terre avec toujours plus d'acuité, inventer des instruments de mesure nouveaux et développer des méthodes de calcul puissantes.

La passion de la précision a joué un rôle essentiel dans cette aventure de la connaissance. C'est en mesurant le temps et les distances avec de plus en plus de soin qu'on a pu vérifier les lois de la mécanique newtonienne, déterminer la forme de la Terre et les dimensions du système solaire. Et c'est en poussant la précision plus loin qu'on a plus tard été conduit à réviser de façon radicale la vision classique du monde en découvrant les lois de la relativité et celles de la physique quantique. C'est cette histoire scientifique qui commence vraiment avec Galilée et qui nous conduit jusqu'à Einstein et à l'émergence de la physique moderne, que j'évoque dans ce chapitre et les trois suivants. Les interrogations sur la lumière en constituent le fil directeur, mais nous serons amenés le long de ce chemin à faire quelques détours, tant cette histoire a été pleine de surprises et de révélations inattendues.

L'humanité a été fascinée par la lumière depuis l'aube des temps. Par opposition aux ténèbres, sources de terreur et symboles de mort, elle était signe de vie et de renaissance. Le Soleil qui éclaire et dispense sa chaleur a été l'objet d'adoration dans toutes les religions primitives. La célébration du cycle des saisons a fait partie de ces manifestations religieuses sous des formes diverses. La lumière était aussi symbole de connaissance, puisque l'essentiel de l'information que nous recevons du monde nous vient d'elle, depuis celle venant du ciel qui nous renseigne sur l'Univers, jusqu'à celle qui, diffusée par les choses et les êtres qui nous entourent, nous permet de nous orienter dans notre environnement et d'être avertis des dangers qui peuvent nous menacer.

La vénération immémoriale des Anciens pour la lumière n'était pas rationnelle. Aux questions qu'elle se posait, l'humanité donnait des réponses mythiques ou religieuses qui n'éclairaient pas les mystères de la lumière. Remplit-elle tout l'espace instantanément ou se propage-t-elle avec une vitesse finie ? Est-elle de même nature que la matière ou d'une essence différente ? Pourquoi certains milieux sont-ils transparents et d'autres opaques ? Il n'y avait pas de réponses à ces questions.

Les lois de l'optique régissant la propagation des rayons lumineux avaient certes été entrevues dans l'Antiquité et au Moyen Âge. Le mathématicien et astronome de Bassora Ibn al-Haytham, appelé Alhazen en Occident, avait vers l'an mil compris que la lumière n'émane ni de l'œil ni des objets qui nous entourent, mais que ceux-ci réfléchissent vers notre pupille les rayons provenant des sources lumineuses que sont le soleil et les lampes. Cela restait cependant très qualitatif. Il fallut attendre la naissance de la méthode scientifique au XVIIe siècle pour que les secrets de la lumière se révèlent vraiment. L'observation, l'expérimentation, les mesures quantitatives et l'élaboration des théories mathématiques prirent alors le pas sur les récits mythiques. Connaissances fondamentales et instrumentation avancèrent de concert, illustrant dès cette époque la symbiose entre la recherche inspirée par la pure curiosité – la *blue sky research* des Anglais – et la technologie.

Deux instruments aux origines de la révolution scientifique : la lunette astronomique et l'horloge pendulaire

Commençons par la question de la vitesse de la lumière. Contrairement aux croyances antiques selon lesquelles le rayonnement remplissait instantanément tout l'espace, Galilée fut le premier savant de l'ère moderne à avoir l'intuition que la lumière devait, comme le son, se propager à vitesse finie. On raconte qu'il tenta même de mesurer cette vitesse avec un de ses assistants, chacun tenant une lanterne à la main alors qu'ils se trouvaient situés à quelques kilomètres l'un de l'autre sur deux collines toscanes. Les deux lanternes étant initialement masquées, Galilée découvrait la sienne à un instant donné et demandait à son assistant d'en faire de même dès qu'il verrait la lumière lui parvenir. En apercevant le signal ainsi renvoyé par son assistant, Galilée espérait mesurer un délai qui, connaissant la distance des deux collines, lui permettrait d'estimer la vitesse des rayons lumineux.

Le résultat fut décevant. Il y avait bien un délai d'une fraction de seconde, à peine décelable, entre l'émission et le retour du signal, mais celui-ci était indépendant de la distance entre les deux hommes et ne révélait en fait que le temps de réponse de leurs cerveaux. On sait maintenant que l'intervalle de temps qu'ils cherchaient à mesurer n'était que de quelques millionièmes de seconde. C'était beaucoup trop court pour que nos sens y soient sensibles et aucun instrument de l'époque n'était capable de le mesurer. Il faudra attendre deux siècles et demi pour que l'expérience tentée par Galilée, améliorée grâce aux progrès de la technologie, donne un résultat positif et précis. Ce qui apparaissait clairement au début du XVIIe siècle c'est que la lumière allait très vite et que si on voulait estimer sa vitesse il fallait apprendre à mesurer avec précision des temps très courts et des distances très grandes.

Galilée s'est lui-même attelé à ces deux problèmes, sans penser d'ailleurs à la vitesse de la lumière qui ne semble plus l'avoir préoccupé après l'échec de son expérience naïve. C'est en étudiant le mouvement des pendules et en utilisant le premier une lunette grossissante pour observer le ciel qu'il devait faire deux découvertes majeures qui allaient permettre, un demi-siècle plus tard, la première estimation de la vitesse des rayons lumineux.

Jusqu'au XVIIe siècle, le temps était mesuré par des instruments primitifs. Les horloges des clochers d'église comptaient les oscillations de torsion d'une longue corde à laquelle était attaché un bras horizontal en bois appelé foliot. L'imprécision pouvait atteindre un quart d'heure par jour. Les intervalles plus courts étaient mesurés par le battement du pouls ou par des clepsydres à eau. On dit que Galilée mesurait le temps de descente d'une bille sur un plan incliné en pesant la quantité d'eau qui s'était écoulée de la clepsydre entre les instants de mise en mouvement et d'arrivée de la bille. Là encore, la précision était médiocre.

Les expériences de Galilée sur le pendule ponctuel, une petite sphère attachée à un fil oscillant dans le champ de pesanteur terrestre, ouvrirent des perspectives nouvelles. Il constata que la période de balancement du pendule est indépendante de la masse suspendue et de l'amplitude de son oscillation. En fait cette dernière propriété, ce qu'on appelle l'isochronisme des oscillations, n'est vérifiée que pour des mouvements dont l'amplitude angulaire ne dépasse pas quelques degrés. La période du pendule ne dépend alors que de la longueur du fil de suspension. Elle est de deux secondes pour un fil d'environ un mètre de long (Galilée n'utilisait bien sûr pas le mètre, mais les unités de l'époque, la coudée ou la toise). Il restait d'énormes progrès à faire pour passer du simple pendule quasi ponctuel battant approximativement la seconde à une horloge comptant de façon autonome le temps de façon précise, mais l'idée qui consiste à baser la mesure des intervalles de temps sur le mouvement régulier d'un oscillateur était là.

C'est Christiaan Huygens qui devait un demi-siècle plus tard transformer le pendule de Galilée en véritable horloge et en faire un instrument de mesure précis du temps. Il démontra la formule connue des lycéens qui exprime que la période d'un pendule ponctuel est égale à 2π fois la racine carrée du quotient de la longueur l du fil de suspension par l'accélération de la pesanteur. Celle-ci, notée souvent g, vaut environ 9,8 m/s^2. Elle exprime la variation de vitesse par seconde d'une masse tombant dans le champ de gravitation de la Terre. Huygens montra également que si le pendule n'était pas ponctuel mais un objet de forme quelconque oscillant autour d'un axe horizontal, il fallait pour calculer sa période définir son moment d'inertie par rapport à cet axe, une quantité que j'ai déjà évoquée au chapitre précédent. Connaissant la masse, le moment d'inertie et la distance du centre de gravité de l'objet à son point de suspension, il pouvait calculer la période et donc la longueur du pendule ponctuel battant au même rythme.

(a)

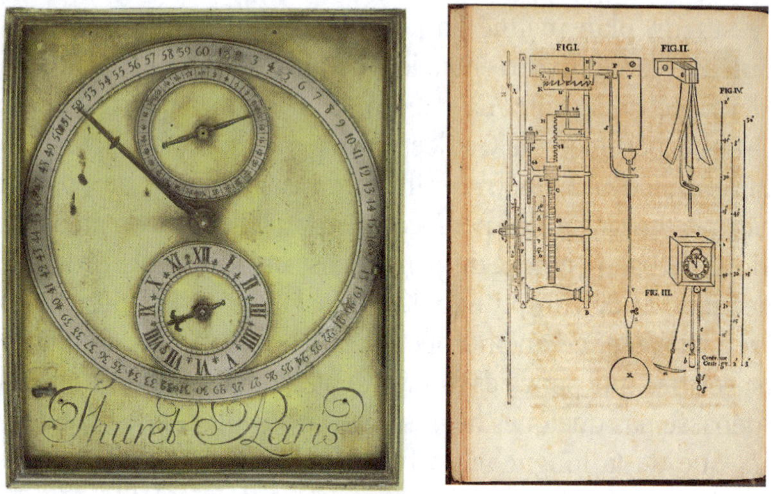

(b)

Figure II.1. Les deux instruments à l'origine de la naissance de la physique moderne. (a) L'horloge de Huygens : à gauche, le cadran de l'horloge fabriquée par l'horloger Isaac Thuret sur les plans de Huygens (musée Boerhaave, Leiden), à droite, dessin de Huygens détaillant le mécanisme de cette horloge. (b) Les lunettes de Galilée lui ayant permis d'observer la Lune, Jupiter et ses satellites (musée Galilée, Florence) *(© akg-images)*.

Il chercha aussi à supprimer totalement la dépendance de la période vis-à-vis de l'amplitude de l'oscillation qui était une source d'imprécision. Il montra que les oscillations n'étaient parfaitement isochrones, indépendantes de l'amplitude de l'oscillation, que si le centre de gravité du pendule suivait non pas un arc de cercle, mais celui d'une cycloïde, la courbe qui décrit le mouvement d'un point sur la circonférence d'une roue qui roule sans glisser. Pour forcer le pendule à suivre cette courbe, il lui fallut imaginer un système ingénieux de joues placées au voisinage de l'axe autour duquel le pendule oscillait. Ces joues changeaient la longueur effective du pendule au cours de l'oscillation.

À côté de ces avancées théoriques qui impliquaient des calculs subtils, Huygens fit aussi un travail remarquable d'ingénieur. Il mit au point un mécanisme d'échappement astucieux qui avait un double but. En le couplant à un poids descendant dans le champ de pesanteur, il délivrait au pendule l'énergie qui compensait le travail des forces de frottement et le maintenait en régime d'oscillations stationnaire. L'échappement enregistrait d'autre part l'écoulement du temps en entraînant des aiguilles qui avançaient sur un cadran au rythme des battements du pendule, marquant les secondes, les minutes et les heures. Il n'était plus nécessaire qu'un assistant compte les oscillations, la machine s'en chargeait automatiquement. Il fallut beaucoup d'ingéniosité pour mettre au point un mécanisme d'échappement n'altérant pas la stabilité en fréquence de l'oscillateur qui pouvait être réglé pour battre la seconde. Les horloges de Huygens ne s'écartaient que de dix à quinze secondes par jour du temps astronomique basé sur l'observation de la rotation diurne de la Terre.

L'autre contribution décisive de Galilée pour la mesure de la vitesse de la lumière fut le perfectionnement de la lunette astronomique, un tube fermé par deux lentilles, permettant de former des images agrandies des objets observés. Avec cet instrument, dont les premiers prototypes étaient venus de Hollande et qu'il améliora pour porter le grandissement de 3 à 30, Galilée fut en 1610 le premier à poser un regard véritablement scientifique sur le ciel. Il observa la Lune, devina les anneaux de Saturne et surtout, ce qui est essentiel pour notre histoire, il découvrit quatre satellites de Jupiter. Pour la première fois un système planétaire obéissant aux lois de Kepler se révélait directement au regard, banalisant l'existence de ces systèmes dans l'Univers et confortant le modèle copernicien.

Jupiter et son cortège de satellites allaient aussi devenir une horloge astronomique. D'après les lois empiriques de Kepler, qui seraient justifiées à la fin du siècle par la théorie de la gravitation de Newton, la période des satellites de Jupiter devait être stable et fournir une mesure du temps. Ce temps astronomique était accessible partout où Jupiter pouvait être observé, offrant une méthode de synchronisation universelle des temps à une époque où les moyens de communication et de synchronisation actuels par échanges de signaux radio ne pouvaient même pas être imaginés.

Figure II.2. Jupiter et les quatre satellites « médicéens » découverts par Galilée tels qu'il a pu les voir en 1610 avec sa lunette de grandissement compris entre 20 et 30. Io est le satellite le plus proche de la planète, effectuant une révolution en quarante-deux heures, vingt-sept minutes et vingt et une secondes. Cette photo a été prise avec un simple appareil photographique posé sur un trépied *(© Igor Dotsenko)*.

Mesurer la vitesse de la lumière pour arpenter l'Univers

Cette horloge naturelle attira donc l'intérêt des astronomes et la tabulation des instants de réapparition du satellite Io, le plus proche de la planète, sortant de l'ombre de Jupiter fut confiée en 1676 à Römer, un jeune astronome danois travaillant à l'Observatoire de Paris qui venait d'être inauguré. Il constata très vite que l'intervalle de temps séparant deux réapparitions successives de Io n'était pas fixe, comme les lois de Kepler le prédisaient, mais qu'il s'allongeait pendant six mois de l'année pour se raccourcir pendant les six mois suivants. Pour effectuer ces mesures il disposait des horloges précises mises au point par Huygens. Römer comprit que ce phénomène était dû à la vitesse finie de la lumière.

Quand la Terre sur son orbite s'éloignait de Jupiter, la distance qui la séparait de cette planète augmentait pendant le temps que Io passait dans l'ombre. L'instant de l'observation de la réapparition de Io était alors retardé du temps que la lumière mettait à traverser l'espace que la Terre avait parcouru pendant que Io était invisible. Durant les six mois où la Terre se rapprochait de Jupiter, le phénomène inverse se produisait et Io réapparaissait à chaque fois en avance. L'avance ou le retard, de l'ordre de quelques secondes à chaque révolution de Io, s'accumulait pour atteindre environ vingt minutes au bout de six mois. Römer en conclut que c'était le temps que mettait la lumière pour parcourir le diamètre de l'orbite terrestre, deux fois la distance de la Terre au Soleil. Mais quelle était cette distance, que l'on appelle maintenant l'unité astronomique ?

Un autre astronome de l'Observatoire, Jean Richer, avait été envoyé en Guyane quatre ans auparavant pour répondre à cette question. Le projet était de mesurer à Cayenne la parallaxe de la planète Mars au moment favorable où elle serait la plus proche de la Terre et de comparer cette parallaxe à ce qu'elle était au même moment, mesurée par l'astronome Jean-Dominique Cassini le patron de Römer, à l'Observatoire de Paris. Pour comprendre ce qu'est la parallaxe il suffit de faire une expérience très simple. Tendez la main devant vous et regardez votre index pointé verticalement en fixant dans le même axe un repère éloigné (par

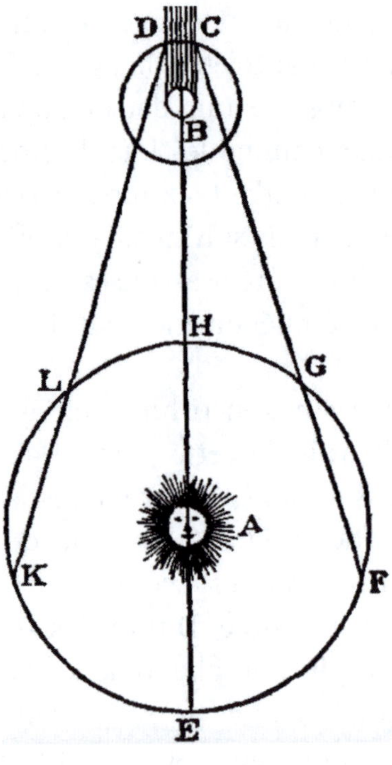

Figure II.3. Dessin de Römer dans le *Journal des savants* du 7 décembre 1676 illustrant le principe de son estimation de la vitesse de la lumière : le cercle inférieur avec le Soleil en A représente l'orbite terrestre parcourue dans le sens des aiguilles d'une montre. Le cercle supérieur décrit l'orbite du satellite Io autour de Jupiter situé en B. Io entre dans l'ombre au point C et en sort en D. Pendant ce temps la Terre se déplace de K vers L à certaines périodes de l'année (se rapprochant de Jupiter), de G vers F, six mois plus tard (en s'éloignant). Déduire des temps de réapparitions de Io la valeur de la vitesse de la lumière demande la connaissance du diamètre EH de l'orbite terrestre.

exemple le montant d'une porte ou d'une fenêtre située à une dizaine de mètres). Faites cette observation en clignant alternativement des yeux. Selon l'œil ouvert, vous voyez votre index sous un angle différent, soit à droite, soit à gauche du repère. Ce changement de perspective, c'est l'effet de parallaxe. Rapprochez maintenant votre index en repliant le bras et recommencez l'expérience. L'effet est alors plus grand. La différence des angles sous lesquels l'objet est observé par les deux yeux est d'autant plus grande que l'objet est plus proche. Pour un objet très éloigné (théoriquement à l'infini), la parallaxe est nulle et cet objet peut donc servir de repère pour mesurer la parallaxe des objets plus proches.

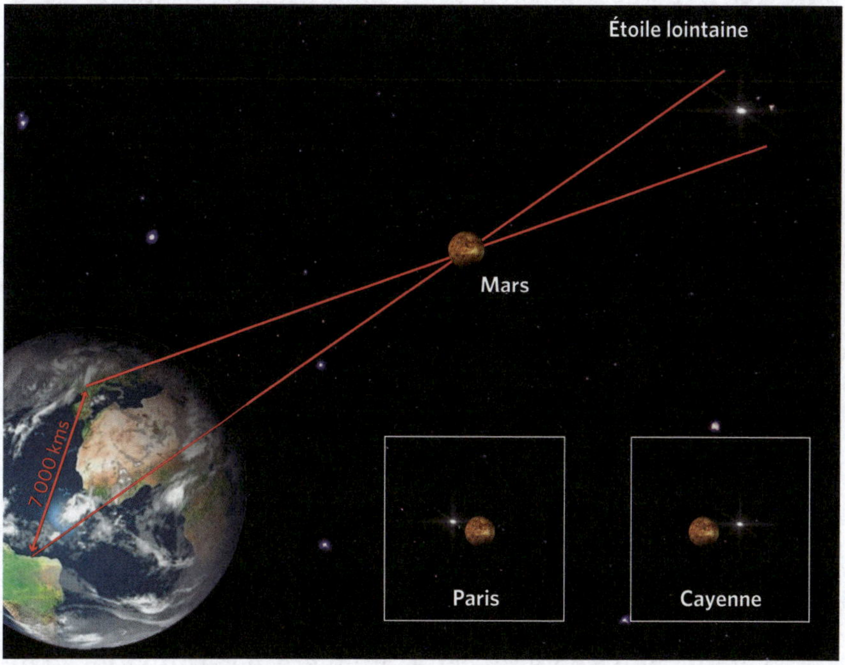

Figure II.4. La parallaxe de Mars mesurée par Richer et Cassini. La planète observée au même moment apparaît à la droite d'une étoile lointaine vue de Paris, à sa gauche vue de Cayenne. L'effet est fortement exagéré sur le dessin car les distances ne sont pas à l'échelle (Mars était alors à environ 4 000 diamètres terrestres de la Terre et non à un ou deux, comme représenté ici).

Dans l'expérience de 1672, Richer était un œil et Cassini l'autre, Mars était l'index et le repère était une étoile fixe dans le voisinage de Mars cette nuit-là. La simultanéité des mesures était approximative. Il suffisait de s'assurer qu'entre les deux mesures la Terre n'avait pas tourné de plus qu'une petite fraction de la distance séparant Cayenne de Paris. Un écart de quelques minutes entre les observations était acceptable. L'expérience donna une différence de parallaxe de vingt-cinq secondes d'arc entre la mesure de Cassini et celle de Richer (et il fallut bien sûr attendre plusieurs mois que celui-ci revienne à Paris pour faire cette comparaison). Un simple calcul de triangulation permit d'en déduire que Mars se trouvait cette nuit-là à environ 7 500 fois la distance de Paris à Cayenne, qui était approximativement connue (environ 1 700 lieues, soit 7 000 kilomètres). La distance Terre-Mars au moment de l'opposition (Mars, la Terre et le Soleil étant alignés dans cet ordre) était donc d'environ 13 millions de lieues (53 millions de kilomètres). Connaissant les lois régissant les orbites des planètes, cette mesure était suffisante pour en déduire les paramètres de l'orbite de Mars et de la Terre et en particulier la distance Terre-Soleil, l'unité astronomique.

Cassini et Richer trouvèrent pour cette distance une valeur approchée de 30 millions de lieues et on put ainsi déduire du retard des réapparitions du satellite jovien que la vitesse de la lumière était de l'ordre de 50 000 lieues par seconde. La précision n'était pas excellente (la valeur réelle est comme on le sait très voisine de 300 000 km/s, soit 75 000 lieues par seconde), mais ce fut la première détermination donnant le bon ordre de grandeur de cette quantité. Curieusement, Römer ne donna lui-même aucune valeur pour la vitesse de la lumière. Le résultat déduit de ses observations a été calculé et publié par Huygens.

Il fallut pour obtenir cette première détermination d'un paramètre essentiel de la physique se servir de l'Univers comme laboratoire, et utiliser des instruments dont la précision avait été considérablement améliorée depuis le temps de Galilée. Les lunettes étaient portées par des sextants orientables grâce à un mécanisme très précis de vis et de verniers et de fins réticules dans le plan focal de leur objectif permettaient de pointer les astres avec une précision de quelques secondes d'arc.

Avec ces expériences l'Univers se révélait dans toute son immensité à l'observation. Les distances gigantesques en jeu contribuaient à remettre la Terre et l'Homme à leur place, poursuivant la remise en perspective que la découverte copernicienne avait initiée. Non seulement nous n'étions pas au centre du monde, mais il se révélait que notre Terre n'était qu'une poussière dans l'espace infini. La dimension de notre planète, déterminée par les explorations des navigateurs de la Renaissance, avait fourni la toise Paris-Cayenne de 7 000 kilomètres de longueur que les astronomes de l'Observatoire de Paris avaient utilisée pour mesurer la taille du système solaire. On disposait maintenant d'une unité de mesure quarante mille fois plus grande, le diamètre de l'orbite terrestre, qui allait permettre à son tour de servir d'unité pour déterminer la distance des étoiles les plus proches. Leur parallaxe, mesurée à six mois d'intervalle à deux points diamétralement opposés de la Terre sur son orbite, n'est que d'une fraction de seconde d'arc. Il fallut attendre un siècle et demi pour que les progrès des lunettes astronomiques permettent de déterminer ces angles minuscules et de placer ces étoiles à quelques dizaines de milliers d'unités astronomiques. La lumière mettait pour nous parvenir d'elles non plus huit minutes et demie comme celle qui nous vient du Soleil, mais plusieurs années.

La vitesse finie de la lumière, dont la mesure avait été le rêve de Galilée, ajoutait un paramètre essentiel à l'astronomie, celui du temps. La lumière que nous voyons aujourd'hui est partie d'une étoile proche il y a des années. Depuis les étoiles lointaines, dont la distance à la Terre ne put être estimée que beaucoup plus tard par d'autres méthodes, c'est pendant des millions, voire des milliards d'années que la lumière a voyagé avant de nous parvenir aujourd'hui. En la recevant, nous pouvons déchiffrer des informations sur le passé lointain de l'Univers. L'astronomie, née dans l'Antiquité comme une science de l'espace, était amenée à devenir l'astrophysique, une science de l'espace et du temps, dont le but ultime est d'étudier la cosmologie, l'histoire de l'Univers. On en était encore loin à l'époque de Cassini et de Römer, mais il est intéressant de se rappeler que cette science était déjà en germe dans les observations astronomiques du Grand Siècle de Louis XIV.

Les progrès de l'astronomie observationnelle au XVIIe siècle vinrent du perfectionnement des instruments d'optique constitués de lentilles. Leur taille qui obéissait depuis des siècles à des recettes empiriques devint mieux contrôlée et plus précise lorsque les lois de propagation des rayons lumineux dans l'air et dans la matière transparente furent établies. La méthode scientifique basée sur une observation précise des phénomènes naturels, conduisant à une formulation mathématique précise, trouva ainsi l'une de ses premières applications.

La science de la lumière devient quantitative : Descartes et La Dioptrique

Le premier à appliquer systématiquement cette méthode à l'étude de la propagation de la lumière fut Descartes. Dans la suite du *Discours de la méthode,* il rédigea un traité d'optique publié en 1637, *La Dioptrique,* dans lequel il présenta ses vues sur la nature de la lumière et exposa les lois de la réflexion et de la réfraction des rayons lumineux. Contrairement à Galilée, il supposait que ces rayons se propagent avec une vitesse infinie (c'était avant les observations de Römer) et il ne disait rien de très clair sur leur nature. Il supposait simplement que l'espace apparemment vide était rempli de particules rigides, de nature différente de celles qui formaient la matière ordinaire, dans lequel la lumière baignait. Il décrivait ainsi une des premières versions de l'éther, ce milieu mystérieux qui allait pendant encore deux siècles et demi intriguer les physiciens. C'étaient ces particules d'éther qui transmettaient instantanément, des sources lumineuses aux objets matériels qui la réfléchissaient ou la réfractaient ou bien encore à l'œil d'un observateur, une « tendance au mouvement » qu'était la lumière.

L'instantanéité de la propagation lumineuse était due à l'infinie rigidité des particules qui constituaient cet éther. Bien que la lumière ait pour lui une vitesse infinie et ne soit pas associée à un mouvement, il fut bien obligé pour comprendre le chemin des rayons lumineux de faire une analogie entre ces rayons et les trajectoires de corps se mouvant réellement dans l'espace. Il assimila le rebond d'une balle sur un sol plan à la réflexion de la lumière sur un miroir ou sur une surface plane séparant l'air d'un milieu transparent, ce qu'on appelle un dioptre plan. Il retrouva ainsi la loi connue depuis l'Antiquité qui dit que la lumière est réfléchie dans le plan défini par le rayon incident et la normale au dioptre et que l'angle de réflexion est égal à l'angle d'incidence.

Descartes s'attaqua ensuite au problème de la réfraction, le fait que lorsqu'un rayon lumineux rencontre un dioptre, une partie de la lumière y pénètre sous un angle différent de l'angle d'incidence sur le milieu. L'angle du faisceau réfracté est donné par la fameuse loi des sinus, aussi appelée loi de Snell, parce que ce physicien hollandais l'avait établie quelques années auparavant, sans qu'apparemment Descartes l'ait su. Pour les lecteurs qui n'auraient qu'un vague souvenir de Pythagore et de sa géométrie du triangle, je rappelle que dans un triangle rectangle, le sinus de l'angle formé par l'hypoténuse et un côté de l'angle droit s'obtient en divisant la longueur de l'autre côté par l'hypoténuse. C'est un nombre qui varie de 0 à 1 lorsque l'angle augmente de 0 à 90°.

La loi de Snell dit que le rapport des sinus des angles d'incidence et de réfraction de la lumière au passage d'un dioptre plan entre deux milieux est un nombre fixe, indépendant de la direction d'incidence et ne dépendant que de la nature des deux milieux (par exemple l'air et l'eau ou encore l'air et le verre). Les angles en question sont ceux que forment les rayons avec la normale au plan du dioptre. Lorsque la lumière passe de l'air à un milieu transparent plus dense, le rayon lumineux est défléchi vers la normale et l'angle de réfraction est plus petit que l'angle d'incidence. Le rapport des sinus est alors un nombre plus grand que 1. Dans le langage de la physique moderne, ce nombre est ce qu'on appelle l'indice de réfraction du milieu par rapport à l'air.

René Descartes
(1596-1650)

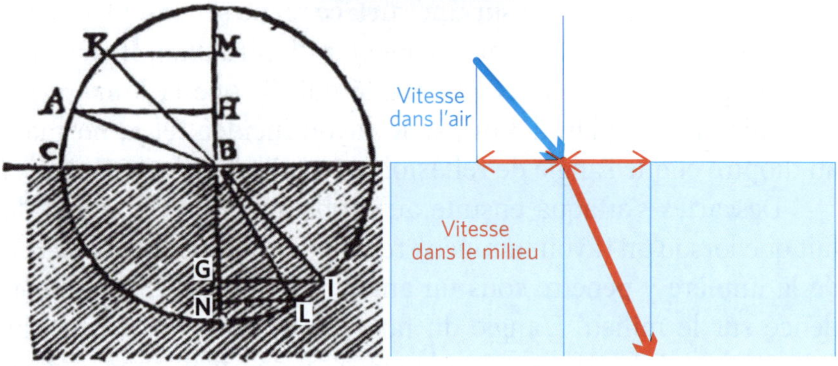

(a) (b)

Figure II.5. (a) La loi des sinus illustrée dans *La Dioptrique* : les rayons AB et KB sont réfractés respectivement en BI et BL. Le rayon du cercle BA = BK étant pris pour l'unité, les sinus des angles d'incidence et de réfraction sont donnés par les longueurs AH et GI pour le rayon issu de A, par celles de KM et NL pour le rayon issu de K. La loi des sinus exprime que les rapports AH/GI et KM/NL sont égaux. (b) Schéma montrant qu'une balle se propage plus vite dans le milieu transparent que dans l'air si sa trajectoire s'infléchit vers la normale au dioptre en gardant constante la projection horizontale de sa vitesse. Le rapport des vitesses dans le milieu et dans l'air est alors égal à celui, plus grand que l'unité, des sinus des angles d'incidence et de réfraction.

Le contraire se produit lorsque le rayon sort du milieu le plus dense pour aller dans l'air. Le rapport des sinus de l'angle incident et de l'angle d'émergence dans l'air est plus petit que l'unité et le rayon ressort sous un angle rapporté à la normale plus grand que l'angle d'incidence. Pour un certain angle d'incidence critique, le sinus de l'angle de sortie atteint l'unité et le rayon sortant, faisant un angle de 90° avec la normale à la surface, émerge parallèlement à celle-ci. Si l'angle d'incidence augmente encore, il n'y a plus de rayon émergent. Le rayon atteignant le dioptre est totalement réfléchi dans le milieu.

Ces résultats avaient été observés empiriquement depuis l'Antiquité pour les petites inclinaisons des rayons par rapport à la normale au dioptre. Dans ces cas, les sinus sont approximativement proportionnels aux angles. Descartes, retrouvant la loi de Snell, étendit la formule aux inclinaisons quelconques, en remplaçant les angles par leurs sinus. Pour justifier ce résultat, établi sur des observations empiriques, il reprit l'analogie de la balle rencontrant une surface plane en considérant que la composante de son mouvement parallèle à la surface n'était pas modifiée. Il fit de plus l'hypothèse que sous l'effet de son interaction avec le milieu, la vitesse de la balle virtuelle représentant la lumière change dans un rapport constant, indépendant de l'angle d'incidence. Il retrouva alors la loi des sinus, mais son analogie mécanique le conduisit à un résultat paradoxal. Si, comme on s'y attendrait intuitivement, la vitesse de la balle diminuait en traversant de l'air vers le milieu transparent plus dense, elle devrait s'éloigner de la perpendiculaire au dioptre, alors que le rayon lumineux s'en rapproche. Il lui fallut donc admettre que la lumière, contrairement à un projectile matériel, a plus de facilité à pénétrer dans l'eau que dans l'air. Descartes introduisit ainsi la notion de facilité augmentée pour la lumière à la pénétration dans la matière, comme une attraction entre la lumière et le milieu transparent.

Ce modèle de balles se propageant avec une vitesse finie pour représenter ce qu'il considérait comme une tendance au mouvement instantané présentait une contradiction interne évidente. Newton allait s'en affranchir quelques années plus tard en affirmant que la lumière était constituée de particules réelles, se propageant à vitesse finie. La loi des sinus impliquait que ces particules devaient aller plus vite dans l'eau que dans l'air, tout comme les balles virtuelles du raisonnement de Descartes.

En s'appuyant sur des analogies et des concepts flous comme celui de facilité de la lumière à pénétrer un milieu, Descartes exprimait la perplexité de son temps sur la nature réelle de la lumière qui restait mystérieuse, même si l'on commençait à bien comprendre les lois de sa propagation dans l'air et dans les milieux transparents. Le mérite de Snell et de Descartes a été de déduire de l'observation des phénomènes optiques de réflexion et de réfraction une loi mathématique quantitative rendant bien compte des phénomènes observés. Il manquait cependant une théorie satisfaisante pour justifier cette loi.

La nature agit par les voies les plus courtes et les plus simples : le principe de Fermat

Pierre de Fermat fut l'un des premiers, dans les années 1650, à relever les contradictions de *La Dioptrique*. Il comprit qu'elles pouvaient être résolues si on admettait que la lumière avait une vitesse finie (notons que c'était toujours avant Römer) et que dans un milieu matériel comme l'eau ou le verre, cette vitesse était plus petite que dans l'air. Le rapport des sinus était celui des vitesses correspondantes dans les deux milieux. Pour arriver à ce résultat, il fallait renoncer à l'analogie entre lumière et projectiles matériels. Sans s'interroger davantage sur la nature des rayons lumineux, Fermat montra que la loi des sinus comprise comme une loi des rapports de la vitesse de la lumière dans les milieux traversés pouvait s'exprimer d'une façon encore plus fondamentale et plus simple :

> Pour aller d'un point à un autre un rayon lumineux suit un chemin qui lui prend un temps minimal par rapport à tous les chemins voisins.

C'est, exprimé en langage moderne, le fameux principe de Fermat qui allait, jusqu'à nos jours, avoir une importance considérable en optique et en physique en général. Pour le justifier, Fermat s'appuyait sur un principe d'économie, selon lequel « la nature agit toujours par les voies les plus courtes et les plus simples ». Ce principe explique que dans un milieu homogène la lumière se propage en ligne droite. Il rend compte également de la loi de la réflexion car il est clair que si un rayon doit aller d'un point à un autre en rencontrant sur son chemin un miroir, le chemin le plus court est celui qui rencontre l'obstacle au point pour lequel l'angle d'incidence est égal à l'angle de réflexion. Tout autre point sur le miroir correspond à un chemin plus long, comme on peut s'en convaincre par un simple dessin.

Le même principe permet de retrouver la loi de la réfraction. Si la lumière partant de l'air doit atteindre un point dans l'eau situé dans une direction oblique par rapport à la limite entre ces deux milieux, elle mettra un temps minimum si elle parcourt plus de chemin dans l'air où elle va plus vite, et moins dans l'eau où elle est ralentie. Le chemin optimal correspond précisément à la loi de Snell-Descartes, avec un angle d'incidence plus grand dans l'air que l'angle de réfraction dans l'eau. L'analogie qui est souvent présentée pour comprendre ce résultat est celle d'un maître-nageur qui aperçoit un baigneur en train de se noyer. Pour mettre le moins de temps possible à le secourir, il lui faut courir obliquement le long de la plage jusqu'à être proche de l'aplomb du point où se trouve la personne en détresse. Le point où il se met à l'eau est donné par la loi des sinus, dont le rapport est égal à celui, plus grand que l'unité, des vitesses du sauveteur courant sur la plage et nageant dans la mer.

Le principe de Fermat se généralise à des situations où la lumière doit traverser toutes sortes de dioptres ou de milieux non homogènes où l'indice peut varier continûment. Il explique en particulier la formation des mirages. Au voisinage d'une surface de terrain chauffée par le soleil, l'air chaud est moins dense que plus loin du sol et la lumière s'y propage un peu plus vite. Les rayons lumineux qui vont du sommet d'un arbre ou du clocher d'une église vers votre œil, au lieu d'aller en ligne droite, vont aller chercher le chemin de temps minimum en suivant une trajectoire courbe qui les amène près du sol avant de remonter vers vous. En extrapolant en ligne droite la direction des rayons lumineux qui vous atteignent, vous avez l'impression qu'ils proviennent d'images situées de l'autre côté du sol. La couche d'air

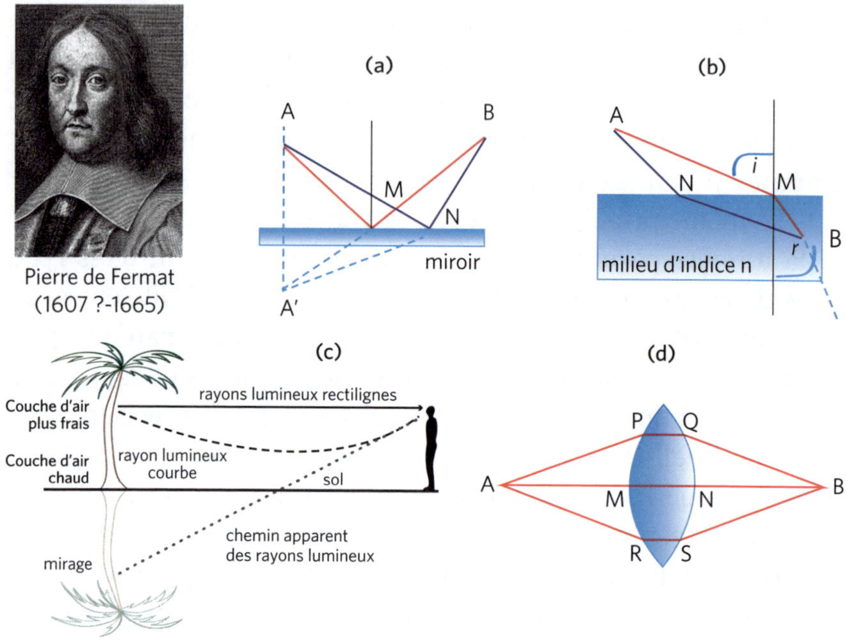

Figure II.6. Principe de Fermat. (a) Loi de la réflexion : pour aller de A en B, la lumière se réfléchit en M, tel que AMB soit de longueur minimum par rapport à tous les autres chemins (dont un exemple est ANB). M est l'intersection du miroir avec la droite joignant B à l'image A' de A. L'angle d'incidence est alors égal à l'angle de réflexion. (b) Loi de la réfraction : pour aller de A dans l'air à B dans un milieu d'indice $n > 1$, la lumière suit le trajet AMB qui lui fait parcourir plus de chemin dans l'air où elle va plus vite. Le point M de contact avec le dioptre est celui pour lequel le rapport des sinus des angles d'incidence i et de réflexion r est égal à n. Sur le chemin non minimal ANB la lumière gagne du temps dans l'air (AN < AM), mais en perd davantage dans le milieu où elle est plus lente (NB > MB). (c) Les mirages : la lumière s'incurve vers le sol chaud où elle va plus vite et le rayon qui atteint l'œil donne l'impression que le palmier se reflète dans le sol. (d) Focalisation des lentilles en verre : pour aller de A à B, la lumière suit tous les chemins de temps égaux AMNB, APQB, ARSB… Plus les rayons s'inclinent sur la normale à la lentille, plus les trajets dans l'air s'allongent, mais le retard sur ces chemins est compensé par la diminution des temps de trajet dans le verre.

chaud se comporte comme la surface d'un lac ou d'un miroir qui réfléchirait le ciel et les objets du paysage qui vous entoure.

Le principe de Fermat permet aussi d'expliquer de façon simple les propriétés des lentilles convergentes qui forment d'un point source une image quasi ponctuelle. Descartes avait donné une explication de ce phénomène essentiel du fonctionnement des instruments d'optique – lunettes et microscopes qui venaient d'être inventés – à partir de sa loi des sinus. Le principe de Fermat en donne une image intuitive plus simple, si on en modifie légèrement l'énoncé.

En fait, une formulation plus exacte de ce principe dit que la lumière suit les trajectoires pour lesquelles le temps de parcours est stationnaire par rapport à de faibles variations de part et d'autre de ces chemins. C'est généralement le cas d'un chemin de temps de parcours minimal mais il peut se trouver des situations où ce temps est maximal au contraire. Il y a aussi des situations où le temps de parcours entre deux points reste le même pour un grand nombre de chemins voisins reliant ces deux points. C'est précisément le cas des rayons reliant les points objet et image situés sur l'axe d'une lentille en verre convergente, dont les surfaces sont des calottes sphériques convexes. Le rayon géométriquement le plus court allant de l'objet à l'image est le segment de ligne droite passant par le centre de la lentille, qui traverse sa section la plus épaisse.

Les rayons obliques qui s'éloignent de ce chemin géométrique de longueur minimale traversent une région plus grande dans l'air, mais plus courte dans les parties plus fines sur les bords de la lentille. Le temps perdu par la lumière dans l'air, où elle va plus vite, est compensé par le temps plus court qu'elle met à traverser le verre, où elle va plus lentement. Les temps de parcours de la lumière sont ainsi les mêmes pour tous les chemins joignant les points objet et image suivant des trajectoires dans l'air plus ou moins obliques. Tous ces chemins obéissent au principe de Fermat au sens large, et contribuent à former l'image au point de convergence. Il faut pour cela qu'il y ait une relation bien définie entre les distances de l'objet et de l'image au centre de la lentille et un paramètre de la lentille qu'on appelle sa distance focale qui dépend de la géométrie des calottes sphériques qui la constituent. Cette distance focale, qui mesure la puissance de convergence de la lentille, est aussi fonction du rapport entre les vitesses de la lumière dans l'air et dans le verre, ce qu'on appelle en langage moderne l'indice de réfraction du milieu transparent. Ces règles de l'optique géométrique, analysées dans *La Dioptrique* de Descartes à l'aide de la formule des sinus, trouvent une interprétation géométrique très parlante à partir du principe de Fermat.

Ce principe constitue, avec les lois de Newton de la mécanique, ce qu'on peut considérer comme l'une des toutes premières théories quantitatives de la physique. Partant d'une constatation empirique, la loi des sinus satisfaite par les rayons réfractés dans un milieu matériel, elle énonce une loi simple, celle du temps de parcours stationnaire de la lumière. Ce principe permet d'expliquer d'autres phénomènes – les mirages, les lois de la convergence des lentilles – et de faire une prédiction non encore vérifiée expérimentalement à l'époque, le fait que la lumière va moins vite dans un milieu transparent que dans l'air ou le vide. Et, point essentiel, cette théorie est minimale au sens où elle ne fait pas d'hypothèses gratuites sur ce qu'on ne connaissait pas, qu'il s'agisse de la nature de la lumière elle-même ou du milieu qu'elle traverse, ou encore de la plus ou moins grande tendance qu'elle peut avoir à passer d'un milieu à un autre.

Dans l'analyse du principe de Fermat, j'ai employé une expression anthropomorphique en disant que la lumière « cherchait » le chemin de temps minimum. Cette expression a-t-elle un sens ? Comment la lumière sent-elle que le chemin qu'elle suit est de temps minimal ou stationnaire ? Nous savons maintenant qu'en fait, oui, la lumière a un moyen de chercher ce chemin car son caractère ondulatoire lui permet de s'étendre sur de petites distances autour de ce chemin, de l'ordre de ce qu'on appelle aujourd'hui sa longueur d'onde. Il faudra du temps, près d'un siècle et demi après l'énoncé du principe de Fermat, pour que cette notion de longueur d'onde soit clairement établie. On en voit cependant les prémices dans le *Traité de la lumière* publié par Huygens en 1690.

Huygens et la théorie des ondes lumineuses

Cet ouvrage, commencé alors que Huygens était membre de l'Académie royale des sciences, est écrit en français. Mais, signe de ces temps troublés, il ne fut publié qu'après que son auteur eut dû revenir en Hollande, chassé de France par la révocation de l'édit de Nantes. Le *Traité de la lumière* est un des grands livres de l'histoire des sciences qui jette un regard neuf sur la lumière et établit des principes qui allaient survivre au passage du temps. Huygens ne reprend plus l'analogie de la balle de Descartes, mais en choisit une autre, celle du son. Il dit que la lumière, comme le son, est une onde se propageant dans l'espace. Mais alors que le son est une vibration de l'air, la lumière est la vibration d'un milieu hypothétique, l'éther, dont il cherche à décrire les propriétés.

La lumière selon Huygens est donc une onde, faite d'une succession de vibrations qui se déplacent dans l'espace. La vitesse de cette onde venait d'être déterminée par Römer à l'Observatoire royal de Paris, là où Huygens avait lui-même observé Saturne et ses anneaux dans les années 1670. Dans le *Traité*, Huygens reprend les calculs de Römer et estime la vitesse de la lumière à six cent mille fois celle du son (la valeur exacte est plutôt un million, mais l'ordre de grandeur était le bon). Sans se prononcer sur la nature exacte de l'éther, il l'envisage, à la façon de Descartes, comme constitué de particules dures qui transmettent les vibrations lumineuses par chocs élastiques.

L'analogie avec le son qui se propage par les effets de compression et de dilatation de l'air est faite, mais Huygens précise que l'éther ne peut être l'air puisque la lumière se propage dans un volume vide d'où l'air a été pompé ou dans des milieux transparents, dans lesquels l'air ne pénètre pas. Huygens insiste sur le fait que ce ne sont pas les particules d'éther qui se déplacent à la vitesse gigantesque de la lumière. Elles ne font que bouger autour de leur position d'équilibre au fur et à mesure qu'elles sont atteintes de proche en proche par l'ébranlement de l'onde. Il en est de même des particules d'air qui ne se déplacent pas à la vitesse du son mais vibrent sur place, ou encore de l'eau qui monte et descend sur place quand une onde ride la surface d'un étang.

Comme dans ces exemples simples, les ondes lumineuses émises par des sources ponctuelles dans un milieu homogène sont sphériques, s'éloignant de leur origine en cercles concentriques. Ces ondes peuvent rencontrer des obstacles, se propager dans des milieux dans lesquels la vitesse de la lumière change. Pour déterminer la façon dont une onde lumineuse se propage de proche en proche, Huygens énonça un principe simple. Il considéra que chaque point éclairé à un instant donné devient une source virtuelle ponctuelle émettant une ondelette sphérique dont l'amplitude est proportionnelle à celle de l'onde qui a atteint ce point et dont l'état de vibration est identique à celui de cette onde. La lumière rayonnée au-delà d'une surface donnée résulte de l'addition de toutes les ondelettes auxiliaires émises par les sources virtuelles distribuées sur cette surface. Si on connaît l'état de la lumière sur la surface, on peut donc en déduire ce que sera le rayonnement qui se propage plus loin, sans avoir à connaître les propriétés des sources physiques réelles situées derrière cette surface.

L'onde lumineuse était ainsi selon Huygens une succession d'ébranlements de l'éther se propageant de proche en proche. Les surfaces de l'onde lumineuse sont, comme on le sait maintenant, l'ensemble des points où l'onde vibre avec une même phase. Elles étaient, pour Huygens, les enveloppes des ondelettes émises par les sources auxiliaires définies de proche en proche sur les surfaces atteintes par l'onde à des intervalles de temps égaux. Le rayon lumineux passant par un point était la ligne qui joint ce point, considéré comme une source d'ondelette secondaire, au point de contact de cette ondelette avec l'enveloppe de toutes les ondelettes issues de ce point et des points voisins.

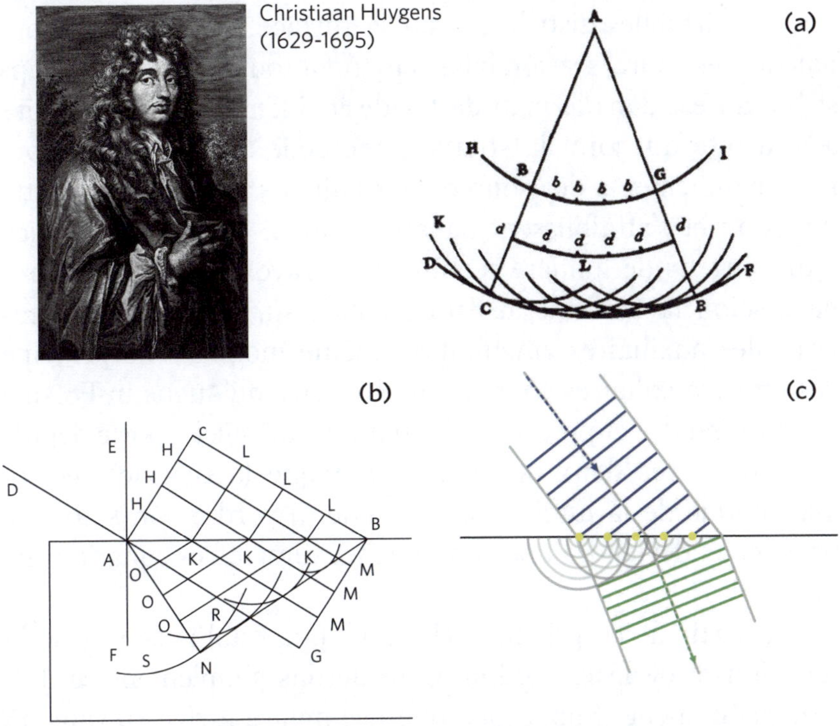

Figure II.7. (a) Figure du *Traité de la lumière* illustrant le principe de Huygens : l'onde émise par la source A au-delà d'un front d'onde sphérique apparaît comme l'enveloppe des ondes auxiliaires émises par des sources virtuelles réparties sur ce front d'onde. (b) Figure d'après le *Traité* illustrant la loi de la réfraction de la lumière passant de l'air (*en haut*) à un milieu d'indice $n > 1$ (*en bas*) : les fronts d'ondes planes inclinés sur le plan du dioptre l'atteignent aux points K, à des instants se succédant à intervalles réguliers. Chaque point rayonne une onde dans le milieu inférieur. L'enveloppe de ces ondes forme des plans parallèles plus resserrés que dans l'air, dont la normale se rapproche de celle du dioptre. (c) Représentation simplifiée montrant explicitement les ondes sphériques secondaires émises par chaque point du dioptre atteint à des instants successifs par les ondes planes incidentes *(Wikimedia Commons)*.

Huygens essaya d'expliquer à partir de cette idée simple pourquoi la lumière se propage dans un milieu homogène en ligne droite, selon des rayons rectilignes. Si on interpose un écran percé d'une ouverture devant une source ponctuelle de lumière, tout se passe derrière l'écran comme si c'étaient des sources virtuelles distribuées sur la surface du trou qui rayonnaient. Ces sources secondaires émettent toutes en même temps si l'écran est dans le plan de l'onde incidente, perpendiculaire à la droite qui joint la source ponctuelle au centre du trou. Les rayonnements des sources auxiliaires s'ajoutent dans cette direction et s'affaiblissent dans les autres, donnant naissance à un pinceau de lumière rectiligne. Le rayon lumineux se propage selon la normale au front d'onde sur lequel les sources virtuelles auxiliaires émettent au même moment. Ce principe des ondes auxiliaires énoncé par Huygens, qu'Augustin Fresnel allait reprendre et préciser au début du XIXᵉ siècle, porte depuis le nom de ces deux physiciens. Lorsque la théorie électromagnétique de la lumière sera établie, il perdra son statut de principe et deviendra une conséquence directe des équations de Maxwell.

À partir de ce principe, Huygens put établir les lois de la réflexion et de la réfraction. Considérons simplement ce dernier phénomène. Supposons que la lumière arrive suivant un angle d'incidence oblique sur un dioptre séparant l'air d'un bloc de verre et analysons ce qui se passe dans le plan d'incidence défini par la direction du faisceau incident et la normale au dioptre. Les ondes sphériques rayonnées dans le verre par les sources secondaires distribuées le long de la ligne du dioptre sont plus resserrées dans le verre que dans l'air si la lumière s'y propage plus lentement. Ces ondes admettent une enveloppe se propageant dans une direction différente de celle du front d'onde incident, faisant avec la normale au dioptre un angle plus petit. Une simple analyse géométrique permet de retrouver la loi des sinus, dont le rapport est celui des vitesses de la lumière dans les deux milieux. Ce résultat est conforme à ce que pensait Fermat.

Le lecteur qui connaît l'optique sera frappé du fait que j'ai évité jusqu'à maintenant d'évoquer les concepts de longueur d'onde ou d'interférence. Nous savons à présent que la lumière se décompose en ondes monochromatiques, oscillant avec une période bien définie et se propageant dans l'espace en présentant des ondulations dont les crêtes successives sont séparées par une distance définissant ce qu'on appelle la longueur d'onde. Cette notion ne sera introduite que plus d'un siècle plus tard, par Young et Fresnel.

Il est ainsi frappant que, s'il parle d'onde pour la lumière, Huygens ne mentionne jamais la périodicité spatiale du rayonnement. L'explication est que les longueurs d'onde optiques sont trop petites, de l'ordre d'une fraction de micron, pour être résolues dans les expériences simples qu'il pouvait faire. La longueur d'onde est la distance parcourue par la lumière en une période. Malgré la valeur énorme de la vitesse de la lumière, son produit par la période de l'oscillation lumineuse est minuscule, et n'était pas mesurable au XVIIe siècle. Cela reflète le fait que la période optique, le temps d'une vibration de l'onde lumineuse, est extrêmement court, de l'ordre d'un millionième de milliardième de seconde. Huygens et ses contemporains ne pouvaient imaginer des distances et des temps aussi petits que les longueurs d'onde et les périodes optiques. Il fallut attendre le XIXe siècle pour commencer à explorer ces mystères.

Parmi les effets que Huygens ne décrivit pas, mentionnons également la diffraction de la lumière par de petits obstacles, qui avait été étudiée avant lui par le prêtre Grimaldi. Le raisonnement que j'ai rappelé plus haut pour expliquer la propagation rectiligne de la lumière issue d'un diaphragme n'est valable que si son diamètre est grand devant la longueur d'onde de la lumière. La lumière rayonnée à travers de tout petits trous diverge à la sortie et présente une distribution d'intensité avec une alternance de zones éclairées et des franges sombres. Ce phénomène, déjà étudié par Grimaldi, allait être décrit à nouveau quelques années plus tard par Newton. Il ne sera vraiment compris qu'au XIXe siècle.

Dans son *Traité de la lumière*, Huygens donna aussi la première description d'un phénomène étrange de formation de

Figure II.8. Double réfraction d'un cristal de spath d'Islande : chacune des croix dessinées sur la feuille noire donne en transmission deux images polarisées à angle droit.

double image que l'on observe lorsque la lumière traverse les cristaux transparents d'une substance que des marins et commerçants avaient rapportée d'un voyage dans les mers boréales, le spath d'Islande. Il s'agit d'un cristal de forme rhomboédrique, une sorte de cube ou de parallélépipède qu'on aurait aplati en compressant deux sommets opposés. Lorsqu'on regardait un objet à travers ce cristal, par exemple une croix tracée sur une feuille de papier, on voyait apparaître cette dernière deux fois. En tournant le cristal, une des images restait fixe et l'autre tournait autour d'elle. Un rayon arrivant normalement à la face d'entrée donne ainsi deux rayons, l'un non dévié, qui suit la règle des sinus, le rayon ordinaire, et l'autre, qui s'en écarte, le rayon dit extraordinaire. C'est ce qu'on a appelé depuis le phénomène de biréfringence.

Ces cristaux avaient une autre propriété étrange. Si on suivait le rayon ordinaire après qu'il avait traversé un premier cristal et qu'on le présentait à un second cristal de spath identique, orienté de la même manière, ce rayon traversait le second cristal sans être dévié. Mais si on tournait le second cristal de 90°

autour de la direction du rayon, celui-ci était dévié et devenait le rayon extraordinaire ! L'expérience révélait ainsi une caractéristique de la lumière liée à son comportement non invariant par rotation autour de sa direction de propagation. Il s'agit de ce qu'on appelle depuis le phénomène de polarisation. Nous savons maintenant que la lumière est une vibration transversale, correspondant à l'oscillation d'un champ électrique dans une direction normale à celle de la propagation de l'onde. Le cristal de spath a la propriété de séparer spatialement les ondes dont le champ électrique vibre dans des directions orthogonales. Par son expérience, Huygens révélait ce phénomène pour la première fois et démontrait les propriétés de polariseur et d'analyseur d'un cristal de spath, qui ne devaient être vraiment comprises que beaucoup plus tard. Il ne réalisa pas que le comportement étrange de la lumière qu'il avait ainsi entrevu était lié au fait que l'onde lumineuse était une vibration transversale par rapport à la direction des rayons. Il put cependant donner une interprétation qualitative correcte de la biréfringence.

La propagation du rayon ordinaire était due au fait qu'il générait sur la surface d'entrée du cristal des ondelettes sphériques, conduisant à une réfraction obéissant à la loi des sinus. Le rayon extraordinaire produisait quant à lui des ondelettes dont la surface d'onde était ellipsoïdale, ce qui devait traduire le fait que la lumière associée à ces ondes se propageait à des vitesses différentes suivant sa direction. Le rayon extraordinaire suivait la direction définie par le centre de chaque ondelette sur la surface du dioptre et le point de contact dans le cristal de l'enveloppe de ces ondes oblongues non sphériques. Cette direction était anormale par rapport à la loi des sinus, d'où le nom donné à ce rayon.

Ces expériences illustrent le génie d'expérimentateur de Huygens, déjà révélé par ses études mécaniques du pendule. Ses expériences sur le cristal de spath montrèrent pour la première fois l'anisotropie de certains milieux transparents, le fait que la lumière qui les traverse peut se propager à des vitesses différentes suivant la direction de ses rayons. Qu'un rayon incident puisse donner deux rayons réfractés traduisait aussi, de façon implicite, un principe de superposition. La lumière naturelle devait posséder deux composantes se superposant dans le rayon lumineux incident, l'une donnant lieu à des ondes secondaires sphériques sur la surface du cristal et l'autre à des ondes ellipsoïdales. Ces deux composantes sont associées, nous le savons maintenant, à deux directions orthogonales de la polarisation transversale de la lumière. Il fallut, pour bien comprendre le phénomène et faire le lien entre polarisation et biréfringence, attendre le début du XIXe siècle et les expériences de Malus observant la lumière du soleil reflétée par les vitres du palais du Luxembourg. Mais Huygens avait bien préparé le terrain en s'attachant à décrire avec précision les propriétés optiques bizarres d'un petit bout de roche ramené d'une expédition lointaine.

Il est aussi remarquable que Huygens ait, malgré les limitations que je viens de mentionner, pu poser les bases qui devaient un siècle plus tard conduire aux expériences d'interférence que je décrirai plus loin. Ces expériences illustrent le principe fondamental de l'optique (et plus tard de l'électromagnétisme), que je viens déjà d'évoquer au sujet de la biréfringence, celui de la superposition des ondes. Huygens en a eu encore l'intuition quand il remarqua que plusieurs ondes peuvent se propager dans un milieu sans se perturber, en ajoutant leurs effets sur l'éther qui pouvait répondre indépendamment à des sollicitations venant de sources lumineuses différentes. Huygens nota que les rayons lumineux provenant de sources diverses se croisaient dans l'espace sans entrer en collision entre elles, contrairement à ce que feraient des particules matérielles. Deux observateurs peuvent voir des objets différents même si les trajectoires des rayons lumineux formant les images de ces objets se chevauchent. Ce que voit l'un n'est en rien perturbé par ce que voit l'autre. Ce principe de superposition se généralisera bien plus tard à la physique quantique, avec des conséquences étranges.

Il est juste de rappeler que l'hypothèse ondulatoire de la lumière avait été envisagée par d'autres savants avant Huygens, notamment par l'Italien Grimaldi, l'Anglais Hooke et le père Pardies, un physicien français mort en 1673 avant d'avoir pu publier les résultats de ses travaux. Huygens est cependant le premier à avoir construit une théorie ondulatoire cohérente expliquant dans un cadre général un grand nombre de phénomènes lumineux. Cette primauté de Huygens et l'importance du principe qu'il avait découvert ont été résumées en ces termes par Leibniz dans une lettre qu'il adressa à Huygens quelques mois avant la mort de ce dernier, en juin 1694 :

> Assurément M. Hooke et le père Pardies n'avaient garde d'arriver à l'explication des lois de la réfraction par les pensées qu'ils avaient sur les ondulations. Tout consiste dans la manière dont vous vous êtes avisé de considérer chaque point du rayon comme rayonnant et de composer une onde générale de ces ondes auxiliaires.

Newton, les particules lumineuses et la couleur

Le *Traité de la lumière* de Huygens ne dit rien sur la couleur. Nous savons aujourd'hui que cette propriété essentielle du rayonnement est associée à la fréquence des vibrations lumineuses, les couleurs de l'arc-en-ciel correspondant à des rayonnements dont les longueurs d'onde s'étalent entre 0,4 (pour le bleu) à 0,7 micron (pour le rouge). Ne pouvant ni estimer ni mesurer de telles dimensions, Huygens n'a pas donné d'interprétation des couleurs dans son traité. Paradoxalement, c'est Newton qui, dans son grand ouvrage *Opticks*, publié en 1704, s'attache à traiter de cette question, alors qu'il ne croyait pas à la nature ondulatoire du rayonnement. Newton y décrit ses fameuses expériences sur la dispersion de la lumière blanche, réalisées dans les années 1670, dont Huygens avait certainement dû avoir connaissance.

Le sous-titre de l'ouvrage : *Traité sur les réflexions, réfractions, inflexions et couleurs de la lumière* résume bien toutes les questions abordées par Newton. Je passerai sur toute la partie du livre qui traite des lois de la propagation des rayons dans les milieux transparents. Adoptant un point de vue voisin de celui de Descartes, il retrouve les lois des sinus en faisant l'hypothèse corpusculaire décrivant la lumière comme un ensemble de particules se déplaçant en ligne droite dans un milieu homogène et subissant des influences changeant leurs trajectoires aux interfaces. Ce modèle dans lequel il considère que les particules lumineuses sont attirées en entrant dans un milieu transparent par une force normale au dioptre qui le sépare de l'air le conduisit à admettre, contrairement à Fermat et à Huygens, que la lumière se propage plus vite dans les milieux transparents que dans l'air.

C'est l'analyse de la dispersion de la lumière qui fait de cet ouvrage un des grands livres de la physique. Newton y détaille les fameuses expériences dans lesquelles il a utilisé des prismes pour décomposer la lumière du soleil en un spectre s'étalant du rouge au violet. Il a décrit comment la lumière blanche se retrouvait en recombinant les rayonnements de couleurs différentes. Il a correctement expliqué les propriétés dispersives du prisme en faisant l'hypothèse que les différentes couleurs correspondaient à des valeurs différentes du rapport des sinus d'incidence et de réfraction. En d'autres termes, la vitesse de la lumière dans un milieu matériel dépend de sa couleur. D'après Newton, la lumière bleue qui subit une plus grande déflexion devait se propager dans le verre plus vite que la lumière rouge. La théorie ondulatoire nous dit bien sûr le contraire.

Newton a également montré comment les couleurs pouvaient apparaître dans l'irisation de bulles de savon. Il a décrit en détail et de façon exacte les anneaux colorés qu'il observait lorsque la lumière blanche du soleil traversait une lentille sphérique posée sur une lame de verre plane, ce qu'on appelle depuis les *anneaux de Newton*. Il a également mentionné les couleurs apparaissant dans la diffraction de la lumière lorsqu'elle passe au voisinage de petits obstacles, remarquant par exemple l'irisation des toiles d'araignées éclairées sous un certain angle par la lumière du soleil. Il s'est également intéressé aux couleurs des plumes de paon. Nous savons maintenant qu'il s'agit dans tous ces cas de phénomènes d'interférence et de diffraction qui manifestent le caractère ondulatoire du rayonnement. Le paradoxe de l'ouvrage est qu'il décrit avec minutie et de façon exacte, par de belles expériences qui étaient

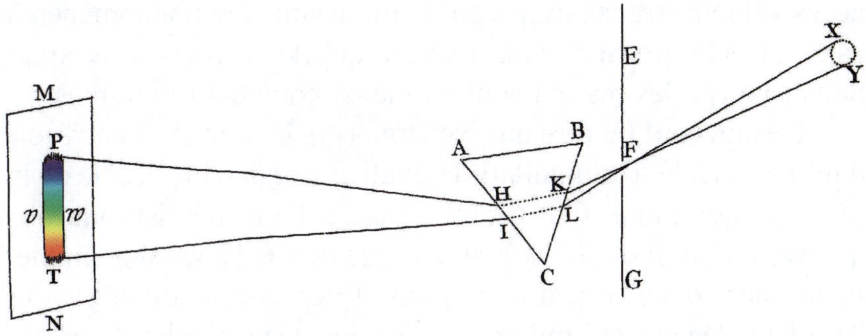

Figure II.9. Dessin 13 du Chapitre I de l'*Opticks* de Newton montrant son premier dispositif de dispersion de la lumière du soleil (disque XY) pénétrant dans sa chambre noire par le trou F percé dans le volet EG. La tache de largeur vw et de longueur TP observée après traversée du prisme ABC sur la feuille de papier MN est allongée et colorée. Le spectre a été ajouté. Newton, dont les figures étaient des dessins à l'encre, donne simplement une description qualitative de ce spectre en précisant que le bord T (le moins dévié) est rouge et le bord P (le plus dévié) violet.

des tours de force pour l'époque, des phénomènes que sa théorie corpusculaire de la lumière était incapable de vraiment expliquer.

Même s'il ne fut pas à même de présenter une théorie convaincante des couleurs, il faut noter que son extraordinaire intuition physique fit comprendre à Newton que les couleurs observées dans ses expériences devaient dépendre d'un phénomène faisant « sentir » aux corpuscules lumineux la distance entre les surfaces qu'ils traversaient dans ses expériences de lames minces. Il imagina qu'en atteignant ces surfaces, les particules de lumière induisaient une perturbation dans le milieu transparent, qu'il appela *fit* en anglais. Cette perturbation se propageait d'un dioptre à l'autre et induisait, suivant la séparation des deux surfaces, une plus grande tendance pour la particule à être réfléchie sur le dioptre d'entrée ou à être transmise. Ce *fit* newtonien peut apparaître comme une espèce de vibration donnant lieu à un phénomène de renforcement ou d'atténuation qui pousse les particules à être réfléchies ou transmises au niveau des dioptres d'entrée et de sortie de la lame. Ainsi, la théorie newtonienne considère la lumière comme un flux de particules se propageant dans l'espace et les milieux transparents, mais induisant des phénomènes à caractère vibratoire dans la matière qu'elles traversent et aussi dans l'œil qui les ressent sous forme de couleurs différentes.

Certains ont pu dire que Newton a été le premier à entrevoir dans ce modèle très qualitatif le dualisme onde-corpuscule de la physique quantique. Cela est très exagéré. La vérité historique est que cette notion de *fit* est restée vague et que Newton a simplement ancré dans l'esprit de la plupart des savants du siècle qui l'a suivi l'idée que la lumière était formée de particules discrètes.

Quoi qu'il en soit, les travaux de Newton sur la couleur ont conduit à de véritables révolutions dans l'instrumentation optique. Ses expériences sur le prisme ont été le point de départ de la spectroscopie, la science qui analyse les couleurs de la lumière absorbée et émise par la matière. Les spectres de Fraunhofer mentionnés au chapitre précédent qui nous ont révélé la présence des éléments présents dans l'Univers ont été enregistrés au XIXe siècle avec des appareils dont les prismes de Newton étaient les précurseurs.

Après avoir constaté que les lentilles des lunettes astronomiques produisaient des images aux bords colorés à cause de la dispersion des couleurs dans le verre, ce qu'on appelle les aberrations chromatiques, Newton décida de remplacer l'objectif de ces instruments par un miroir concave formant l'image des étoiles et des planètes à son foyer, par réflexion et non par

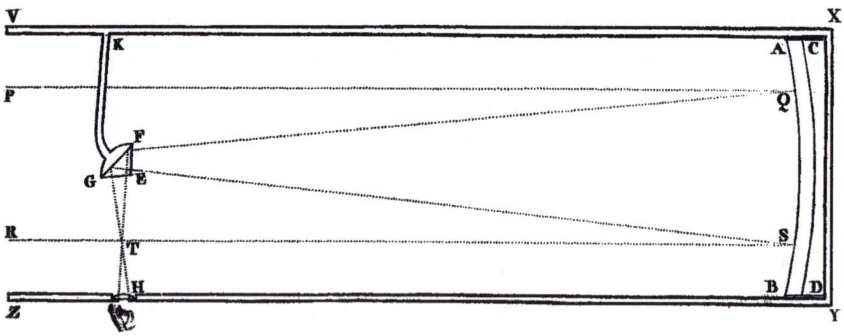

Figure II.10. Dessin 29 du chapitre I de l'*Opticks*, montrant le schéma de principe du télescope à miroir parabolique. La lumière d'un faisceau parallèle est focalisée au foyer et réfléchie à angle droit par un petit miroir *FG*. L'oculaire est placé au point *H*.

réfraction. Les lois de la réflexion étant totalement achromatiques (l'angle de réflexion est égal à l'angle d'incidence quelle que soit la couleur), il obtenait des images plus nettes.

Les miroirs ou les lentilles dont les surfaces sont des calottes sphériques ne focalisent la lumière qu'imparfaitement, formant l'image d'un point dans un petit volume de dimension finie. Pour éliminer ces aberrations de sphéricité et obtenir un point focal précis, Newton comprit que la forme du miroir de son télescope devait être parabolique. C'est encore là une conséquence du principe de Fermat. La surface de révolution engendrée par une parabole tournant autour de son axe est en effet l'ensemble des points dont la somme des distances au foyer et à un plan normal à l'axe est constante. Tous les rayons provenant d'une étoile à l'infini dans la direction de cet axe viennent donc, d'après le principe de Fermat, converger exactement au foyer. Newton inventa ainsi le télescope optique qui remplaça progressivement les lunettes astronomiques et devint deux siècles plus tard l'instrument d'observation adopté par tous les grands observatoires à travers le monde.

Un siècle après Galilée et les balbutiements de l'astronomie observationnelle, l'optique avait fait ainsi des progrès gigantesques. Sur le plan conceptuel, deux théories sur la lumière se faisaient face, défendues respectivement par les deux géants de la science qu'étaient Newton et Huygens. Le premier tenait à une théorie corpusculaire, appelée encore théorie de l'émission, et le second à la théorie ondulatoire. La plus grande notoriété de Newton, auréolé par les succès de sa théorie de la gravitation universelle, fit que la plupart des physiciens adoptèrent son point de vue.

Une critique qui était faite à la théorie ondulatoire, par Newton et par ceux qui lui ont succédé au XVIIIe siècle, était la difficulté qu'elle avait à expliquer la propagation en ligne droite de la lumière. Le son, qui est une onde, peut contourner des obstacles, être entendu même si des murs séparent l'oreille de celui qui écoute de la source du bruit. Pour la lumière, ce n'est pas le cas. Les obstacles semblent définir des zones d'ombre bien précises. Huygens avait bien essayé de montrer avec son principe des ondes secondaires que celles-ci ne se renforçaient que dans la direction des rayons, mais son explication manquait de précision car il n'avait pas la notion de longueur d'onde et il n'avait pas été capable de comprendre réellement les phénomènes de diffraction. En fait la lumière pénètre bien dans les régions d'ombre, mais il faut, pour analyser le phénomène, faire des expériences quantitatives délicates que ni Huygens ni Newton n'avaient pu réaliser. Ces expériences attendirent Young et Fresnel, un siècle plus tard.

Terminons ce voyage dans l'histoire de la lumière au Grand Siècle en évoquant une avancée astronomique qui précisa l'estimation de la vitesse de la lumière de Römer, celle de la mesure de l'aberration des étoiles par Bradley en 1727. La direction suivant laquelle nous apparaît une étoile dépend des directions respectives de la lumière qui nous en parvient et de celle de la vitesse de la Terre sur son orbite autour du Soleil. Pour estimer cet effet dans un cas simple, admettons que l'étoile observée soit au zénith, dans une direction orthogonale à la vitesse orbitale de la Terre. Cette vitesse v est de l'ordre de 30 km/s, environ un dix millième de la vitesse de la lumière c. Le rayon lumineux provenant de l'étoile va alors nous apparaître incliné par rapport à la direction du zénith d'un petit angle proportionnel au rapport v/c, d'environ vingt secondes d'arc. Cette déflexion oscille au cours de l'année, en suivant la direction du mouvement de la Terre autour du Soleil. Elle fait ainsi parcourir aux étoiles un mouvement circulaire apparent sur la voûte céleste. Cette observation donna pour la vitesse de la lumière dans le vide une valeur très proche de celle que nous connaissons aujourd'hui.

Cet effet d'aberration de la position des étoiles présente une similarité avec un phénomène que nous avons tous pu observer. Si vous vous déplacez dans une voiture décapotable sous une pluie battante tombant à la verticale, les gouttes arriveront vers vous de biais, sous un angle d'autant plus grand par rapport à la verticale que votre vitesse sera plus élevée. Le pare-brise sera alors suffisant pour vous protéger, jusqu'à un certain point, même si vous n'avez pas eu le temps de relever la capote ! Pendant un certain temps l'observation de Bradley apparut comme confortant l'hypothèse corpusculaire de la lumière qui revient à assimiler les particules lumineuses aux gouttes de pluie dans l'analogie que je viens de présenter. En fait, on peut montrer que l'aberration des étoiles est également compatible avec une interprétation ondulatoire du rayonnement. Il faut remarquer que l'aberration angulaire de la lumière stellaire n'est pas un effet de parallaxe dû au changement de position de la Terre par rapport aux étoiles. La parallaxe, contrairement à l'aberration, dépend de la *distance* des étoiles à la Terre alors que l'effet d'aberration ne dépend que de la *vitesse* de notre planète et est le même pour des étoiles proches ou lointaines observées dans la même direction. L'effet de parallaxe est, comme nous l'avons vu, au plus d'une fraction de seconde d'arc pour les étoiles les plus proches et il est totalement indécelable pour les étoiles éloignées.

Puisque nous venons de parler une fois de plus de la vitesse de la lumière, notons que pour trancher entre théorie corpusculaire et ondulatoire, une expérience semblait s'imposer. La mesure de la vitesse de la lumière dans un milieu matériel devait être un test critique, puisque les deux théories en compétition faisaient des prédictions opposées. Une telle expérience ne pouvait se faire par une observation astronomique. On devait opérer en laboratoire. Il fallut attendre cent cinquante ans pour la réaliser, mais lorsqu'elle fut faite, d'autres expériences cruciales avaient déjà, comme nous le verrons, départagé Huygens et Newton.

Au-delà de la controverse entre les deux hommes, d'autres mystères restaient irrésolus. Si la lumière était faite de particules, quelle était leur nature, comment portaient-elles les différentes couleurs ? Si c'était une onde, à quelles propriétés de cette onde devait-on les couleurs ? Et de quoi était fait ce mystérieux éther dans lequel elle se propageait, qui devait être à la fois infiniment rigide pour transmettre à si grande vitesse les chocs produits par les vibrations lumineuses et formé d'éléments infiniment ténus puisqu'il pénétrait tous les milieux matériels transparents ? Il restait aussi à comprendre en détail la biréfringence de la lumière et à éclaircir la notion de sa polarisation.

En racontant cette histoire, j'ai montré combien différents domaines de la science étaient reliés entre eux, dépendant les uns des autres pour progresser. On ne parlait pas alors d'interdisciplinarité, mais elle était naturellement pratiquée. C'était un temps où des savants comme Galilée, Huygens ou Newton pouvaient appréhender un spectre large de disciplines, pratiquement tout savoir de la science de leur époque. Il est également fascinant de voir comment une observation, une expérience en appelait une autre, souvent motivée par la découverte de quelque chose d'inattendu, et de réaliser combien la science était mue par la curiosité, par des hommes cherchant à comprendre toujours plus profondément la Nature et ses lois.

En continuant à suivre la lignée des expériences sur la lumière, je rappellerai dans les chapitres suivants comment ont été levés les mystères évoqués plus haut, et comment cela a conduit à poser d'autres questions encore plus profondes qui allaient mener à la physique moderne. Avant de reprendre cette route, restons encore un moment au Grand Siècle et à celui des Lumières pour parler d'une aventure qui semble éloignée de celle que je vous décris dans ce livre, mais qui nous y ramènera finalement. Je veux parler de la mesure de la Terre qui occupa au cours de la seconde partie du XVIIe et pendant tout le XVIIIe siècle des physiciens, astronomes, mathématiciens et explorateurs, dont certains avaient déjà joué un rôle important dans l'histoire de la lumière.

La mesure de la forme de la Terre

Jean Richer qui avait observé à Cayenne la parallaxe de Mars avait emporté avec lui une horloge précise battant la seconde, sans doute pour pouvoir se synchroniser avec Cassini dans ses observations. Il avait constaté que l'instrument était plus lent à Cayenne qu'à Paris. Il retardait d'environ deux minutes et demie par jour. Cette différence était dix fois plus grande que l'incertitude de l'horloge qui bénéficiait des avancées technologiques qui venaient d'être apportées par Huygens. Jean Richer avait ainsi découvert, sans doute par hasard, que la gravité était plus faible au voisinage de l'équateur que dans les régions tempérées.

L'explication de ce phénomène vint encore de Huygens qui découvrit dans les années 1670 la notion de force centrifuge. Pour la comprendre, il faut se placer dans le cadre des idées que Galilée avait introduites au début du siècle. Le physicien italien avait compris qu'aucune expérience de mécanique ne pouvait permettre de savoir si on se trouvait immobile sur Terre, ou bien en mouvement à vitesse constante, par exemple dans un navire voguant sur une mer calme. Laissez tomber une balle dans le bateau et elle tombera à vos pieds sous l'effet de la gravité, comme si vous étiez dans un repère immobile. Et si vous jetez cette balle, elle suivra sur le bateau la même trajectoire parabolique que si vous l'aviez lancée dans le repère considéré comme immobile de la Terre.

Laissons parler Galilée dans le *Dialogue concernant les deux plus grands systèmes du monde* en 1632 :

> Enfermez-vous avec un ami dans la cabine principale à l'intérieur d'un grand bateau [à l'arrêt]. [...] suspendez une bouteille qui se vide goutte à goutte dans un grand récipient en dessous d'elle [...]. [...] les gouttes tombent dans le récipient en dessous, et si vous lancez quelque chose à votre ami, vous n'avez pas besoin de le lancer plus fort dans une direction que dans une autre, les distances étant égales, et si vous sautez à pieds joints, vous franchissez des distances égales dans toutes les directions. Lorsque vous aurez observé toutes ces choses soigneusement [...], faites avancer le bateau à l'allure qui vous plaira, pour autant que la vitesse soit uniforme et ne fluctue pas de part et d'autre. Vous ne verrez pas le moindre changement dans aucun des effets mentionnés et même aucun d'eux ne vous permettra de dire si le bateau est en mouvement ou à l'arrêt.

En fait, la notion d'immobilité n'a pas de sens absolu. Deux amis sur la terre ferme ou deux autres sur le bateau de Galilée sont également en droit de se considérer comme « immobiles », c'est une simple question de point de vue. Pour définir la situation de façon plus précise, ils sont tous dans un référentiel inertiel, un repère que l'on dit « galiléen », dans lequel un corps sur lequel ne s'exerce aucune force reste en mouvement de translation rectiligne uniforme. Si l'on admet que la Terre est un référentiel inertiel, il en est de même du bateau tant que la mer est calme et qu'il ne subit aucun changement de vitesse par rapport à la Terre. Si par contre le navire subit une accélération ou une décélération, il n'est plus inertiel et le comportement des objets que l'on lance s'en ressentira. Si vous laissez tomber une balle alors que le navire accélère ou ralentit, celle-ci suivra un arc de parabole vers l'arrière ou vers l'avant, comme si vous aviez exercé sur elle une force horizontale orientée dans le sens opposé à l'accélération du repère. Vous ressentirez vous-même cette force en vous sentant projeté vers l'arrière ou vers l'avant au moment où le navire tangue de cette façon. Ces forces qui ne résultent pas de l'interaction des objets étudiés avec d'autres corps sont appelées forces d'inertie. Elles interviennent pour rendre compte du mouvement des objets dans un référentiel non inertiel, subissant un changement de vitesse, une accélération par rapport à un référentiel galiléen.

Mais quels sont les référentiels que l'on peut vraiment qualifier d'inertiels ? Pendant toute l'histoire de l'humanité jusqu'à Copernic la réponse était claire. Il était « évident » que la Terre était immobile et que tout l'Univers tournait autour d'elle. Lorsque cette certitude disparut, définir la Terre comme un repère inertiel devint plus délicat. « *E puere se move* » (« Et pourtant elle bouge »), comme le dit Galilée. Elle tourne autour du Soleil, ce qui donne une petite accélération à tous les repères qui lui sont associés, mais cette accélération est très faible et nous pouvons la négliger (c'était certainement le cas à l'époque dont nous parlons). Ce qui intéressa Huygens qui venait d'étudier les forces s'exerçant sur les corps en rotation, c'est que la Terre tourne sur elle-même, si bien que tout repère fixe par rapport au sol, à Cayenne comme à Paris, est en mouvement circulaire uniforme correspondant à une accélération centripète, orientée vers l'axe polaire de rotation de la Terre. Cette accélération, que Huygens trouva proportionnelle à la distance à l'axe de rotation et au carré de la vitesse angulaire, est nulle au pôle et maximale à l'équateur.

Dans tout repère terrestre en rotation, sauf au pôle, les corps sont donc soumis à une force d'inertie centrifuge, dont il faut tenir compte pour calculer leurs mouvements par rapport à ce repère. Pour avoir une idée intuitive de cette force, imaginez que vous êtes dans un manège tournant. Vous sentez bien alors que la force centrifuge tend à vous coller contre la paroi externe de votre siège, et ce d'autant plus que le manège tourne plus vite. Et les astronautes qui s'exercent dans des centrifugeuses rapides ressentent cette force beaucoup plus grande que leur poids.

Dans le cas de la Terre, cette rotation est très lente, un tour en vingt-quatre heures, et nous ne la ressentons pas car elle est très petite devant la force de la gravité qui nous attire vers le centre de notre planète. L'horloge de Huygens transportée à Cayenne par Richer était cependant assez sensible pour ressentir cette force dans une expérience qui était la première à détecter la rotation de la Terre autrement que par une observation astronomique. Richer et Cassini, en comptant les oscillations de deux pendules identiques à Cayenne et à Paris, étaient dans la situation des deux amis dans l'apologue de Galilée. Même sans regarder le monde extérieur (le ciel et les étoiles), ils étaient capables de réaliser par une expérience de mécanique que la Terre n'était pas un repère galiléen.

L'accélération centrifuge diminue d'environ 0,34 % celle de la gravitation au voisinage de l'équateur et seulement de 0,15 % à la latitude de Paris. Il restait donc une différence de 0,19 % qui expliquait une variation de 0,095 % de la fréquence du pendule, proportionnelle à la racine carrée de l'accélération de la pesanteur. Cela rendait compte d'un décalage du pendule d'environ quatre-vingts secondes par jour entre Cayenne et Paris, alors que la différence observée était un peu moins du double.

La force d'inertie centrifuge n'était-elle donc qu'une partie de l'explication ? Huygens s'aperçut en 1687 que cette force intervenait d'une autre façon plus indirecte dans l'effet observé. Sous l'influence de sa rotation, la Terre ne devait pas être une sphère parfaite, mais un ellipsoïde aplati aux pôles et légèrement renflé à l'équateur. L'observation de la planète Jupiter qui tourne rapidement sur elle-même et qui a une forme nettement oblate montrait clairement que la force centrifuge agissant sur une planète pouvait la déformer de cette façon. L'existence d'un magma fluide à l'intérieur de la Terre, qui remontait à la surface au moment d'éruptions volcaniques, justifiait de considérer la planète comme faite de matière malléable, dont la forme devait dépendre de l'équilibre entre les effets centripètes de la gravitation et l'accélération centrifuge de la rotation diurne. Huygens construisit un modèle qui montrait que cet équilibre conduisait bien à une forme de la Terre ellipsoïdale aplatie aux pôles. Newton appliqua lui aussi en 1690 sa théorie de la gravitation au même problème et trouva un aplatissement plus grand que celui trouvé par Huygens.

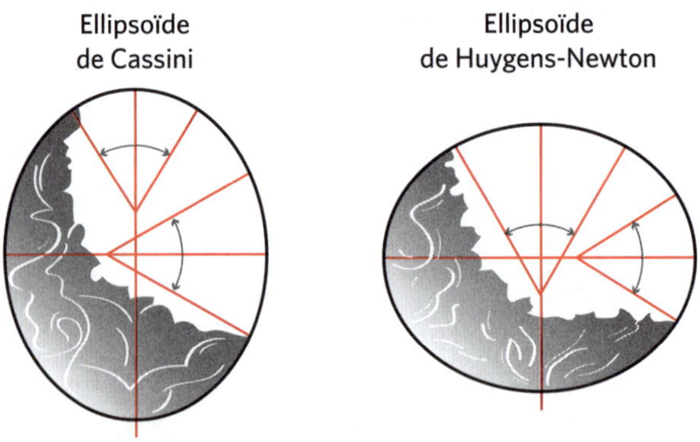

Figure II.11. Les modèles de la forme de la Terre de Cassini et de Huygens-Newton.

Dans tous les cas, une telle déformation devait ajouter son effet à celui de la force centrifuge agissant directement sur le pendule. L'aplatissement faisait qu'un point à l'équateur se trouvait plus loin du centre de la Terre qu'un point à une latitude tempérée. La force de gravitation devait donc être diminuée à l'équateur par rapport à sa valeur à Paris et cet effet s'ajoutait à celui de la différence des forces centrifuges agissant directement sur le pendule. L'effet allait dans le bon sens pour expliquer le désaccord entre le décalage pendulaire observé et celui, plus faible, produit par la seule force d'inertie de rotation de la Terre.

La question de la mesure de la Terre et de l'estimation de sa forme exacte fut de grande actualité scientifique au début du XVIIIe siècle. Savoir si la Terre était vraiment aplatie devint une question controversée après qu'une grande campagne de triangulation dans le but d'établir une carte précise de la France eut été effectuée. Louis XIV avait demandé à ses académiciens et aux astronomes de l'Observatoire de Paris de refaire une carte de ses États en se servant des technologies les plus performantes de l'époque et le projet fut ensuite continué sous Louis XV. Les lunettes à monture et à réticules précis qui avaient permis de faire les observations astronomiques que j'ai rappelées plus haut pouvaient être adaptées pour repérer avec précision des monuments ou des promontoires naturels dans la campagne française et faire des mesures d'angle ultraprécises. On pouvait ainsi définir des triangles pavant des zones entières du pays, d'abord le long du méridien de Paris, puis dans d'autres régions. Il suffisait de mesurer à l'aide d'une toise soigneusement reportée de proche en proche le côté de l'un des triangles pour obtenir à partir des tables trigonométriques toutes les autres distances.

En couplant ces mesures à des relevés astronomiques on put mesurer la longueur d'un degré de latitude le long du méridien de Paris. Ces mesures, poursuivies par Jacques Cassini, le fils de Jean-Dominique qui avait mesuré avec Richer la parallaxe de Mars, semblaient montrer qu'un degré de latitude au nord de la France était un peu plus petit qu'un degré au sud, ce qui conduisait à penser qu'au lieu d'être oblate comme une orange, la Terre était oblongue, comme un citron allongé vers les pôles et rétréci à l'équateur. Cela allait à l'encontre des résultats de l'expérience de Richer et des calculs de Huygens et Newton, mais Cassini avait une grande influence parmi les académiciens et la question restait pendante. L'Académie décida en 1735 de la résoudre par une mesure incontestable. Laissons la parole à l'académicien Maupertuis :

> L'Académie se trouvait ainsi partagée ; ses propres lumières l'avaient rendue incertaine, lorsque le Roi voulut faire décider cette grande question, qui n'était pas de ces vaines spéculations dont l'oisiveté ou l'inutile subtilité des philosophes s'occupe quelquefois, mais qui doit avoir des influences réelles sur l'Astronomie et sur la Navigation. Pour bien déterminer la figure de la Terre, il fallait comparer ensemble deux degrés du Méridien les plus différents en latitude qu'il fut possible ; parce que si ces degrés vont en croissant ou décroissant de l'Équateur au Pôle, la différence trop petite entre des degrés voisins pourrait se confondre avec les erreurs des observations, au lieu que si les degrés qu'on compte sont à des grandes distances l'un de l'autre, cette différence, se trouvant répétée autant de fois qu'il y a de degrés intermédiaires, fera une somme trop considérable pour échapper aux observateurs.

L'Académie proposa donc, et Louis XV décida d'envoyer deux expéditions, l'une dans les régions polaires, l'autre à Quito, près de la zone équinoxiale comme on disait alors, dans ce qui était la vice-royauté du Pérou espagnol, afin de mesurer un degré de latitude dans deux zones aussi éloignées que possible l'une de l'autre. Maupertuis dirigea lui-même l'expédition en Laponie en 1736 et les académiciens La Condamine et Bouguer celle du Pérou. Cette dernière connut des aventures extraordinaires, qui durèrent plus de dix ans. Maupertuis rapporta les résultats de ses mesures à Paris dès 1737. Leur précision était assez bonne pour montrer que le degré de latitude au pôle était nettement plus grand que celui mesuré à Paris. Il considéra ce résultat suffisant pour affirmer, sans attendre le retour de La Condamine, que la Terre était bien un ellipsoïde aplati, contrairement à la conviction des Cassini père et fils. On raconte qu'en apprenant la nouvelle

Voltaire félicita Maupertuis pour avoir aplati la Terre... et les Cassini.

Lorsque Bouguer revint à Paris en 1744 avant son compagnon, son rapport à l'Académie confirma les résultats de Maupertuis. Nous savons maintenant par des observations satellitaires beaucoup plus précises que les mesures du XVIIIe siècle que la différence des rayons équatorial et polaire de la Terre est de 21,3 kilomètres, pour un rayon moyen de 6 367 kilomètres, soit une ellipticité de 1/298. Cette valeur est plus proche de celle calculée par Newton (1/230) que de celle prédite par Huygens (1/578).

Cette histoire dont j'avais oublié les détails m'a été rappelée lorsque, au cours d'une visite en Équateur il y a quelques années, Claudine et moi arrivâmes dans une antique hacienda transformée en hôtel au pied du volcan Cotopaxi, à quelque 70 kilomètres au sud de Quito. Une plaque apposée par l'Académie des sciences de Paris y rappelait que La Condamine avait séjourné dans cette propriété en 1742. Il y était passé, au cours de ses mesures sur le méridien qui descend de Quito à Cuenca au sud de l'équateur, et avait à cette occasion observé une éruption du Cotopaxi. Cette hacienda avait aussi accueilli quelque soixante ans après La Condamine le grand naturaliste Alexander von Humboldt qui découvrit au cours de son voyage en Amérique du Sud le courant froid longeant les côtes du Chili et du Pérou qui porte son nom. Claudine et moi eûmes le privilège de dormir deux nuits dans la suite que Humboldt avait occupée en 1802.

Pour revenir à La Condamine, son voyage dura treize ans. Il revint du Pérou en suivant le cours de l'Amazone avant de rejoindre Cayenne sur la côte atlantique. Comme Bouguer avait déjà rapporté les résultats scientifiques de l'expédition, sa communication à l'Académie, décrivant les contrées jusqu'alors inconnues qu'il avait traversées, fut un rapport plus géographique et ethnographique que physique.

La physique et la géographie étaient alors deux sciences étroitement liées. L'un des grands problèmes de la navigation était celui de la détermination précise des longitudes en mer. La façon naturelle de procéder était de comparer le temps local, observable par la hauteur du soleil ou la position des étoiles, à l'heure qu'il fait en même temps sous une longitude de référence, celle de Paris ou de Greenwich par exemple. Une méthode possible était d'observer un phénomène astronomique, comme les éclipses du satellite Io de Jupiter, dont les récurrences avaient été tabulées par l'Observatoire de Paris en heure locale. On pouvait ainsi en principe connaître l'heure de Paris partout dans le monde, à condition que Jupiter soit visible et que l'on dispose d'une bonne lunette stable à bord du navire. Ce n'était pas vraiment pratique.

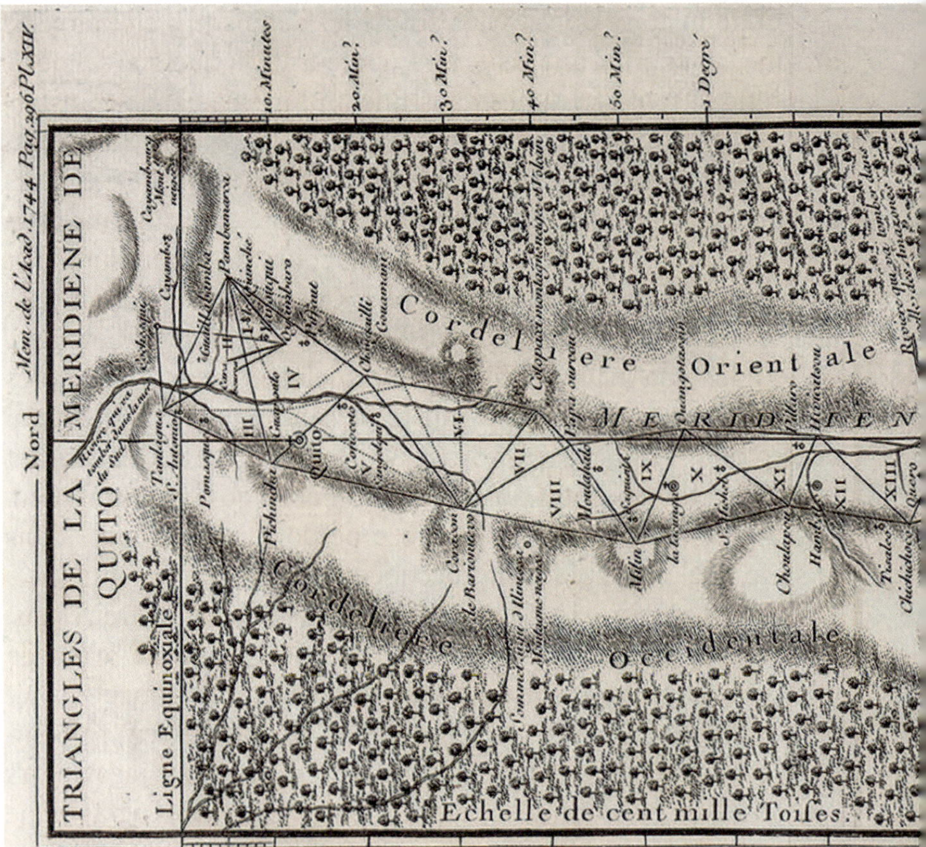

Figure II.12. Carte de la méridienne de Quito avec indication des triangles mesurés par Bouguer et La Condamine au cours de leur expédition au Pérou espagnol (*Annales de l'Académie des sciences* de l'année 1744).

L'autre méthode était de transporter à bord une horloge assez précise pour garder l'heure locale du port d'attache pendant les semaines ou les mois que duraient les voyages. Huygens avait essayé de rendre ses horloges pendulaires résistantes aux tangages des navires, qui étaient loin d'être des repères galiléens. Les résultats étant décevants, l'amirauté anglaise instaura un concours pour récompenser l'horloger qui fabriquerait une montre plus compacte et plus résistante aux turbulences qu'une horloge pendulaire. Cette montre devait être basée sur les oscillations d'un ressort de petite taille plutôt que sur celles d'un

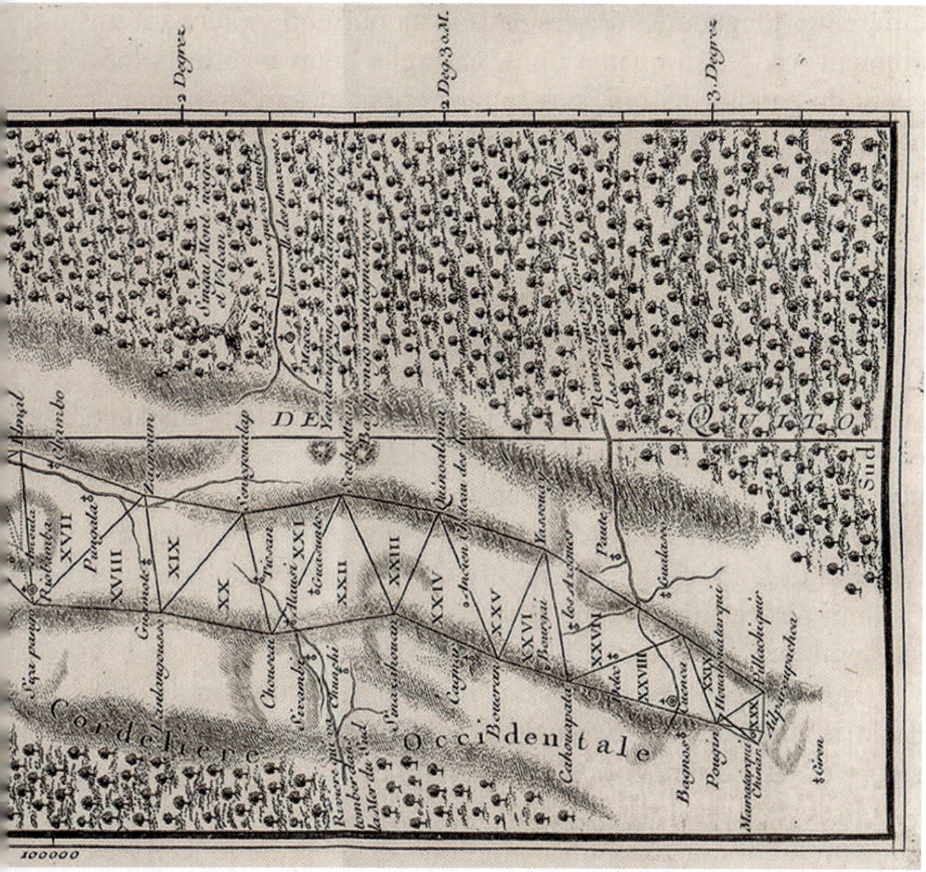

encombrant pendule. Il fallait limiter son imprécision à quelques secondes par mois. Un horloger anglais, John Harrison, gagna ce concours. Son chronomètre marin équipa les navires anglais dès la seconde moitié du XVIIIe siècle.

La mesure précise de la Terre continua à occuper les savants jusqu'à la Révolution française et au-delà. L'universalisme du siècle des Lumières fit de la définition d'une unité de mesure acceptable par le monde entier un but noble et scientifique à atteindre. À l'idéalisme des scientifiques s'ajoutait le réalisme des marchands qui voyaient l'avantage de remplacer par un seul étalon les centaines d'unités disparates, pieds, pouces, toises de différentes longueurs utilisées dans le monde entier. Pendant un moment, on pensa qu'une unité naturelle pourrait être la longueur du pendule battant la seconde dont la mesure coïncidait à peu près avec le mètre actuel. La variabilité de cet étalon suivant la latitude refroidit les ardeurs des tenants de cette proposition. Il aurait fallu l'accompagner d'une correction de latitude rendant cette unité peu pratique.

À la Révolution, la Convention décida de baser l'étalon de longueur sur la dimension de la Terre, qui appartient à toute l'humanité, ce qui confère à l'unité choisie le caractère universel souhaité. Le mètre allait être le dix millionième de la distance entre le pôle et l'équateur. C'est pour définir ce mètre universel que Delambre et Méchain entreprirent les triangulations que je rappelai au début de ce chapitre. Ils suivirent en cela les pas de leurs devanciers, les arpenteurs de la planète que furent les Cassini, père et fils, Maupertuis, La Condamine et Bouguer, et les nombreux collègues qui les accompagnaient.

J'ai rapproché les débuts de l'histoire de la lumière de celle de la mesure de la Terre parce que ces deux aventures partagent de nombreux points communs. Les mêmes personnages s'y retrouvent et elles s'appuient sur les mêmes découvertes en mathématiques, astronomie, physique et géographie. C'est en progressant dans ces deux aventures que la science moderne s'est constituée en affirmant ses principes et ses valeurs. Les caractéristiques essentielles de la démarche scientifique telle que nous la connaissons aujourd'hui étaient déjà bien établies. La complémentarité entre les découvertes fondamentales et le développement de l'instrumentation est particulièrement frappante. Cette histoire illustre aussi l'imprévisibilité de la recherche qui conduit les scientifiques sur des chemins souvent surprenants. Songeons à Galilée qui, après avoir échoué à mesurer la vitesse de la lumière par sa méthode naïve, perfectionne les instruments qui, sans qu'il s'en doute, vont permettre d'effectuer cette mesure quelque cinquante années plus tard. Pensons aussi à Jean Richer qui, parti pour mesurer la distance de la Terre à Mars, fait de façon inattendue l'observation qui révèle la forme de notre planète. La science moderne est elle aussi pleine de ces surprises.

Une passion pour la précision

L'histoire de la science au XVIIe et au XVIIIe siècle montre aussi l'importance de la mesure et de la passion pour la précision. C'est en faisant des mesures de plus en plus précises que les savants de l'époque ont révélé des effets parfois inattendus, aux conséquences importantes. Cette passion continue à animer la science aujourd'hui. La question de l'aplatissement de la Terre me donne l'occasion d'illustrer, à l'aide d'une analogie, où peut conduire la quête d'une mesure toujours plus précise. La physique de la rotation de la Terre est celle d'un moment cinétique, tout comme celle des électrons et noyaux dont j'ai parlé au chapitre précédent. En ce sens on peut dire que Huygens, Newton et Maupertuis se sont intéressés au spin de notre planète. Ils ont montré que l'existence de ce spin, de ce mouvement de rotation intrinsèque de la Terre, entraînait un effet d'aplatissement qui brisait une symétrie fondamentale, tenue pour évidente par les anciens. D'après eux, la Terre devait en effet être une sphère parce que c'était la forme parfaite que Dieu – ou « la Nature », selon les termes de Fermat – avait certainement choisie pour elle. Il a fallu une expérience très délicate accompagnée de calculs subtils pour montrer que cette symétrie n'était qu'approximative, que la figure de la Terre s'écartait de la forme idéale qu'on lui avait attribuée.

Une situation analogue se présente dans la physique atomique d'aujourd'hui. L'électron possède un spin, une propriété de rotation intrinsèque, associée à un moment magnétique, comme l'est classiquement une distribution de charges tournant sur elle-même. La physique quantique considère l'électron comme une charge élémentaire entourée d'un nuage de particules virtuelles, photons, électrons et positrons, qui se créent et disparaissent à un rythme rapide. J'ai déjà évoqué à l'occasion de la description du *déplacement de Lamb* cette image du vide quantique comme un nuage fourmillant de particules à l'existence fugace, fluctuant autour de l'électron.

En vertu d'une symétrie fondamentale de la théorie actuelle de la physique des particules, que les physiciens appellent le modèle standard, la distribution d'électricité de ce nuage ne doit privilégier aucune direction de l'espace. L'électron produirait ainsi autour de lui, en plus de son champ magnétique de spin qui possède une orientation, un champ électrique à symétrie parfaitement sphérique. Ce champ décroît dans toutes les directions suivant la loi de Coulomb, inversement proportionnelle au carré de la distance. Cette loi est semblable à celle de la gravitation pour une masse distribuée uniformément dans une sphère parfaite.

Certains indices, venant en particulier de la cosmologie, permettent cependant de supposer que le modèle standard n'est pas le dernier mot et que l'électron aurait en fait une distribution de charge très légèrement non sphérique, due à la présence dans le vide quantique de particules nouvelles, jusqu'à présent inobservées. J'évoque en quelques mots les arguments cosmologiques plaidant en faveur de l'existence de ces particules hypothétiques car ils illustrent l'unité fondamentale de la physique et les liens profonds entre astrophysique et physique quantique.

Le mouvement de rotation des galaxies, tel qu'il est observé par des mesures effectuées sur des distances de plus en plus grandes, ne peut être expliqué à l'aide des lois de la gravitation exercées sur ces objets par la matière connue, observable optiquement. Il faut, pour comprendre les propriétés de ces rotations et la stabilité des galaxies, envisager l'existence d'une matière noire – appelée ainsi car, n'interagissant pas avec la lumière, elle est indécelable par les instruments d'optique.

Par la force gravitationnelle attractive qu'elle exerce, cette matière assurerait la cohésion des galaxies et les empêcherait de se disloquer en s'opposant à la gigantesque force centrifuge due à leur rotation. Les estimations cosmologiques indiquent que la masse totale de cette matière noire devrait être environ cinq fois plus grande que celle de tous les atomes de l'Univers constituant la matière connue dont nous sommes faits ainsi que tous les objets qui nous entourent. La recherche des preuves de l'existence de cette matière invisible est très active aujourd'hui et l'expérience sur la distribution de charges dans l'électron en fait partie.

Il pourrait y avoir, si de telles particules invisibles peuplaient de façon fugace le vide quantique, une légère asymétrie de la distribution de charge dans l'électron, ajoutant à une sphère chargée parfaitement ronde un petit moment dipolaire électrique constitué de charges de signes opposés, légèrement décalées l'une par rapport à l'autre. Un petit excédent d'électricité dans la direction où pointe le spin correspondrait à un petit déficit de charge dans la direction opposée. La distribution de charges ne serait plus exactement ronde mais présenterait une forme très légèrement asphérique.

Ce dipôle électrique hypothétique, aligné le long du spin de l'électron, modifierait la distribution du champ électrique qu'il produit autour de lui. La situation serait un peu similaire à celle de la Terre dont l'aplatissement change la distribution de son champ de gravitation. Mais cet effet serait fantastiquement plus faible. Il est difficile d'attribuer une valeur précise à la taille l'électron, mais on peut se le représenter qualitativement comme une petite boule d'électricité classique de 10^{-15} mètre de rayon, entourée d'un nuage sphérique de particules virtuelles mille fois plus grand. Les mesures actuelles les plus précises ont vérifié que le défaut de sphéricité de l'électron, exprimé comme la différence entre ses rayons dans la direction de son spin et dans la direction transverse, n'excède pas 10^{-31} mètre. La différence des rayons de la charge électronique dans deux directions orthogonales ne dépasserait donc pas une fraction de l'ordre de $1/10^{16}$ du rayon classique de l'électron (une quantité égale à un dix millionième de milliardième !). On est loin du facteur 1/300 qui mesure la brisure de symétrie sphérique de la Terre. Si l'électron avait les dimensions de notre planète, l'écart entre ses rayons équatorial et polaire n'excéderait pas la taille d'une molécule !

Si incroyablement petits que ces ordres de grandeur paraissent, les physiciens ont pu vérifier la sphéricité parfaite de l'électron avec cette précision fantastique. Ces expériences, qui cherchent à abaisser toujours davantage la limite supérieure du moment dipolaire électrique de l'électron, pourraient, si elle existe, détecter bientôt une asymétrie dans la distribution de la charge électronique de l'ordre de 10^{-32} mètre ou moins. Les appareils qui permettent de faire de telles mesures sont beaucoup plus sophistiqués que l'horloge de Richer et les lunettes des arpenteurs du pôle et des Andes du Pérou. Les lasers jouent un rôle essentiel pour atteindre une telle précision totalement inimaginable avant l'apparition de ces instruments. La précision actuelle des mesures a déjà permis d'infirmer l'existence de certaines particules hypothétiques dans le nuage entourant l'électron.

Si une brisure de symétrie était enfin trouvée par une amélioration de la précision des mesures, on aurait peut-être découvert dans le vide quantique des particules nouvelles qui pourraient nous éclairer sur la nature de la matière noire mystérieuse constituant une grande part de la masse matérielle de l'Univers. L'idée fondamentale qui motive ce type de recherche est la même que celle qui conduisit l'Académie royale des sciences à mesurer la Terre au XVIIIe siècle. Si l'on peut répondre à une question scientifique fondamentale, il faut essayer de le faire même si c'est difficile et demande beaucoup d'efforts. En ce sens, les scientifiques d'aujourd'hui ne sont pas différents de ceux du siècle des Lumières.

Science fondamentale, commerce, puissance et technologie

L'histoire de la science des règnes de Louis XIV et de Louis XV éclaire ainsi les liens qui se sont tissés très tôt entre recherche fondamentale et recherche appliquée. Les questions auxquelles les savants ont cherché à répondre pour satisfaire leur curiosité sur la vitesse de la lumière ou sur sa propagation dans l'air et dans la matière ont conduit à des découvertes qui ont eu des applications pratiques pour la navigation et la mesure du temps. Elles ont ainsi contribué à favoriser le développement du commerce au moment de l'expansion des empires coloniaux en Amérique et des comptoirs marchands européens en Asie. Inversement, les voyages accomplis dans un but mercantile ont permis de dresser des cartes et de mesurer des distances qui ont fait progresser les connaissances, par exemple en permettant la première détermination de la vitesse de la lumière pour laquelle la connaissance de la distance entre Cayenne et Paris a été fondamentale.

Dès cette époque, il fut clair que la recherche est une activité coûteuse. Lorsque l'Académie envoie Maupertuis et La Condamine pour mesurer la figure de la Terre, ce sont deux équipes comptant des astronomes, des mathématiciens, des artisans responsables des toises et autres instruments nécessaires qui les accompagnent, ainsi qu'une intendance nombreuse. Et les expéditions prennent des mois pour l'une, des années pour l'autre. La question de savoir s'il était légitime de dépenser tant d'argent pour satisfaire la curiosité des académiciens se posait sans doute déjà, comme en témoigne le texte de Maupertuis que j'ai cité plus haut. Il a pris le soin d'écrire que ces expéditions n'étaient pas simplement motivées pour répondre aux spéculations dont « l'inutile subtilité des philosophes s'occupe quelquefois », mais qu'elles pouvaient être de la plus grande importance pour l'astronomie et surtout la navigation.

L'opposition implicite entre science fondamentale « inutile » et recherche appliquée utile aux activités humaines était déjà là. Les physiciens d'aujourd'hui, quand ils écrivent une proposition pour le financement de leurs expériences les plus fondamentales, ne manquent pas d'employer le même type d'argument. Je suppose que mes collègues demandant un soutien financier pour les expériences extrêmement délicates de mesure du moment dipolaire électrique de l'électron doivent imiter Maupertuis et parler de l'importance potentielle de leur expérience pour nos connaissances en cosmologie.

La science comme moyen d'assurer la puissance d'un pays et son rayonnement était aussi un facteur important dans le développement de la recherche aux XVIIe et XVIIIe siècles. La fondation quasi simultanée de la Royal Society en Angleterre (1660) et de l'Académie royale des sciences en France (1666) témoigne de la rivalité entre les deux grandes puissances de l'époque. La biographie de Huygens, membre pendant des années de l'Académie des sciences et de l'Observatoire royal de Paris, écrivant ses œuvres en français et les dédiant au Roi-Soleil, est aussi une indication du rayonnement de la France du Grand Siècle. La venue à Paris de l'Italien Jean-Dominique Cassini qui y fonda une dynastie de savants et d'astronomes, et celle du Danois Römer démontrent également l'attractivité de la France au XVIIe et au XVIIIe siècle.

Les grandes expéditions scientifiques étaient sans doute financées pour entretenir le prestige du roi qui montrait qu'il avait les moyens d'envoyer ses savants à travers le monde pour répondre à des questions profondes. De nos jours, la construction de grands instruments – accélérateurs de particules ou télescopes géants –, dont le but est aussi de répondre à des questions fondamentales, sert aussi à affirmer le rayonnement scientifique et culturel des États qui les financent.

Les recherches sur la lumière et celles sur la mesure du temps et de l'espace qui se sont croisées au Grand Siècle et au siècle des Lumières vont continuer à progresser ensemble jusqu'à aujourd'hui. À la lumière visible vont s'ajouter les rayonnements invisibles que sont les ondes radio, les micro-ondes et les rayons X. Les instruments qui génèrent et exploitent ces rayonnements vont permettre de mesurer les temps et d'arpenter la Terre avec une précision que Huygens ou Maupertuis ne pouvaient imaginer. Et, au-delà, nous offrir la possibilité de comprendre et de faire bien d'autres choses.

CHAPITRE III

Rêveries dans le laboratoire de Faraday

J'ai été invité il y a quelques années à donner une conférence à la Royal Institution de Grande-Bretagne (RIGB), dans la série des Friday's Evening Lectures (les « conférences du vendredi soir ») de cette vénérable académie. La RIGB, créée en 1799, est logée dans un palais de Albemarle Street, une rue élégante de la capitale anglaise, dans le quartier de Mayfair, proche du palais de Buckingham. Les Friday's Lectures sont organisées suivant un rite immuable qui me fut exposé en détail avant l'événement. Je devais me présenter en habit queue de pie dans l'amphithéâtre aux tentures rouges qui a vu défiler les sommités de la science anglaise depuis plus de deux siècles. Il me fallait entrer à 20 heures par la porte située à gauche du pupitre alors que le président de la séance entrait en silence par la porte de droite. Sans aucun préalable, je devais commencer à l'heure pile mon exposé sur la lumière, et le finir sur le coup des 21 heures marquées inexorablement par l'horloge qui égrenait les minutes en face de moi. C'était d'autant plus impressionnant que j'avais été au préalable enfermé seul dans la salle attenante à l'amphithéâtre alors que le public arrivait. Cet isolement visait à s'assurer que, si j'étais d'aventure submergé par le trac, je ne pourrais m'enfuir avant l'heure fatidique, comme l'avait fait un conférencier au XIXe siècle, contraignant Michael Faraday, le directeur de l'institution, à le remplacer au pied levé.

J'ai accepté ces contraintes parce qu'on ne refuse pas l'honneur de parler de la lumière dans l'endroit historique où ont été faites et exposées tant de découvertes fondamentales en optique et en électromagnétisme. Thomas Young y a donné entre 1801 et 1803 des conférences sur les interférences lumineuses, Michael Faraday y a exposé ses découvertes sur l'induction électromagnétique, Maxwell y a parlé en 1861 de la vision des couleurs, et lord Kelvin y a évoqué en 1900 les deux fameux nuages qui dans le ciel de la science classique annonçaient les révolutions de la physique quantique et de la relativité. Toute cette histoire, qui était beaucoup plus impressionnante que le rite bizarre auquel je devais me soumettre, me poussait à accepter le défi de parler de la lumière quantique dans mon anglais fortement accentué et parsemé de gallicismes.

La RIGB est une institution unique, une sorte de version anglaise du Collège de France. Comme ce dernier, elle offre des conférences publiques sur les grands sujets de la recherche en train de se faire et ne délivre pas de diplômes. Elle joue auprès de la Royal Society un rôle analogue à celui du Collège vis-à-vis de l'Académie des sciences française. Les membres de la RIGB sont en général des *fellows* de la Royal Society, tout comme les professeurs du Collège sont le plus souvent académiciens. La RIGB et le Collège sont des lieux où se fait, dans différents domaines, de la recherche en laboratoire, alors que les deux Académies sont plutôt des institutions où celle-ci est présentée dans des mémoires et récompensée par des prix ou des distinctions. Aux communications de Young à la Royal Society ont répondu, au XIXe siècle, les mémoires présentés par Malus et Fresnel à l'Académie des sciences. Les expériences faites par Faraday à la RIGB ont fait écho à celles qu'Ampère et Biot réalisaient à la même époque au Collège.

En visitant le laboratoire de Faraday dans les sous-sols de la RIGB après ma conférence, j'ai ressenti avec émotion combien l'histoire de la science imprégnait ces lieux. Il y avait là les appareils de Faraday, premières versions des moteurs électriques, des transformateurs et des dynamos, simples assemblages de bobines et d'aimants qui avaient conduit le savant autodidacte à introduire le concept de champ en physique. Il y avait aussi les récipients en verre et les électrodes qui lui avaient permis d'établir les lois de l'électrolyse. Dans la bibliothèque attenante, j'ai pu parcourir les lettres échangées entre Ampère et Faraday, chacun écrivant dans sa langue. Derrière l'exquise politesse de l'expression, j'ai senti l'intense compétition scientifique entre les deux hommes et la différence de leurs formations. L'intuition de Faraday suppléait à son manque de formation mathématique. Il était de son propre aveu incapable de suivre les calculs de son collègue français, ce qui ne l'empêchait pas de critiquer tel ou tel aspect de son travail et de maintenir fermement sa revendication d'antériorité sur la découverte de certains effets, lorsqu'elle était contestée par son homologue français.

Ce contact avec la science du passé m'a laissé une impression mélangée d'altérité et de familiarité. Altérité, parce que je pouvais ressentir les doutes et les incertitudes de savants qui se posaient des questions auxquelles les étudiants d'aujourd'hui peuvent répondre facilement et je mesurais ainsi la difficulté qu'il y a, lorsqu'on connaît la suite de l'histoire, à se mettre à la place des chercheurs des temps passés, à suivre leurs raisonnements et à se représenter leurs images mentales. Familiarité, parce que j'entrevoyais dans cette correspondance le même type de relations que celles que les chercheurs d'aujourd'hui entretiennent avec leurs collègues dans le monde entier. Par-delà la Manche et les rivalités entre nations qui sortaient à peine de longues guerres, il y avait finalement la recherche commune de la vérité scientifique, ce qui n'excluait pas la compétition et la revendication de l'antériorité des découvertes. Finalement, rien n'a changé sur ce point depuis deux cents ans.

Cette soirée à la RIGB m'a laissé aussi un certain sentiment de frustration. Le musée Faraday, avec tous ses trésors pour les initiés, est un lieu relativement peu connu et peu fréquenté. Y sont nés pourtant des concepts et des dispositifs qui ont révolutionné notre vie. Pour le grand public les révolutions scientifiques restent méconnues et l'émotion qu'un scientifique d'aujourd'hui peut ressentir devant les traces de ce passé est incompréhensible pour la plupart de ceux ou celles qui n'ont pas de formation scientifique. C'est ce soir-là qu'a germé en moi le projet d'écrire un jour l'histoire de la lumière que j'ai commencée au chapitre précédent et que je continue ici. J'ai pensé que pour comprendre la portée des recherches actuelles sur la lumière et son interaction avec la matière, il fallait les replacer dans leur contexte, essayer de partager avec un public non scientifique la filiation des idées et la permanence de la méthode scientifique, lui faire comprendre en un mot le sens profond de cette phrase souvent rapportée et attribuée à Newton que tout scientifique voit le monde « assis sur les épaules des géants » qui l'ont précédé.

Reprenons donc l'histoire de la lumière où nous l'avons laissée, après les travaux rivaux de Huygens et de Newton. Le siècle des Lumières ne devait, malgré son nom, apporter que peu d'idées ou d'expériences nouvelles à nos connaissances sur le rayonnement, sans permettre de départager vraiment les théories ondulatoire et corpusculaire. Les avancées décisives sur cette question se produisirent dans les vingt premières années du XIXe siècle, durant la période des guerres napoléoniennes et de la Restauration. Les protagonistes en furent, de part et d'autre de la Manche, des savants anglais et français qui ne cessèrent jamais, malgré le conflit et la rivalité entre les deux pays, de collaborer scientifiquement.

Young contre Newton

Les deux savants, principaux responsables de ces avancées, furent Thomas Young en Angleterre et Augustin Fresnel en France. Young était, comme ses grands prédécesseurs des XVIIe et XVIIIe siècles, un esprit universel, à la fois linguiste, médecin et physicien. Il est connu du grand public anglais pour avoir commencé, avant Champollion, à déchiffrer les hiéroglyphes ramenés d'Égypte par les expéditions militaires française et anglaise dans ce pays. C'est le Français qui devait donner la clé complète de ce déchiffrement en analysant la fameuse pierre de Rosette conservée au British Museum, mais l'Anglais avait au préalable deviné quelques éléments utiles à ce travail. La polémique sur la paternité de cette découverte linguistique et historique essentielle s'est longtemps développée entre la France et l'Angleterre, avec des arguments de plus ou moins bonne foi. Il en va autrement de la rivalité scientifique entre Young et Fresnel, qui ne se départit jamais de l'objectivité qui sied à la science.

Reprenant les idées de Huygens et s'opposant à celles de Newton, ce qui demandait beaucoup de courage dans un pays où ce dernier était vénéré, Young développa à partir de 1801 dans une série de conférences à la Royal Society, les Bakerian Lectures, une théorie ondulatoire de la lumière basée sur une série d'expériences expliquant pour la première fois les phénomènes d'interférences lumineuses. Dans la première de ces conférences il proposa une théorie des couleurs basée sur l'idée que la lumière était faite d'ondes analogues au son, ce qui reprenait un point de vue déjà défendu par Huygens. Mais il y ajouta le concept fondamental de longueur d'onde. La vibration lumineuse était constituée d'une succession de ventres et de creux se propageant dans l'éther comme une onde sur la surface d'un lac, à la vitesse de la lumière. Ces ondes se superposent, s'ajoutent ou se retranchent les unes des autres. Si leurs crêtes sont atteintes au même instant au même point, elles ajoutent leurs effets, résultant en un éclairage plus grand. Si le ventre d'une onde correspond en un point au creux de l'autre, elles se contrecarrent et il en résulte de l'obscurité.

Young comprit que la couleur de la lumière est directement associée à sa longueur d'onde. Les anneaux de Newton n'eurent alors plus de mystère. Si on observe la lumière blanche du soleil transmise par une lentille plan-sphérique touchant une lame de verre transparente, on peut voir des cercles irisés centrés sur le point de contact. Ce phénomène est dû à l'interférence entre les ondes de diverses couleurs directement transmises et celles qui rebondissent une fois entre le plan de verre et la calotte sphérique de la lentille. Ces ondes se renforcent lorsque la différence de leurs trajets, égale au double de la séparation entre les dioptres plan et sphérique, est égale à un nombre entier de longueurs d'onde. Elles se détruisent au contraire lorsque cette différence est égale à un multiple impair de demi-longueurs d'onde. L'épaisseur du coin d'air entre les deux surfaces de verre augmentant avec la distance au point de contact, l'interférence constructive se produit sur des cercles concentriques dont les rayons dépendent de la longueur d'onde. Le concept flou des *fits* de Newton était remplacé par un modèle très clair. Mesurant le rayon des anneaux de diverses couleurs ou reprenant simplement les valeurs de Newton, Young fut ainsi capable d'estimer les longueurs d'onde correspondant aux différentes couleurs du spectre, comprises entre 0,0000266 et 0,0000174 pouce, du rouge au violet.

Thomas Young
(1773-1829)

The absolute length and frequency of each vibration is expressed in the table: supposing light to travel in $8\frac{1}{8}$ minutes 500 000 000 000 feet.

Colours.	Length of an Undulation in parts of an Inch, in Air.	Number of Undulations in an Inch.	Number of Undulations in a Second.
Extreme - -	.0000266	37640	463 millions of millions.
Red - -	.0000256	39180.	482
Intermediate - -	.0000246	40720	501
Orange - - - - -	.0000240	41610	512
Intermediate - - -	.0000235	42510	523
Yellow - - - - - -	.0000227	44000	542
Intermediate - - -	.0000219	45600	561 ($=2^{48}$ nearly)
Green - - -	.0000211	47460	584
Intermediate - - -	.0000203	49320	607
Blue - - -	.0000196	51110	629
Intermediate - -	.0000189	52910	652
Indigo - - -	.0000185	54070	665
Intermediate -	.0000181	55240	680
Violet - - -	.0000174	57490	707
Extreme - -	.0000167	59750	735

Figure III.1. Tableau établi par Young des longueurs d'onde (en pouce) et fréquences de la lumière de différentes couleurs, du rouge (*en haut*) au violet (*en bas*) en passant par l'orange, le jaune, le vert, le bleu et l'indigo. Les fréquences sont basées sur la valeur connue depuis Bradley de la vitesse de la lumière (500 milliards de pieds parcourus par la lumière du Soleil à la Terre en 8 minutes et demie) (Bakerian Lecture donnée par Young en novembre 1801).

Ces longueurs d'onde sont égales au produit de leurs périodes par la vitesse de la lumière, qui était alors connue avec une assez grande précision grâce aux mesures astronomiques de Bradley. Young put ainsi mesurer pour la première fois les périodes des ondes lumineuses. La lumière jaune avait une fréquence égale à 561 millions de millions d'ondulations par seconde, un nombre voisin de 2 à la puissance 49 (2 multiplié 48 fois par lui-même !). C'était la première fois qu'un scientifique était capable d'estimer avec précision une quantité aussi éloignée de celles auxquelles notre expérience quotidienne nous a habitué. Ce n'est que deux siècles plus tard que l'on a su, grâce aux lasers, concevoir des appareils comptant directement ces fréquences gigantesques et réaliser ainsi des horloges optiques d'une précision fantastique, des milliards de fois plus précises que les pendules de Huygens ou même les chronomètres de Harrison.

Young donna également la première description précise du phénomène de diffraction. L'ombre d'une source lumineuse ponctuelle éclairant un fil fin présente des franges sombres et brillantes parallèles au fil, à l'extérieur et à l'intérieur de son ombre géométrique. Young montra que ces franges correspondent à l'interférence des ondes lumineuses passant de part et d'autre du fil. La preuve cruciale de cette interférence était la disparition des franges lorsque la lumière éclairant le fil était bloquée d'un côté par un écran de carton. Les franges de diffraction observées en lumière blanche présentaient des irisations de couleurs également expliquées par la notion d'interférence, les ondes de couleurs variées ayant des positions de franges différentes.

Ses études sur la diffraction conduisirent Young à la découverte des propriétés dispersives des rayures tracées sur une surface réfléchissante. Il les expliqua par l'interférence de la lumière réfléchie par les crêtes et creux microscopiques de ces rayures. Nous pouvons tous observer ces interférences colorées en regardant la lumière d'une lampe ou du soleil réfléchie sur un disque CD ou DVD dont les gravures sont lues par la lumière des lasers dans nos lecteurs de sons ou d'images modernes. Les réseaux réalisés en gravant des striures régulièrement espacées sur des

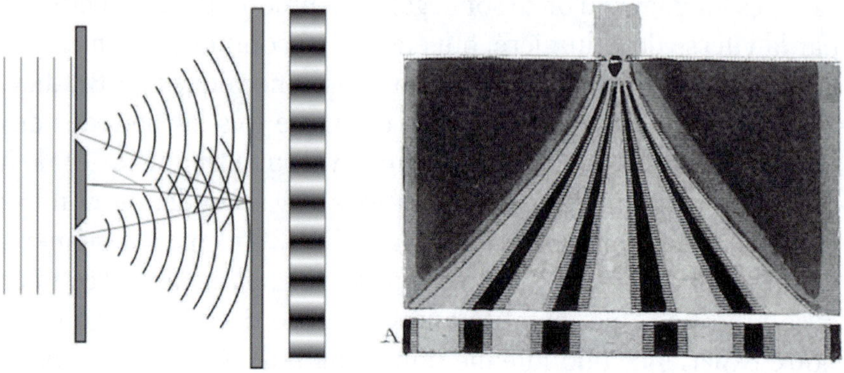

Figure III.2. Les fentes d'Young. (a) Principe de l'expérience : deux fentes percées dans un écran opaque éclairé par un faisceau lumineux incident se comportent comme deux sources ponctuelles rayonnant des ondes qui interfèrent et produisent des franges sur un écran *(Wikimedia Commons)*. (b) Dessin des interférences présenté par Young dans les *Philosophical Transactions of the Royal Society* en 1807.

surfaces de verre ou de métal sont devenus depuis Young des constituants essentiels de dispersion de la lumière dans les spectromètres, remplaçant avantageusement les prismes newtoniens.

L'expérience la plus fameuse du physicien anglais est passée à la postérité sous le nom d'expérience des fentes d'Young. Elle fut sans doute réalisée en 1801 et sa description publiée en 1807. Young fit tomber un rayon lumineux sur un écran percé de deux trous voisins. Il obtint ainsi deux sources lumineuses très proches, dont les ondes interféraient au-delà de cet écran. Recueillant cette lumière sur un carton plan, il observa des franges de forme hyperbolique, alternativement claires et obscures. Ces franges correspondaient à l'ensemble des points pour lesquels la différence de marche depuis les deux trous était égale, respectivement, à un nombre pair ou impair de demi-longueurs d'onde. Comme pour les images de diffraction par un fil, les franges observées en lumière blanche du soleil étaient irisées, le phénomène d'interférence se produisant pour des différences de marche différentes suivant la couleur.

Cette expérience, que Young compara à une autre qu'il réalisa avec des ondes de vibration produites par deux plongeurs sur la surface d'un plan d'eau, apportait une preuve éclatante de la nature ondulatoire de la lumière. Les tenants du modèle corpusculaire essayèrent bien de l'expliquer en la présentant comme un effet d'interaction des rayons défléchis par une force exercée par les bords des trous sur les particules lumineuses. Une explication analogue était proposée pour la diffraction par un fil, les rayons étant déviés de leur trajectoire rectiligne dans la zone de l'ombre géométrique par leur interaction avec les parois du fil. Ces explications ne tinrent pas longtemps face aux précisions qu'Augustin Fresnel apporta dans les années qui suivirent à la théorie ondulatoire de Young.

La lumière se polarise

Mais avant de décrire les travaux de Fresnel, il nous faut revenir un moment à l'éclat lumineux des fenêtres du palais du Luxembourg reflétant vers l'appartement de Malus les rayons du soleil couchant. Cet ingénieur, sorti de l'une des premières promotions de l'École polytechnique et vétéran de la campagne d'Égypte de Bonaparte, eut l'idée d'observer la lumière réfléchie par les vitres du palais à travers un cristal de spath d'Islande. L'une des faces de ce cristal était normale aux rayons lumineux. Lorsqu'il le faisait tourner autour de cette normale, Malus constatait que l'intensité lumineuse transmise par le rayon ordinaire passait par un maximum pour un certain angle et par un minimum pour une orientation augmentée de 90°, alors que le rayon extraordinaire évoluait de façon opposée. Pour une certaine incidence des rayons sur les vitres, le rayon ordinaire pouvait être complètement éteint et la lumière suivait alors le chemin du rayon extraordinaire. Lorsqu'en tournant le cristal le rayon ordinaire était parfaitement transmis, c'était alors le rayon extraordinaire qui était éteint. En passant du maximum de transmission à l'extinction, l'intensité de la lumière variait comme le carré du cosinus de l'angle de rotation, une propriété qui porte depuis le nom de loi de Malus. Pour rappel, dans un triangle rectangle le cosinus de l'angle formé par l'hypoténuse et un côté de l'angle droit est égal au rapport entre ce côté et l'hypoténuse. Le cosinus décroît de 1 à 0 lorsque cet angle passe de 0 à 90°.

Ces effets étaient analogues à ceux que Huygens avait observés en analysant la lumière transmise par deux cristaux de spath traversés à la suite l'un de l'autre. La lumière réfléchie par une surface transparente, le verre dans ce cas (mais l'eau donne des résultats analogues), présente, comme celle transmise par un cristal de spath, une anisotropie brisant la symétrie de rotation autour de la direction du rayon lumineux. Malus appela polarisation cette propriété d'anisotropie de la lumière. Son expérience montra que la polarisation n'était pas seulement une caractéristique acquise par la lumière à la traversée de certains cristaux exotiques, mais une propriété générale du rayonnement se manifestant dans tous les phénomènes de réflexion et de réfraction.

Bien qu'il ait fait ces observations au moment où Young accumulait de l'autre côté de la Manche les preuves du caractère ondulatoire de la lumière, Malus persévéra jusqu'à sa mort en 1812 à tenter d'expliquer le phénomène de polarisation dans le cadre du modèle corpusculaire, l'attribuant à une anisotropie des « molécules lumineuses ». Il était suivi dans cette voie par la plupart des physiciens de l'époque, notablement par Jean-Baptiste Biot en France et William Wollaston en Angleterre, qui exprimaient ainsi la résistance que la théorie ondulatoire continuait à rencontrer.

Fresnel et le triomphe des ondes

En reprenant, à partir de 1815, les expériences de Young et en les étendant à l'analyse de la polarisation de la lumière, ce fut Fresnel qui fit véritablement triompher la théorie ondulatoire. Il montra qu'elle parvenait à expliquer quantitativement avec précision toutes les expériences de propagation du rayonnement dans les milieux transparents ordinaires comme dans les milieux cristallins biréfringents. Ses explications étaient plus simples et plus précises que les modèles de plus en plus compliqués que les tenants de la théorie corpusculaire inventaient pour essayer de défendre le point de vue de Newton. Et surtout il établit clairement que la lumière était une onde transversale, vibrant dans un plan perpendiculaire à sa direction de propagation. La lumière polarisée, produite par le phénomène de biréfringence ou par réflexion à la surface d'un milieu transparent ou d'un miroir, vibre dans une direction bien définie, alors que la lumière naturelle du soleil ou d'une lampe vibre dans une direction transversale aléatoire, changeant rapidement avec le temps.

Il faut nous arrêter ici sur l'œuvre de Fresnel, tant elle marque une étape cruciale dans nos connaissances sur la lumière et l'optique. Alors qu'il ignorait la nature précise des travaux de Young publiés dans une langue qu'il ne parlait pas, Fresnel commença par refaire, avec quelques années de retard, la plupart des expériences d'interférence et de diffraction du physicien anglais, marchant dans ses pas sans le savoir. Il réalisa ses premières expériences dans les conditions difficiles d'une époque troublée. Royaliste, il dut fuir Paris pendant les Cent-Jours et se réfugia dans sa maison familiale de Normandie, sans pouvoir y apporter ses instruments d'optique. Il y expérimenta avec des moyens de fortune, qui illustrent son extrême ingéniosité. Pour réaliser une source ponctuelle de lumière, il isola un rayon de soleil pénétrant dans sa chambre par un petit trou percé dans un volet, utilisant la méthode qu'avait déjà démontrée Newton. Ne disposant pas de lentille de verre, il utilisa une goutte de miel pour focaliser ce rayon, réalisant ainsi une source lumineuse quasi ponctuelle qui lui servit pour ses expériences de diffraction.

Au cours de cet exil forcé et dans les années qui suivirent son retour à Paris après la Restauration, Fresnel établit les lois quantitatives de la diffraction par des obstacles en généralisant de façon précise le principe des ondes secondaires de Huygens. Il observa et expliqua avec plus de rigueur mathématique les phénomènes de franges et d'interférences décrits par Young quelques années plus tôt. Il montra qu'un obstacle de dimension très grande devant la longueur d'onde de la lumière produisait généralement une ombre nette, avec un éclairement décroissant très vite à l'intérieur de l'ombre géométrique. Ceci expliquait bien la propagation rectiligne du rayonnement, ce qui répondait à la critique de Newton, qui pensait que la théorie ondulatoire ne pouvait que conduire à l'apparition absurde de lumière derrière des écrans, même loin des bords de ces obstacles.

Augustin Fresnel
(1788 - 1828)

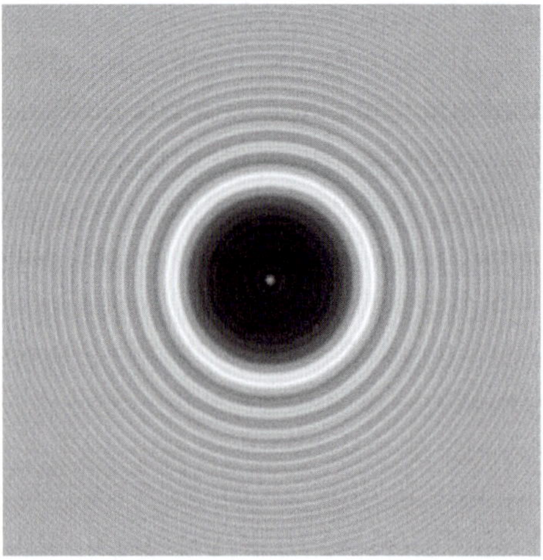

Figure III.3. La tache de Poisson-Fresnel : un point brillant apparaît au centre de l'ombre d'un disque circulaire opaque *(image de l'Institut d'optique, Paris)*.

Dans les discussions qui suivirent en 1819 à l'Académie des sciences de Paris la présentation du mémoire de Fresnel sur la diffraction, l'académicien Siméon Denis Poisson fit remarquer que le modèle ondulatoire conduisait, dans un cas bien particulier, à un résultat impossible à concevoir, ce qui confortait selon lui les critiques de Newton. L'ombre d'un disque opaque éclairé par un faisceau de rayons parallèles devait présenter un point brillant au centre de l'ombre circulaire, puisque toutes les ondes secondaires issues du plan d'onde autour de l'obstacle devaient par symétrie interférer constructivement en ce point. Ce résultat étant d'après Poisson manifestement ridicule, la théorie de Fresnel devait être fausse. L'expérience fut faite par François Arago devant des académiciens, stupéfaits de voir effectivement apparaître un point brillant au centre de l'ombre. La théorie de Fresnel justifiait ainsi en général l'existence de rayons lumineux rectilignes, mais expliquait aussi des phénomènes non intuitifs que la théorie corpusculaire était incapable de prévoir ou d'interpréter.

Pour faire des expériences démonstratives mettant en évidence les lois de l'optique de la façon la plus simple possible, Fresnel utilisa souvent de la lumière d'une seule couleur, celle du soleil filtrée par un verre coloré de vitrail, ce qu'il appelait de la lumière homogène et que l'on qualifie aujourd'hui de lumière monochromatique. Les franges de diffraction apparaissaient alors de façon nette. Lorsqu'il expérimentait avec de la lumière blanche, il retrouvait aussi tous les effets chromatiques et de brouillage des franges de diffraction déjà observés par Young.

Fresnel réalisa aussi une variante de l'expérience des fentes d'Young en faisant interférer la lumière d'une source ponctuelle réfléchie par deux miroirs faisant entre eux un angle obtus très proche de 180°. Les rayonnements issus des deux images très voisines produisaient les alternances de franges brillantes et sombres que Young avait observées avec ses trous. Dans la version de Fresnel, la lumière ne rasait pas d'obstacle matériel et l'interprétation d'une interaction des corpuscules lumineux avec la matière ne pouvait être invoquée.

Des vecteurs qui s'additionnent et des ondes qui interfèrent

La généralisation de la notion de superposition des ondes et du phénomène d'interférence est un aspect essentiel de l'œuvre de Fresnel. On en a déjà trouvé les prémices dans le principe d'Huygens et dans les travaux de Young, mais c'est Fresnel qui a donné à une idée jusque-là qualitative une forme précise, basée sur des mathématiques rigoureuses. Si l'on veut suivre les idées de Fresnel, il nous faut commencer par introduire la notion de phase d'une onde lumineuse monochromatique. Fresnel précisa cette notion en associant un angle compris entre 0 et 2π radians à l'état de vibration d'une lumière monochromatique en un point et à un instant donnés (le radian, unité naturelle de mesure des angles en mathématiques, a été défini au chapitre I).

Pour avoir l'intuition de ce qu'est cette phase, imaginez que vous ayez attaché une petite boule à l'extrémité d'un rayon d'une roue de bicyclette que vous faites tourner autour d'un axe horizontal. Si vous regardez la roue « par la tranche » en plaçant votre œil au-dessus d'elle dans le plan dans lequel elle tourne, vous voyez la boule osciller suivant un mouvement sinusoïdal linéaire avec une amplitude égale au rayon de la roue. Cette oscillation, qui est la projection sur une droite d'un mouvement rotatoire, donne une bonne représentation de la vibration transversale d'une onde lumineuse polarisée linéairement. La boule représente alors à chaque instant l'extrémité de la vibration lumineuse.

Si vous observez maintenant la roue latéralement, vous voyez la boule tourner à l'extrémité du rayon auquel elle est attachée. La direction de ce rayon fait avec l'horizontale un angle qui augmente de 2π radians à chaque tour. À tout instant, on peut associer la position projetée de la boule *vue par-dessus* à l'angle que fait avec la direction horizontale le rayon auquel elle est attachée. Cet angle est ce qu'on appelle la phase de l'oscillation à cet instant. Le choix de l'origine de la phase est arbitraire. Nous pouvons décider qu'elle vaut 0 et π lorsque le rayon est horizontal, aux moments où la boule vue par-dessus rebrousse chemin. La phase est alors égale à π/2 et 3π/2 aux deux instants où sa vitesse projetée sur la direction horizontale est maximale, dans un sens ou dans l'autre.

Imaginez maintenant que vous ayez attaché une autre boule à un autre rayon de la roue. Les deux boules vues par-dessus exécutent des oscillations de même fréquence et de même amplitude, mais de phases différentes car les rayons auxquels elles sont attachées passent à l'horizontale à des instants distincts. Vous devez maintenant avoir une bonne intuition de ce que sont deux ondes de même amplitude et de phases différentes polarisées dans la même direction. Vous pouvez varier l'expérience en attachant trois boules à trois rayons faisant entre eux un angle de 120° et vous aurez une bonne représentation de trois ondes de même amplitude déphasées deux à deux de 2π/3 radians. Si au lieu d'attacher les boules aux extrémités des rayons vous les placez à une plus petite distance de l'axe de la roue, vous pouvez vous représenter de la même façon des ondes de même fréquence mais d'amplitudes différentes.

Pour décrire l'état de vibration d'une onde en tout point, Fresnel lui a donc associé un vecteur dans un plan abstrait, appelé depuis « plan de Fresnel ». Dans la représentation adoptée plus haut, ce plan n'est autre que celui de la roue à laquelle les boules, extrémités des vibrations lumineuses, sont attachées. Le vecteur de Fresnel a une longueur proportionnelle à l'amplitude de la vibration lumineuse en ce point et tourne dans son plan comme l'aiguille d'une horloge, faisant un tour (2π radians) en une période optique. Lorsqu'on représente ainsi la lumière par un vecteur à un instant donné, on la fige, à la manière d'un cliché instantané qui immobiliserait la rotation de la roue de vélo. Les vecteurs de Fresnel sont de véloces aiguilles qui tournent, comme Young l'avait le premier découvert, à des centaines de milliers de milliards de tours par seconde. On peut les considérer comme les aiguilles des horloges optiques modernes qui sont aujourd'hui capables de compter ces fréquences. Il y a deux siècles, ces vecteurs servaient déjà dans les calculs de Fresnel à suivre virtuellement le déroulement du temps le long des rayons lumineux.

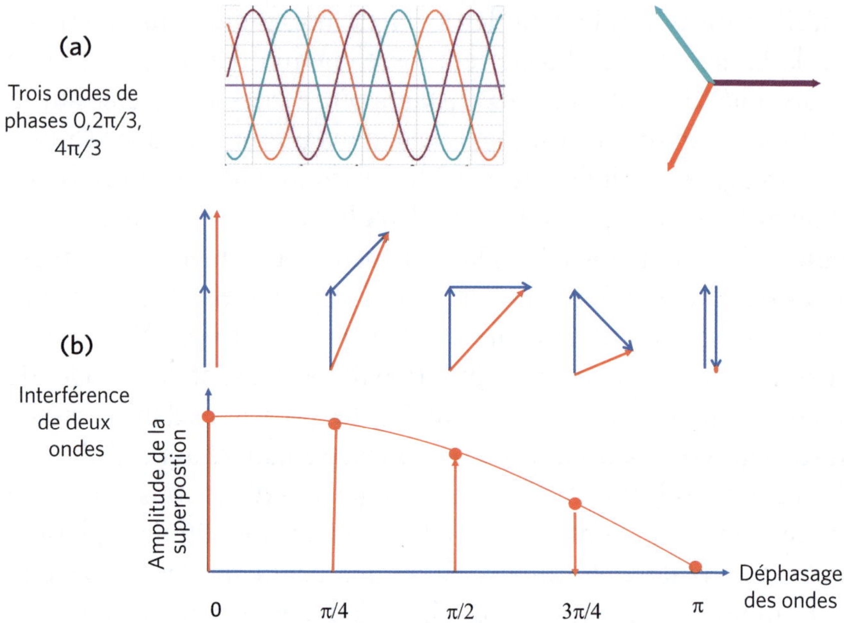

Figure III.4. Représentation de Fresnel d'une onde monochromatique. (a) Évolution dans le temps (représentée horizontalement) de trois ondes de même amplitude, déphasées mutuellement de 120° (2π/3 radians). Leurs vecteurs de Fresnel, de même longueur, pointent vers les sommets d'un triangle équilatéral dans le plan de Fresnel. La somme de ces trois vecteurs est nulle. (b) Interférence de deux ondes dont la différence de phase varie entre 0 et π radians : l'amplitude du champ résultant (flèches rouges) diminue depuis un maximum égal à deux fois l'amplitude de chaque onde à 0 lorsque les deux vecteurs de Fresnel sont opposés. L'intensité lumineuse passe ainsi d'une frange claire à une frange sombre.

Cette représentation vectorielle permet une description imagée des phénomènes d'interférence. Lorsque plusieurs ondes optiques de même fréquence et de même polarisation se superposent en un point, le vecteur représentant le champ résultant s'obtient en ajoutant les vecteurs associés à ces ondes dans l'espace abstrait du plan de Fresnel. Pour faire l'addition de deux vecteurs, rappelons qu'il faut translater le second parallèlement à lui-même et faire coïncider son origine avec l'extrémité du premier. Le vecteur somme est alors celui qui joint l'origine du premier à l'extrémité du second. Si deux vecteurs pointent le long de la même direction, ils ont une même phase, les ondes correspondantes atteignent leur amplitude maximale d'oscillation au même instant et ajoutent leurs effets, donnant un plus grand éclairement. Dans le cas de l'expérience des trous de Young ou des miroirs de Fresnel, l'amplitude combinée rayonnée par les deux sources lumineuses est, en ces points, le double de celle donnée par une seule des deux sources, et l'intensité observée, proportionnelle au carré de cette amplitude, est quadruplée. Le point correspondant se trouve alors sur une frange claire.

Si au contraire les vecteurs de Fresnel associés à deux ondes qui interfèrent pointent dans des directions opposées, ils sont dits en opposition de phase et leur somme vectorielle s'annule. Le point correspondant se trouve sur une frange sombre non éclairée. Entre ces deux extrêmes, le vecteur de Fresnel des deux ondes superposées est représenté géométriquement par la diagonale du losange dont les deux vecteurs définissent des côtés adjacents. La longueur de cette diagonale évolue continûment lorsque la différence de marche entre les deux ondes change, suivant une loi sinusoïdale, de la situation où sa longueur est le double de celle des côtés du losange (frange brillante) à celle où elle est nulle (frange sombre).

Ces effets de superposition et d'interférence se généralisent à la combinaison d'un nombre quelconque d'ondes de même fréquence et de même polarisation. L'interférence de trois ondes de même amplitude dont les vecteurs de Fresnel pointent à 120° l'un de l'autre donne par exemple un champ résultant nul. La composition des vecteurs de Fresnel forme en effet un triangle équilatéral, l'extrémité du troisième vecteur coïncidant avec l'origine du premier. De façon générale, la somme de vecteurs de même amplitude dont les phases sont réparties suivant un éventail régulier entre 0 et 2π radians forme un polygone fermé. La superposition des ondes correspondantes s'annule donc par interférence destructive.

La représentation du vecteur de Fresnel permet de retrouver simplement et de façon générale le principe de Fermat. Évaluons l'amplitude au point B du champ lumineux émis par une source monochromatique située au point A. D'après le principe de Huygens-Fresnel, on peut imaginer un grand nombre de surfaces successives de formes arbitraires entourant A en laissant B à l'extérieur, et décrire le champ en B comme la superposition des champs émis par les sources virtuelles réparties sur la dernière de ces surfaces. Le champ en un point quelconque de cette surface pourra à son tour être vu comme la superposition des champs émis par les sources réparties sur l'avant-dernière surface, et ainsi de suite. Le champ au point B résultera ainsi de la somme d'une infinité de vecteurs de Fresnel associés à tous les chemins en zigzag traversant toutes les surfaces de A à B, le long desquels les sources virtuelles sur les différentes surfaces auront accumulé leurs phases successives.

La direction de chaque vecteur sur le chemin aboutissant en B indiquera, comme l'aiguille d'une horloge, le temps que la lumière a mis pour parvenir depuis A sur ce chemin. Les ondes correspondantes ne se superposeront finalement par interférence constructive que pour les chemins dont les temps de parcours sont les mêmes à une petite fraction de période près. Tous les chemins qui s'écartent de ce temps stationnaire interfèrent de façon globalement destructive car leurs vecteurs de Fresnel forment un éventail étalé dans le plan de phase et ne contribuent pas à l'amplitude lumineuse observée en B. Ils peuvent donc être supprimés, par exemple en interposant entre A et B des diaphragmes qui les éliminent complètement, sans changer l'état observé du rayonnement au point B. On retrouve ainsi la notion de rayons lumineux qui suivent les trajectoires de temps stationnaire.

Une vibration qui tourne : la polarisation circulaire

Les raisonnements précédents ne s'appliquent qu'à des ondes oscillant dans la *même direction* de l'espace réel (qu'il ne faut pas confondre avec l'espace abstrait des phases). Fresnel le constata en effectuant des expériences avec de la lumière polarisée et montra que des ondes vibrant suivant des directions spatiales différentes ne pouvaient donner des franges sombres. Il montra en particulier que les rayons ordinaire et extraordinaire produits par la transmission d'un cristal de spath n'interféraient jamais de façon destructive.

C'est encore là une conséquence du principe de superposition, vu dans l'espace réel et non plus dans le plan de Fresnel. Deux vibrations sinusoïdales oscillant le long de directions différentes de l'espace ne peuvent jamais s'annuler. Il suffit pour s'en convaincre de considérer la combinaison d'oscillations s'effectuant le long de deux directions orthogonales, par exemple les axes Ox et Oy d'un repère orthonormé. Si elles sont en phase et de même amplitude, l'oscillation résultante sera une vibration dans la direction à 45° bissectrice de l'angle formé par les axes Ox et Oy. Si elles sont en opposition de phase, la vibration résultante sera alignée sur l'autre bissectrice des deux axes, à 135°, mais elle ne sera pas d'amplitude nulle.

Pour établir les règles de superposition des champs lumineux polarisés, Fresnel considérait la lumière comme une vibration transversale d'un éther hypothétique aux propriétés élastiques. La composition des amplitudes de vibration de directions différentes peut alors être qualitativement comprise par une analogie mécanique. Considérons le mouvement d'un pendule constitué d'une petite masse au bout d'un fil. Écartons la masse de son point d'équilibre dans une direction donnée et lâchons-la sans lui donner de vitesse initiale. Elle va alors se mettre à osciller le long d'un segment de droite, réalisant une situation analogue à celle d'une polarisation linéaire. On peut ainsi faire osciller le pendule soit dans la direction Ox, soit dans la direction orthogonale Oy. Si on lance le pendule de la même manière en le faisant partir d'un point des coordonnées initiales non nulles le long de Ox et Oy, on obtiendra une oscillation, toujours linéaire, dans une direction faisant un angle ajustable avec Ox. En combinant les mouvements de deux oscillateurs de même phase, polarisés dans deux directions différentes, on obtient ainsi une nouvelle polarisation linéaire.

Supposons maintenant qu'on écarte le pendule de sa position d'équilibre et qu'on lui donne, en même temps, une impulsion initiale transversale. Nous prévoyons intuitivement que la masse va se mettre à osciller en décrivant un mouvement elliptique, qui sera circulaire si l'amplitude de l'impulsion initialement donnée est convenablement ajustée. Écarter la masse dans la direction Ox en lui donnant une impulsion dans la direction Oy revient à combiner deux mouvements oscillatoires de directions orthogonales et de phases différentes. On comprend ainsi que si on superpose deux vibrations polarisées linéairement à angle droit et que l'on donne à une des composantes une avance ou un retard de phase, on créera une onde de polarisation elliptique dont le vecteur tournera à la fréquence de l'onde dans le plan perpendiculaire au rayon lumineux. Si l'avance de phase d'une composante de vibration sur l'autre est de 90° et que leurs amplitudes sont égales, la polarisation résultante sera circulaire dans un sens. Si le déphasage change de signe, passant de + 90° à – 90°, on obtiendra une polarisation circulaire tournant en sens inverse. Pour d'autres valeurs du déphasage, la polarisation de la lumière sera elliptique.

Pour polariser circulairement ou elliptiquement la lumière, Fresnel fit passer un rayon polarisé à travers une fine lame biréfringente qui avait pour propriété de propager deux polarisations orthogonales de la lumière avec des vitesses différentes, sans séparation spatiale. En éclairant cette lame avec une lumière polarisée à 45° des directions correspondant aux propagations lente et rapide, il obtint une onde dont les composantes de vibration suivant ces deux axes avaient la même amplitude, mais un retard de phase ajustable dépendant de l'épaisseur de la lame.

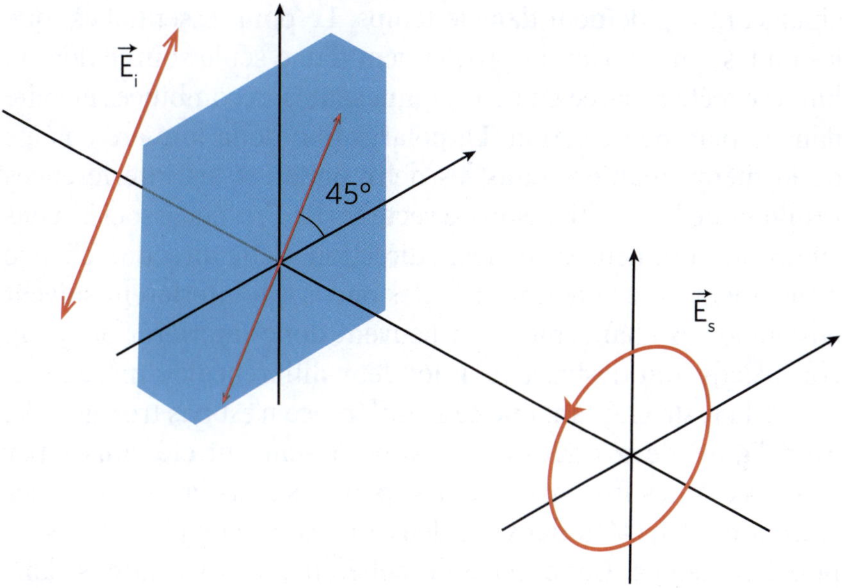

Figure III.5. Une lame quart d'onde crée un déphasage de π/2 radians entre les ondes polarisées linéairement le long de ses axes rapide (*horizontal*) et lent (*vertical*). Une onde incidente polarisée linéairement le long de la bissectrice de ces axes émerge polarisée circulairement.

Pour l'épaisseur dite « quart d'onde », les deux composantes avaient un déphasage de 90°, résultant en une onde transmise polarisée circulairement. Afin d'étudier cette forme nouvelle de polarisation, il fit passer l'onde dans une seconde lame, aux axes convenablement orientés, reconstituant une polarisation linéaire qu'il pouvait ensuite analyser à l'aide d'un cristal de spath. Les ondes lumineuses polarisées circulairement découvertes par Fresnel transportent du moment cinétique le long de leur direction de propagation qu'elles peuvent transmettre à la matière lorsqu'elles sont absorbées. Elles ont joué, comme nous l'avons vu au chapitre I, un rôle essentiel dans les expériences de pompage optique du début de ma carrière scientifique.

Pour compléter son analyse des interférences en lumière polarisée, Fresnel dut expliquer pourquoi les interférences étaient observables avec de la lumière naturelle *non polarisée*, qu'il décrivait comme ayant une polarisation transversale aléatoire, changeant rapidement dans le temps. Le point essentiel est que les ondes qui interfèrent proviennent d'une seule source dont la lumière a été séparée en deux composantes, recombinées ensuite dans le plan de détection. La polarisation de la lumière change de la même manière dans les deux ondes et les interférences résultent de la combinaison de vecteurs de Fresnel associés à des vibrations lumineuses de même direction. Cette direction change rapidement avec le temps, mais les ondes qui interfèrent suivent ensemble ces changements et peuvent donc interférer de façon constructive ou destructive, selon leur différence de marche.

Cela reste vrai tant que cette différence n'est pas trop grande. Au-delà, les deux ondes qui se superposent ont été émises par la source à des instants éloignés, pour lesquels la direction des vibrations détectées dans les deux ondes et leur phase ne sont plus les mêmes. Cette perte de cohérence des vibrations dans les deux ondes se traduit par une atténuation du contraste des franges lorsqu'on s'éloigne de la frange centrale. La diminution du contraste est aussi due au fait que la lumière, même filtrée par un verre coloré, n'est pas parfaitement monochromatique. Les franges associées à des composantes de longueurs d'onde voisines finissent par se brouiller lorsque la différence de marche augmente. La notion de cohérence spatiale et temporelle des ondes, très importante dans l'optique moderne, était ainsi déjà en germe dans l'œuvre de Fresnel.

Ces analogies mécaniques, complétées par des hypothèses simples sur les contraintes de continuité que devaient satisfaire les vibrations lumineuses à la traversée des surfaces de séparation entre deux milieux transparents, permirent à Fresnel d'établir les formules donnant les fractions de lumière réfléchie et réfractée par un dioptre, en fonction des angles que les rayons font avec la normale à la surface. Ces formules, connues depuis comme les *lois de Fresnel*, rendaient compte de la propriété polarisante de la réflexion vitreuse découverte par Malus. Elles montraient en effet que la lumière tombant sur l'interface entre deux milieux et polarisée perpendiculairement au plan d'incidence était davantage réfléchie que celle polarisée dans ce plan. Une lumière naturelle, dont la polarisation change rapidement au cours du temps, a ainsi sa composante de polarisation parallèle à la surface favorisée par réflexion.

Pour un certain angle d'incidence, dépendant de l'indice du milieu, la réflexion change une lumière naturelle non polarisée en un rayonnement réfléchi polarisé parallèlement à la surface du dioptre. Pour cet angle d'incidence particulier, appelé angle de Brewster, du nom du physicien anglais qui l'avait le premier identifié, la lumière réfléchie par le dioptre est polarisée perpendiculairement au plan d'incidence alors que la lumière transmise vibre dans ce plan. Les rayons réfléchis et transmis forment alors un angle droit.

Fresnel s'intéressa également au phénomène de la réflexion totale, déjà observé par Descartes et Newton. Lorsqu'un rayon se propage dans un milieu réfringent et tombe sur un dioptre de séparation avec l'air, il est totalement réfléchi si le sinus de son angle d'incidence est plus grand que l'inverse $1/n$ de l'indice de réfraction du milieu. Aucun rayon ne traverse alors le dioptre. Ainsi, un plongeur nageant sous l'eau et levant les yeux vers la surface voit celle-ci comme un miroir parfaitement réfléchissant s'il regarde dans une direction oblique, alors qu'il peut voir ce qui se passe dans l'air directement au-dessus de sa tête. La théorie ondulatoire de Fresnel montre qu'en fait un peu de la lumière incidente, même lorsqu'elle subit la réflexion totale, pénètre dans l'air. Elle y forme ce qu'on appelle une onde évanescente, apparaissant à la surface du dioptre de séparation comme une fine couche lumineuse dont l'épaisseur est de l'ordre de la longueur d'onde.

La lumière éclairée par les mathématiques

En représentant une onde lumineuse monochromatique polarisée par un vecteur dans un plan abstrait, Fresnel introduisait en fait les nombres complexes dans la physique. Les vecteurs du plan de Fresnel, qui n'est autre que ce que les mathématiciens appellent le plan complexe, sont associés en effet à une représentation géométrique de ces nombres. Alors qu'un nombre ordinaire correspond à un point sur un axe dit *réel*, un nombre complexe, somme de parties réelle et imaginaire, correspond à l'extrémité d'un vecteur dans le plan complexe, rapporté à l'axe réel et à un axe *imaginaire* orthogonal. Les projections de ce vecteur sur ces axes sont respectivement égales aux parties réelle et imaginaire du nombre complexe considéré. Les règles de combinaison et de superposition des vecteurs de Fresnel qui régissent les phénomènes d'interférence ne font que traduire les propriétés algébriques d'addition des nombres complexes qu'ils représentent.

Une lumière qui se compose de vibrations de fréquences *différentes* peut s'analyser comme une somme d'ondes monochromatiques obéissant au principe de superposition. Joseph Fourier, un physicien et mathématicien contemporain de Fresnel, développa dans les années 1820 les outils mathématiques – appelés série et intégrale de Fourier – permettant de décrire une quantité dépendant du temps comme une superposition de composantes associées à des amplitudes représentées par des vecteurs tournant avec des fréquences différentes dans le plan complexe. L'analyse de Fourier trouva une application immédiate à la description des ondes lumineuses.

Supposons, pour commencer par un exemple simple, que la lumière polarisée émise par une source soit une superposition d'ondes monochromatiques de même amplitude dont les fréquences sont des multiples d'une fréquence fondamentale f, formant un peigne de N fréquences équidistantes. Supposons de plus que toutes ces ondes soient en phase à un instant initial. À partir de ce moment, les vecteurs de Fresnel associés à ces ondes se mettent à tourner dans le plan de phase. À l'instant $1/Nf$, le vecteur de Fresnel de l'onde la plus rapide aura fait un tour de plus que celui de l'onde la plus lente. Il y a alors interférence destructrice de toutes les ondes dont les vecteurs de Fresnel forment un éventail de 2π radians dans le plan de phase et l'intensité lumineuse résultante s'annule.

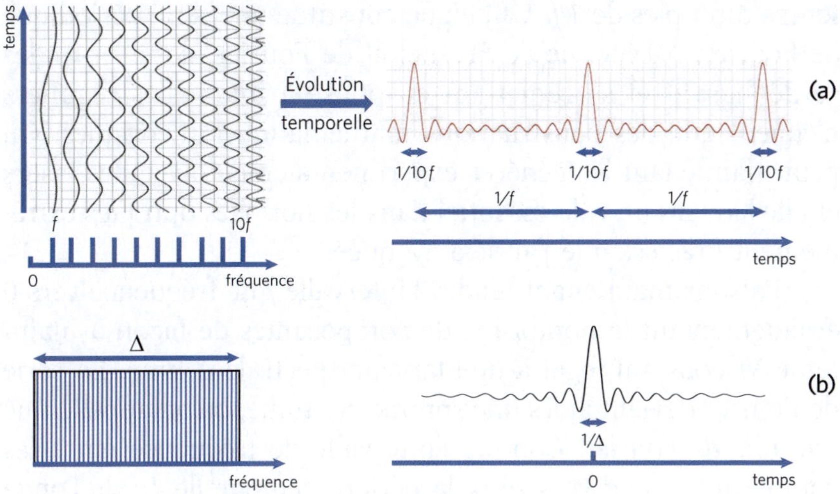

Figure III.6. Exemples de série et d'intégrale de Fourier. (a) Somme de N ondes de même amplitude de fréquences Nf (N = 1 à 10), en phase au temps t = 0. Le spectre discret de cette somme est un peigne de fréquences équidistantes. Son évolution temporelle est décrite par une succession périodique d'impulsions de durées *1/10f*, de période *1/f*. (b) Lorsque f tend vers 0 en maintenant $Nf = \Delta$ constant, le spectre de l'onde somme devient quasi continu. Son évolution temporelle est décrite par une intégrale de Fourier, prenant la forme d'une impulsion lumineuse unique de durée *1/Δ*. On peut en général décrire de façon complémentaire et équivalente une superposition d'ondes monochromatiques en phase à un instant donné soit par son spectre en fréquence (*à gauche*), soit par son évolution temporelle (*à droite*). On appelle *transformations de Fourie*r les opérations mathématiques qui permettent de passer d'une description à l'autre. Comme le montre cet exemple particulier, les transformations de Fourier imposent au produit des largeurs des distributions spectrale et temporelle d'être de l'ordre de l'unité. Ce résultat mathématique prend une importance particulière en physique quantique.

Les diverses composantes de la lumière, déphasées les unes par rapport aux autres, continuent cependant de tourner. Au bout d'un temps *1/f*, elles auront toutes accompli un nombre entier – quoique différent – de tours et reviendront en phase. L'onde somme va réapparaître. Le peigne de fréquences optiques se compose ainsi d'une succession d'impulsions lumineuses, de durées de l'ordre de *1/Nf*, se répétant régulièrement tous les temps multiples de $1/f$. Ce peigne constitue une série périodique de Fourier. À l'époque de Fresnel et de Fourier, de telles ondes se déphasant et se remettant en phase à intervalles réguliers n'étaient que des constructions mathématiques théoriques. On peut maintenant les générer expérimentalement avec des lasers et elles jouent un rôle essentiel dans les horloges optiques extrêmement précises que j'ai déjà évoquées.

Faisons maintenant tendre l'intervalle f de fréquence vers 0 en augmentant le nombre N de composantes de façon à maintenir Nf constant, égal à une largeur spectrale Δ finie. La série de Fourier devient alors une somme continue, qu'on appelle une *intégrale de Fourier*. Comme l'intervalle de fréquence entre les composantes tend vers zéro, la période temporelle $1/f$ de l'onde somme devient infiniment longue et le champ lumineux est constitué d'une seule impulsion de durée $1/\Delta$.

L'intégrale de Fourier décrit ainsi comment une impulsion lumineuse isolée s'analyse comme une somme d'ondes monochromatiques dispersées en fréquence sur un spectre de largeur inversement proportionnelle à sa durée. Les fonctions représentant la distribution spectrale de l'impulsion et son profil temporel sont dites « transformées » de Fourier l'une de l'autre. Le fait que ces fonctions ont des largeurs inversement proportionnelles en fréquence et en temps est une propriété fondamentale de la superposition des ondes. La représentation du plan de phase introduite par Fresnel permet d'en donner une explication simple, qui généralise aux interférences dans le temps celle qu'il avait donnée pour les interférences dans l'espace. Nous retrouverons en physique quantique cette propriété mathématique fondamentale de réciprocité des largeurs des transformées de Fourier lorsque nous parlerons des relations d'incertitude de Heisenberg. Elle prendra alors une signification physique nouvelle et surprenante.

D'après l'analyse de Fourier une onde lumineuse parfaitement monochromatique, donc de largeur spectrale nulle, doit avoir une durée infinie, en d'autres termes être une lumière d'intensité constante pendant un temps infini. Si l'onde s'établit, puis s'atténue dans un intervalle de temps fini, elle acquiert automatiquement une largeur spectrale inversement proportionnelle à sa durée. En interrompant une onde monochromatique continue à l'aide d'un obturateur de durée d'ouverture T, on obtient une impulsion de largeur spectrale de l'ordre de $1/T$. On peut essayer de le vérifier par une expérience de spectroscopie en dispersant la lumière de l'impulsion dans un spectrographe. À l'époque de Fresnel les temps d'obturation les plus courts étaient de l'ordre de la microseconde, ce qui correspond à une largeur spectrale de l'ordre de 1 MHz, très petite devant le pouvoir de résolution des spectrographes à prisme ou à réseaux de l'époque. De nos jours, on sait grâce aux lasers réaliser des impulsions lumineuses très courtes, de l'ordre de la picoseconde (10^{-12} seconde), voire de la femtoseconde (10^{-15} seconde) ou même moins, et leur étalement spectral, qui atteint des centaines de milliards de hertz, peut être facilement mesuré, confirmant les prédictions de l'analyse de Fourier.

Les propriétés de la transformation de Fourier permettent d'établir une condition essentielle que doit satisfaire une mesure de fréquence pour atteindre une précision donnée. Si l'on veut distinguer dans un spectre deux fréquences voisines f_1 et f_2, il faut que l'expérience dure au moins un temps $1/(f_1 - f_2)$, d'autant plus long que cette différence est plus petite. On arrive ainsi à un principe qui s'apparente à un précepte moral : plus grande est la précision que l'on cherche à obtenir, plus de temps (et de soin) il faudra consacrer à la mesure.

Il faut préciser qu'un spectre étalé ne correspond à une impulsion lumineuse brève que si les ondes qui la constituent sont à un instant donné en phase les unes avec les autres et qu'elles continuent ensuite toutes à osciller à leur fréquence propre, sans perturbations de phase au cours du temps. Ce n'est pas le cas de la lumière naturelle, celle du soleil et des lampes dont disposait Fresnel, dont les différentes composantes de fréquence subissent des variations rapides et aléatoires d'amplitude et de phase. Pour de telles sources, l'étalement en fréquence n'implique pas un étalement réciproque dans le temps. On comprend ainsi pourquoi la lumière du soleil, qui couvre un spectre large, produit en un point un éclairement continu et non un bref flash de lumière.

La physique nous a appris depuis que la lumière naturelle est en fait constituée d'une superposition d'impulsions lumineuses brèves, se recouvrant dans l'espace et le temps, émises indépendamment par les atomes de la source. Chacun des atomes émet quant à lui un train d'onde dont la durée est bien limitée par l'inverse de son temps d'émission, conformément aux lois de Fourier.

Retour sur la vitesse de la lumière

Dès les années 1820, la théorie ondulatoire de la lumière avait ainsi fait des avancées décisives permettant de décrire l'ensemble des phénomènes optiques observables avec une grande précision, dans un formalisme mathématique qui rendait compte de façon simple et générale du principe de superposition des ondes. Il devenait de plus en plus difficile de soutenir la théorie corpusculaire qui devait multiplier les hypothèses *ad hoc* et prévoyait des phénomènes contraires à l'observation pour certains effets de propagation de la lumière dans les milieux cristallins anisotropes.

Il restait un test décisif à faire, celui de la mesure de la vitesse de la lumière dans un milieu matériel, que la théorie corpusculaire prédisait être plus grande que dans le vide, alors que la théorie ondulatoire avançait le contraire. Ce test, proposé par Arago en 1838, fut réalisé indépendamment par deux jeunes physiciens français, Hippolyte Fizeau et Léon Foucault. Leurs expériences furent les premières mesures sur Terre de la vitesse de la lumière, qui n'avait été jusqu'alors évaluée que par des observations astronomiques.

Dans une première expérience, effectuée en 1849, Fizeau mesura la vitesse de la lumière dans l'air, en reprenant l'idée originale de Galilée. Elle consistait, comme nous l'avons vu, à interrompre rapidement un faisceau lumineux parcourant un long trajet aller-retour et à mesurer le temps mis par le signal à revenir vers la source lumineuse. Fizeau effectua son expérience non plus entre deux collines toscanes, mais entre sa maison à Suresnes et l'appartement de ses parents à Montmartre, à 8,6 kilomètres de là. Il améliora la méthode de Galilée en remplaçant l'assistant humain qui renvoyait la lumière après un inévitable temps de latence par un miroir qui la réfléchissait instantanément.

Il utilisa deux dispositifs optiques, analogues à des lunettes astronomiques, l'un à Suresnes et l'autre à Montmartre, pour que les rayons lumineux parcourent le trajet aller-retour de 17,2 kilomètres sans trop diverger. Au lieu de découvrir et de cacher la lumière à la main, il utilisa une roue dentée tournant rapidement, dont les échancrures laissaient passer la lumière en impulsions brèves de quelques dizaines de microsecondes. La source lumineuse était un morceau de craie porté à l'incandescence. Sa lumière, focalisée par une lentille condensatrice, était envoyée vers le miroir de Montmartre par réflexion sur une lame semi-réfléchissante convenablement orientée. Le rayon lumineux traversait juste après cette lame le bord de la roue dentée en rotation, au point focal de la lentille condensatrice, avant d'être transformé en faisceau de lumière parallèle par une lentille servant d'objectif. L'onde arrivant à Montmartre était focalisée par la seconde lunette sur le miroir et se réfléchissait avant de retracer son chemin en sens inverse et de repasser à Suresnes à travers la roue dentée. La lumière retombait finalement sur la lame semi-réfléchissante et le rayon transmis à travers cette lame était focalisé par un oculaire vers l'œil de Fizeau.

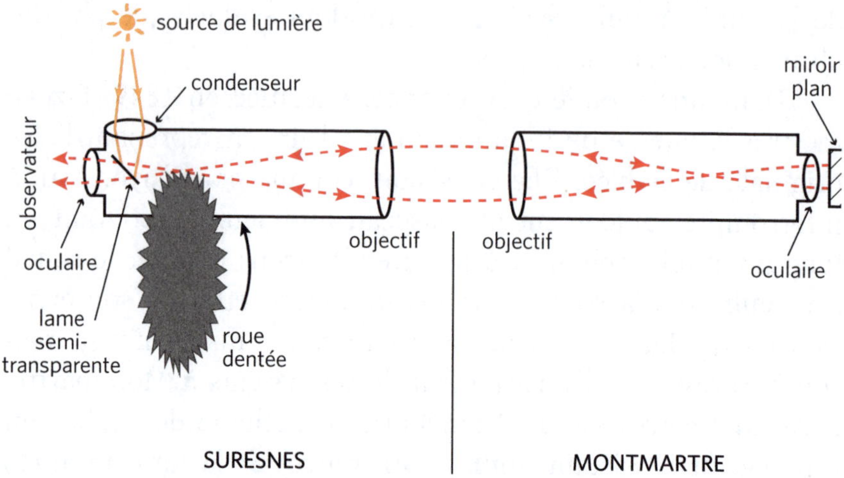

Figure III.7. Schéma de principe de la première mesure terrestre de la vitesse de la lumière par Fizeau (1849).

Lorsque la roue tournait lentement, la lumière parvenait à l'œil de Fizeau sous forme d'impulsions lumineuses intermittentes, laissant sur sa rétine une impression rémanente de faible flux lumineux continu. Lorsque la vitesse de rotation atteignait une vitesse de 12,5 tours par seconde, la lumière s'éteignait brusquement pour réapparaître lorsque la vitesse augmentait au-delà de cette valeur. Fizeau comprit que pour cette vitesse de rotation, une échancrure de la roue dentée était remplacée par la dent suivante pendant le temps de parcours aller-retour de la lumière, bloquant ainsi la lumière réfléchie. Refaisant l'observation plusieurs fois en mesurant avec un compte-tours la vitesse de rotation qui correspondait à l'extinction, Fizeau détermina le temps que mettait la lumière pour parcourir le trajet aller-retour de sa maison à Montmartre et en déduisit pour la vitesse de la lumière dans l'air une valeur de 315 000 km/s, un résultat proche de celui déduit de l'aberration des étoiles mesurée par Bradley au siècle précédent. Notons que la vitesse de la lumière dans l'air ne devait différer de celle que les observations astronomiques avaient déterminée dans le vide que de 0,03 %, l'indice de l'air étant voisin de 1,0003.

Diminuant encore la distance parcourue par la lumière, Foucault fut le premier à mesurer sa vitesse dans l'espace restreint d'un laboratoire. En ramenant le trajet de l'onde à quelques mètres, il réalisa un dispositif qui permettait de comparer directement les temps de propagation de la lumière dans l'air et dans un milieu matériel. Le trajet de la lumière n'était que de 15 mètres, ce qui exigeait une grande vitesse de rotation pour le dispositif filtrant le rayon lumineux. Foucault remplaça la roue de Fizeau par un petit miroir tournant *m*, dont la fréquence de rotation pouvait atteindre 800 hertz. Un rayon lumineux (issu d'une image du soleil produite par un dispositif appelé héliostat) traversait un diaphragme en un point *a* avant d'être focalisé sur le miroir *m*. Lorsque celui-ci était immobile et convenablement orienté, le rayon atteignait un miroir réflecteur concave *M* placé à 7,5 mètres et revenait vers *m*, pour être finalement refocalisé en *a*. Pour distinguer les rayons lumineux incident et réfléchi, une lame semi-réfléchissante séparait, devant l'oculaire de détection, les faisceaux aller et retour et formait l'image de *a* en *α*, symétrique de *a* par rapport à la lame. Lorsque le miroir *m* était mis en rotation, le rayon réfléchi était étalé selon un large éventail et parvenait périodiquement à revenir vers l'œil, formant une image rémanente de faible intensité en un point coïncidant pratiquement avec *α*. Lorsque la fréquence de rotation du miroir atteignait quelques centaines de hertz, Foucault observait l'image non plus en *α* mais en un point *α'* décalé d'une fraction de millimètre. Ce décalage correspondait à un angle de quelques minutes entre les directions des rayons incident (*am*) et réfléchi (*ma'*). Le rayon revenant vers la source était en effet défléchi du double de l'angle dont avait tourné le miroir *m* pendant le temps de propagation de la lumière sur le trajet aller-retour *mM*. En mesurant la distance entre *α* et *α'* et la fréquence de rotation du miroir, Foucault en déduisit la vitesse de la lumière dans l'air, obtenant un résultat voisin de celui de Fizeau.

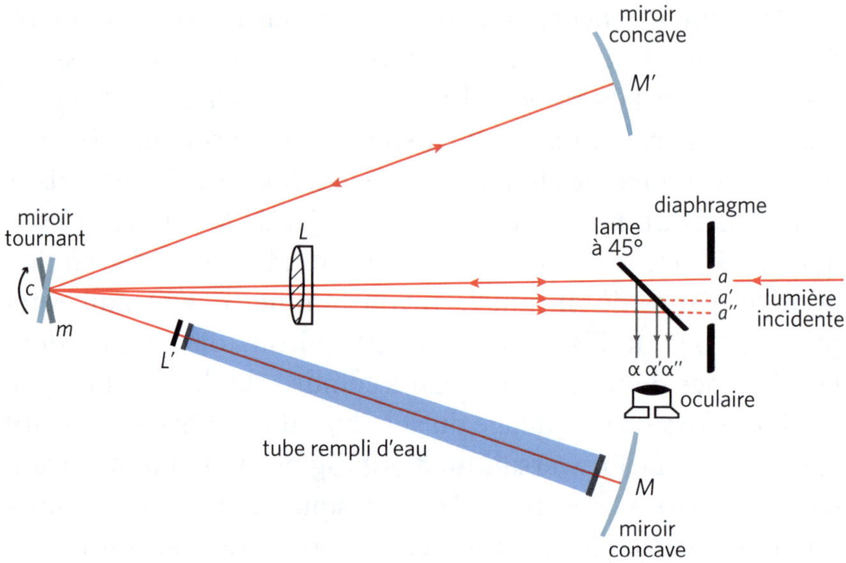

Figure III.8. Schéma de l'expérience de la mesure de la vitesse de la lumière dans l'air et dans l'eau par Foucault (1850). Ce fut la première détermination de cette vitesse dans un laboratoire, sur une distance de quelques mètres.

Il recommença alors l'expérience en plaçant un tube rempli d'eau entre *m* et *M* et trouva que la lumière arrivait en un point α'' plus éloigné de α que α'. Elle était renvoyée par le miroir tournant *m* dans une direction (*ma″*) formant avec (*am*) un angle plus grand que (*ma′*). La lumière avait donc dans l'eau une vitesse plus petite que dans l'air, dans le rapport $n = 1{,}33$ des indices de ces deux milieux. Foucault modifia enfin le dispositif pour que la lumière défléchie par *m* traverse le long de deux faisceaux symétriques, à la fois un espace dans l'air et un autre dans l'eau, les deux rayons étant réfléchis par deux miroirs *M′ et M* identiques. Il put alors, en comparant les positions α' et α'' des images du point source *a* obtenues dans la *même* expérience, mesurer directement le rapport des vitesses de propagation de la lumière dans les deux milieux, sans même avoir à mesurer la fréquence de rotation du miroir *m*. Cette expérience cruciale donna ce qu'on pensait être le coup de grâce à l'interprétation corpusculaire de la lumière.

Elle donna aussi, accessoirement, le coup de grâce à l'amitié entre Foucault et Fizeau, qui avaient au préalable étroitement collaboré pendant les années 1840 dans des recherches sur la photographie naissante et l'interférométrie. Fizeau a réalisé quelques semaines après celle de Foucault une expérience de mesure de la vitesse de la lumière dans l'eau très similaire à celle de son collègue, n'en différant que par quelques détails techniques. Il confirma que la lumière allait plus lentement dans l'eau que dans l'air, mais n'avait pas la primeur de cette découverte importante, bien qu'il ait été le premier à préparer l'expérience. Apprenant que son ami s'apprêtait à marcher sur ses plates-bandes, il lui avait proposé en vain d'éviter de se livrer comme il disait à une « course au clocher » et plutôt de s'associer avec lui pour mener ce travail ensemble. Foucault avait décliné l'offre et l'avait devancé. Ce ne fut pas la dernière fois qu'une amitié entre chercheurs n'a pas résisté à la concurrence qu'ils se font pour obtenir un résultat scientifique important.

Fizeau se consola l'année suivante en mesurant la vitesse de la lumière dans un courant d'eau se déplaçant dans le sens du rayon lumineux ou dans le sens opposé. Il utilisa pour cela une méthode radicalement différente de celle de sa roue dentée, en réalisant une expérience d'interférence revenant à mesurer la différence de marche d'un rayon lumineux dans un courant d'eau suivant qu'il se propage dans le sens du courant ou dans le sens inverse. Il montra que le courant ne transmettait à la vitesse de l'onde dans le fluide qu'une partie de celle de son écoulement. Cette propriété, dont Fresnel avait eu l'intuition, ne sera vraiment expliquée qu'un demi-siècle plus tard, dans le cadre de la théorie de la relativité restreinte d'Einstein.

Foucault, quant à lui, refit en 1862 à la demande d'Urbain Le Verrier une expérience de miroir tournant améliorée. Le découvreur de Neptune était devenu directeur de l'Observatoire de Paris et voulait disposer d'une valeur aussi précise que possible de la vitesse de la lumière dans le vide pour préciser l'estimation de l'unité astronomique, la distance Terre-Soleil. Foucault augmenta la précision de sa mesure de 1850, en allongeant le trajet de la lumière qu'il fit rebondir plusieurs fois en zigzag sur des miroirs fixes, avant qu'elle ne revienne vers le miroir tournant. Il obtint la valeur de 298 000 km/s, très proche de la valeur admise aujourd'hui. Cette expérience fut réalisée à l'Observatoire de Paris, à l'endroit même où Römer avait évalué pour la première fois la vitesse de la lumière. Nous revenons ainsi, à un moment crucial de ce voyage dans l'histoire de la lumière classique, au lieu même où elle avait commencé.

Nous sommes en effet parvenus, au début des années 1860, à un tournant dans cette histoire, au moment où les découvertes sur la lumière allaient rencontrer celles qui avaient progressé indépendamment pour élucider les phénomènes électriques et magnétiques. À la confluence de ces deux lignes de recherche, Maxwell allait établir, entre 1861 et 1865, une théorie qui unifierait l'électricité, le magnétisme et l'optique et lèverait certains mystères de la lumière, et en annoncerait de nouveaux. Mais avant d'aborder ce dernier chapitre de l'histoire de la lumière classique, résumons rapidement où elle avait mené la science au milieu du XIXe siècle.

Il était établi que la lumière était une superposition d'ondes transversales dont les longueurs étaient réparties entre 0,4 et 0,7 micron du violet au rouge, vibrant à des fréquences de l'ordre de millions de milliards de hertz, et se propageant dans le vide à une vitesse c voisine de 300 000 km/s. Les milieux matériels transparents étaient caractérisés par un indice n, nombre réel supérieur à l'unité, dépendant de la fréquence et, dans les milieux anisotropes, de la direction de polarisation des ondes. La vitesse de la lumière dans un milieu transparent, égale à c/n, était plus petite que dans le vide et dépendait de la couleur de la lumière, ce qui expliquait les effets de dispersion chromatiques des prismes et des lames minces. Tous les effets d'interférence, de diffraction et de dispersion spectrale de la lumière étaient régis par un principe de superposition, exprimé mathématiquement dans un formalisme qui représentait les amplitudes des ondes par des nombres complexes se combinant comme des vecteurs dans un plan abstrait. L'atténuation de la lumière dans un milieu absorbant était traitée en introduisant la notion d'indice n complexe, la longueur sur laquelle la lumière s'éteignait étant inversement proportionnelle à la partie imaginaire de cet indice.

Il restait un certain nombre de questions non résolues. La plus évidente portait sur la nature de la vibration lumineuse. Tous les phénomènes vibratoires connus se propageaient dans un milieu dont ils déplaçaient les éléments, qu'il s'agisse du son qui anime de mouvements oscillatoires les molécules d'air, ou des ondes à la surface d'un liquide qui font osciller dans la direction verticale un bouchon flottant, ou encore des vibrations d'une surface solide comme une peau de tambour qui présentent des ondes stationnaires que l'on peut matérialiser en la saupoudrant d'une poudre s'accumulant le long des lignes où la surface est immobile.

L'idée naturelle qui se présentait aux physiciens était donc que la lumière était une manifestation vibratoire d'un milieu hypothétique, l'éther, dont les propriétés contradictoires les avaient intrigués depuis le temps de Descartes et de Huygens. Ce milieu devait être constitué d'éléments très ténus puisqu'il pénétrait tous les milieux transparents. Il devait en même temps être extrêmement rigide, pour pouvoir transmettre les vibrations lumineuses à une vitesse aussi grande. Il devait enfin avoir des propriétés élastiques très particulières pour propager uniquement des vibrations transversales de nature très différentes de celles, longitudinales, du son. Plusieurs physiciens s'intéressèrent dans la première moitié du XIXe siècle à cet éther en construisant des modèles diversement convaincants, censés décrire ses propriétés paradoxales.

Au-delà du problème de l'éther, un autre mystère implicite dans tous les travaux scientifiques de cette époque portait sur la nature de la matière que la lumière rencontrait dans sa propagation, qu'il s'agisse de la surface des dioptres sur laquelle elle était réfléchie ou transmise, ou encore des milieux homogènes, verre, eau ou cristaux, qu'elle traversait. Qu'est-ce qui faisait par exemple que certains milieux étaient optiquement anisotropes ? Était-ce une caractéristique de la matière qui les constituait ou une propriété que l'éther qui baignait ces milieux acquérait à son contact ? Lorsque de la lumière était absorbée par un corps opaque, celui-ci était chauffé. Quelle était la nature de cet élément calorique qui passait ainsi de la lumière aux corps matériels ? Quel rôle jouait l'éther dans cet échange ?

Il semblait même que cet échauffement pouvait se produire lorsqu'on plaçait un corps opaque dans le prolongement du spectre visible de la lumière solaire étalée par un prisme. L'astronome William Herschel avait en 1800 fait cette observation, confirmée quelques années plus tard par Thomas Young qui pensait que ce rayonnement « calorique » était une ondulation de même nature que la lumière. Fizeau et Foucault, du temps de leur collaboration amicale, avaient mené des expériences tendant à prouver qu'il y avait bien un rayonnement infrarouge donnant lieu à des interférences, mais leurs expériences restaient peu précises. De l'autre côté du spectre, les physiciens soupçonnaient aussi, depuis les observations de l'Allemand Johann Wilhelm Ritter, qu'il existait un « rayonnement chimique » ultraviolet ayant la propriété de noircir un papier imbibé de chlorure d'argent. Quelle était la nature de ce rayonnement ?

Pour répondre à toutes ces questions, il ne suffisait pas d'expliquer ce qu'était l'éther, il fallait répondre à des questions fondamentales sur la nature de la matière avec laquelle la lumière interagissait. Les mystères de la lumière ne pouvaient être séparés de ceux que recelaient les milieux matériels, à une époque où l'existence des atomes était encore hypothétique. La seconde moitié du XIXe siècle, à partir des travaux de Maxwell, et surtout le début du XXe, avec l'avènement des théories de la relativité et de la physique quantique, allaient apporter des réponses décisives à toutes ces questions.

Des salons du siècle des Lumières au laboratoire de Faraday

Venons-en maintenant à la convergence entre l'optique et l'autre grand courant qui a traversé la physique dans la première moitié du XIXe siècle, celui des découvertes en électricité et magnétisme. Jusqu'à la fin du siècle précédent, les propriétés des aimants et les manifestations de l'électricité étaient restées largement mystérieuses. Les aimants naturels, essentiellement des oxydes de fer comme la magnétite, étaient connus depuis l'Antiquité et différentes formes de boussoles, constituées de petites aiguilles de fer aimantées par frottement contre de la magnétite, s'orientant dans une direction proche du pôle Nord géographique, servaient à la navigation des marchands chinois et européens depuis le Moyen Âge.

Le premier traité scientifique sur le magnétisme fut rédigé par William Gilbert, un médecin et astronome anglais de l'époque élisabéthaine, contemporain du jeune Galilée. Gilbert décrivit les propriétés attractives et répulsives des pôles des aimants (deux pôles de même nature se repoussent et deux pôles de nature différente s'attirent). Il émit aussi l'idée que notre planète était un gigantesque aimant exerçant une force sur les aiguilles des boussoles, leurs pôles nord étant attirés vers le pôle Nord magnétique de la Terre (qui est donc en fait un pôle sud magnétique), voisin du pôle géographique indiqué par l'étoile Polaire. Il sculpta un modèle de notre planète dans un morceau d'aimant et décrivit sur cette réplique le réseau de lignes de forces qui guidaient les aiguilles aimantées des marins. Il est frappant que le magnétisme comme l'optique ont eu à leur naissance des liens étroits avec l'astronomie et la navigation.

Gilbert compara aussi l'aimantation par frottement du fer contre de la magnétite à l'électrisation de substances comme l'ambre, qui acquièrent la propriété d'attirer des objets légers, poussières ou petits bouts de papier, après avoir été frottés par une pièce d'étoffe, de cuir ou de fourrure. Il constata qu'alors que les forces exercées par les aimants étaient permanentes, celles produites par des substances électrisées s'évanouissaient au bout d'un certain temps. Il inventa le terme « électricité » (venant du mot « ambre » en grec) pour décrire ces effets fugaces et maintint qu'électricité et magnétisme n'avaient rien en commun, même si c'étaient deux phénomènes qui pouvaient être induits de façon semblable.

Le XVIIIe siècle vit le développement des machines électrostatiques, accumulant par frottement des charges électriques sur deux pièces métalliques isolées l'une de l'autre. Le frottement pouvait être obtenu en faisant tourner rapidement une roue en verre contre des coussinets en cuir et les charges étaient recueillies par des peignes métalliques frottant contre la roue. On apprit à conserver ces charges dans des condensateurs d'électricité, tels que la bouteille de Leyde constituée de feuilles d'étain froissées à l'intérieur d'une enceinte de verre imperméable aux charges électriques et d'une feuille de métal roulée à l'extérieur. L'étude de ces dispositifs fit comprendre qu'il existait deux formes d'électricité, qu'on appelle positive et négative, coexistant en quantité égale dans la matière neutre. Les machines électrostatiques créaient par frottement un déséquilibre entre ces deux formes, accumulant un excès de charges positives d'un côté de la paroi en verre isolante de la bouteille et de charges négatives de l'autre. En reliant l'intérieur et l'extérieur de la bouteille par un fil métallique, les charges s'équilibraient en s'écoulant le long du fil. Ce courant électrique pouvait également passer à travers le corps d'un expérimentateur s'il réalisait un pont entre les deux pôles en posant les mains dessus. Le courant pouvait aussi se transmettre le long d'une chaîne de personnes se donnant la main. Le choc électrique qui en résultait, véritable foudroiement provoquant la contraction violente des muscles des participants à ces rondes, servit d'attraction mondaine lors d'expériences spectaculaires réalisées dans les cours princières et les salons bourgeois. Benjamin Franklin, l'ambassadeur à Paris des insurgés d'Amérique contre les Anglais, était un habitué de ces salons. Il fut le premier à distinguer les deux formes de charges électriques et, en inventant le paratonnerre, il démontra que la foudre et les courants produits par l'écoulement des charges entre les pôles d'une bouteille de Leyde étaient de même nature.

La première expérience d'électricité vraiment quantitative fut réalisée en 1784 par Charles Augustin de Coulomb. En utilisant une balance de torsion, il mesura la force qui s'exerce entre deux boules métalliques chargées d'électricité. Cette balance était constituée d'une tige isolante horizontale suspendue à un fil en son milieu. Deux petites sphères métalliques identiques collées aux extrémités de la tige pouvaient tourner dans le plan horizontal sous l'effet de la torsion du fil lorsque l'équipage était déplacé de sa position d'équilibre. Une des sphères était chargée électriquement au contact d'un pôle d'une bouteille de Leyde et approchée d'une autre sphère portant la même charge et placée sur la circonférence parcourue par les sphères solidaires du pendule de torsion. La force entre les deux sphères chargées faisait tourner l'équipage mobile jusqu'à la position où elle était équilibrée par la force de torsion du fil, proportionnelle à l'angle de rotation par rapport à la position d'équilibre. La mesure de cet angle donnait, après calibration de l'instrument, la valeur de la force électrique entre les deux charges. Coulomb montra que les charges de même signe se repoussent et celles de signe contraire s'attirent et que la force d'attraction ou de répulsion est proportionnelle au produit des charges et inversement proportionnelle au carré de leur distance. Il refit la même expérience avec des aimants et montra que la force attractive entre un pôle sud et un pôle nord est aussi inversement proportionnelle au carré de leur séparation. Les lois des forces électriques et magnétiques découvertes par Coulomb sont mathématiquement semblables à celle de l'attraction universelle, également inversement proportionnelle au carré des distances, à ceci près que les masses gravitationnelles s'attirent toujours.

C'est d'ailleurs à l'aide d'une balance de torsion semblable à celle de Coulomb que l'Anglais Henry Cavendish mesura en 1797 la valeur absolue de la force de gravitation entre deux masses de plomb. Cette expérience détermina la constante de la gravitation G intervenant dans l'expression de la loi de Newton, ce qui donna la première estimation de la masse M de la Terre. L'accélération de la gravitation terrestre g est en effet égale à GM/R^2 où R est le rayon terrestre. La mesure de G, connaissant g et R, conduit ainsi immédiatement à la valeur de M, égale à environ 6.10^{24} kilos. Ainsi, le siècle des Lumières, au cours duquel la forme de la Terre avait été découverte, finissait scientifiquement sur une expérience fondamentale qui mesurait sa masse, une autre mensuration importante de notre planète.

Les expériences de Coulomb s'intéressaient aux forces exercées les unes sur les autres par des charges électriques ou magnétiques immobiles. Les études sur l'électricité et le magnétisme allaient connaître des progrès décisifs lorsqu'on étendit les expériences aux charges en mouvement. Un premier pas dans cette direction fut accompli par le médecin italien Luigi Galvani qui montra à la fin du XVIIIe siècle que le fluide électrique s'écoulant le long de fils métalliques pouvait produire la contraction des muscles de grenouilles disséquées, réalisant ainsi la première expérience d'électrophysiologie. Il remarqua que les contractions se produisaient également lorsqu'il touchait deux points d'un nerf de la grenouille avec les extrémités d'une boucle formée de deux fils de métaux différents mis en contact bout à bout dans une atmosphère humide. Cette expérience donna à Alessandro Volta l'idée de la pile qui porte son nom. Laissant de côté les grenouilles et les considérations biologiques de Galvani, il réalisa en 1799 un empilement de disques de zinc et d'argent séparés par des rondelles de carton imbibées d'eau salée et obtint un courant électrique en reliant par un fil métallique les disques de zinc et d'argent à la base et au sommet de l'empilement.

Les expériences ultérieures réalisées au début du XIXe siècle montrèrent que ce courant était dû à des réactions chimiques se produisant au contact des surfaces métalliques trempant dans l'eau salée, le zinc s'oxydant au contact de l'eau et de l'hydrogène se dégageant au contact des disques d'argent. Nous savons maintenant que l'oxydation du zinc libère des électrons. Ceux-ci s'écoulent dans le fil et à travers la pile, réduisant l'hydrogène présent dans l'eau sous forme d'ions positifs H+. Cet hydrogène se transforme en un gaz moléculaire neutre H_2 qui s'échappe de la pile sous forme de bulles dans l'eau salée.

Les expériences de Galvani et de Volta firent immédiatement sensation en Europe et attirèrent l'attention des savants et même des politiques. Le Premier Consul Bonaparte assista en 1800 à une démonstration de Volta et instaura un prix de l'Académie pour la personne qui rédigerait le meilleur mémoire sur ce qu'on appelait alors les courants galvaniques.

Un juriste italien de la ville de Trente, Gian Domenico Romagnosi, participa à ce concours et envoya en 1802 un texte à l'Académie des sciences dans lequel il décrivait de façon assez obscure une expérience qui tendait à montrer qu'un courant galvanique avait un effet sur une aiguille aimantée. Cette observation s'opposait à l'idée ancrée depuis Gilbert et soutenue par Coulomb selon laquelle magnétisme et électricité étaient des phénomènes de natures complètement différentes. Ce qu'il advint du mémoire de Romagnosi est un mystère. Nulle trace n'en est restée, si ce n'est sa date de réception dans le cahier d'arrivée du courrier à l'Académie, nul rapport ne fut écrit à son sujet et, bien sûr, nul prix ne lui fut décerné. S'est-il perdu ou a-t-il été rejeté parce qu'il s'opposait dans des termes obscurs à la théorie dominante de l'époque sur l'électricité et le magnétisme ? On ne connaît en fait ce travail de Romagnosi que par le compte rendu succinct et peu précis qu'il en fit quelques années plus tard dans une gazette de Trente largement inconnue de la communauté scientifique.

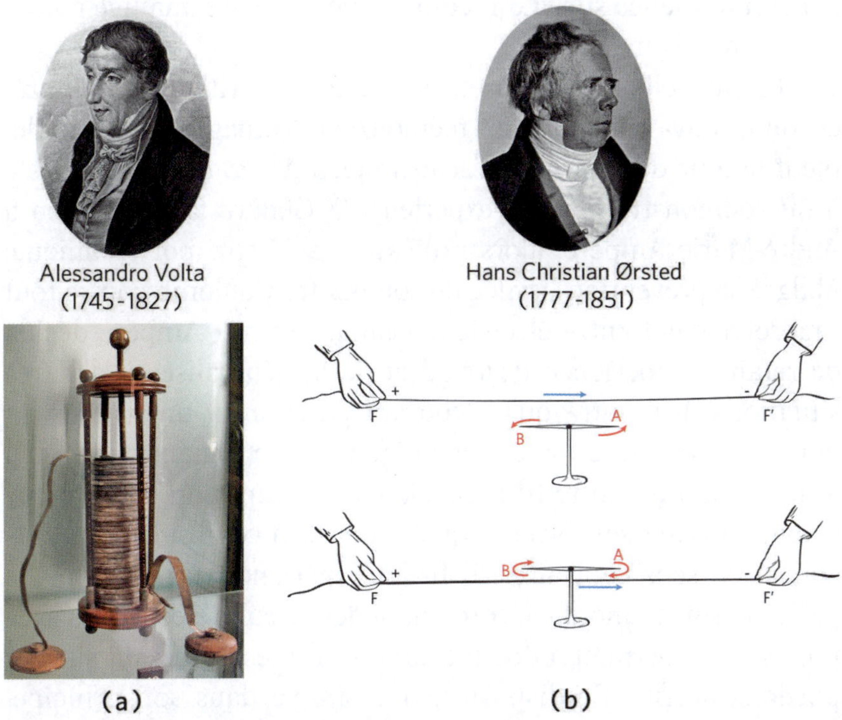

Figure III.9. (a) La pile de Volta. (b) Schéma de l'expérience d'Ørsted montrant l'inversion du sens de la force exercée par le courant sur l'aiguille aimantée suivant qu'elle se trouve au-dessus ou au-dessous du fil.

Ce n'est que dix-huit ans plus tard, en 1820, que le physicien danois Ørsted réalisa une expérience fondamentale qui établissait sans équivoque possible un lien entre électricité et magnétisme. Il montra qu'une aiguille aimantée, orientée parallèlement à un fil métallique horizontal, tendait à s'orienter perpendiculairement au fil dès que le circuit était relié aux bornes d'une pile de Volta. Il constata que la force transversale agissant sur l'aiguille changeait de signe selon que celle-ci se trouvait au-dessus ou au-dessous du fil. Il montra ainsi que les forces magnétiques exercées par le courant s'enroulaient selon des cercles dans des plans normaux au fil conducteur, le sens de ces forces s'inversant avec celui du courant. Le phénomène découvert par Ørsted fut vite utilisé dans le galvanomètre, un instrument qui mesure l'intensité du courant dans un circuit par son influence sur la direction d'une aiguille aimantée placée dans son voisinage.

La nouvelle de l'expérience d'Ørsted, décrite avec une précision qui avait manqué au mémoire de Romagnosi, fit rapidement le tour de l'Europe. L'académicien Arago qui avait assisté à une démonstration de l'expérience à Genève la mentionna à André-Marie Ampère, alors professeur à l'École polytechnique. Malgré sa prévention héritée de son maître Coulomb contre tout rapprochement entre électricité et magnétisme, Ampère décida de refaire l'expérience d'Ørsted et de la généraliser à d'autres situations. Il montra qu'un courant parcourant un fil exerçait non seulement une force magnétique sur un aimant, mais qu'il attirait aussi un autre fil parallèle parcouru par un courant circulant dans le même sens et qu'il repoussait ce fil si les courants étaient en sens contraires. Il fit les expériences à son domicile parisien, sur un montage combinant des circuits électriques avec une balance permettant de mesurer les forces s'exerçant sur des portions de fils. Ce dispositif, très simple dans son principe, se trouve actuellement exposé dans la salle des professeurs du Collège de France, où Ampère fut nommé dans une chaire de physique en 1824.

André-Marie Ampère
(1775-1836)

Figure III.10. Le montage expérimental d'Ampère pour la mesure des forces entre les courants (photo Patrick Imbert, Collège de France).

À partir de ces expériences, Ampère établit avec Biot, Savart et Laplace la formule donnant la force magnétique qui s'exerce entre deux éléments de courant en fonction de leurs distances et orientations mutuelles et celle du couple qu'un élément de courant exerce sur un petit aimant. Il montra aussi qu'un solénoïde constitué d'un fil enroulé autour d'un cylindre se comporte, lorsqu'il est parcouru par un courant, comme un aimant qui aurait ses pôles situés aux deux extrémités du cylindre. Les effets magnétiques créés par le solénoïde sont identiques à ceux que crée l'aimant. Deux solénoïdes parcourus par un courant s'attirent ou se repoussent suivant qu'on rapproche leurs pôles opposés ou identiques. Cette analogie conduisit Ampère à faire l'hypothèse que la matière aimantée est en fait constituée de petites boucles de courant à l'échelle moléculaire, un modèle qui annonce la théorie atomique moderne du magnétisme que j'ai esquissée au premier chapitre de ce livre.

Ørsted et Ampère se sont attachés à comprendre les propriétés magnétiques de courants permanents, invariants dans le temps. L'étape suivante dans la compréhension de l'électromagnétisme, comme on commençait à l'appeler, fut franchie par Michael Faraday dans les années 1830. Il montra que le déplacement d'un aimant au voisinage d'un circuit électrique fermé générait un courant transitoire dans ce circuit. C'était en quelque sorte l'expérience d'Ørsted inversée. Alors que le Danois avait montré que l'établissement d'un courant dans un circuit mettait une aiguille magnétique en mouvement, Faraday montra que le mouvement d'un aimant établissait en retour un courant dans un circuit.

On peut réaliser une variante simple de l'une des expériences de Faraday en laissant tomber un aimant à travers un solénoïde tenu verticalement. Si le circuit du solénoïde est ouvert, l'aimant tombera comme n'importe quelle masse dans le champ de gravitation terrestre. Si on ferme le circuit, on constate que l'aimant passe au travers du solénoïde beaucoup plus lentement, comme retenu transitoirement par une main invisible. Le courant qu'il induit par son mouvement dans le solénoïde crée en effet sur l'aimant une force qui s'oppose à son mouvement.

Faraday appela induction cet effet d'action d'un champ magnétique variable sur un courant électrique. Il montra également que ces expériences pouvaient se passer d'aimants et être réalisées avec deux circuits électriques indépendants, comme

Michael Faraday
(1791-1867)

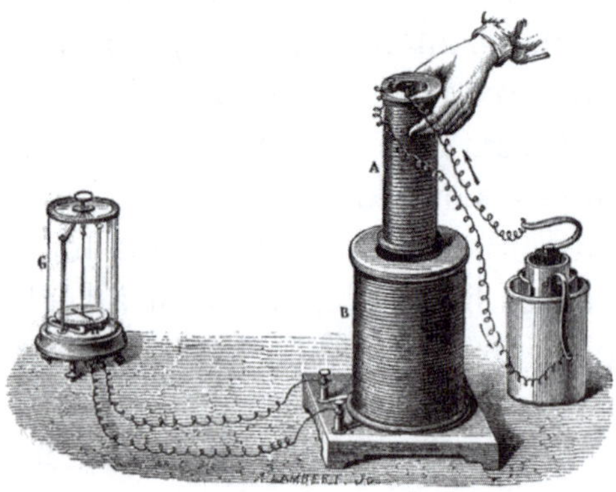

Figure III.11. Schéma d'une des expériences d'induction de Faraday : un solénoïde A, alimenté par la batterie, est introduit dans l'enroulement B. Le courant transitoire induit par la variation du flux magnétique dans ce circuit est détecté par la déviation de l'aiguille du galvanomètre C.

deux solénoïdes de diamètres différents emboîtés l'un dans l'autre. Quand il introduisait le solénoïde alimenté par une batterie dans l'enroulement externe, la variation du flux du champ magnétique créait dans ce circuit un courant transitoire détecté par le galvanomètre qui lui était connecté.

Naissance du concept de champ

Faraday n'avait pas de formation mathématique, mais une vision intuitive et créatrice des phénomènes qu'il découvrait. En saupoudrant de limaille de fer une feuille de papier tendue au-dessus d'un aimant ou dans un plan orthogonal à un fil parcouru par un courant, il observa ce qu'il appela les lignes de force magnétique. Elles s'enroulaient autour des fils des circuits parcourus par des courants. Elles sortaient d'un pôle d'un barreau aimanté et pénétraient dans l'autre en suivant des boucles allongées dont le grand axe était parallèle au barreau. Le voisinage des aimants et des circuits apparaissait à Faraday comme un fourmillement de vecteurs indiquant la direction des forces magnétiques agissant en chaque point sur la limaille de fer pour l'orienter.

Des expériences similaires permettent de matérialiser les lignes des forces produites par des charges électriques statiques. On peut les réaliser en dispersant des petits grains de matière isolante sous forme de poudre diluée dans un bain de liquide isolant dans lequel on plonge deux électrodes reliées aux pôles d'une machine électrostatique. Les grains acquièrent alors de petits dipôles et s'orientent le long de courbes joignant les deux pôles, visualisant ainsi les lignes de champ électrique, de la même façon que la limaille de fer matérialise les lignes de champ magnétique.

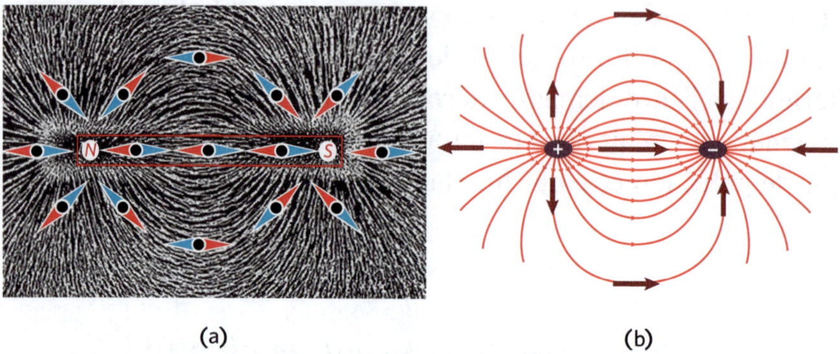

Figure III.12. (a) Lignes du champ magnétique matérialisées par de la limaille de fer saupoudrant une feuille de papier tendue au-dessus d'un aimant. L'observation de ces lignes a inspiré Faraday pour introduire la notion de champ en physique. De petites aiguilles de boussole (*pôle nord rouge, pôle sud bleu*) superposées à la photo repèrent en différents points la direction du champ créé par l'aimant (*dont les bords sont marqués par le cadre rouge*). À l'intérieur du barreau, l'aimantation est alignée en sens inverse des lignes de champ se bouclant à l'extérieur. Autour des pôles de l'aimant le flux du champ magnétique à travers une surface fermée est nul : il entre d'un côté de la surface (*pointe rouge de l'aiguille orientée vers le pôle*) et sort de l'autre côté (*pointe bleue orientée vers le pôle*). La nullité de ce flux est due à la non-existence de monopôles magnétiques. (b) Lignes de champ d'un dipôle électrique constitué de deux charges opposées. Les lignes sortent toutes d'une surface entourant la charge positive et entrent toutes à l'intérieur d'une surface contenant la charge négative. Le flux du champ électrique autour des charges est non nul. Contrairement au cas d'un aimant, le champ sur la ligne entre les charges a le même signe que celui circulant le long des boucles qui les relient.

En réalisant ce genre d'expérience, Faraday introduisit le concept de champ en physique. Les lignes de forces magnétiques et électriques forment un entrelacs maillant l'espace, comme un réseau dont la structure est déterminée par la distribution des charges, des courants et des aimants qui leur donnent naissance. Pour Faraday, ces lignes orientées avaient un sens physique concret. Le vecteur tangent à ces lignes en chaque point donnait la direction des forces qui s'exerçaient sur des charges ou sur les petites aiguilles de boussole que l'on y plaçait. L'intensité de ces forces dépendait de la densité de ces lignes de champ. Elle était d'autant plus grande que les lignes étaient plus resserrées, d'autant plus faible qu'elles s'éloignaient davantage les unes des autres.

Il y a une différence importante entre les réseaux des lignes de champs électrique et magnétique. Les premières forment des rayons divergeant à partir des charges positives et convergeant vers les négatives, se croisant aux points où ces charges sont situées. Les lignes de champ magnétique, par contre, ne se croisent pas et forment toujours des boucles fermées. Elles ressemblent aux lignes de courant dans un fluide en écoulement qui peuvent former des boucles et des tourbillons mais jamais se traverser.

Cette différence de structure des réseaux de lignes de champs électrique et magnétique s'analyse quantitativement en définissant ce qu'on appelle la *divergence* du champ, une fonction mathématique introduite par le mathématicien allemand Carl Friedrich Gauss au début du XIXe siècle. La valeur de la divergence en un point est un nombre réel qui se calcule en ajoutant des dérivées spatiales des composantes du vecteur champ par rapport aux différentes directions de l'espace. Ce nombre exprime la tendance des lignes de champ à converger vers ce point ou à diverger à partir de lui. Dans le voisinage d'une charge positive, les lignes de champ électrique sont divergentes. Elles pointent toutes vers l'extérieur d'une petite surface entourant la charge. On dit que le flux du champ à travers cette surface est positif. Le contraire se produit au voisinage d'une charge négative. Les lignes de champ sont toutes orientées vers l'intérieur du volume dans lequel se trouve la charge, et le flux du champ à travers la surface qui limite ce volume est négatif.

De façon générale, le flux d'un champ de vecteurs quelconque à travers un élément infinitésimal d'une surface fermée est un nombre égal au produit de l'aire de cette surface par la projection du vecteur champ sur la normale à la surface orientée vers l'extérieur. Le flux global du champ à travers la surface totale s'obtient en sommant les flux qui traversent tous ses éléments infinitésimaux. Un théorème démontré par Gauss dit que ce flux est égal à l'intégrale de la divergence du champ dans le volume limité par cette surface. Ce théorème, combiné à la loi de Coulomb, impose au champ électrique d'avoir une divergence en chaque point proportionnelle à la densité des charges électriques en ce point.

La divergence du champ magnétique est par contre partout nulle, ce qui exprime l'absence de charge magnétique libre, la non-existence de ce qu'on appelle des monopôles magnétiques. Le pôle positif d'un aimant est en effet toujours associé à son pôle négatif. Cette dualité se reconstitue toujours, même si on cherche à séparer les charges magnétiques en brisant l'aimant. La divergence nulle du champ magnétique implique d'après le théorème de Gauss que son flux à travers une surface fermée est toujours égal à 0 et qu'il y a donc un équilibre parfait entre la contribution au flux des lignes de champ magnétique qui sortent de la surface et celles qui y entrent.

Les lignes de champ magnétique rappellent celles d'un fluide incompressible en écoulement stationnaire. Le flux de particules sortant par un côté d'un petit élément tubulaire du fluide doit être égal au flux entrant de l'autre côté, de façon à conserver dans le volume la quantité de matière en écoulement. Les propriétés de divergence nulle et de flux conservatif du champ magnétique furent établies par Gauss, qui étudia les lois du magnétisme en collaborant avec le physicien allemand Wilhelm Eduard Weber, dans des travaux contemporains de ceux de Faraday.

Les notions mathématiques de flux et de divergence étaient au-delà de ce que Faraday, expérimentateur pragmatique et autodidacte, pouvait concevoir. Il n'alla pas au-delà d'une description très qualitative du champ électromagnétique dont il avait entrevu l'existence. L'intuition physique du directeur de la Royal Institution fut cependant remarquable. Les champs qu'il avait ainsi introduits en physique étaient définis dans le vide, sans faire référence à un éther théorique dont il ne parlait jamais. En ce sens on peut dire que paradoxalement, Faraday était plus moderne que les physiciens qui l'ont suivi dans la seconde moitié du XIXe siècle. Malgré sa grande intuition, Faraday ne réalisa cependant pas l'analogie entre les vecteurs tangents à ses lignes de champ et les vibrations transversales lumineuses de la théorie de Fresnel. Il revint à un jeune savant écossais de franchir ce pas crucial.

Confluence de la lumière, de l'électricité et du magnétisme

Entre 1861 et 1865, James Clerk Maxwell, qui était alors professeur au King College de Londres, médita sur les expériences d'Ampère et de Faraday et s'attacha à les décrire par des équations mathématiques dégageant clairement leurs propriétés. Ces expériences établissaient des relations entre champs électrique et magnétique distribués dans l'espace et les charges immobiles ou en mouvement qui étaient les sources de ces champs. L'effet d'induction de Faraday montrait que la variation du champ magnétique à travers une bobine conductrice produisait sur les charges du métal un effet équivalent à celui que créait dans le fil métallique un champ électrique dont les vecteurs tournaient le long du fil de la bobine comme la vitesse de l'écoulement d'un tourbillon. Maxwell en déduisit que même en l'absence de circuit matériel, la variation temporelle d'un champ magnétique en tout point de l'espace devait créer un champ électrique tourbillonnant autour de ce point.

Ayant ainsi explicité l'équation de l'effet Faraday, Maxwell s'attaqua aux travaux d'Ampère. Ils montraient qu'un courant permanent créait autour de lui un champ magnétique décrit par des équations dont la structure mathématique était identique à celle des tourbillons de champ électrique apparaissant dans l'équation de Faraday. En l'absence de courant, les équations d'Ampère ne généraient cependant aucun champ, ce qui brisait la symétrie entre champs électrique et magnétique. Pour rétablir cette symétrie, Maxwell compléta les équations d'Ampère en faisant l'hypothèse qu'un tourbillon de champ magnétique pouvait être généré non seulement par un courant de charges, mais aussi par une variation temporelle de champ électrique. Il ajouta simplement au terme représentant le courant dans l'équation d'Ampère une contribution complémentaire proportionnelle à la dérivée temporelle du champ électrique.

Pour compléter sa théorie, Maxwell ajouta enfin aux équations de Faraday et d'Ampère ainsi modifiée celles que Gauss avait découvertes. L'une exprime l'absence de monopôles magnétiques et la conservation du flux du champ magnétique en imposant à la divergence du champ magnétique d'être partout nulle. L'autre relie le flux du champ électrique à travers une surface fermée à la charge qu'elle contient, ce qui traduit la loi de Coulomb (équation de Gauss-Coulomb).

En notations mathématiques modernes, les propriétés tourbillonnaires des champs décrits par Maxwell s'expriment en introduisant une fonction mathématique vectorielle appelée le rotationnel du champ, construite à partir des dérivées spatiales de ses composantes sur les trois axes de coordonnées.

Maxwell n'utilisa pas ce concept et les formules qu'il écrivit prenaient une forme plus compliquée que celle que l'on donne aujourd'hui à ses équations en les exprimant à l'aide des fonctions du champ que sont la divergence et le rotationnel.

Quoi qu'il en soit, Maxwell obtint ainsi un ensemble d'équations vectorielles décrivant l'évolution dynamique du champ électrique et du champ magnétique dans l'espace, en présence d'une distribution quelconque de charges et de courants variables. Ces équations décrivaient même l'évolution de champs en l'absence de toute source matérielle. C'était comme si les charges et les courants étaient des échafaudages dont la suppression révélait la beauté d'un édifice mathématique qui décrivait l'évolution d'un champ libre de toute contrainte, se propageant comme une onde dans l'espace à une distance arbitraire de toute source. La variation d'un champ magnétique créait un champ électrique dont les variations généraient à leur tour un champ magnétique, les deux champs se nourrissant l'un de l'autre pendant leur propagation. Ces équations admettaient une infinité de solutions, suivant les conditions initiales qu'on leur donnait. Les plus simples étaient des ondes planes transversales, dont les champs électrique et magnétique vibraient dans un plan normal à la direction de propagation de l'onde, dans deux directions orthogonales de ce plan.

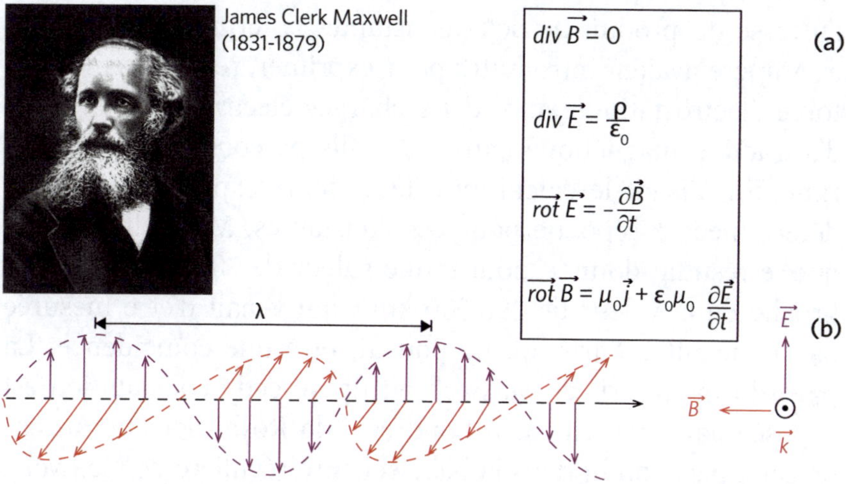

Figure III.13. La théorie électromagnétique de Maxwell. (a) Les quatre équations reliant les champs électrique $\vec{E}$ et magnétique $\vec{B}$ aux distributions de charges (de densité spatiale ρ) et de courant (de densité $\vec{j}$). Les constantes ε_0 et μ_0 sont celles de Coulomb et d'Ampère. Les notations *div* (divergence) et $\overrightarrow{rot}$ (rotationnel) représentent des opérations mathématiques de dérivation spatiale des coordonnées des champs électrique et magnétique et les expressions $\partial\vec{E}/\partial t$ et $\partial\vec{B}/\partial t$ décrivent les variations temporelles (dérivées) de ces champs. La première équation dit que le champ magnétique ne peut diverger d'un point et exprime l'absence de charges magnétiques libres. La deuxième équation exprime la loi de Coulomb qui indique que les lignes du champ électrique divergent à partir des charges ou convergent vers elles. La troisième équation exprime la loi de Faraday, reliant la variation du champ magnétique aux tourbillons du champ électrique qu'elle induit. La dernière équation décrit l'effet réciproque, résultant de la modification par Maxwell de l'équation décrivant la loi d'Ampère. Un champ magnétique tourbillonnant (exprimé par $\overrightarrow{rot}\,\vec{B}$) est produit par le courant $\vec{j}$ auquel il faut ajouter le terme de variation du champ électrique $\vec{E}$. (b) Ces équations admettent pour solutions des ondes planes du champ électromagnétique se propageant dans l'espace en l'absence de charges et de courants. Les champs électrique et magnétique de l'onde sont orthogonaux entre eux et transverses par rapport à la direction de propagation. La vitesse des ondes est $c = 1/\sqrt{\varepsilon_0\mu_0}$. C'est la coïncidence de cette valeur avec celle de la vitesse de la lumière mesurée par Foucault qui conduisit Maxwell à identifier le rayonnement lumineux à une onde électromagnétique.

Les équations permettaient de calculer la vitesse de ces ondes électromagnétiques. Le carré de cette vitesse devait être égal à l'inverse du produit de deux constantes, ε_0 et μ_0, que Coulomb et Ampère avaient introduites pour exprimer, respectivement, la force électrostatique entre deux charges électriques et la force d'attraction magnétique entre deux fils parcourus par un courant. En faisant le calcul avec les valeurs expérimentalement déterminées à l'époque pour ces constantes, Maxwell constata que le résultat donnait pour *c* une valeur de 308 000 km/s, très proche de la valeur de 298 000 km/s qui venait d'être mesurée par Foucault à Paris. Ce ne pouvait être une coïncidence. La page du manuscrit de Maxwell où figure cette constatation est exposée dans une vitrine à Londres, à la Royal Society. Au bas de cette page, on lit dans la belle écriture régulière de Maxwell :

> l'agrément entre ces résultats semble indiquer que la lumière et le magnétisme sont des phénomènes de même nature et que la lumière est une perturbation électromagnétique se propageant à travers le champ suivant les lois de l'électromagnétisme.

Cette phrase avec sa litote très britannique (« semble indiquer ») était sans doute la plus importante de toute la physique connue jusqu'alors, peut-être la plus importante de la physique de tous les temps. En quelques mots, elle affirme l'unification de trois sciences qui avaient pendant des siècles été considérées comme indépendantes : l'électricité, le magnétisme et l'optique. La constatation que la lumière et les phénomènes électriques et magnétiques ne faisaient qu'un était une révélation aussi profonde que celle de Newton réalisant que la force qui attire une pomme vers le sol est de la même nature que celle qui maintient la Lune sur sa trajectoire autour de la Terre.

Il est juste de dire que la relation entre la vitesse de la lumière *c* et les constantes électriques et magnétiques de Coulomb et d'Ampère avait été déjà constatée une dizaine d'années avant Maxwell par l'Allemand Weber et son collègue Rudolf Kohlrausch. Ils n'avaient cependant pas donné d'explication à cette coïncidence.

La théorie de Maxwell ouvrait des perspectives fascinantes. Elle faisait des prédictions précises qui devaient se trouver expérimentalement confirmées dans les décennies qui ont suivi. La lumière ne constituait qu'une petite fenêtre dans le spectre des ondes électromagnétiques décrites par les équations. Elle n'avait de statut particulier que parce que l'œil, formé par la sélection naturelle, n'était sensible qu'aux ondes dont les longueurs étaient comprises entre 0,4 et 0,7 micron. La théorie prévoyait qu'il devait y avoir dans le domaine des plus grandes longueurs d'onde, donc de plus petites fréquences, des ondes électromagnétiques infrarouges et de l'autre côté du spectre des ondes de plus petite longueur (donc de plus grande fréquence), des rayonnements ultraviolets. Ces prévisions confirmaient ce que les physiciens avaient déjà entrevu dans la première moitié du siècle, en donnant un sens beaucoup plus précis à ce qui était jusqu'alors qualifié vaguement de « rayonnement calorique » pour le proche infrarouge et de « rayonnement chimique » pour le proche ultraviolet. Ces ondes invisibles furent progressivement identifiées, d'abord dans des domaines de fréquence proches de celui des ondes visibles, puis plus loin dans le spectre.

Une étape importante fut, en 1887, la génération par l'Allemand Hertz d'ondes radiofréquence dont les longueurs sont de l'ordre du mètre. De l'autre côté du spectre, un autre Allemand, Roentgen, découvrit en 1895 un rayonnement mystérieux qu'il baptisa rayons X, et que des expériences de diffraction cristalline révélèrent plus tard être une onde électromagnétique dont les longueurs d'onde, de l'ordre de quelques dizaines de nanomètres, sont cent à mille fois plus courtes que celles de la lumière visible.

Une propriété essentielle des équations de Maxwell est ce qu'on appelle leur linéarité. Ce terme exprime le fait que des solutions indépendantes de ces équations donnent, en s'ajoutant, une autre solution des mêmes équations. Cette propriété justifie le principe de superposition énoncé par Fresnel en 1820. Les vibrations de sa théorie de la lumière ne sont autres que les champs électriques des ondes de Maxwell qui s'ajoutent et interfèrent de la même manière. Une autre propriété importante de ces équations est que la valeur des champs sur une surface fermée quelconque détermine de façon unique les champs à l'extérieur de cette surface. Cette propriété justifie le principe de Huygens-Fresnel.

Certains mystères se dissipent mais d'autres demeurent

La théorie de Maxwell leva certains des mystères de la lumière. L'interaction entre la lumière et les milieux transparents qu'elle traverse ou les substances opaques qui l'absorbent ne pouvait être due qu'au couplage entre les champs de l'onde lumineuse avec des charges électriques présentes dans la matière. La nature exacte de ces charges ne devait commencer à se préciser qu'au tournant du siècle avec la découverte de l'électron par l'Anglais Joseph John Thomson en 1897. Dès les années 1870, cependant, le jeune physicien hollandais Hendrik Lorentz expliqua la réflexion et la réfraction de la lumière par un modèle dans lequel des charges électriques, présentes dans ces milieux, étaient mises en mouvement oscillatoire par les forces électromagnétiques. Sa théorie, élaborée à partir des équations de Maxwell, explique en particulier par un effet de superposition le fait que la lumière va moins vite dans un milieu matériel que dans le vide.

Pour décrire le champ électromagnétique transmis par une lame de milieu transparent homogène, on doit en effet ajouter au champ incident celui qui est rayonné par les charges mises en mouvement par ce champ. Dans la lame, ces charges oscillent à la fréquence du champ incident et rayonnent dans la même direction un champ induit qui interfère avec la lumière incidente. Si l'onde a une fréquence qui ne coïncide pas avec une fréquence d'absorption du milieu, le champ ainsi induit vers l'avant avec la même polarisation que celle du champ incident présente une avance de phase de 90° ou encore π/2 radians. D'après le principe de superposition, le champ total est décrit dans le plan de Fresnel par la somme d'un vecteur représentant le champ incident et d'un vecteur orienté à angle droit, représentant le champ induit dans la lame. La somme des deux décrit un vecteur qui a subi une rotation dans le plan de Fresnel. Le champ total a ainsi accumulé en traversant la lame une phase plus grande qu'elle ne serait si la lame n'avait pas été sur son chemin. Comme le champ oscille toujours à la même fréquence, cela veut dire que l'onde s'est propagée dans la lame avec une plus petite longueur d'onde, donc avec une vitesse plus faible.

La biréfringence d'une lame anisotrope s'explique avec le même modèle en admettant que les charges du milieu vibrent avec des amplitudes différentes selon qu'elles sont sollicitées par un champ électrique oscillant dans deux directions orthogonales. Il en résulte des déphasages différents des champs transmis polarisés à angle droit l'un de l'autre, et donc deux indices différents dépendant de l'orientation de cette polarisation. Un modèle analogue explique qualitativement le phénomène d'atténuation de la lumière dans un milieu absorbant. Dans ce cas, les charges du milieu sont mises en vibration de façon à émettre vers l'avant un champ en opposition de phase avec l'onde incidente. Il en résulte un vecteur de Fresnel, somme du champ incident et du champ induit, plus petit que celui du champ incident : la lame a absorbé le champ et l'intensité transmise a diminué. Superposition des ondes et interférences sont ainsi les clés explicatives des phénomènes de propagation des ondes électromagnétiques dans le vide et dans les milieux matériels.

Même si elles levaient le voile sur bien des mystères de la lumière, les équations de Maxwell ne résolurent pas la question de l'éther, dont les propriétés étranges furent simplement étendues pour décrire la scène dans laquelle se déroulaient tous les phénomènes électromagnétiques. Ce milieu hypothétique indécelable devait maintenant propager, en plus de la lumière, tout le spectre des ondes électromagnétiques invisibles dont les équations prédisaient l'existence et que les expérimentateurs découvraient peu à peu. Comme la théorie donnait une valeur fixe à la vitesse des ondes électromagnétiques, il fut naturel d'admettre que l'éther devait être le milieu privilégié dans lequel ces ondes se propageaient avec une célérité voisine de 300 000 km/s.

La Terre dans son mouvement autour du Soleil se déplaçait dans l'éther et les ondes électromagnétiques devaient donc ressentir les effets du « vent d'éther » résultant de ce mouvement, la lumière étant entraînée par l'éther de la même façon qu'elle l'était par un courant d'eau dans l'expérience de Fizeau. Les expériences cherchant à déceler les effets de cet entraînement donnèrent, comme nous le verrons au chapitre suivant, un résultat négatif. Le mystère ne devait être résolu qu'au début du XXe siècle avec la théorie de la relativité qui allait finalement faire disparaître de la physique l'éther et ses propriétés contradictoires.

L'histoire de la lumière au XIXe siècle illustre de façon encore plus éclatante les traits de la recherche scientifique que les découvertes des XVIIe et XVIIIe siècles avaient déjà révélés. Le caractère inattendu de certaines découvertes se retrouve dans l'observation par Malus de la polarisation par réflexion vitreuse. Un aspect essentiel de la découverte réside dans la capacité du scientifique à comprendre l'importance des indices que la chance a mis sur son chemin. Ainsi, Ørsted a systématiquement étudié les propriétés de la force mystérieuse que son observation initiale avait révélée, alors que Romagnosi ne l'avait pas fait. Cela explique sans doute le destin différent de leurs travaux, reconnu et célébré pour l'un et resté largement inconnu et controversé pour l'autre. L'importance de la précision des mesures s'est également affirmée. Ce sont de petites différences dans les prédictions des théories ondulatoire et corpusculaire concernant les propriétés de polarisation des milieux biréfringents qui ont contribué au triomphe de la première. Ces différences ont dû être testées par des expériences d'optique de plus en plus précises. Le raffinement des expériences successives de Foucault et de Fizeau pour déterminer la vitesse de la lumière illustre également cette course à la précision.

La complémentarité entre science fondamentale et science appliquée s'est au XIXe siècle encore plus affirmée qu'aux époques précédentes. Fresnel, un ingénieur formé dans l'une des premières promotions de l'École polytechnique, était certes motivé par la curiosité pure dans ses travaux fondamentaux sur les interférences et la polarisation de la lumière, mais il a aussi cherché à appliquer ses découvertes pour construire des dispositifs utiles, laissant pendant de longues périodes ses recherches fondamentales en friche pour se consacrer à des projets pratiques. Il a inventé les lentilles qui portent son nom et qui ont pendant longtemps équipé les phares du monde entier, sauvant la vie de nombreux marins. Ces lentilles, formées de prismes de verre très transparent arrangés en couronnes concentriques, ont une très grande ouverture et focalisent des faisceaux lumineux beaucoup plus puissants que des lentilles classiques, tout en étant beaucoup moins massives. Des lentilles de Fresnel plates formées de gravures circulaires concentriques gravées sur des disques de plastique sont encore utilisées aujourd'hui dans différents dispositifs, appareils de photo ou projecteurs vidéo. Elles servent aussi à concentrer la lumière solaire sur des cellules photovoltaïques ou dans des fours solaires.

Au-delà de l'optique, les retombées des recherches fondamentales ont été capitales dans le domaine de l'électromagnétisme. Les découvertes de Faraday et de Maxwell ont conduit aux développements de l'industrie de l'électricité et des communications. Le phénomène de l'induction de Faraday est utilisé dans les dynamos et les alternateurs qui créent du courant électrique en faisant tourner des aimants dans des bobines. C'est ainsi que l'énergie produite par les centrales thermiques ou nucléaires est finalement transformée en électricité. Les moteurs qui transforment inversement de l'énergie électrique en travail mécanique sont aussi des retombées directes des découvertes de Faraday. Son phénomène d'induction est également à l'œuvre dans les transformateurs qui couplent les courants dans deux bobines s'influençant mutuellement, élevant ou abaissant la tension électrique dans les circuits industriels et les lignes électriques.

Faraday n'avait certainement pas imaginé toutes les applications de ses découvertes, même s'il en avait aperçu les potentialités. On raconte que le Premier ministre Gladstone lui ayant un jour demandé à quoi pouvaient servir ses travaux il aurait répondu : « Un jour, monsieur, vous prélèverez des impôts dessus. »

Quant aux applications des ondes électromagnétiques, il n'est pas besoin d'insister sur leur importance pratique. Ce sont les ondes radiofréquence découvertes par Hertz qui véhiculent aujourd'hui l'essentiel de l'information de la radio et des téléphones portables. De l'autre côté du spectre, les rayons X de Roentgen jouent un rôle fondamental en médecine et dans de nombreux appareils sondant les propriétés de la matière. Lorsque au XXe siècle la physique quantique aura permis de comprendre la nature profonde des interactions entre matière et rayonnement, d'autres applications des ondes électromagnétiques apparaîtront, largement tributaires de l'invention du laser.

Le lien entre science fondamentale et technologie est à double sens. Si la première est essentielle au développement de la seconde, l'inverse est aussi vrai et l'histoire de la lumière au XIXe siècle en donne encore de multiples exemples. La mesure sur Terre de la vitesse de la lumière, qui a repris une ancienne idée de Galilée, n'est devenue possible que parce que la technologie avait fait de gigantesques progrès, permettant de générer et de détecter des impulsions lumineuses d'une durée de l'ordre de quelques microsecondes, ce qui était inimaginable au XVIIe siècle. Les mécanismes d'horlogerie et de turbines mettant en rotation rapide les miroirs ainsi que les compte-tours utilisés par Fizeau et Foucault ne pouvaient être conçus deux siècles auparavant. Les dispositifs interférométriques inventés pour mesurer avec précision des longueurs d'onde ont été utilisés par Fizeau pour démontrer l'effet d'entraînement d'un courant d'eau sur la vitesse de la lumière. Ils joueront à la fin du siècle un rôle essentiel pour sonder les propriétés mystérieuses de l'hypothétique éther. Ce sont aussi les progrès dans les détecteurs de la lumière visible, mais aussi infrarouge et ultraviolette, qui vont au tournant du siècle permettre de faire les mesures précises sur le rayonnement thermique qui ouvriront la voie à la physique quantique.

Un autre aspect, plus subtil, de la relation entre technologie et science fondamentale mérite d'être souligné dans la démarche décisive de Maxwell. Sa familiarité avec les dispositifs mécaniques des machines de la révolution industrielle donnait à son intuition un support concret qui l'a grandement aidé dans l'élaboration de sa théorie de l'électromagnétisme. La description que j'en ai donnée plus haut est une vision moderne, dépouillée de l'échafaudage mécaniste imaginé par Maxwell pour arriver à ses fameuses équations. Il avait en fait construit un modèle de l'éther électromagnétique fait de cellules hexagonales séparées par des roues tournant librement et entraînant par friction les cellules dans un mouvement de rotation. La vitesse de translation des roues circulant entre les hexagones représentait le courant et la rotation des cellules jouait le rôle du champ magnétique. Quant au champ électrique, il était proportionnel à la force que les cellules exerçaient sur les roues, entraînant leur circulation. Le couple exercé par cette force sur les hexagones était, d'après les lois de la mécanique, égal à la variation par unité de temps de la vitesse de rotation des cellules. L'expression de cette relation qui reliait le champ électrique apparaissant dans un circuit à la variation d'un champ magnétique traduisait, en langage mécaniste, la loi de Faraday. Des analogies de même nature menèrent Maxwell à ajouter aux équations d'Ampère le terme proportionnel à la dérivée du champ électrique qui rétablissait la symétrie entre champs électrique et magnétique dans ses équations. Le musée des sciences du Cavendish Laboratory à Cambridge – que Maxwell a dirigé jusqu'à la fin de sa vie – expose dans une vitrine le dispositif complexe qu'il avait fait construire par les mécaniciens de son laboratoire pour donner une forme concrète à sa théorie de l'électromagnétisme. L'éther qu'il cherchait à représenter par cette construction ingénieuse a maintenant disparu de la physique et les équations de Maxwell subsistent comme des joyaux dégagés de la gangue dans laquelle elles ont été découvertes.

L'histoire de la lumière au XIXe siècle confirme enfin ce que les siècles précédents nous avaient déjà appris. La science est une et indivisible et les découvertes résultent souvent de la conjonction d'informations acquises dans des domaines divers de la connaissance, la vérité apparaissant à la confluence de recherches apparemment disparates. L'optique, l'astronomie et la mesure de la Terre ont progressé de concert jusqu'au siècle des Lumières avant d'être rejointes par l'électricité et le magnétisme il y a cent cinquante ans. Souvent, les mêmes savants ont été impliqués dans ces différents domaines, avant même que l'on reconnaisse leur convergence. C'est le cas d'Arago qui encouragea Fresnel, Foucault et Fizeau dans leurs travaux sur la lumière et Ampère dans ses recherches sur l'électromagnétisme, ou encore de Biot qui s'illustra par ses études sur la polarisation de la lumière et par celles sur les forces entre courants électriques. Faraday en est un autre exemple. À côté de ses recherches fondamentales sur l'induction électrique, il découvrit l'effet de rotation du plan de polarisation de la lumière se propageant dans un milieu soumis à un champ magnétique, ce qu'on appelle depuis l'effet Faraday. Toutes ces avancées ont également bénéficié des progrès des mathématiques qui ont permis de calculer et de modéliser des effets de plus en plus complexes. Les travaux de Joseph Fourier ont été essentiels, mais aussi ceux de nombreux autres mathématiciens, tels Gauss, Hamilton et Green pour ne citer qu'eux.

La conjonction entre les différentes sciences alla même au-delà de la physique. Les travaux de Galvani sur l'effet physiologique des courants sont les ancêtres des recherches actuelles en neurobiologie qui utilisent des techniques de physiciens, certes plus sophistiquées que celles du médecin italien de la fin du XVIIIe siècle, pour explorer les propriétés du cerveau. On peut dire aussi que la pile de Volta, en ouvrant la voie à l'étude de l'électrolyse, fut le précurseur de la chimie moderne. C'est en utilisant une des premières piles que Humphry Davy, le patron du jeune Faraday, découvrit plusieurs éléments chimiques à la Royal Institution où nous avons commencé ce voyage à travers l'histoire de la lumière au XIXe siècle.

Physique, biologie et chimie ont eu un autre point commun, historique plus que scientifique. C'est en effet dans la décennie écoulée entre 1859 et 1869 que des découvertes majeures révolutionnant ces trois domaines ont été annoncées. Darwin publia son traité sur l'évolution des espèces en 1859, Maxwell son article sur la théorie électromagnétique en 1864 et Mendeleïev sa note sur la classification périodique des éléments en 1869. On peut dire sans exagérer que c'est dans cette décennie merveilleuse, il y a cent cinquante ans, qu'est né l'essentiel de toute la science moderne. En ce qui concerne la lumière, cette naissance allait avoir comme nous le verrons des suites imprévues.

CHAPITRE IV

Les deux nuages de lord Kelvin

L'une des plus célèbres conférences jamais données dans l'amphithéâtre tendu de velours rouge de la Royal Institution de Londres a sans doute été, en avril 1900, celle que lord Kelvin, l'éminent physicien anglais, consacra aux deux nuages sombres obscurcissant le ciel de la physique du XIXe siècle finissant. Son exposé commençait par la phrase :

> La beauté et la clarté de la théorie dynamique qui affirme que la chaleur et la lumière sont des modes du mouvement sont à présent obscurcies par deux nuages.

Le premier de ces nuages concernait l'éther, le milieu dans lequel devait se propager la lumière dont nous avons rappelé les propriétés paradoxales. Le second portait sur la répartition de l'énergie entre les différents degrés de liberté dans un système en équilibre thermodynamique. Le premier nuage avait été révélé par le résultat négatif de l'expérience de Michelson cherchant à mesurer la vitesse de la Terre par rapport à l'éther. Le second se référait à un résultat absurde lorsque les physiciens cherchaient à calculer, à partir du principe d'équipartition de l'énergie, les propriétés spectrales nouvellement mesurées du rayonnement des corps chauffés.

L'année de la conférence de lord Kelvin fut celle de la grande Exposition universelle de Paris, où se manifesta de façon éclatante la foi dans les succès de la science et des progrès technologiques qu'ils annonçaient. Les visiteurs – messieurs en chapeau melon ou haut de forme, dames en crinoline – pouvaient se déplacer entre les pavillons sur les trottoirs roulants que Courteline a immortalisés dans une de ses petites pièces de théâtre. Tous étaient émerveillés par les innovations présentées par les puissances de l'époque, rivalisant entre elles pour exposer les avancées les plus spectaculaires de leurs industries. Les cartes postales éditées à cette occasion en France et en Allemagne décrivaient le monde rêvé de l'an 2000. L'une montrait par exemple comment la radioactivité servirait un siècle plus tard à nous chauffer. Un simple morceau de radium irradiant sa chaleur dans l'âtre et il n'y aurait plus besoin de bois ou de charbon. D'autres cartes extrapolaient à partir des technologies nouvelles, le téléphone ou le cinématographe, mais elles étaient loin de prévoir ce que le XXe siècle nous a apporté : l'électronique, les ordinateurs, le laser, le GPS, l'IRM étaient inimaginables en 1900.

L'époque insouciante qui s'achevait, que Stefan Zweig appela avec nostalgie le « monde d'avant », ne pouvait concevoir les technologies du XXe siècle qui ont immensément accru nos moyens de communication, d'information et d'action sur le monde. Ces technologies furent le produit de deux théories fondamentales de la physique qui émergèrent dans le premier quart du nouveau siècle, lorsque les deux nuages de lord Kelvin finirent par se dissiper. Le premier annonçait la théorie de la relativité, le second la physique quantique. Ces deux théories révolutionnaires, nées d'interrogations sur des propriétés paradoxales de la lumière, changèrent notre conception du monde d'une façon aussi profonde que l'avait fait la révolution copernicienne au XVIe siècle.

Rappelons le contexte dans lequel ces révolutions virent le jour. Les dernières années du XIXe siècle furent particulièrement fécondes pour la science et la technologie. Années de paix relative avant les grands conflits du XXe siècle, elles virent un développement économique spectaculaire de l'Europe et de l'Amérique, qui profitaient des grandes avancées scientifiques du siècle qui s'achevait. L'exploitation des lois de la thermodynamique avait permis le développement des navires et des locomotives à vapeur, diminuant largement la durée des voyages sur terre et sur mer et favorisant les échanges commerciaux. Le moteur à explosion voyait le jour avec les premières automobiles qui bientôt remplaceraient les chevaux pour le transport dans les villes. Les frères Wright travaillaient en secret à la construction de leur premier avion. Les découvertes des lois de l'électromagnétisme révolutionnaient le monde industriel, en introduisant les moteurs et l'éclairage électriques. Les communications faisaient des progrès foudroyants avec l'invention du téléphone et les premiers essais de transmission radio utilisant les ondes hertziennes.

La découverte des rayons X par Roentgen en 1896 et celle de la radioactivité par Becquerel et les époux Curie en 1898 furent largement annoncées dans la presse populaire et firent vite l'objet de spéculations quant à leur possible utilisation pratique (la carte postale du radium dans la cheminée en est un exemple). Les premiers prix Nobel de physique décernés à Roentgen en 1901, à Hendrik Lorentz et à Pieter Zeeman en 1902, puis aux Curie et à Becquerel en 1903 furent largement commentés, témoignant d'un engouement du public pour la science qui dépassait le cercle restreint de la communauté scientifique de l'époque.

Cette communauté, limitée à quelques dizaines de savants, partageait largement l'optimisme et l'enthousiasme de l'homme de la rue. Les progrès de la science fondamentale donnaient l'impression que les grands mystères de la nature étaient résolus. Maxwell avait accompli pour l'électromagnétisme et la lumière ce que Newton avait fait deux siècles plus tôt pour la mécanique et la gravitation, expliquer des phénomènes apparemment disparates dans une théorie unifiée. La mécanique et l'électromagnétisme étaient complétés par la thermodynamique, culminant avec les travaux de Gibbs et de Boltzmann, qui précisaient les concepts d'énergie et d'entropie. Ces connaissances fondamentales avaient mené à la civilisation industrielle qui allait profiter à tous. Les progrès de l'expérimentation avaient dévoilé des phénomènes nouveaux avec la découverte des ondes radio, de l'électron, de l'effet photoélectrique, des rayons X et de la radioactivité. La plupart des scientifiques pensaient cependant que ces découvertes trouveraient une explication dans le cadre des théories classiques établies. Ils allaient être vite détrompés.

Même si lord Kelvin avait pointé du doigt les deux directions d'où allaient venir les grands changements, il était lui-même loin de soupçonner leur importance. Il devait sans doute penser que ces deux nuages ne faisaient que passer dans un ciel serein et que l'orage qu'ils annonçaient n'allait être que passager. Comme la phrase rapportée en tête de ce chapitre le précise, il reliait entre eux les problèmes de la chaleur et de la lumière en les considérant tous deux comme faisant partie d'une « théorie dynamique du mouvement ». La chaleur devait en effet être décrite comme associée au mouvement des particules qui composent la matière et elle se transmettait au mouvement des ondes électromagnétiques se propageant dans l'éther qui la baigne.

Ce que lord Kelvin soulignait en fait, au-delà de sa métaphore atmosphérique, c'était l'apparition de contradictions internes entre les théories qui à la fin du XIXe siècle avaient fait les succès de la physique classique. L'expérience de Michelson montrait que la théorie de Maxwell de la lumière ne satisfaisait pas au principe de la relativité du mouvement galiléen. Plus grave encore, les équations de Maxwell, combinées à celle de l'équipartition de l'énergie, un des dogmes de la thermodynamique classique, conduisaient à un modèle absurde incapable de décrire les propriétés les plus évidentes du spectre de la lumière rayonnée par les corps chauds. La résolution de ces deux problèmes allait remplacer les postulats newtoniens par de nouveaux principes qui permettraient à la physique d'explorer au XXe siècle les mondes de l'infiniment petit et de l'infiniment grand. Il faudrait pour cela bouleverser des concepts bien ancrés dans l'esprit des physiciens du début du siècle concernant le temps et l'espace, la masse et l'énergie, le déterminisme et le hasard.

La lumière joua un rôle essentiel dans cette révolution de la physique. La résolution des mystères cachés par les nuages de lord Kelvin allait non seulement éclairer la lumière d'un jour nouveau, mais s'appliquer à l'ensemble des phénomènes de la physique, en modifiant de façon radicale la scène sur laquelle les physiciens observent le monde. La symbiose entre théorie et expériences, entre la recherche *blue sky* fondée sur la curiosité pure et les progrès de la technologie, joua aussi un rôle essentiel dans cette révolution, comme ils l'avaient déjà fait au cours des siècles précédents. Les avancées de l'instrumentation, des détecteurs de rayonnement que sont les bolomètres mesurant les échanges de chaleur entre la lumière et la matière ou encore de ceux basés sur l'effet photoélectrique nouvellement découvert furent décisives. Les progrès des interféromètres permettant de mesurer de très petits déplacements de franges d'interférence jouèrent également un rôle important. Et, comme toujours, la chance fut de la partie.

La chance, ce fut certainement l'arrivée dans notre histoire d'un jeune employé du bureau des brevets de Berne à l'intuition géniale, qui se trouva propulsé en quelques années au firmament de la physique. Albert Einstein orchestra au début du XXe siècle les grands changements qu'apportèrent la théorie de la relativité et celle des quanta. Son empreinte sur la physique moderne fut si forte qu'il n'est pratiquement pas une découverte ou une invention faite depuis plus d'un siècle qui, par un aspect ou un autre, ne conduit à se référer à lui. La preuve de son génie réside également dans les grandes questions sur notre Univers qui restent non résolues et qu'il a souvent contribué à formuler. Einstein ne fut bien sûr pas seul dans cette histoire qui a rassemblé un grand nombre de scientifiques remarquables, mais pour donner de l'unité à ce récit, je placerai Einstein en son centre et je décrirai cette physique à travers le prisme de sa pensée.

Michelson et l'énigme de l'éther

Commençons par le premier nuage de lord Kelvin. Le physicien américain Michelson, aidé par son compatriote Morley, avait tenté par une série d'expériences réalisées entre 1881 et 1887 de mesurer la vitesse de la Terre par rapport à l'éther luminifère, comme on appelait le milieu dans lequel la lumière était censée se propager à la vitesse *c* de 300 000 km/s. L'expérience, analogue à celle que Fizeau avait faite en 1852 pour mesurer la vitesse de la lumière dans un liquide en écoulement, était réalisée à l'aide d'un interféromètre spécial que Michelson avait mis au point et qui porte depuis son nom.

Un faisceau lumineux était divisé en deux bras par une lame séparatrice semi-réfléchissante, créant deux faisceaux se propageant à angle droit l'un de l'autre vers deux miroirs qui renvoyaient la lumière vers la lame séparatrice et interféraient dans le faisceau recombiné sur cette lame. Lorsque l'interféromètre était parfaitement réglé de façon à ce que les fronts d'onde provenant des deux bras coïncident exactement, on devait idéalement observer derrière la lame séparatrice, dans la voie de sortie orthogonale à la voie d'entrée, une teinte plate, lumineuse lorsque la différence de marche entre les deux bras était un nombre entier de longueurs d'onde, sombre lorsque cette différence correspondait à un nombre impair de demi-longueurs d'onde.

En désalignant légèrement l'un des faisceaux par rotation d'un tout petit angle de l'un des miroirs, la teinte plate était remplacée par une figure de franges parallèles qui se déplaçaient lorsque l'un des miroirs était translaté le long de la direction du faisceau qu'il réfléchissait. Le déplacement des franges correspondait à une interfrange lorsque la différence de marche variait d'une longueur d'onde. Ce déplacement permettait de mesurer avec une grande précision la différence de marche des faisceaux se propageant dans des directions orthogonales ou, ce qui revient au même, la différence des temps de parcours de la lumière dans ces deux directions. Le dispositif était placé sur une table optique flottant sur un bain de mercure, qui pouvait ainsi être orienté de façon à ce que le faisceau lumineux incident fasse un angle ajustable avec la direction de propagation de la Terre dans son orbite autour du Soleil.

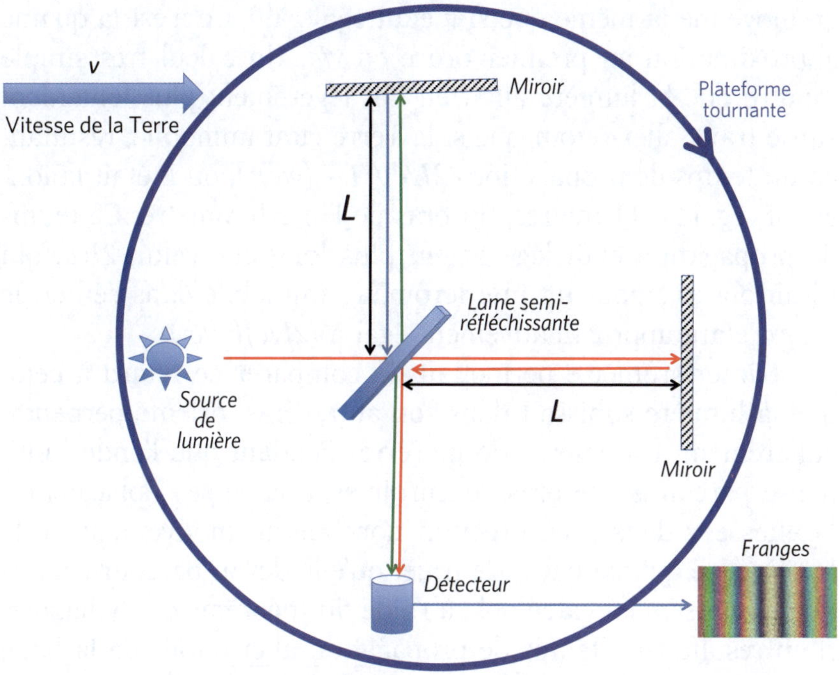

Figure IV.1. Schéma de l'expérience négative de Michelson-Morley. La différence des temps d'aller-retour de la lumière entre les deux bras de l'interféromètre devrait varier entre $+(L/c)(v^2/c^2)$ et $-(L/c)(v^2/c^2)$ lorsque le socle de l'appareil tourne, échangeant les bras parallèle et perpendiculaire à la direction de la vitesse de la Terre sur son orbite. Le déplacement induit par le « vent d'éther » attendu, égal à 0,4 interfrange, n'a pas été observé.

La vitesse v de notre planète sur cette orbite, de l'ordre de 30 km/s, est égale à environ un dix millième de la vitesse c de la lumière. En admettant que la Terre se déplaçait dans l'éther et en appliquant la loi galiléenne de composition des vitesses, Michelson s'attendait à ce que la lumière se propage le long du bras parallèle à la direction suivie par la Terre sur son orbite avec la vitesse $c - v$ en allant de la lame séparatrice vers le miroir et $c + v$ après réflexion en revenant vers la lame. La vitesse relative par rapport au repère de l'interféromètre, d'abord diminuée de la vitesse v de la Terre sur son orbite, puis augmentée de cette vitesse après la réflexion, était en première approximation et en moyenne la même que si v était égale à 0. Ce n'est là qu'une approximation au premier ordre en v/c. Un calcul très simple montre que la lumière allait en fait légèrement plus lentement sur le trajet aller-retour que si la Terre était immobile, résultant en un temps de propagation $(2L/c)/[1 - (v/c)^2]$, où L était la longueur, égale à 11 mètres, du bras de l'interféromètre. Ce temps de propagation était légèrement plus long que celui, $2L/c$, qui serait observé pour un interféromètre immobile dans l'éther, le retard étant approximativement égal à $(2L/c)(v^2/c^2)$.

L'interféromètre permettait de comparer ce retard à celui que la lumière subissait dans son autre bras, orienté perpendiculairement à la vitesse de la Terre. Pendant que l'onde lumineuse parcourait ce bras, le miroir et la lame se déplaçaient à la vitesse v dans une direction normale au mouvement de la lumière, ce qui allongeait le trajet qu'elle devait parcourir d'une quantité aisément calculable à l'aide du théorème de Pythagore. Il en résultait un temps de propagation aller-retour de la lame séparatrice au miroir égal à $(2L/c)/\sqrt{[1 - (v/c)^2]}$, différent de $2L/c$ d'une quantité approximativement égale à la moitié de ce qu'il était dans l'autre bras. Finalement, Michelson s'attendait, lorsqu'un bras de l'interféromètre était orienté le long de la direction du mouvement de la Terre, à une différence de temps de propagation de la lumière entre les deux bras égale à $(L/c)(v^2/c^2)$. Ce déplacement aurait dû être aisément décelable, la différence de marche étant de l'ordre de 10^{-8} fois la longueur L du bras, soit environ 10^{-7} mètre, de l'ordre de deux dixièmes de longueur d'onde. Les franges de l'interféromètre auraient dû se déplacer de quatre dixièmes d'interfrange lorsque Michelson tournait le dispositif de 90° de façon à échanger la direction des deux bras par rapport à celle de la vitesse de la Terre dans l'éther.

Or l'expérience ne décela aucun déplacement de frange. La mesure fut refaite à différentes saisons, au fil de plusieurs années, correspondant à différentes directions du mouvement de la Terre dans l'éther présumé, avec toujours un résultat négatif qui plongea la communauté scientifique dans la perplexité. Il semblait que l'éther était toujours parfaitement entraîné de façon rigide, accompagnant la Terre sur son orbite sans que l'on ne sente jamais le « vent d'éther » que l'expérience était censée mesurer.

Une explication ingénieuse de ce résultat négatif, mentionnée dans la conférence de lord Kelvin, fut proposée indépendamment par le physicien irlandais George FitzGerald et par Hendrik Lorentz, le jeune Hollandais que nous avons déjà rencontré au chapitre précédent. Ils supposèrent que l'interaction de la matière de l'interféromètre avec l'éther conduisait à une contraction des longueurs matérielles dans la direction du mouvement d'une quantité qui compensait exactement l'augmentation du déphasage lumineux attendu. Cet effet, introduit de façon arbitraire pour tenter de sauver l'éther, devait être retrouvé et réinterprété quelques années plus tard dans le cadre de la théorie de la relativité d'Einstein, mais cette fois l'éther disparaissait de la scène.

Einstein entre en scène : expériences de pensée

Il semble que le jeune physicien allemand se posa la question de la vitesse de la lumière de façon purement théorique, sans qu'il ait été particulièrement marqué par l'expérience de Michelson. On raconte qu'encore adolescent, ayant pris connaissance de la théorie de Maxwell, il se demanda ce qu'il se passerait si on pouvait voler à une vitesse proche de celle de la lumière, non pas à 30 km/s comme la Terre autour du Soleil, mais à une vitesse mille ou dix mille fois plus grande. Verrait-on alors le rayon lumineux aller beaucoup moins vite ? Serait-il concevable de le rattraper, de surfer sur l'onde lumineuse et de la voir immobile ? Clairement, quelque chose n'allait pas dans les équations de Maxwell lorsqu'on les abordait de cette façon. Voir le champ électrique ou magnétique de la lumière comme statique aboutissait à un résultat absurde. Ce sont en effet les variations temporelles de ces champs qui leur permettent de s'entretenir mutuellement. Sans variation de champ électrique, on ne comprend plus comment un champ magnétique peut apparaître et sans variation de ce champ, l'existence du champ électrique elle-même ne se comprend plus.

Cette rêverie sur la course avec la lumière montrait clairement que les équations de Maxwell cessaient d'être valables si l'on changeait de repère en conservant les conceptions classiques de l'espace et du temps, c'est-à-dire en utilisant les règles de transformations de coordonnées de la mécanique classique qui postulent que les intervalles de temps et les distances spatiales sont identiques pour tous les observateurs en translation à vitesse uniforme les uns par rapport aux autres.

La solution qu'Einstein trouva à cette énigme, présentée dans son fameux article de 1905, intitulé « De l'électrodynamique des corps en mouvement », est, sans jeu de mots, proprement lumineuse. À la question de savoir si on pouvait rattraper la lumière, il répondit simplement par la négative. Ce postulat d'impossibilité est le point de départ de la théorie de la relativité restreinte. Il suffit à Einstein d'étendre aux lois de l'électromagnétisme le principe de la relativité du mouvement énoncé au XVIIe siècle par Galilée qui avait posé que les lois de la mécanique devaient s'exprimer de la même façon dans tous les repères en mouvement relatif à vitesse constante les uns par rapport aux autres. Ces repères sont qualifiés de galiléens ou encore d'inertiels parce que la loi de l'inertie de Newton s'y applique. Tout corps, en l'absence de force appliquée, s'y propage en ligne droite, avec une vitesse constante. Le principe galiléen est, comme nous l'avons déjà rappelé, vérifié tous les jours dans des trains, bateaux et avions en mouvement uniforme. Un passager ne peut, sans regarder à l'extérieur, savoir s'il bouge ou non. Toutes les expériences de mécanique qu'il peut y faire, comme lancer une balle en l'air ou verser un liquide dans une tasse, donnent le même résultat que s'il les faisait immobile par rapport à la Terre.

Einstein généralisa ce principe en l'appliquant à l'électromagnétisme, puis à toute la physique. C'est ce qu'on a appelé le postulat de la relativité « restreinte », pour préciser qu'il est limité à la description des lois de la physique dans les référentiels galiléens ou inertiels. La relativité générale, par opposition à sa version restreinte, s'affranchira par la suite de cette restriction. Pour le moment et tant qu'il n'y aura pas de confusion possible, nous omettrons pour alléger la qualification de « restreinte » et parlerons simplement du postulat de relativité.

Ce postulat impose donc que la physique doit s'exprimer par des équations identiques dans tous les repères galiléens. Les équations de Maxwell donnent à la lumière la vitesse c = 300 000 km/s. Cette vitesse doit être la même dans tous les repères, pour qu'on ne puisse savoir en la mesurant si l'on bouge ou non par rapport à un repère privilégié. Pour le dire autrement, la constance de cette vitesse est une loi de la physique et doit donc être observée dans tous les repères inertiels. Tout comme il n'y a pas de mouvement absolu suivant Galilée, il ne peut y avoir de repère inertiel privilégié dans lequel les équations de Maxwell sont valables et d'autres dans lesquels elles prendraient une autre forme.

Ce postulat entraîne des conséquences fondamentales : la loi d'addition des vitesses de la physique newtonienne, basée sur l'existence d'un temps universel et de distances spatiales identiques pour tous les observateurs, ne peut plus s'appliquer puisque la vitesse de la lumière ne s'ajoute ou ne se retranche à aucune autre. Renoncer à cette loi, c'est admettre que le temps mesuré par un observateur dépend du repère dans lequel il se trouve et c'est reconnaître que les variables de temps et d'espace sont intimement liées.

Pour arriver à ces idées révolutionnaires, Einstein ne fit pas, comme Michelson et Morley, des expériences réelles. Dans son petit bureau de l'office des brevets de Berne, le jeune physicien de 26 ans imagina des expériences virtuelles, des « expériences de pensée » qui lui permirent d'exposer de façon simple le postulat de la relativité et d'en tirer toutes les conséquences logiques. Il compara un même phénomène lumineux tel qu'il est décrit soit par un observateur sur le quai d'une gare virtuelle, soit par un voyageur embarqué dans un wagon d'un train passant le long de ce quai à vitesse constante. Pour que les effets qu'il étudiait ainsi soient vraiment observables, il eut fallu que ce train virtuel ait une vitesse très grande, proche de la vitesse de la lumière, mais c'était là un détail qui importait peu à Einstein. L'essentiel était que ces expériences de pensée lui permettaient d'établir des principes fondamentaux, même s'il était encore difficile de les tester par des expériences réalistes.

Le premier résultat qui apparaît en imaginant une telle expérience, c'est que la notion de simultanéité, considérée comme « évidente » en physique classique, ne l'est plus dans la théorie de la relativité. La question de la simultanéité de deux événements ne se pose certes pas s'ils se produisent au même endroit. Un observateur faisant une expérience dans le train n'a qu'à observer la coïncidence des deux événements avec une position précise de l'aiguille de sa montre (il n'y avait pas encore de montre digitale à l'époque). Un autre observateur placé sur le quai ne pourrait que constater cette simultanéité locale. De même, si un événement observé en un même point du train a lieu avant ou après un autre (coïncidant avec deux positions différentes de l'aiguille de la montre de l'observateur embarqué dans le train), le même ordre temporel doit être observé par l'observateur du quai, sauf à poser un grave problème de causalité. Jusqu'à présent il n'y avait rien de bien surprenant.

La surprise vint quand Einstein s'intéressa à la notion de simultanéité de deux événements se produisant *à des endroits différents* de l'espace. Pour la constater, Einstein proposa de relier les deux événements par des signaux lumineux observés à égale distance des deux endroits. Si les signaux lumineux déclenchés par les événements arrivent en même temps à un observateur, alors il dira que ceux-ci sont simultanés. Cela résultera du fait que la vitesse de la lumière étant constante pour lui (comme pour tout observateur dans un repère galiléen), elle a mis un temps égal à parcourir la distance le séparant des deux événements équidistants.

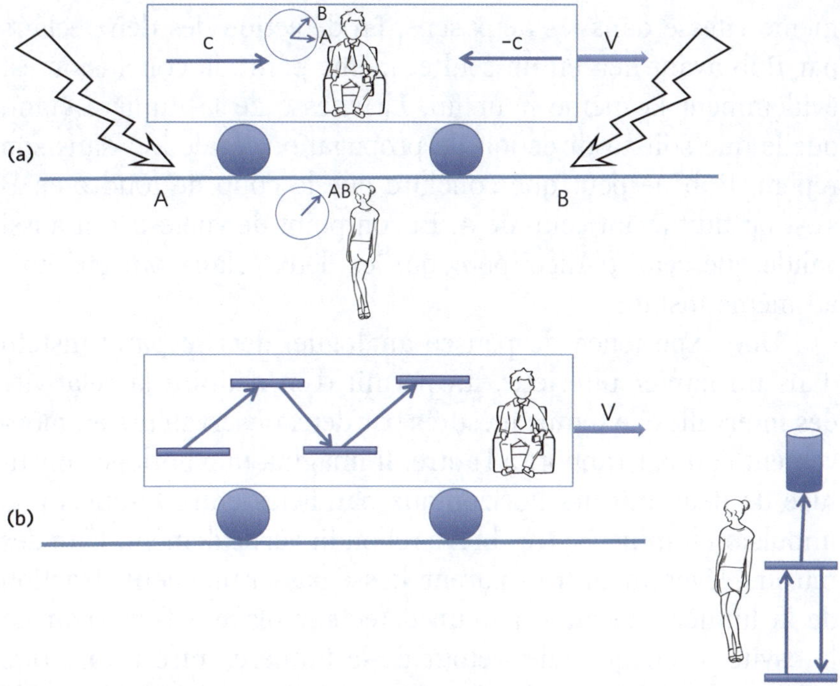

Figure IV.2. Expériences de pensée du train relativiste. (a) La foudre frappe l'avant et l'arrière du train simultanément pour Alice qui observe depuis le quai. Pour Bob, le voyageur, elle se produit à l'avant du train avant de frapper l'arrière. (b) Observé par Alice sur le quai, le rythme des impulsions lumineuses de l'horloge de Bob est plus lent que celui de sa propre horloge. Elle en conclut que le temps de Bob s'écoule plus lentement que le sien.

Einstein envisagea alors une coïncidence d'événements simple, quoique hautement improbable. Tandis que le train traverse la gare, et que l'arrière et l'avant du train passent devant les points A et B du quai, la foudre frappe en ces points. Une observatrice, que nous appellerons Alice, se tient immobile dans la gare à égale distance de A et B. Elle aperçoit les deux éclairs au même instant, et en conclut que les deux coups de foudre sont simultanés. Un voyageur, que nous nommerons Bob, assis à égale distance de l'avant et de l'arrière du train, observe les mêmes événements. Pour Alice qui observe depuis le quai, l'éclair émis au point B atteint Bob avant celui venant de A puisque Bob se déplace de A vers B pendant que la lumière se propage avec la même vitesse dans les deux sens. La détection des deux éclairs par Bob ayant lieu en un seul et même point, la conclusion est évidemment la même pour lui. La vitesse de la lumière étant, quelle que soit sa direction de propagation, égale à c dans son repère, Bob ne peut que conclure que le coup de foudre en B s'est produit avant celui de A. Et son point de vue est tout aussi valide que celui d'Alice, pour qui les deux éclairs ont été émis au même instant.

Une expérience de pensée analogue, décrite par Einstein dans un papier ultérieur, lui permit d'en déduire la relativité des intervalles de temps mesurés par deux observateurs en mouvement l'un par rapport à l'autre. Il imagina une horloge constituée de deux miroirs horizontaux parallèles entre lesquels une impulsion lumineuse très brève rebondit verticalement. L'un des miroirs, légèrement transparent, laisse passer une petite fraction de la lumière mesurée par un détecteur placé à l'extérieur de la cavité. À chaque aller-retour de la lumière entre les miroirs correspond un clic du détecteur, matérialisant ainsi le tic-tac de l'horloge. Connaissant la distance L des miroirs et sachant que la vitesse de la lumière est constante, quelle que soit la direction de sa propagation et quel que soit le repère galiléen, l'intervalle entre deux clics permet une mesure précise du temps.

Supposons qu'Alice, sur le quai, et Bob, dans le train en mouvement uniforme, disposent de deux de ces horloges optiques identiques qu'ils ont initialement synchronisées avant que Bob n'embarque dans le train. Comment se compareront leurs mesures du temps ? Mettons-nous encore à la place d'Alice. Les impulsions lumineuses qui rebondissent dans le train verticalement entre les miroirs parcourent, vues par elle, un trajet oblique, plus long que celui parcouru par la lumière dans l'horloge restée avec elle sur le quai. Puisque la vitesse de la lumière est la même dans les deux repères, quelle que soit l'horloge dans laquelle elle se propage, les clics de celle de Bob se suivent pour Alice à un rythme plus lent que ceux qu'elle compte avec son horloge sur le quai. Ainsi, non seulement la notion de simultanéité est relative à l'observateur, mais la mesure des intervalles de temps l'est aussi. Le temps mesuré par l'horloge se déplaçant à vitesse constante par rapport à Alice s'écoule plus lentement que celui compté par l'horloge attachée à son repère.

L'objection que l'on pouvait faire à Einstein était d'avoir choisi un type d'horloge particulier, basé sur un phénomène optique. Cette dilatation des temps ne s'appliquait peut-être qu'à ce type d'horloge. En d'autres termes, la relativité du temps ainsi mesuré ne faisait peut-être que refléter les propriétés d'un phénomène particulier et n'avait aucune raison de s'appliquer à d'autres événements physiques, par exemple un rythme biologique comme les battements du cœur du voyageur, la succession de ses mouvements dans le train ou même sa longévité. À cet argument, Einstein répondit, avec une logique imparable, en se fondant simplement sur le principe de relativité tel qu'il l'avait énoncé. Il compléta l'expérience de pensée en imaginant que les deux amis, en plus de leurs horloges optiques, avaient également synchronisé deux horloges de natures totalement différentes, par exemple deux chronomètres mécaniques comptant les oscillations d'un ressort. Bob était maintenant en possession de deux horloges, l'optique et la mécanique. S'il constatait que les deux instruments battaient à des fréquences différentes, il en conclurait, sans avoir à regarder par les fenêtres du train, que c'est lui qui bouge par rapport au quai. Cela serait en contradiction avec le principe de relativité. Il est donc nécessaire pour que ce principe soit vérifié que l'horloge optique et la mécanique indiquent le même temps. Vu du quai, les deux horloges sont donc ralenties de façon identique et il en est de même de tout phénomène dépendant du temps, qu'il soit optique, mécanique ou même biologique. En d'autres termes, ce ne sont pas les horloges dont l'évolution est modifiée lorsqu'elles se déplacent, c'est le temps lui-même qui change !

Dans une conférence sur la relativité qu'il fit à Bologne en 1911, le physicien français Paul Langevin, ami d'Einstein, donna à cette expérience de pensée une tournure spectaculaire. Il imagina deux jumeaux qui se séparent, l'un montant dans une fusée pour faire un long voyage dans l'espace à une vitesse voisine de celle de la lumière et l'autre restant sur Terre. Au retour, le jumeau voyageur aura compté un nombre de tic-tac sur toutes ses horloges optique, physique et biologique beaucoup plus petit que ceux comptés par son jumeau resté sur notre planète. Il sera donc beaucoup plus jeune ! La relativité autorise ce genre de voyage dans le temps, permettant à un des jumeaux de voyager dans le futur de l'autre. Cela paraît très paradoxal, mais la conclusion est inévitable si on admet le seul postulat de relativité.

Il faut pour se convaincre de ce résultat lever une objection. Pourquoi ne pourrait-on dire tout aussi bien que c'est le jumeau resté sur Terre qui s'est déplacé par rapport à la fusée et que c'est donc son horloge qui est ralentie par rapport à celle de son frère voyageur ? Ce serait alors ce dernier qui aurait vieilli davantage. Pour éviter cette contradiction, ne faudrait-il pas admettre, en faisant en quelque sorte une moyenne, que le temps n'a pu que se dérouler de façon identique pour les deux jumeaux ? Cet argument rassurant pour la physique classique ne tient pas, car les jumeaux ne sont pas dans des positions symétriques. Après avoir synchronisé leurs instruments, le premier est resté dans le repère galiléen de la Terre alors que le second s'est embarqué dans un engin accéléré, a longuement voyagé en vitesse de croisière avec une vitesse constante avant de faire demi-tour pour revenir sur Terre. Il a donc subi de fortes accélérations au départ et à l'arrivée et changé de repère galiléen en cours de route, ce dont il n'a pu manquer de s'apercevoir. Il n'est donc pas en mesure d'appliquer le principe de relativité pour dire que c'est le temps de son jumeau sédentaire qui a été ralenti !

Pour analyser complètement l'expérience des deux jumeaux, il faut calculer ce qui arrive à l'horloge du voyageur pendant les phases d'accélération de son périple, ce qui relève de la relativité générale dont nous parlerons plus loin. Nous verrons que l'écoulement du temps est bien affecté par les accélérations du repère de l'horloge et par les variations du champ de gravitation dans lequel elle se trouve. Ces effets de relativité générale doivent en toute rigueur être pris en compte pour estimer l'âge exact du jumeau qui revient de son voyage. La conclusion générale reste cependant inchangée : le voyageur vieillit moins vite que son frère sédentaire. Sans avoir à entrer dans les détails, on peut se convaincre que ce résultat est évident si les phases d'accélération de la fusée sont beaucoup plus brèves – pour les deux jumeaux – que les périodes de mouvement uniforme. Quoi qu'il arrive au début, au milieu et à la fin du voyage, le temps « gagné » par le jumeau voyageur pendant les longues phases où il s'est déplacé à vitesse constante par rapport à la Terre lui est pour ainsi dire « acquis ». Il doit définitivement vieillir moins vite que son frère.

L'analyse du mouvement des impulsions lumineuses permet d'évaluer exactement le facteur de dilatation du temps lié au mouvement, en appliquant simplement le théorème de Pythagore pour estimer l'allongement du trajet suivi dans l'horloge verticale par la lumière se propageant en zigzag dans le train. Le calcul est le même que celui que nous avons déjà fait en analysant l'expérience de Michelson, même si son interprétation est maintenant de portée beaucoup plus générale. L'intervalle de temps entre deux clics de l'horloge transportée dans le train est dilaté par rapport à celui de la même horloge sur le quai par le facteur $\gamma = 1/\sqrt{[1-(v/c)^2]}$. À la limite où v tend vers c, la dilatation du temps tend vers l'infini et le temps écoulé dans le repère allant à la vitesse c s'arrête complètement : le voyageur ne vieillit plus du tout pour son jumeau resté sur Terre !

L'expérience de pensée des horloges conduit aussi à la conclusion que les distances spatiales sont également relatives à l'observateur. Supposons en effet que Bob, notre voyageur, fasse basculer son horloge optique en disposant maintenant les miroirs, sans changer leur distance, dans deux plans verticaux parallèles, perpendiculaires à la direction du mouvement du train. La lumière doit maintenant se propager le long de cette direction, soit dans le même sens que le mouvement du train, soit en sens inverse. Reprenons l'analyse du fonctionnement de cette horloge, tel qu'il est perçu depuis le quai en supposant que, pour Alice comme pour Bob, les deux miroirs sont toujours distants de L. La lumière, à la vitesse constante c, partant du miroir arrière doit maintenant atteindre le miroir avant qui fuit devant l'impulsion lumineuse à la vitesse v, donc parcourir un chemin plus long que si le train était immobile. Au retour, l'impulsion lumineuse revenant sur elle-même se propage vers un miroir qui se rapproche d'elle. Elle doit alors parcourir un trajet plus court que si le train était immobile. L'addition des deux temps t_1 et t_2 d'aller et de retour de l'impulsion se calcule comme celui du retard de la lumière dans le bras de l'interféromètre de Michelson parallèle au mouvement de la Terre. On trouve $t_1 + t_2 = (2L/c)[(1/(1 - (v/c)^2)]$. En comparant ce résultat avec celui de la période de l'horloge verticale, égal à $(2L/c)(1/\sqrt{[1-(v/c)^2]}$, on obtient des résultats différents, dans le rapport $\gamma = 1/\sqrt{[1-(v/c)^2]}$! L'horloge fonctionnerait-elle à un rythme différent selon que l'on oriente verticalement ou horizontalement ? Cela serait contraire au principe de relativité car cette différence permettrait à Bob de se rendre compte qu'il est en mouvement, sans avoir à regarder le quai.

Pour résoudre ce paradoxe, il nous faut admettre que, contrairement à ce que nous avons supposé dans notre calcul, la distance des miroirs de l'horloge de Bob vue depuis le quai n'est pas la même selon que son axe est orienté perpendiculairement ou parallèlement au mouvement du train. Dans le premier cas, elle n'est pas modifiée. Dans le second elle est contractée par le facteur $1/\gamma = \sqrt{[1-(v/c)^2]}$. Cette contraction raccourcit le trajet que la lumière parcourt dans une horloge optique à axe parallèle au mouvement du train et rend identique les périodes des horloges orientées suivant des axes différents, conformément à ce qu'exige le principe de relativité.

L'expérience de pensée d'Einstein reprend en fait tous les calculs appliqués à celle de Michelson et explique donc, de façon évidente, pourquoi cette expérience ne pouvait que donner un résultat négatif. La raison n'en est pas à chercher dans un quelconque effet de contraction des longueurs dû à l'interaction de la matière de l'interféromètre avec un éther hypothétique, mais résulte simplement du postulat de relativité qui dit que la lumière a la même vitesse par rapport à tous les référentiels inertiels. Et ce principe a pour conséquence la relativité du temps et des longueurs.

Changement de perspective relativiste

Les formules de dilatation des temps et de contraction des longueurs étaient apparues dans la littérature scientifique avant le travail d'Einstein. Lorentz, nous l'avons vu, avait déjà fait avec George Fitzgerald l'hypothèse de la contraction des longueurs dans le sens des déplacements pour rendre le résultat négatif de l'expérience de Michelson compatible avec l'existence de l'éther. Lorentz et, indépendamment, le mathématicien Henri Poincaré avaient aussi établi, de façon générale, les formules de transformation des coordonnées d'espace et de temps qui, lors d'un changement de repère galiléen, laissent invariante la forme des équations de Maxwell. On appelle formules de Lorentz les équations qui décrivent comment le même événement, défini par sa position x,y,z et son instant t dans un repère galiléen R, est décrit par de nouvelles coordonnées x',y',z' et t' dans un autre repère R' se translatant à la vitesse v par rapport à R. Le facteur γ qui apparaît dans ces équations pour décrire la dilatation des temps et la contraction des longueurs est appelé facteur de Lorentz.

Jusqu'à l'article d'Einstein de 1905, les équations de Lorentz apparaissaient cependant comme des propriétés ésotériques des équations de Maxwell, établies mathématiquement, mais dont la signification physique restait mystérieuse. Le temps apparaissant dans ces formules était décrit par Lorentz comme un temps « local », théoriquement utile pour les calculs, mais différent du vrai temps physique qui se déroulait de façon immuable dans le repère fixe par rapport à l'éther. L'incapacité à déterminer le vent d'éther dans l'expérience de Michelson était-elle due au caractère particulier de cet éther dont les propriétés d'interaction avec la matière « conspiraient » pour le rendre indécelable ?

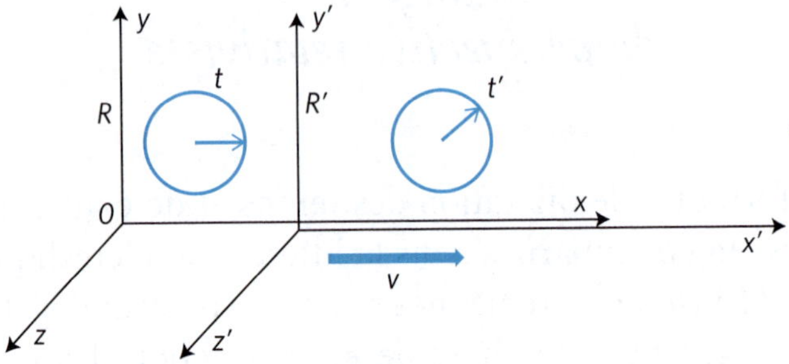

(a)

$$t' = \gamma\left(t - \frac{vx}{c^2}\right) \qquad \gamma = \frac{1}{\sqrt{1 - \frac{v^2}{c^2}}}$$

$$x' = \gamma\,(x - vt)$$

$$y' = y$$

$$z' = z$$

(b)

$$u' = \frac{u - v}{1 - uv/c^2} \qquad \text{(c)}$$

$$c^2\Delta t'^2 - \Delta x'^2 - \Delta y'^2 - \Delta z'^2 = c^2\Delta t^2 - \Delta x^2 - \Delta y^2 - \Delta z^2 \qquad \text{(d)}$$

Figure IV.3. Transformations de Lorentz. (a) Dans les repères inertiels *R* et *R'* les coordonnées d'un événement sont respectivement *t,x,y,z* et *t',x',y',z'*. Le repère *R'* se déplace à la vitesse *v* le long de l'axe Ox par rapport au repère *R*. (b) Formules reliant entre elles les coordonnées d'un événement dans les deux repères, exprimées à l'aide du facteur de Lorentz γ. À la limite où *v* est très petit devant *c* (γ = 1), les transformations de Lorentz se réduisent au changement classique de référentiel galiléen. (c) Transformation relativiste des vitesses. Cette équation exprime comment la vitesse *u'* d'une particule se propageant le long de *Ox* dans *R'* se déduit de sa valeur *u* dans *R*. Le numérateur correspond à la formule de combinaison classique des vitesses. Le dénominateur assure la constance de la vitesse de la lumière. Si *u* = *c* dans *R*, cette équation donne *u'* = *c* dans *R'*, quelle que soit *v*. (d) La transformation de Lorentz conserve la quadridistance entre deux événements.

La théorie d'Einstein balaya cette question. Au lieu de voir les équations de Lorentz comme des ajustements *ad hoc* pour expliquer le résultat d'une observation négative, ou comme des formules décrivant les propriétés mathématiques abstraites des équations de Maxwell, Einstein les déduisait simplement du postulat de relativité, à l'aide d'expériences de pensée simples, sans aucune autre hypothèse. Dans sa théorie, la lumière se propageait dans le vide, qu'il s'agisse de l'espace vide libre de toute matière, ou de l'espace vide entre les charges électriques contenues dans les atomes d'un milieu matériel. Aucun éther mystérieux baignant la matière ne devait être invoqué. Le principe de relativité entraînait certes des conséquences contre-intuitives, mais celles-ci devaient être acceptées, du moment qu'elles se déduisaient logiquement du postulat de départ de la théorie, impliquant la constance de la vitesse de la lumière dans tous les repères en mouvement uniforme les uns par rapport aux autres.

Dans le point de vue de la relativité, il n'est pas correct de dire que « tout se passe pas comme si la longueur d'une règle était plus courte lorsqu'elle se déplace par rapport à celui qui la mesure ». Elle est en fait « réellement » plus courte, lorsqu'on compare des mesures faites dans les deux repères, suivant la seule procédure permise par la théorie de la relativité. Cette procédure consiste, dans tout référentiel inertiel, à évaluer la distance entre les deux extrémités de la règle *au même instant*, qu'il s'agisse de l'observateur du quai ou de celui du train. La simultanéité n'étant pas la même pour les deux, il est normal que les longueurs ne le soient pas non plus. Les deux points de vue sont aussi valables l'un que l'autre et chacun exprime donc la réalité physique, telle qu'il doit la décrire.

Les formules de Lorentz montrent que l'addition de la vitesse de la lumière avec celle de la vitesse, inférieure à c, d'un repère quelconque donne toujours la valeur c, comme il se doit pour satisfaire au principe de relativité. Il ressort également de la théorie que la vitesse de la lumière dans le vide ne peut être dépassée, dans aucun repère galiléen. Si une particule avait dans un repère une vitesse plus grande que c, un rayon lumineux issu d'une source placée derrière la particule ne la rattraperait jamais dans ce repère. Par contre, si on se place dans un repère accompagnant cette particule, la lumière, allant toujours à la vitesse *c* par rapport à ce nouveau repère, finirait par la dépasser en interagissant avec elle. La contradiction entre ces deux résultats invaliderait le principe de relativité car la physique ne serait pas la même dans les deux points de vue. Mathématiquement, l'impossibilité d'un repère « superluminal » résulte du fait que le facteur de Lorentz γ deviendrait la racine carrée d'un nombre négatif. Les coordonnées dans ce repère seraient alors des nombres imaginaires, perdant tout sens physique.

Remarquons que seule la vitesse *c* de la lumière *dans le vide* constitue une limite absolue. Dans un milieu transparent d'indice de réfraction n, le rayonnement se propage à la vitesse c/n inférieure à c. Si le milieu est lui-même en mouvement dans un repère galiléen avec une vitesse v dans la direction de la lumière, la vitesse des ondes lumineuses vue par un observateur dans ce repère est plus grande que c/n, tout en restant inférieure à c. La formule de Lorentz de composition des vitesses montre que si v est petit devant c, l'onde se déplace dans ce repère avec la vitesse $v' = c/n + v\,(1 - 1/n^2)$. Cette vitesse serait égale à $c/n + v$ si la loi de composition classique des vitesses s'appliquait. Le principe de relativité montre ainsi qu'un liquide transparent en écoulement n'entraîne que partiellement la lumière avec lui. Cet entraînement est d'autant plus fort que l'indice de la lumière dans le milieu est plus élevé. Cet effet avait été observé par Fizeau dans l'expérience interférométrique de 1852. Il avait alors mesuré la vitesse de la lumière dans un tube où l'eau s'écoulait. Il avait interprété son résultat comme une propriété d'entraînement *partiel* de l'éther luminifère par le liquide. L'explication relativiste d'Einstein se passe évidemment de l'éther. L'expérience de Fizeau, réalisée un demi-siècle avant la naissance de la relativité, a certainement conforté Einstein dans l'idée que sa théorie était juste.

Espace et temps se mélangent

Les transformations de Lorentz mélangent les coordonnées d'espace et de temps, d'une façon fondamentalement différente des changements de repère galiléen de la mécanique classique. Dans ces dernières le temps est invariant alors que les coordonnées d'espace x',y',z' d'un événement dans un repère R' apparaissent comme des combinaisons des coordonnées x,y,z d'espace et du temps t du même événement dans un autre repère R. Ces combinaisons traduisent simplement le fait que R se déduit de R' par une translation dans l'espace à la vitesse relative v des deux repères, éventuellement accompagnée d'un changement de perspective lié à une rotation des axes de coordonnées. Ces opérations de translation et de rotation conservent la distance spatiale ΔL entre deux événements, et donc son carré, ce qui s'exprime à l'aide de la formule de Pythagore par l'identité $\Delta L^2 = \Delta x^2 + \Delta y^2 + \Delta z^2 = \Delta x'^2 + \Delta y'^2 + \Delta z'^2$. Dans ces expressions, les quantités Δx, Δy, Δz et $\Delta x'$, $\Delta y'$, $\Delta z'$ sont les différences des coordonnées cartésiennes des événements dans les deux repères galiléens. Quant à l'intervalle de temps entre ces événements, il est en physique classique inchangé et il en est évidemment de même de son carré, ce qui se traduit par l'identité triviale $\Delta t^2 = \Delta t'^2$.

Lorsqu'on remplace les transformations de Galilée par celles de Lorentz, il n'y a plus conservation *séparée* du temps et des distances, mais celle de la différence D^2 du carré du trajet parcouru par la lumière pendant le temps qui sépare les deux événements diminuée par le carré de leur distance. La quantité conservée s'écrit $D^2 = c^2\Delta t^2 - \Delta L^2 = c^2\Delta t'^2 - \Delta L'^2$. Cette loi de conservation, qui découle directement des équations de Lorentz, a été établie par le mathématicien Hermann Minkowski qui fut un des professeurs du jeune Einstein à Zurich. Elle exprime la constance de la « quadridistance » des deux événements dans l'espace-temps, en étendant le théorème de Pythagore de la géométrie euclidienne de trois à quatre dimensions. Les événements de la théorie de la relativité se décrivent ainsi dans un espace-temps pseudo-euclidien, appelé espace de Minkowski, dans lequel la « métrique », la façon de calculer les distances, affecte le carré de la coordonnée de temps d'un signe opposé à celui des carrés des coordonnées spatiales.

La distance relativiste D entre deux événements est donc la même pour tous les observateurs galiléens. Son carré est positif lorsque la distance parcourue par la lumière pendant l'intervalle de temps qui sépare les événements est, dans tous les repères, plus grande que leur distance spatiale. Ce carré est par contre négatif si les événements sont si rapprochés dans le temps que la lumière ne peut dans aucun repère passer de l'un à l'autre dans l'intervalle de temps qui s'écoule entre eux. Dans ce cas, la « distance » D, racine carrée d'un nombre négatif, est un nombre imaginaire pur.

Dans le premier cas, la distance est dite du *genre temps*. Une information a alors pu se propager d'un événement à l'autre à une vitesse inférieure ou égale à celle de la lumière entre les deux instants qui les séparent. L'événement antérieur a pu avoir une influence causale sur l'événement postérieur et l'ordre temporel des événements est le même pour tous les observateurs. Il existe alors un repère R_0 dans lequel les deux événements ont lieu au même point, pour lequel $\Delta L = 0$. Dans ce repère la distance D est simplement égale à ct et D/c est ce qu'on appelle l'intervalle de temps propre associé aux deux événements.

On peut étendre à l'espace de Minkowski la notion de trajectoire de la physique classique newtonienne. L'histoire d'une particule se déplaçant dans l'espace est décrite en relativité par une suite continue d'événements correspondant à son passage en différents points à des instants successifs. Cette suite de points constitue la *ligne d'univers* de la particule dans l'espace de Minkowski. On définit une longueur le long de cette ligne en la divisant en petits intervalles séparant des événements très proches et en ajoutant les distances qui séparent ces événements, au sens de la métrique de Minkowski. Sur chacun de ces segments élémentaires, on peut considérer la vitesse de la particule comme constante et lui associer un référentiel galiléen propre dans lequel elle est localement immobile. La quadridistance qu'elle parcourt alors est égale à cdt où dt est l'intervalle de temps donné par une horloge dans ce référentiel propre. En sommant ces intervalles de temps élémentaires, on calcule ainsi la longueur de la ligne d'univers de la particule, qui n'est autre que c multiplié par le temps propre accumulé par l'horloge qui lui est attachée.

Dans le cas où $D^2 = c^2\Delta t^2 - \Delta L^2$ est négatif, la distance D, nombre imaginaire, est dite du *genre espace* et aucune information n'a pu être échangée entre les deux événements qui restent, dans tous les repères, indépendants l'un de l'autre, sans qu'aucune influence du premier ait pu s'exercer sur le second. L'ordre temporel peut même changer d'un repère à l'autre. Pour prendre un exemple dramatique, le premier événement peut être associé à vous-même, le lecteur de ce livre, lisant ces lignes en ce moment et le second à la disparition possible – quoique hautement improbable – du Soleil dans une explosion cataclysmique qui serait survenue, à votre montre, il y a cinq minutes. La lumière mettant environ huit minutes à nous parvenir du Soleil, rien dans votre vie actuelle n'annoncerait ce qui pourrait se passer d'ici trois minutes. Dans la situation que je viens d'évoquer, il pourrait même y avoir dans l'Univers des observateurs se déplaçant à grande vitesse par rapport à la Terre et au Soleil pour lesquels vous lisez ces lignes avant que notre étoile ne s'éteigne et non pas après. Lorsque cet observateur recevra des signaux venant de notre système solaire, il sera justifié de dire que le Soleil a disparu cinq minutes après que vous avez lu ces lignes, et non cinq minutes avant !

Que peut-on dire enfin, dans le cas limite entre les deux précédents, des événements qui sont, dans un repère R donné, à une distance minkowskienne nulle d'un « événement » à l'origine des coordonnées d'espace-temps (l'« événement 0 ») ? Tous ces événements ont leurs coordonnées satisfaisant la condition $ct = \pm\sqrt{x^2 + y^2 + z^2}$. Cette relation définit une surface conique à trois dimensions dans l'espace-temps de Minkowski, qu'on

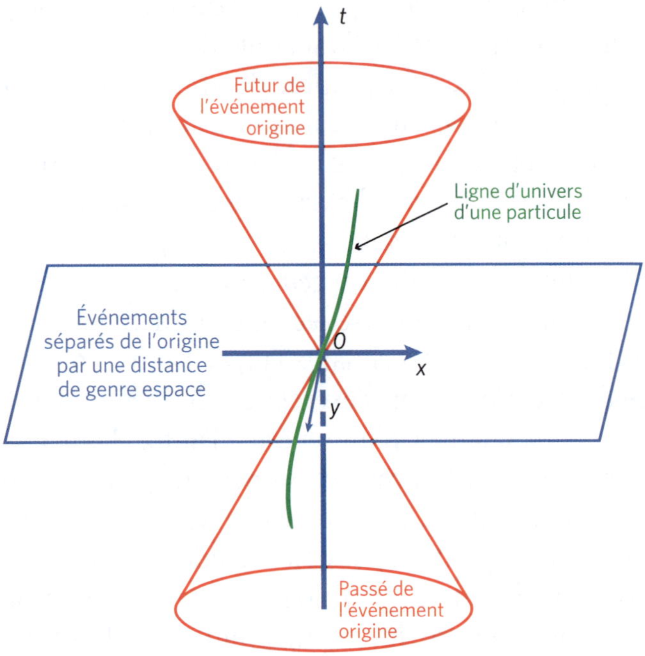

Figure IV.4. Cône de lumière dans l'espace de Minkowski. Pour visualiser l'espace-temps à quatre dimensions dans un dessin qui ne peut qu'en représenter trois en perspective, on a limité l'espace à deux dimensions repérées par les coordonnées x et y et réservé la dimension verticale pour le temps. Tous les événements séparés de l'événement origine 0 ($x = y = t = 0$) par un intervalle du genre temps sont représentés par des points à l'intérieur de la nappe conique supérieure (futur absolu de 0) ou inférieure (passé absolu de 0). Une particule immobile dans le repère au point $x = y = 0$ a pour ligne d'univers l'axe des temps. Si elle se déplace en passant par $x = y = 0$ à l'instant $t = 0$, sa ligne d'univers est une courbe située à l'intérieur du cône. Les points à l'extérieur du cône, séparés de l'origine par une distance de genre espace, correspondent à des événements qui se produisent avant ou après l'événement 0 suivant le repère de l'observateur. Ils ne peuvent avoir aucune relation causale avec l'événement origine.

appelle le cône de lumière de l'événement 0. Ce cône a deux nappes, l'une dans le demi-espace $t > 0$ – la nappe du futur de 0 – et l'autre pour $t < 0$, la nappe de son passé. Tous les rayons lumineux passant par l'origine à l'instant $t = 0$ ont atteint dans le passé ou atteindront dans le futur les points de l'espace-temps situés sur ce cône. Tout événement situé à l'intérieur du cône est séparé de l'origine par une distance du genre temps. Il est dans le futur ou dans le passé de 0 selon qu'il est à l'intérieur de la nappe supérieure ou inférieure, et cet ordre chronologique est le même pour tous les observateurs galiléens, quel que soit leur repère.

Les deux zones à l'intérieur du cône définissent ainsi l'ensemble des événements qui sont dans le futur et le passé *absolu* de l'événement origine. Les événements situés à l'extérieur du cône sont, quant à eux, à une distance de genre espace de 0. Dans un autre repère R', ils se sont produits avant ou après 0, ou simultanément avec cet événement, selon la direction et la valeur de la vitesse de ce repère par rapport à R. Ils ne peuvent être reliés de façon causale à l'événement 0.

Les formules de Lorentz mélangent donc les coordonnées d'espace et de temps, faisant perdre à ces deux concepts le sens absolu que leur donnait la physique classique. Cette conséquence du principe de relativité, née d'une analyse profonde du contenu physique des équations de Maxwell, s'étend aux grandeurs physiques que sont les champs électrique et magnétique et les distributions de charges et de courants qui les créent. Une charge électrique immobile pour Alice apparaît pour Bob, qui se déplace par rapport à Alice, comme une charge en mouvement. Il y a donc dans le repère de Bob un courant qui n'existe pas pour Alice. Pour celle-ci, la charge immobile crée simplement un champ électrique statique décrit par la loi de Coulomb. Pour Bob, la charge en mouvement génère un champ électrique dépendant du temps, mais aussi un champ magnétique, qui est nul pour Alice. Ce qui est un champ électrique « pur » pour un observateur acquiert ainsi une composante de champ magnétique pour un autre.

Ainsi, un changement de repère relativiste ne mélange pas seulement l'espace et le temps. Il mêle aussi de façon profonde les lois de Coulomb, d'Ampère et de Faraday. Les champs, les charges et les courants perdent leur caractère absolu, tout comme les intervalles de temps et les distances. Dans ces transformations, il reste cependant un invariant. Les équations de Maxwell doivent, dans tous les repères inertiels, exprimer les mêmes relations entre les dérivées spatiales et temporelles des champs et les distributions de charge et de courant qui les ont générés. De même, les forces exercées sur les charges et les courants doivent dépendre de la distribution des champs électrique et magnétique de la même façon dans tous les repères. Cette invariance fondamentale de la forme des équations exprime l'essence même du principe de relativité qui exige que les lois de la physique soient identiques dans tous les repères galiléens.

Masse et énergie se marient : E = mc²

Après avoir unifié les concepts d'espace et de temps, Einstein fut conduit, pour compléter la théorie de la relativité restreinte, à unifier également deux autres concepts que la physique classique considérait comme distincts, ceux de masse et d'énergie. Cela le conduisit à établir la formule $E = mc^2$ qui est sans doute la plus connue de toute la science, mais aussi, pour les non-scientifiques, l'une des plus mystérieuses. Cette formule célèbre est apparue dans l'œuvre d'Einstein dans une courte note publiée toujours en 1905, quelques mois après l'article « De l'électrodynamique des corps en mouvement ». Essayons de montrer simplement son origine.

Rappelons tout d'abord comment la mécanique classique décrit dans un repère galiléen la dynamique d'un système très simple, une particule ponctuelle de masse m. La quantité de mouvement ou impulsion $\boldsymbol{p} = m\boldsymbol{u}$ de cette particule est une quantité vectorielle (ayant trois coordonnées d'espace p_x, p_y et p_z) égale au produit de la masse m par sa vitesse $\boldsymbol{u}$ (un vecteur de composantes u_x, u_y, u_z). En l'absence de force appliquée, l'impulsion reste constante, la particule continuant à se déplacer en ligne droite avec la vitesse uniforme $\boldsymbol{u}$, dont la valeur dépend bien sûr du repère galiléen dans lequel on l'observe. Lorsque la particule subit une force extérieure, son impulsion change d'une quantité égale au produit de cette force par le temps pendant lequel elle est appliquée. La masse m, paramètre constant en physique classique, mesure ainsi l'inertie de la particule, sa résistance au changement de vitesse. Celui-ci est d'autant plus faible, pour une force donnée, que la masse de la particule est plus grande. Pour un ensemble de particules isolées du monde extérieur, l'impulsion totale, somme vectorielle des quantités de mouvement des différents constituants, se conserve au cours des interactions que les différentes parties du système exercent les unes sur les autres.

La physique classique associe à un système de corps en interaction un autre concept important, celui de son énergie, quantité qui mesure la capacité du système à fournir du travail ou de la chaleur à son environnement. Un exemple en est donné par l'énergie cinétique qu'un mobile acquiert lorsqu'il passe de l'immobilité à une vitesse finale u. Cette énergie, $mu^2/2$, est égale au travail de la force qui a accéléré l'objet. Elle croît comme sa masse m et comme le carré de sa vitesse. Elle peut être restituée sous forme de chaleur, c'est-à-dire d'énergie cinétique désordonnée des atomes ou des molécules de la masse m ou de son environnement, lorsque le mobile est freiné par des forces de friction. Cette énergie cinétique peut aussi se muer en énergie potentielle lorsque la position de l'objet change dans un champ de forces. Ainsi, une masse lancée vers le haut dans le champ de gravitation terrestre voit son énergie cinétique transformée en énergie potentielle au fur et à mesure que son altitude augmente, l'échange inverse entre énergie potentielle et cinétique se produisant à la retombée. Le premier principe de la thermodynamique exprime la conservation de l'énergie totale d'un système isolé, somme de ses énergies cinétique et potentielle et de son énergie calorifique emmagasinée dans l'agitation thermique des atomes qui le constituent.

Ces propriétés classiques de la masse, de l'impulsion et de l'énergie demandaient à être revues dans le cadre de la théorie de la relativité restreinte. Il était clair que la physique de Newton devait être modifiée pour satisfaire au principe de relativité. Non seulement la loi d'addition des vitesses, basée sur l'existence d'un temps et d'un espace absolu, devait être changée pour rendre compte de la constance de la vitesse de la lumière dans tous les repères galiléens, mais la loi fondamentale de la dynamique newtonienne elle-même devait aussi être revue, pour empêcher qu'un objet matériel puisse atteindre, dans un repère, une vitesse supérieure à c. Si l'impulsion d'une particule uniformément accélérée augmente proportionnellement au temps, sa vitesse, proportionnelle à l'impulsion en physique classique, atteindrait fatalement, au bout d'un temps fini, la vitesse de la lumière c et la dépasserait, ce qui est interdit par le principe de relativité.

Pour rendre cette accélération infinie impossible, Einstein admit simplement que la masse d'un objet dans un repère galiléen devait non pas être constante, mais augmenter avec sa vitesse. Si la masse au repos est m_0, elle devient $m_u = m_0 / \sqrt{[1 - (u/c)^2]}$ lorsque la particule se déplace à la vitesse u. Le facteur d'augmentation de la masse a la même expression que le facteur de Lorentz introduit dans les formules décrivant la dilatation des temps et la contraction des longueurs dans un changement de référentiel galiléen. La vitesse u de la particule remplace simplement la vitesse v du mouvement relatif des deux repères. Ce facteur, que nous appellerons γ_u, tend vers l'infini quand la vitesse u de la particule tend vers c. L'impulsion devient donc $\boldsymbol{p} = \gamma_u m_0 \boldsymbol{u}$. L'introduction du facteur γ_u est la seule modification à apporter à la loi de la dynamique newtonienne pour la rendre compatible avec la théorie de la relativité restreinte. Ce simple changement rend la forme des équations de la dynamique invariante dans les transformations de Lorentz et réconcilie ainsi les lois de la mécanique et celles de l'électromagnétisme, les deux respectant le principe de relativité restreinte qui énonce que la physique doit être la même dans tous les repères inertiels.

Rendre la masse dépendante de la vitesse par le facteur γ_u empêche toute particule matérielle d'atteindre la vitesse limite c. L'application d'une force constante augmente toujours l'impulsion de façon proportionnelle au temps, mais cette augmentation se répartit entre variation de masse et variation de vitesse. Au début du mouvement, lorsque la vitesse u est petite devant c, le facteur γ_u est très peu différent de l'unité, la différence entre m_0 et m_u est indétectable et la physique newtonienne s'applique : la vitesse et l'impulsion augmentent proportionnellement au temps et le mouvement est uniformément accéléré. Lorsque u devient une fraction appréciable de c cependant, la masse de la particule commence à augmenter et, progressivement, l'essentiel de l'augmentation de l'impulsion se traduit par une augmentation de masse, à vitesse pratiquement constante. La vitesse tend vers c sans jamais l'atteindre, alors que la masse de la particule augmente de plus en plus.

L'énergie emmagasinée par la particule du fait de son mouvement dépend aussi de sa masse relativiste $m_u = \gamma_u m_0$. Un calcul élémentaire montre que pour amener la particule initialement immobile à la vitesse u, il faut que la force accélératrice fournisse un travail égal à $(\gamma_u - 1)m_0c^2 = (m_u - m_0)c^2$. Cette expression suggère l'équivalence entre l'énergie cinétique et la masse inertielle d'une particule matérielle. L'énergie cinétique de la particule n'est autre que l'excédent de masse inertielle qu'elle a acquise du fait de son mouvement, multipliée par le carré de la vitesse de la lumière. Tant que la vitesse u est petite devant c, l'expression relativiste se réduit, avec une excellente approximation, à l'expression classique de l'énergie cinétique. Pour u/c très petit devant 1, $\gamma_u - 1$ est en effet pratiquement égal à $u^2/2c^2$ et l'énergie cinétique de la particule prend bien la valeur classique $m_0u^2/2$. Les effets relativistes ne deviennent importants que lorsque u atteint une fraction appréciable de c.

La variation d'énergie cinétique de la particule apparaissant de façon générale comme la différence des deux termes m_uc^2 et

m_0c^2, Einstein en déduisit que le premier, m_uc^2, représentait l'énergie de la particule lorsqu'elle a la vitesse u, le second, m_0c^2, son énergie lorsqu'elle est au repos. Généralisant ce résultat de dynamique relativiste à tous les phénomènes énergétiques, Einstein postula l'équivalence entre masse et énergie, affirmant que toute transformation d'un système physique accompagnée d'un changement d'énergie ΔE entraînait une variation de masse du système ΔM, telle que $\Delta E = \Delta Mc^2$. Cette formule devait être valable, qu'il s'agisse d'un processus mécanique (comme le changement de vitesse d'un mobile), d'un phénomène thermique (comme le réchauffement ou le refroidissement d'un solide, d'un liquide ou d'un gaz), ou d'une interaction mettant en jeu des forces électromagnétiques (comme une réaction chimique réarrangeant les atomes entre molécules).

La conservation de l'énergie et celle de la masse, que Lavoisier avait exprimée par la formule célèbre « rien ne se perd, rien ne se crée », sont deux lois distinctes en physique classique. En relativité, elles sont remplacées par une loi de conservation globale de la masse-énergie. Si de l'énergie est produite par un système physique (sous forme de rayonnement ou de chaleur ou de travail), cette production s'accompagne d'une perte correspondante de masse suivant la formule $\Delta E = \Delta Mc^2$. Inversement, si un système reçoit de l'énergie, sa masse augmente dans la même proportion.

La théorie de la relativité restreinte montre ainsi que masse et énergie sont des entités physiques de même nature et on peut pour les mesurer utiliser soit l'unité usuelle d'énergie (le joule qui correspond environ au travail d'un poids de 100 grammes descendant de 1 mètre dans le champ de gravitation terrestre), soit l'unité usuelle de masse (le kilogramme). En raison de l'énormité du carré de la vitesse de la lumière exprimée en mètres/seconde, 1 kilo de matière équivaut à une énergie gigantesque – 9.10^{16} joules – équivalente à celle dissipée par l'explosion de 20 mégatonnes de TNT, ou encore à celle qu'il faudrait pour libérer de l'attraction terrestre 1,5 million de tonnes de matière ! La valeur énorme de l'équivalent énergétique de la masse implique que les processus énergétiques usuels observables dans la vie courante correspondent à des changements relatifs de masse extraordinairement faibles, qui étaient indécelables du temps d'Einstein. Par exemple, porter de la matière de 0 à 300 degrés absolus (la température ambiante) impartit aux atomes et molécules qui la composent une vitesse d'agitation thermique v_t de l'ordre d'un millionième (10^{-6}) de la vitesse de la lumière. Le changement de masse correspondant est alors de l'ordre de $(v_t/c)^2 = 10^{-12}$, soit un millième de milliardième seulement. Ce gain de masse ne correspond qu'à 1 microgramme par tonne de matière.

Une réaction chimique typique change les masses des produits réagissant d'une quantité de l'ordre de 10^{-10}, également indécelable avec les instruments de mesure existant au début du XXe siècle. Quant aux réactions nucléaires beaucoup plus énergétiques, qui changent la masse des noyaux impliqués d'une quantité de l'ordre de 10^{-3} à 10^{-4}, leur nature n'était pas encore connue en 1905. Ces réactions nucléaires, transformant en chaleur et en lumière une fraction de l'ordre d'un millième de la matière des étoiles, sont à l'origine de l'énergie qu'elles rayonnent. La formule $E = mc^2$ lève ainsi le mystère de l'énergie solaire, indispensable au développement de la vie sur la Terre. Elle annonce aussi la possibilité d'exploiter l'énorme quantité d'énergie stockée dans les noyaux atomiques à des fins militaires ou pacifiques.

Quant à la transformation totale de masse en énergie, elle ne se produit que dans des conditions extrêmes, au sein d'accélérateurs où l'on peut observer l'annihilation de particules de matière et d'antimatière avec production de rayonnement électromagnétique gamma de très courte longueur d'onde. On observe également des conversions de fractions importantes de masse en énergie au sein de l'Univers, dans la coalescence de trous noirs, générant une énergie gigantesque sous forme d'ondes de gravitation qui parviennent jusqu'à notre planète après s'être propagées pendant des milliards d'années à travers l'espace. Ces phénomènes n'étaient pas imaginables au moment où Einstein établit sa théorie de la relativité restreinte, mais leur possibilité s'y trouvait déjà en germe. Il est remarquable qu'il ait pu dès cette époque, en s'appuyant uniquement sur un principe très simple né de considérations sur la lumière, annoncer dans des domaines aussi divers de la physique, allant de l'infiniment petit à l'infiniment grand, des effets qui ne deviendraient observables, grâce à des prouesses technologiques, qu'un demi-siècle à un siècle plus tard.

Complétons ce panorama de la relativité restreinte par une remarque qui fera le lien avec la levée du mystère posé par l'autre nuage de lord Kelvin. La théorie de la relativité de 1905 annonce en effet certaines propriétés essentielles du photon, la particule de lumière qu'Einstein introduisit dans son autre contribution essentielle de cette même année, son article fondateur sur la théorie des quanta. Pour établir ce lien, partons d'une simple interrogation. L'équivalence entre masse et énergie est-elle mise en défaut dans le cas de la production de lumière ? Celle-ci transporte de l'énergie, par définition… à la vitesse de la lumière. Les grains de lumière que sont les photons doivent avoir une masse nulle pour voler à cette vitesse. Or ils transportent bien de l'énergie à travers l'espace (l'énergie solaire en est un exemple évident). Comment alors réconcilier cette apparente contradiction avec la fameuse formule $\Delta E = \Delta Mc^2$?

La réponse à ce paradoxe est donnée par une relation essentielle entre l'énergie et l'impulsion relativistes qui apparaît lorsqu'on considère comment ces quantités se transforment dans un changement de repère galiléen. Ce qui est de l'énergie de masse dans le repère où une particule est au repos devient un mélange d'énergie et d'impulsion dans un repère où elle est en mouvement. En changeant de point de vue, l'énergie divisée par c et les trois coordonnées de l'impulsion p_x, p_y et p_z apparaissent comme les composantes d'un quadrivecteur qui se mélangent entre elles suivant les mêmes transformations de Lorentz que celles des coordonnées spatio-temporelles d'un événement. Ni l'énergie ni l'impulsion n'ont de réalité absolue. Par contre, le carré de l'énergie divisée par c^2, diminuée de la somme des carrés des composantes d'impulsion, une quantité analogue au carré de la distance relativiste de deux événements, se conserve et prend la même valeur dans tous les repères. Dans le référentiel où la particule est au repos, la valeur du carré de l'énergie est égale à $m_0^2c^4$. On en déduit l'identité, valable dans tous les repères : $E^2 - p^2c^2 = m_0^2c^4$, où nous avons condensé la somme $p_x^2 + p_y^2 + p_z^2$ en p^2, le carré du module du vecteur impulsion.

On en déduit immédiatement une expression universelle de l'énergie relativiste d'une particule, $E = \sqrt{[p^2c^2 + m_0^2c^4]}$, plus générale que la simple formule $E = m_0c^2$. Dans le repère, s'il existe, de la particule au repos ($p = 0$), l'expression générale se réduit bien sûr à cette formule simple, toute l'énergie étant alors concentrée dans la masse de la particule. Si par contre sa masse est nulle, l'expression générale devient simplement $E = pc$. La particule doit se déplacer à la vitesse de la lumière (dans tous les repères), car il ne peut y avoir d'observateur galiléen pour qui elle serait immobile. Si c'était le cas, elle aurait en effet une énergie et une impulsion nulles dans ce repère, ce qui entraînerait, par transformation de Lorentz, $E = p = 0$ quel que soit le référentiel d'inertie. Il peut donc bien y avoir de l'énergie transportée sans masse par des particules, à condition qu'elles se propagent à la vitesse c. C'est le cas des grains de lumière que sont les photons.

La théorie relativiste impose ainsi que les photons d'une onde plane aient une impulsion égale à leur énergie divisée par la vitesse de la lumière. Lorsque du rayonnement est absorbé par la matière, il lui transfère non seulement son énergie E, mais aussi son impulsion p, dans le rapport $p/E = 1/c$. L'impulsion encaissée par la matière correspond à une force la poussant dans le sens de la lumière incidente. C'est le phénomène de pression de radiation. L'inverse se produit lorsque de la matière émet de la lumière. Un atome, en perdant de l'énergie, peut émettre un photon qui emporte aussi de l'impulsion, entraînant par réaction un recul de cet atome dans la direction opposée à celle du photon. Nous reparlerons plus loin de l'interaction entre atomes et photons et des conséquences de la conservation de l'énergie et de l'impulsion totale de la matière et de la lumière dans ces processus.

L'analogie entre les quadrivecteurs d'espace-temps et d'impulsion-énergie nous conduit à évoquer enfin une autre propriété importante conférée à une particule par la relativité restreinte. Les transformations de Lorentz ne conservent pas seulement le carré de ces vecteurs (assortis de la règle qui associe des signes opposés aux contributions des coordonnées de temps et d'énergie d'une part, de position et d'impulsion d'autre part). Ces transformations conservent aussi le *produit scalaire* de ces quadrivecteurs entre eux, une quantité égale au produit des coordonnées de temps et d'énergie, diminuée de la somme des produits des coordonnées de position et d'impulsion. Ainsi, à une particule d'énergie E et d'impulsion (p_x, p_y, p_z) passant à l'instant t au point (x,y,z), la théorie de la relativité associe le quadriproduit $E.t - x.p_x - y.p_y - z.p_z$, une quantité intrinsèque à la particule, qui prend la même valeur dans tous les repères galiléens. Nous verrons que cet invariant relativiste est proportionnel à la phase de l'onde de matière qui décrit la particule dans la théorie quantique.

La relativité restreinte apporta une réponse à l'énigme posée par la vitesse c de la lumière et nous avons vu que cette réponse bouleversa notre conception de l'espace et du temps. Elle montra que cette vitesse intervenait dans la description de phénomènes physiques dont on n'avait pas jusqu'alors soupçonné les liens avec la lumière. La célérité c n'était pas seulement la vitesse des ondes électromagnétiques dans le vide, c'était la vitesse limite de propagation de toutes les formes d'informations ou d'influences à distance. À travers la fameuse formule $E = mc^2$, la valeur de c révélait également l'énorme énergie cachée, sous toutes les formes possibles, dans la matière. Et cette révolution de nos concepts de temps et d'espace, de masse et d'énergie avait germé dans l'esprit d'Einstein à partir d'une idée très simple empruntée à Galilée : *la physique doit être la même dans tous les référentiels inertiels.*

L'idée « la plus heureuse » d'Einstein vient encore de Galilée

En réfléchissant à ce que la théorie de la relativité restreinte avait accompli, Einstein comprit dès 1905 qu'il restait une grande énigme à résoudre. Quelle était la véritable nature de la gravitation ? Cette force, la première qu'un bébé perçoit dès qu'il prend conscience du monde qui l'entoure, agit sur tous les corps en les attirant vers la Terre. Newton en avait donné l'expression mathématique, à la même époque où il avait découvert la loi de l'inertie qui relie l'accélération d'un objet à la force qu'il subit. La théorie de la relativité avait conduit Einstein à modifier cette loi de l'inertie newtonienne en montrant que la masse inertielle d'un corps dépendait de sa vitesse, mais elle continuait à poser un problème pour la description de la loi de la gravitation. Newton avait en effet postulé que cette force agissait à distance, instantanément. D'après sa théorie, si le Soleil venait à disparaître brusquement, la Terre et toutes les planètes devaient, au même moment, abandonner leur orbite et prendre littéralement la tangente, s'éloignant avec une vitesse uniforme du point où elles se trouvaient au moment de ce cataclysme. Ce moment était le même pour tous les observateurs puisque, d'après Newton, le temps était un concept absolu. Il y avait là, bien sûr, une contradiction profonde avec la théorie d'Einstein. La lumière mettant huit minutes et demie à nous parvenir du Soleil, rien ne pouvait modifier l'orbite de la Terre durant cet intervalle de temps.

La gravitation newtonienne étant en contradiction avec la relativité restreinte, l'une ou l'autre de ces théories ou les deux devaient être modifiées pour être mises en accord. Et ces modifications devaient conserver les acquis des deux théories. Les lois de la gravitation de Newton avaient permis, avec une précision extraordinaire, de calculer la position des planètes (souvenons-nous de Le Verrier et de la découverte de Neptune). Il fallait donc que la nouvelle théorie soit au moins aussi précise et qu'elle coïncide pratiquement avec la théorie de Newton dans la description de la chute des corps ou du mouvement des corps célestes connus. La relativité restreinte avait permis une compréhension profonde des lois de l'électromagnétisme et de l'inertie. La nouvelle théorie de la gravitation se devait aussi de conserver ces acquis. Einstein mit huit ans, de 1907 à 1915, pour résoudre ce problème et établir la théorie de la relativité générale qui satisfaisait toutes ces contraintes.

Entre-temps, ses travaux de 1905 lui avaient conféré dans la communauté de la physique une réputation qui lui avait permis de quitter l'obscur bureau des brevets de Berne. Après avoir été brièvement professeur à Zurich et à Prague, il devint à 33 ans, en 1912, le plus jeune membre de l'Académie prussienne des sciences à Berlin. Et c'est devant cette académie qu'il présenta en novembre 1915, pendant la Grande Guerre, la théorie qui devait en faire non plus seulement une étoile de la physique, mais une célébrité mondiale.

La relativité générale est une extension de la relativité restreinte. Elle généralise simplement le principe de la relativité du mouvement à tous les référentiels et non plus seulement aux référentiels inertiels en mouvement à vitesse uniforme les uns par rapport aux autres. En disant « simplement », je passe sur les difficultés mathématiques qu'Einstein mit huit ans à surmonter de 1907, année où il eut l'idée de départ, à 1915, année où il publia sa théorie complète de la gravitation. Je n'évoquerai pas ces problèmes mathématiques qui nous amèneraient bien au-delà de notre sujet. Je vais simplement esquisser les grandes lignes de cette théorie pour essayer de faire comprendre au lecteur, même non scientifique, l'étendue de l'intuition et du génie d'Einstein.

Le déclic, l'idée la plus heureuse qu'Einstein ait jamais eue, comme il devait le rappeler souvent par la suite, vint encore une fois de Galilée. Le savant italien, en étudiant la chute des corps, avait réalisé que tous tombent de la même façon dans le champ de gravitation terrestre. Que vous lanciez une lourde pierre ou un petit pois, vous les verrez suivre des trajectoires identiques, à condition bien entendu que vous puissiez faire abstraction des forces de frottement dues à la résistance de l'air qui agissent d'autant plus qu'un objet est plus léger. La légende raconte que Galilée avait observé cette universalité de la chute des corps en laissant tomber simultanément deux poids différents du sommet de la tour penchée de Pise et en constatant qu'ils atteignaient tous deux le sol en même temps. Il infirmait ainsi l'idée d'Aristote selon laquelle un corps lourd devait tomber plus vite qu'un objet léger.

Les frottements de l'air font bien qu'une plume flottera plus longtemps avant d'atteindre le sol qu'une boule de billard. Mais il s'agit là d'un artefact, d'un effet non essentiel que l'on peut éliminer, par exemple en observant la chute dans un tube dans lequel on a fait le vide. Plume et boule de billard tombent alors à la même vitesse. Galilée, sans disposer de pompe à vide, avait compris cela, non pas en expérimentant depuis la tour de Pise mais vraisemblablement en se livrant à ses fameuses expériences de billes roulant sur un plan incliné, dans lesquelles les frottements étaient minimisés. Rappelons qu'il avait aussi montré que la période d'un pendule ne dépend pas de sa masse, ce qui exprime la même idée. Tous les corps massifs suivent la même loi du mouvement dans le champ de gravitation terrestre.

Newton, en établissant sa loi de la gravitation universelle, avait donné une expression mathématique à la constatation empirique de Galilée. Si un corps est attiré par la Terre, c'est que notre planète exerce une force sur lui. Cette force est proportionnelle au produit de la masse gravitationnelle M de la Terre par celle, m_g, du corps. Cette masse gravitationnelle est un paramètre caractéristique du corps en question, qui permet de calculer l'intensité de la force qu'il subit de la part de la Terre. Si ce corps était également chargé électriquement, il posséderait aussi une charge q, qui est le paramètre définissant la force qu'exercerait sur lui un champ électrique. En ce sens, la masse gravitationnelle est, comme la quantité q, un paramètre de « charge ».

D'après la loi de l'inertie de Newton, la force gravitationnelle impartit au corps une accélération inversement proportionnelle à sa masse inertielle m_i. Cette masse est une propriété du corps qui exprime comment il réagit à tout type de force, gravitationnelle, électrique ou autre. L'accélération gravitationnelle est donc proportionnelle au rapport m_g/m_i des masses gravitationnelles et inertielles de tout corps qui subit l'attraction de la Terre. La constatation que tous les corps ont dans le champ gravitationnel terrestre la même accélération conduisit Newton à postuler que le rapport m_g/m_i doit être une constante indépendante du corps en question. La valeur de cette constante dépend uniquement des unités choisies et on peut simplement lui donner la valeur unité. C'est ce qu'on appelle le principe d'équivalence de la masse gravitationnelle et de la masse inertielle. Cette équivalence n'existe que pour la gravitation. Le rapport q/m_i de la charge électrique à la masse inertielle n'est quant à lui pas constant. Il est environ deux mille fois plus grand pour un électron que pour un proton par exemple, et ces deux particules ne suivent pas du tout la même trajectoire dans un champ électrique.

Le principe d'équivalence des deux formes de masses était bien connu depuis le XVIIe siècle et les astronomes en tenaient compte tous les jours dans leur calcul du mouvement des planètes. Il était cependant considéré comme une curiosité, une coïncidence étrange dont l'origine était inconnue. Il en alla différemment pour Einstein, qui devait en faire le point de départ de sa théorie de la relativité générale.

Il partit de la remarque que l'accélération gravitationnelle n'est pas la seule à produire le même effet sur tous les corps. Il en est de même des accélérations inertielles décrivant le mouvement des corps dans des référentiels en mouvement non uniforme. Nous avons déjà rencontré ce type de force au chapitre II lorsque nous avons évoqué ce qui se passe dans un manège en rotation. La force centrifuge est proportionnelle à la masse inertielle des objets qui la subissent et conduit donc à la même accélération pour tous les objets situés au voisinage d'un même point dans le référentiel tournant avec le manège. Prenons un autre exemple, celui d'une fusée loin de tout corps massif, étoile ou planète, animée d'un mouvement uniformément accéléré. Si vous étiez dans cette fusée, vous ressentiriez le mouvement en étant « attiré » dans le sens opposé à l'accélération, une direction que vous appelleriez naturellement « le bas ». Pour vous tenir debout, vous devriez exercer, par votre tension musculaire, une force de réaction sur la paroi que vous appelleriez « le plancher ». Si vous lâchiez deux objets de masses différentes, vous les verriez tomber ensemble vers « le bas », avec la même accélération. Bref, aucune expérience de mécanique que vous pourriez faire dans la fusée ne vous permettrait de trancher entre deux possibilités. Vous seriez dans une fusée accélérée loin de toute masse gravitationnelle, ou bien dans une enceinte immobile dans le champ gravitationnel d'une planète qui vous attirerait vers « le bas ». Bien plus généralement, vous ne pourriez savoir si vous ne seriez pas en fait dans un repère accéléré et soumis en même temps à un champ gravitationnel, l'accélération que vous observeriez sur tous les corps autour de vous résultant de la « vraie » accélération de la pesanteur, à laquelle s'ajouterait celle des forces inertielles.

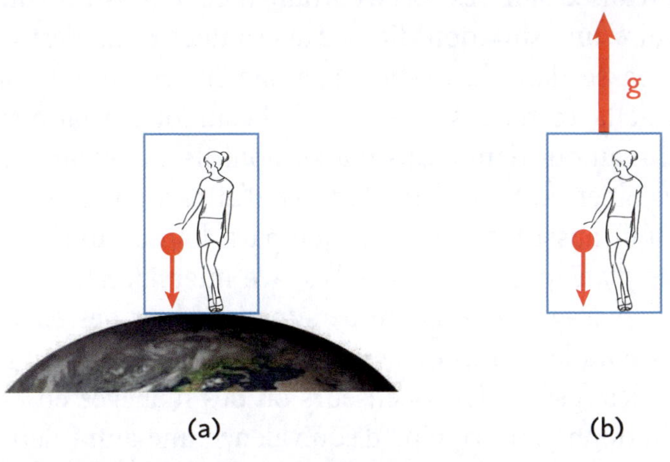

Figure IV.5. Équivalence locale entre la force de gravitation dans un repère inertiel en présence d'une grande masse (a) et la force inertielle dans un repère accéléré dans l'espace loin de toute masse (b).

Un autre exemple contribuera à nous éclairer. Supposez que vous soyez dans un avion en chute libre. Le pilote a mis l'avion en trajectoire ascendante et coupé les moteurs. L'avion, avec tout ce qu'il contient, y compris vous, suit une trajectoire parabolique dans le champ gravitationnel terrestre. Si vous lâchez un objet, il tombera avec vous, donc restera immobile par rapport à votre main qui ne le retient plus. Vous ne ressentirez plus aucune pression de la part de votre siège et n'aurez plus l'impression de peser. Si vous dormiez dans l'avion avant que les moteurs aient été coupés et que vous vous réveillez pendant le vol parabolique, rien ne vous permettra de dire si vous êtes en train de tomber dans un champ de gravitation avec tout ce qui vous entoure ou si vous flottez loin de toute étoile ou planète. Dans le premier cas, vous subissez la force de la pesanteur terrestre avec tout ce qui vous entoure dans l'avion, mais cette accélération est exactement compensée par la force inertielle associée au mouvement de tous les corps dans le référentiel de la cabine qui tombe avec vous. Dans le second cas, ni vous ni aucun des objets autour de vous ne subissent aucune force.

Vous ne pouvez trancher entre ces deux hypothèses, sauf à regarder par un hublot le paysage extérieur. C'est cette expérience qui est réalisée dans les vols d'entraînement des astronautes pour reproduire une situation dite « d'apesanteur ». Et c'est aussi ce qui se passe dans la Station spatiale internationale orbitant autour de la Terre. Les habitants de la station savent qu'ils sont en orbite autour d'un corps massif dont ils subissent, ainsi que tous les objets autour d'eux, la force d'attraction, mais ils pourraient tout aussi bien être quelque part, loin de toute étoile ou de toute planète, flottant dans l'espace intersidéral.

En envisageant ce genre de situation dans des expériences de pensée où les trains de la relativité restreinte étaient remplacés par des fusées, des ascenseurs ou des manèges en rotation, Einstein donna au principe d'équivalence une autre définition :

> Il y a équivalence entre un repère accéléré en l'absence de gravitation et un repère immobile par rapport à une source de gravitation produisant la même accélération.

Toute la physique devait pouvoir être décrite de la même façon dans ces deux situations et un observateur ne devait pas être capable de trancher entre elles. De façon plus générale, en présence d'un champ de gravitation quelconque, la physique devait dans tout repère, quelle que soit son accélération, être décrite par les mêmes équations. Ce qui apparaît comme une force gravitationnelle « pure » dans un repère peut être vu comme une force inertielle dans un deuxième, ou encore comme une force mixte, combinant une contribution gravitationnelle et une force inertielle dans un troisième référentiel. En tirant toutes les conséquences de ce principe, Einstein chercha à établir la loi décrivant les variations spatio-temporelles du champ de gravitation créé par une distribution quelconque de masses et d'énergie dans l'Univers. Cette loi devait respecter la condition de covariance relativiste, c'est-à-dire s'exprimer sous la même forme dans tous les repères – accélérés ou non –, et coïncider, à la limite des faibles vitesses et pour des sources gravitationnelles pas trop massives, avec les lois de Newton.

Gravitation et courbure de l'espace-temps

Ce programme, qu'Einstein mit huit ans à réaliser, aboutit à la théorie exposée dans ses conférences de 1915 à l'Académie prussienne des sciences. Elle conduisit à un bouleversement profond de notre compréhension de la gravitation et de la structure de l'espace et du temps. Einstein comprit qu'un champ de gravitation n'est en fait que l'expression physique d'une courbure de l'espace-temps, qui fait que les distances ne peuvent plus s'y exprimer à partir d'une extension à quatre dimensions du théorème de Pythagore, comme le fait la relativité restreinte. Dans cet espace courbe, que l'on appelle non euclidien parce que la géométrie d'Euclide qu'on a apprise au collège ne s'y applique

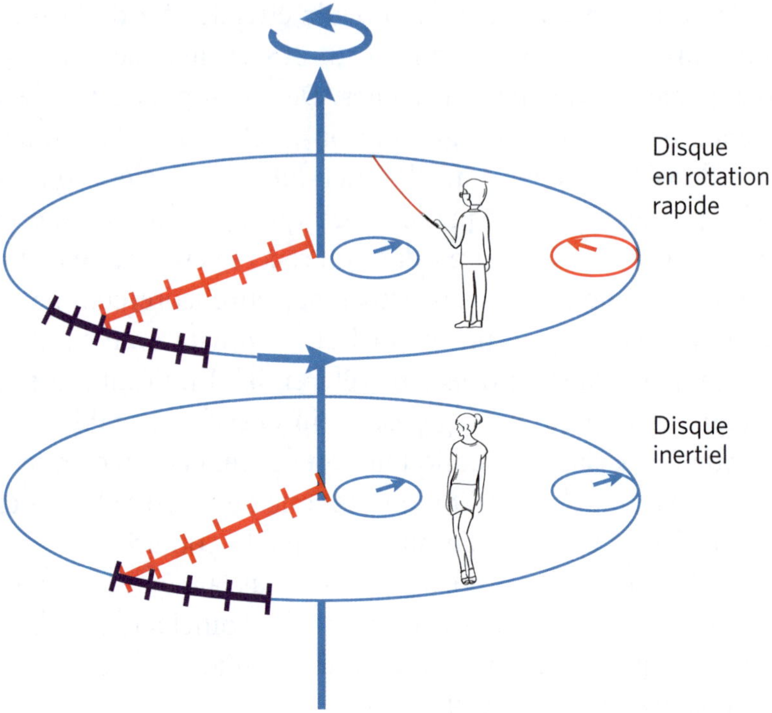

Figure IV.6. Expérience de pensée du manège tournant. Alice vérifie que le rapport entre la circonférence et le diamètre de son disque est égal à π et que le temps de son horloge est le même partout. Bob trouve que le rapport entre la circonférence de son disque tournant est plus grand que π et que son horloge bat plus lentement au bord de son disque qu'au centre. En pointant un faisceau laser vers la périphérie de son disque, il constate que la lumière suit dans son repère une trajectoire courbe.

plus, il faut définir la position des événements à l'aide d'un système de coordonnées non cartésiennes, dites « curvilignes », et exprimer les distances entre événements par des formules plus complexes que celle basée sur le théorème de Pythagore.

Pour arriver à la notion essentielle de courbure de l'espace-temps, Einstein partit, comme il l'avait fait en 1905, d'une expérience de pensée impliquant des règles et des horloges et il utilisa les concepts qu'il avait développés en théorie de la relativité restreinte pour comprendre intuitivement que gravitation et déformation de l'espace-temps n'étaient en fait qu'une seule et même chose. Il imagina deux disques identiques flottant dans l'espace l'un au-dessus de l'autre, libres de tourner autour d'un même axe dans deux plans parallèles, loin de toute source de gravitation. Ces disques transportent deux expérimentateurs. Je les appellerai Alice et Bob, comme je l'ai fait dans les expériences de trains, même si Einstein ne les a pas affublés de ces prénoms à une époque où on ne se préoccupait pas encore des questions de genre.

Alice et Bob disposent de règles étalons et d'horloges identiques, préalablement synchronisées. Alors que le disque R d'Alice reste « immobile », celui de Bob, R', est mis en rotation rapide autour de l'axe commun des deux disques. Utilisant sa règle, Alice mesure la circonférence et le diamètre de son disque en reportant un grand nombre de fois l'étalon dans les directions tangentielle et radiale et trouve que le rapport du nombre de ces reports est égal à $\pi = 3,14...$ comme il se doit en géométrie euclidienne. Elle déplace une de ses horloges dans son repère en laissant une autre au centre du disque et constate que les deux horloges restent synchrones et marquent toujours le même temps, comme elle s'y attend dans son repère inertiel.

Elle porte alors son attention vers Bob qui tourne au-dessus d'elle dans le référentiel R'. Bob se livre aux mêmes expériences qu'Alice. Il mesure la circonférence de son disque à l'aide de sa règle. Pour Alice, cette règle, orientée le long de la vitesse tangentielle du bord du disque R', subit la contraction de Lorentz. Lorsque, ensuite, Bob entreprend de mesurer le diamètre de son disque, il reporte sa règle le long d'un rayon. Elle est alors orientée perpendiculairement à la vitesse et ne subit plus, pour Alice, aucune contraction. Alice constate donc que le rapport entre le nombre de reports de Bob dans les directions tangentielles et radiales est plus grand que π. Bob ne peut évidemment que faire la même constatation. Il se trouve donc dans un espace *non euclidien* où le rapport entre circonférence et rayon d'un cercle est supérieur à π. S'il refait la mesure sur un cercle plus petit toujours centré sur le même axe, sa règle subira une contraction moindre pendant la mesure de la circonférence et il trouvera que pour ce second cercle, la valeur du rapport circonférence sur diamètre est toujours plus grande que π, mais s'en rapproche. Comment Bob interprète-t-il son résultat ? Dans son repère tournant, il subit, avec tous les objets autour de lui, règle et horloges comprises, une force centrifuge qu'il peut interpréter comme l'effet d'un champ de gravitation. Ce champ se manifeste par le fait que le rapport entre circonférence et diamètre des cercles n'est plus égal à π et dépend de la position des cercles dans le repère, ce qui est une propriété d'espaces courbes non euclidiens.

Bob apporte alors une de ses horloges au bord de son disque. Alice constate que cette horloge, qui se déplace par rapport à elle, bat plus lentement que celle, identique, que Bob a laissée au centre de son disque. Bob ne peut que faire la même constatation. Ainsi, Bob constatera que, dans un champ de gravitation, non seulement l'espace est non euclidien, mais le temps s'écoule de façon inégale aux différents points. La distorsion gravitationnelle affecte aussi bien le temps que l'espace. C'est ce que l'on exprime en disant que l'espace-temps acquiert une courbure.

Pour achever de se convaincre que la géométrie dans son monde a changé, Bob dirige un faisceau lumineux vers la périphérie de son disque. Pour Alice, la lumière va en ligne droite à la vitesse c, mais comme le repère R' tourne, le faisceau atteint le bord du disque en un point qui n'est pas dans le prolongement de la direction le long de laquelle Bob l'a pointé. Bob le constate également. Pour lui, le faisceau lumineux a été défléchi par le champ gravitationnel qu'il subit et suit donc, dans un espace courbe, un trajet différent d'une ligne droite.

Comment décrire de façon quantitative ces effets ? L'intuition nous manquant pour concevoir aisément ce que représente la courbure dans un espace à trois ou quatre dimensions, commençons par nous placer, pour nous faire une idée, dans un espace à deux dimensions et supposons d'abord que nous sommes confinés sur une surface plane, un peu comme un scarabée se déplaçant sur une nappe. Suivant la géométrie ordinaire, dite « euclidienne », celle que nous apprenons au collège et que j'ai déjà rappelée plus haut dans le cadre de la relativité restreinte, les différents points du plan peuvent être repérés à l'aide de leurs coordonnées cartésiennes, ici à deux dimensions, une paire de deux nombres x et y indiquant sa position dans un système d'axes orthogonaux de direction arbitraire. Les distances entre deux points s'y expriment à l'aide du théorème de Pythagore, comme la racine carrée de la somme des carrés des différences des coordonnées cartésiennes de ces deux points. Ce théorème est basé sur le fait que la somme des angles de tout triangle fait 180°, ou encore π radians.

Si au lieu de se mouvoir sur une surface plane, notre scarabée se déplace sur une calotte sphérique, tout triangle tracé sur elle serait formé d'arcs de cercles se croisant sous des angles dont la somme serait plus grande que π. La géométrie y serait *non euclidienne* et le théorème de Pythagore n'y serait plus valable. Les coordonnées cartésiennes seront remplacées par des coordonnées curvilignes u et v (par exemple, la latitude et la longitude d'un point sur la sphère terrestre). Le quadrillage de lignes parallèles et orthogonales permettant le repérage d'un point dans un plan est alors remplacé par un maillage de lignes de méridiens et de latitudes, deux ensembles de cercles tracés sur la sphère et se coupant à angle droit. La distance entre deux points devient alors la longueur de l'arc de grand cercle passant par ces points. Lorsque les deux points sont voisins, la distance ne dépend, comme dans le cas de la géométrie plane, que de la petite différence du et dv des coordonnées curvilignes des deux points mais elle ne s'exprime plus par le théorème de Pythagore.

L'expression du carré de la distance $ds^2 = dx^2 + dy^2$ de la géométrie ordinaire est remplacée par une forme plus générale, du second ordre en du et dv, que l'on peut écrire $ds^2 = g_{uu}du^2 + g_{vv}dv^2$. Les coefficients g_{uu} et g_{vv} définissent la *métrique* locale de la surface. Elle est locale car en général les coefficients g_{uu} et g_{vv} dépendent de l'endroit sur la sphère où on la définit. Au voisinage de l'équateur les degrés de longitude et de latitude sont de longueur à peu près égale et g_{uu} est peu différent de g_{vv}, comme en géométrie euclidienne. Au voisinage des pôles par contre, la coordonnée de longitude ne compte pratiquement plus car tous les méridiens convergent en un même point et g_{vv} est beaucoup plus petit que g_{uu}.

Le cas d'une surface sphérique à courbure constante est particulièrement simple. Pour une surface courbe quelconque à deux dimensions, on peut, comme l'a fait le mathématicien Riemann au XIXe siècle, définir d'une infinité de façons des coordonnées curvilignes *u* et *v*, généralisant les longitudes et latitudes de la sphère, et pour chaque système de coordonnées une métrique définissant le carré ds^2 de la distance entre deux points voisins par une formule du deuxième ordre en *du* et *dv*, dépendant de trois coefficients g_{uu}, g_{uv} et g_{vv}. Le carré de la distance s'écrit alors : $ds^2 = g_{uu}du^2 + g_{uv}dudv + g_{vv}dv^2$.

La courbure de l'espace-temps à quatre dimensions, impossible à se représenter intuitivement, sera de la même façon définie par une métrique dépendant de dix coefficients, quatre d'entre eux multipliant les quatre carrés des coordonnées curvilignes d'espace-temps, et les six restants les produits mixtes de ces coordonnées entre elles. Cet ensemble de coefficients définit ce qu'on appelle le tenseur métrique local de l'espace-temps gravitationnel.

Einstein arriva ainsi progressivement à l'idée que le champ de gravitation n'est autre que la courbure de l'espace-temps, définie par la donnée du tenseur métrique en chaque point. L'expression de ce tenseur dépend de la distribution des masses présentes dans l'espace. En l'absence de masse, ce tenseur se réduit à celui que décrit la géométrie quasi euclidienne de la relativité restreinte, qui n'a que quatre éléments non nuls : $g_{xx} = g_{yy} = g_{zz} = -1$ et $g_{tt} = 1$ (si on définit la coordonnée de temps comme *ct*). Une masse change autour d'elle la courbure de l'espace-temps, un peu comme un poids posé sur une toile tendue en déforme la surface en y créant un creux. La matière et la lumière présentes dans cet espace déformé y suivent des lignes courbes infléchies par la présence des masses, calculables à partir de l'expression du tenseur métrique en chaque point. Ces lignes, qu'on appelle les géodésiques de l'espace-temps courbe, généralisent les lignes droites suivies par des particules ne subissant aucune force dans les espaces euclidiens des référentiels inertiels. Comme l'a dit le physicien américain Archibald Wheeler dans une formule lapidaire, « les masses disent à l'espace-temps comment se courber, et celui-ci dicte aux masses comment se mouvoir ». Les équations de la relativité générale qui décrivent cette interaction entre les masses et la structure géométrique de l'espace-temps sont complexes, leurs solutions difficiles à calculer dans le cas général de champs gravitationnels intenses. À la limite des champs gravitationnels faibles, elles coïncident, à de très petites corrections près, avec les solutions des équations de Newton.

Les prédictions nouvelles des théories de la relativité – restreinte et générale – étaient au début du XXe siècle très difficiles à vérifier. Les effets relativistes attendus étaient extrêmement faibles dans un monde où les vitesses des objets étaient très petites devant celle de la lumière. Même les plus grandes vitesses accessibles aux mesures, celles de la Terre et des planètes autour du Soleil, n'excédaient pas le dix millième de celle des ondes électromagnétiques. Les effets de dilatation des temps et de contraction des longueurs et ceux de la courbure gravitationnelle de l'espace-temps étaient extraordinairement faibles. Il est remarquable qu'Einstein ait prédit l'existence de ces effets, par la seule force de la déduction logique à partir des principes simples de la relativité, alors que leurs manifestations étaient si loin d'être observables.

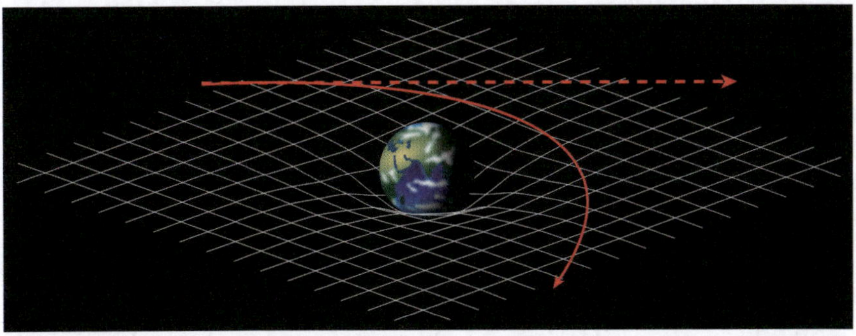

Figure IV.7. La relativité générale identifie la gravitation à la courbure de l'espace-temps. Les masses disent à l'espace-temps comment se déformer et celui-ci dicte en retour à la masse-énergie comment se mouvoir dans cet espace courbe en suivant ses géodésiques.

Prédictions et postdictions relativistes

Aujourd'hui, après les gigantesques progrès technologiques intervenus depuis un siècle, nous savons accélérer des particules matérielles – électrons, protons ou muons – à des vitesses très proches de celle de la lumière. Nous constatons que la masse inertielle de ces particules est effectivement des millions de fois plus grande que celle qu'elle est au repos, ce qui exige des champs magnétiques accélérateurs colossaux que seules peuvent produire de gigantesques machines, telle celle du CERN à Genève qui a 27 kilomètres de circonférence. Des particules instables, comme les muons qui ne vivent que quelques microsecondes au repos, survivent mille fois plus longtemps dans ces accélérateurs, donnant une illustration éclatante du paradoxe des jumeaux de Langevin. Nous sommes aussi capables de mesurer la masse des atomes et des noyaux avant et après une réaction chimique ou nucléaire et vérifier avec précision la validité de la formule $E = mc^2$.

Les mesures du temps ont aussi fait des progrès gigantesques grâce au développement des horloges atomiques. Des horloges commerciales embarquées dans des avions ou des satellites vérifient l'effet de dilatation des temps de la relativité restreinte avec une précision de l'ordre de 10^{-14}. Elles ont également permis d'observer l'effet de la courbure gravitationnelle sur l'écoulement du temps en montrant que deux horloges, situées à des altitudes différentes, voient la période de leur tic-tac différer.

Ces effets gravitationnels et relativistes, qui produisent des délais d'horloge de quelques dizaines de microsecondes par jour, peuvent paraître extrêmement faibles et négligeables. Ils sont cependant importants et leur correction est devenue une affaire de routine dans le GPS, le système de navigation qui permet, à partir de mesures de triangulation faites en recevant des impulsions électromagnétiques de différents satellites, de nous positionner sur Terre avec une grande précision. Si les ordinateurs qui calculent notre position à partir de ces signaux ne tenaient pas compte des effets relativistes, leurs indications seraient fausses de plusieurs kilomètres ! En nous servant du GPS tous les jours, nous faisons ainsi sans le savoir des tests de relativité restreinte et générale extrêmement précis, qu'Einstein et ses contemporains étaient incapables de réaliser et même de concevoir. Nous sommes loin des méthodes de navigation du XVIIIe siècle, basées sur l'observation des retours périodiques des satellites de Jupiter ou du tic-tac du chronomètre de Harrison, mais l'esprit est le même. Nous utilisons le savoir acquis par les découvertes inspirées par la curiosité pure – la recherche *blue sky* – pour notre navigation quotidienne, comme dans d'innombrables autres utilisations pratiques.

Les progrès de l'astronomie et de l'astrophysique ont également confirmé de façon éclatante les prédictions de la relativité générale, dans le régime des champs de gravitation forts. L'existence des trous noirs, prédits par cette théorie, a été confirmée par de très nombreuses observations. Il s'agit de l'état final de l'existence de grosses étoiles ayant épuisé leur combustible nucléaire, qui s'effondrent sur elles-mêmes pour produire une singularité du champ de gravitation, un « puits » gravitationnel

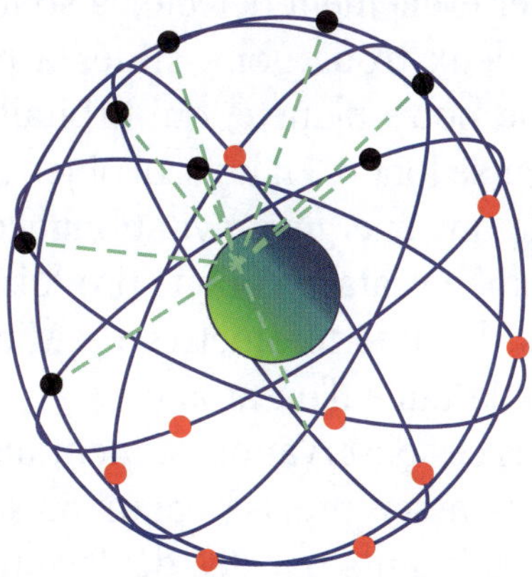

Figure IV.8. Le système GPS exploite les signaux d'horloges atomiques embarquées dans un réseau de satellites orbitant la Terre. Les corrections de relativité restreinte et générale sont essentielles dans le traitement des signaux. Sans ces corrections les indications du GPS seraient fausses de plusieurs kilomètres.

dont même la lumière ne peut s'échapper. Au bord de ces trous, la courbure de l'espace-temps est si forte que le temps s'arrête. C'est une situation qu'Einstein avait entrevue dans son expérience du disque tournant. Si le bord du disque approche de la vitesse de la lumière, la dilatation de Lorentz fait que le temps s'étire en effet à l'infini. La gigantesque force centrifuge du disque est alors égale à la force de gravitation subie par la matière sur l'horizon d'un trou noir, la limite au-delà de laquelle la matière est à tout jamais aspirée dans le puits gravitationnel.

Les équations de la relativité générale montrent aussi que la gravitation n'agit pas instantanément à distance, mais que la courbure de l'espace-temps se propage d'une région à l'autre de l'Univers à la vitesse de la lumière, comme une vague de déformation de la toile cosmique. Les ondes de gravitation sont prédites par les équations d'Einstein, même si leur existence a été longtemps débattue, y compris par Einstein lui-même, en raison de la grande difficulté mathématique de la résolution de ces équations dans le régime des champs gravitationnels forts. Leur découverte, à l'aide d'antennes gravitationnelles qui sont de gigantesques versions de l'interféromètre de Michelson, a fait la une des journaux en février 2016.

Dans le premier événement détecté, la source des ondes était la coalescence de deux trous noirs situés à plus de 1 milliard d'années-lumière de notre planète, qui orbitaient l'un autour de l'autre et finirent par se fondre en un seul objet, en émettant en une fraction de seconde une énergie gravitationnelle égale à 3 masses solaires ! Ce phénomène cataclysmique produisit un déplacement infime des miroirs des interféromètres de Michelson, de l'ordre du milliardième de la taille d'un atome.

En 1915, toutes ces observations étaient inconcevables. Il n'y avait pas d'horloges assez précises pour mesurer des effets de dilatation des temps induits par des déplacements à vitesse très petite devant celle de la lumière, ou par les effets gravitationnels faibles produits par les planètes ou le Soleil. Les interféromètres dans lesquels circulait de la lumière classique n'étaient sensibles au mieux qu'à des déplacements de l'ordre d'un dixième ou un centième de frange. La sensibilité d'un dix milliardième de frange

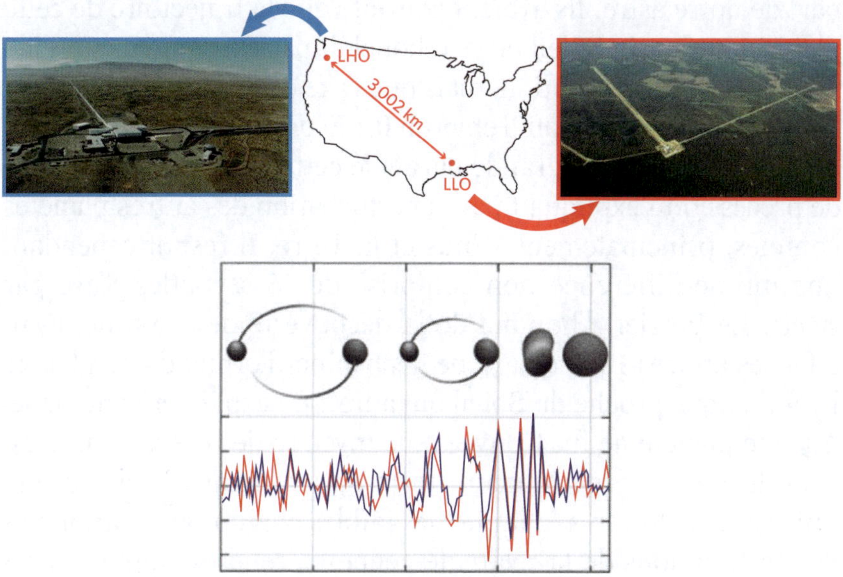

Figure IV.9. Détection des ondes de gravitationnelles par les deux antennes gravitationnelles de LIGO (Laser Interferometer Gravitational-Wave Observatory) situées à 3 000 kilomètres l'une de l'autre dans les États de Washington et de Louisiane aux États-Unis. Ce sont des interféromètres de Michelson géants sensibles à un déplacement des miroirs de l'ordre de 10^{-18} mètre, soit un millième de milliardième d'interfrange ! Le signal oscillant détecté de façon corrélée par les deux détecteurs (*signaux rouge et bleu*) indique le passage d'une onde de gravitation émise en moins d'une seconde à plus de 1 milliard d'années-lumière de la Terre par deux trous noirs orbitant l'un autour de l'autre de plus en plus vite, et finissant par fusionner *(d'après* Physical Review Letters*, 2016, 116, 061102)*.

requise pour détecter les ondes de gravitation a dû attendre l'invention du laser et la mise en œuvre de multiples prouesses technologiques inimaginables au début du siècle dernier.

Einstein mentionna cependant dans son article de 1915 deux effets de relativité générale observables dès son époque par des mesures astronomiques, qui devaient apporter une petite correction aux prédictions de la physique newtonienne classique, et ainsi contribuer à valider sa théorie. Le premier était en fait une postdiction. Les astronomes du XIXe siècle avaient observé avec précision l'orbite de la planète Mercure, la plus proche du Soleil, donc celle qui subit les effets gravitationnels les plus forts de la part de notre astre. Ils avaient constaté que la trajectoire de cette planète autour du Soleil ne se rebouclait pas exactement sur elle-même à chaque révolution, mais que l'axe de l'orbite tournait très lentement dans son plan d'environ 0,159 degré (soit 574 secondes d'arc) par siècle. Une grande partie de cette minuscule fréquence de précession s'expliquait par la perturbation des autres planètes connues, principalement Vénus et la Terre. Il restait cependant une infime différence non comprise de 43 secondes d'arc par siècle. Le Verrier, l'homme de la découverte de Neptune, avait dans les années 1850 essayé de déterminer l'orbite d'une planète hypothétique proche du Soleil qui aurait pu expliquer l'anomalie. Aucune planète ne fut trouvée et le mystère de l'excès de précession du périhélie de Mercure resta entier jusqu'à Einstein qui, utilisant la solution à la limite des faibles champs gravitationnels de ses équations de la relativité générale, rendit compte exactement de la vitesse de précession mesurée. Les observations de Le Verrier n'avaient cette fois pas accouché d'une planète, mais elles avaient contribué à confirmer la naissance d'une nouvelle théorie de l'Univers.

Le second effet prédit par Einstein et non exactement prévu par Newton était la déflexion d'un rayon lumineux dans le champ gravitationnel d'une étoile. Dire que l'effet n'avait pas été prévu par Newton demande cependant une clarification. Celui-ci pensait en effet, comme nous l'avons vu, que la lumière était constituée de particules hypothétiques de masse inconnue et il avait bien suggéré que ces particules, quelle que soit leur masse inertielle, devaient être déviées par le champ gravitationnel du Soleil. L'effet est facile à calculer par la mécanique classique et on trouve, pour un rayon lumineux tangent au Soleil, un angle de déviation extrêmement faible de 0,8 seconde d'arc. Cet angle avait été calculé par un astronome allemand, Johann von Soldner, un siècle avant Einstein. La théorie de la relativité générale, qui assimile masse et énergie, retrouva le même angle, avant qu'Einstein ne tienne compte de l'effet additionnel de la courbure de l'espace-temps au voisinage du Soleil. En ajoutant les deux effets, il trouva finalement une déviation de 1,7 seconde d'arc, à peu près le double de la prédiction newtonienne. Il proposa de vérifier cette prédiction au moment de l'éclipse de Soleil attendue en mai 1919, quelques mois après la fin de la Première Guerre mondiale.

Le Soleil devait être occulté par la Lune devant un arrière-plan de plusieurs étoiles situées très loin du système solaire et donc fixes dans le ciel. Une étoile vue au bord du disque solaire deviendrait visible au moment de l'éclipse et sa position apparente devrait être déplacée de ces 1,7 seconde d'arc. Pour mesurer ce déplacement, il suffirait de comparer la position de cette étoile par rapport aux autres pendant l'éclipse, et la nuit suivante après celle-ci.

L'astronome anglais Eddington dirigea deux expéditions – l'une au nord-est du Brésil, l'autre à l'île de Principe dans le golfe de Guinée – pour faire ces mesures en deux points de la trajectoire de l'ombre de la Lune. Après développement des plaques photographiques et analyse statistique complexe de ces photos, il annonça en septembre 1919 que le verdict était clair, la déflexion était égale aux 1,7 seconde d'arc d'Einstein et non aux 0,8 seconde de Newton. La nouvelle, annoncée par tous les journaux de la planète, fit d'Einstein, du jour au lendemain, pour une différence de 0,9 seconde d'arc, une célébrité mondiale. Il était le savant qui venait de montrer que nous vivions dans un espace courbe et qui avait ainsi changé notre vision du monde d'une façon aussi profonde que Copernic l'avait fait quatre siècles auparavant. Cela s'est avéré en effet par toute la suite de l'histoire que j'ai rappelée plus haut. Mais la preuve apportée par Eddington était pour le moins bancale. Ses mesures étaient entachées d'imprécisions et d'erreurs que son analyse statistique était incapable de corriger vraiment. Sur certaines plaques, la position de l'étoile semblait plus proche des 0,8 seconde d'arc de Newton que de la valeur d'Einstein. Le problème était qu'Eddington connaissait cette valeur et qu'il souhaitait la confirmer. Il se trouve que la théorie qu'il cherchait à vérifier était juste, et les petits arrangements, volontaires ou inconscients, auxquels il se livra pour la conforter en rejetant certains clichés trop favorables à Newton, furent excusés par la postérité.

On présente souvent cette expérience comme la confirmation historique éclatante de la théorie d'Einstein. Cela fait une belle histoire, sur fond d'expédition sous les tropiques, et de réconciliation grâce à la science des savants anglais et allemands après une guerre mondiale meurtrière. La vérité est que si cela avait été la seule preuve de la relativité générale, celle-ci aurait pu largement être mise en doute. Les vraies preuves vinrent comme nous l'avons vu plus tard, et elles sont maintenant innombrables. Eddington a eu la chance d'avoir raison, même si ses observations ont été douteuses. Il y a bien d'autres exemples dans l'histoire de la science d'observations entachées d'erreurs, parfois volontaires, parce que l'expérimentateur savait trop ce qu'il voulait trouver. Lorsque l'intuition est la bonne, les erreurs expérimentales, volontaires ou non, finissent par être pardonnées. En tout état de cause, Einstein n'avait pas besoin de ce coup de pouce. On dit qu'il n'a jamais douté du résultat de l'éclipse et qu'il est allé dormir tranquillement cette nuit-là, sans attendre de nouvelles d'Eddington. La suite de l'histoire lui a donné raison, au-delà de ses espérances.

Toujours est-il que le nom d'Einstein est resté pour le grand public indissociable de celui de la relativité. Sa théorie, dont Eddington disait que seules deux personnes au monde la comprenaient vraiment (devinez à qui il pensait !), plonge toujours le commun des mortels dans un sentiment mélangé d'émerveillement et d'étrangeté vaguement inquiétante. Un siècle après Eddington, la détection des ondes de gravitation a fait écho à la vague médiatique de 1919. À nouveau, le nom d'Einstein a résonné à l'évocation de ces ondes, minuscules déformations de l'espace-temps, porteuses de riches informations sur l'Univers.

La théorie de la relativité n'est cependant qu'une des faces de l'œuvre scientifique d'Einstein. Le rôle qu'il a joué pour dissiper le second nuage de lord Kelvin et lever le voile sur les lois du monde microscopique a également été essentiel. Il a écrit en 1905, la même année que ses papiers sur la relativité restreinte, le premier article sur la quantification de la lumière. Dans les années suivantes, il a contribué à l'approfondissement de la théorie quantique, dont les retombées technologiques sont aujourd'hui innombrables. On peut donc raisonnablement dire qu'Einstein a eu plus d'influence sur notre vie quotidienne par sa contribution à la naissance de la physique quantique que par sa découverte de la relativité.

Il y a cependant une grande différence entre ces deux faces de l'œuvre monumentale d'Einstein. La relativité était sortie de sa tête, à partir d'une seule idée s'imposant par la force de sa logique. L'observation expérimentale n'avait pratiquement eu aucune influence sur l'élaboration de la théorie. Même l'expérience de Michelson ne joua en fait aucun rôle. Einstein ne la mentionne jamais dans ses articles sur la relativité. Pour lui, la constance de la vitesse de la lumière dans un repère inertiel était une nécessité théorique et si Michelson avait trouvé un déplacement de franges dans son expérience, Einstein l'aurait sans doute attribué à une erreur de l'expérimentateur.

On raconte d'ailleurs que, lorsqu'il se trouva face à Michelson au cours de sa première visite en Californie en 1931, il le salua poliment comme les autres professeurs à qui il était présenté par le président de l'université, sans mentionner aucunement qu'il avait pu avoir été influencé par le résultat négatif de la fameuse expérience. Son hôte fut visiblement déçu du manque d'attention particulière d'Einstein pour le vieux savant qui avait passé le reste de sa vie, depuis 1887, à essayer, en raffinant son expérience, de prouver en vain l'existence d'un éther que la théorie de la relativité avait fait entre-temps disparaître. Les expériences de Michelson, comme toutes celles qui par la suite cherchèrent à vérifier la constance de la vitesse de la lumière avec de plus en plus de précision, n'étaient pas devenues inutiles, mais la charge de la preuve avait été inversée. Ce n'était pas à la théorie d'expliquer les observations, mais plutôt à celles-ci de vérifier la validité du principe de relativité.

Pour Einstein, le premier nuage de lord Kelvin s'était dissipé par la simple force d'arguments rationnels, sans la nécessité de recourir à aucune forme d'observation. Il en alla différemment du second nuage, celui qui recouvrait de mystère les propriétés du rayonnement thermique. Pour le lever, Einstein et d'autres physiciens élaborèrent la théorie quantique, guidés par des observations nouvelles du monde microscopique, dans un aller-retour complexe et fécond entre expérience et théorie. Einstein y exprima encore son génie et son extraordinaire intuition physique, mais il ne se sentit jamais aussi à l'aise avec les quanta qu'il ne l'avait été avec la relativité. Alors que le principe de cette dernière théorie s'imposa très vite à lui, les postulats de la physique quantique, qu'il contribua à faire émerger parfois à son corps défendant, lui laissèrent jusqu'à la fin de sa vie un sentiment de malaise et d'inachevé. L'histoire de la naissance de la physique quantique que nous abordons au chapitre suivant est ainsi plus complexe et, par certains aspects, plus dramatique que celle de la relativité.

CHAPITRE V

La lumière dévoile le monde étrange des quanta

On peut voir, exposée dans une vitrine de l'Institut Niels Bohr à Copenhague, une bizarre petite boîte en métal. Elle est accrochée par un ressort à un cadre en bois portant une règle graduée. Une flèche collée à la boîte et pointant vers cette règle permet, croit-on deviner, de la peser lorsqu'elle est suspendue au ressort. Sur un petit panneau noir fermant la boîte sur sa face avant, on peut lire quelques formules écrites en lettres blanches, accompagnées de la double signature A.E. ↔ N.B. Le panneau, légèrement relevé, laisse apparaître quelques instruments à l'intérieur de la boîte. Cet objet, lit-on sur une affichette au-dessous de la vitrine, est un cadeau de Noël offert à Albert Einstein et à Niels Bohr en 1930 par Georges Gamow, un jeune visiteur de l'institut à l'esprit facétieux. Ce présent reproduit de façon humoristique la *boîte à photons* d'une célèbre expérience de pensée imaginée par Einstein et Bohr au cours de leurs débats sur les principes de la jeune physique quantique.

L'institut, créé dix ans auparavant, était devenu la mecque de cette nouvelle physique et Bohr en était le chef incontesté, l'homme qui en avait énoncé les lois et édicté la façon de les comprendre. L'*interprétation de Copenhague* allait devenir la doxa suivie par la grande majorité des physiciens au cours des décennies suivantes. Comme Gamow, la plupart des acteurs qui ont contribué à la naissance de la théorie sont passés à cette époque par Copenhague. Les fameuses relations d'incertitude ont été

Figure V.1. La boîte à photons de Gamow, offerte à Einstein et Bohr en 1930 en souvenir de leur fameux débat sur les relations d'incertitude au congrès Solvay de cette année-là (voir figure V.10) *(photo Haakon Bergest, Archives Niels Bohr, Copenhague)*.

établies par Werner Heisenberg à la suite d'une de ses visites à l'institut. Bohr a énoncé et précisé le sens du principe de complémentarité de la théorie quantique en analysant les implications profondes de ces relations. Tous les interlocuteurs du savant danois n'étaient pas convaincus. Il cherchait toujours avec insistance à les amener à accepter sa vision du monde quantique comme étant la seule à décrire complètement et de façon cohérente le comportement de la nature à l'échelle des atomes et des photons.

Dans ces débats, il s'est en particulier opposé à Einstein, l'homme qui avait introduit un quart de siècle auparavant les quanta en physique, mais qui se refusait à admettre que l'interprétation qu'en donnait Bohr était le dernier mot de l'histoire. La boîte à photons, une expérience de pensée cruciale sur laquelle Einstein et Bohr s'étaient affrontés, symbolisait ce débat qui avait pris un tour critique au Congrès Solvay de 1930. En collant à sa boîte un timbre avec le profil d'Einstein et le mot anglais *patent* (« brevet ») écrit dessus, Gamow voulait peut-être de façon ironique souligner que N.B. avait cherché à l'occasion de ce débat avec A.E. à donner à la théorie un brevet d'authenticité et de complétude. Ce timbre signifiait peut-être aussi, de façon paradoxale, qu'il s'agissait là d'un débat purement théorique, dont les protagonistes n'espéraient certainement pas tirer une invention pratique brevetable.

Avant de déchiffrer les sigles mystérieux écrits sur le panneau noir de la boîte à photons, nous allons dans ce chapitre suivre le fil historique de la naissance et de l'évolution des idées quantiques. Einstein, comme au chapitre précédent, nous servira de guide. Il y a de multiples raisons à cela. Il a été le premier en 1905 à jeter les bases de cette physique nouvelle en introduisant le concept de photon. Pendant les vingt ans qui ont suivi, il a apporté des contributions essentielles au développement de la théorie quantique. Il a constamment encouragé les jeunes physiciens de la génération qui a succédé à la sienne à approfondir leurs réflexions et affiner leurs expériences, jusqu'à ce que se lève finalement en 1925 le voile qui cachait les lois mathématiques du monde microscopique. Il est remarquable qu'il ait accompli tout cela alors même qu'il développait en parallèle les théories de la relativité restreinte et générale.

Einstein a par la suite critiqué la façon dont ces lois étaient interprétées à Copenhague et cherché une vérité au-delà de ce qu'elles décrivaient. Ses critiques ont été bénéfiques car elles ont aiguillonné Bohr et Heisenberg en les amenant à préciser et à affiner la signification des relations d'incertitude et du principe de complémentarité. Les réflexions d'Einstein l'ont enfin conduit, dans les années 1930, à analyser le phénomène de l'intrication quantique, sans doute le plus déroutant et contre-intuitif de cette physique nouvelle. Les idées qu'il a alors mises en avant stimulent encore aujourd'hui un courant de recherche extrêmement actif et prometteur, celui de l'information quantique.

Revenons donc encore une fois à l'année miraculeuse de 1905. Deux mois à peine avant son papier fondateur sur la relativité, Einstein publia un article dont le titre, à connotation philosophique, est surprenant dans un journal scientifique : « Un point de vue heuristique sur la production et la transformation de la lumière ». Einstein y fait d'une pierre deux coups. Il donne une explication aux propriétés jusqu'alors incomprises du rayonnement thermique et interprète les caractéristiques surprenantes de l'effet photoélectrique, nouvellement observé. Et ce faisant il introduit les concepts révolutionnaires de photon et de *dualisme entre ondes et particules.*

La catastrophe ultraviolette

Rappelons que le second nuage évoqué par lord Kelvin dans sa conférence de 1900 à la Royal Institution concernait la distribution spectrale de la lumière émise par les corps chauffés, ce qu'on appelle le rayonnement thermique, ou rayonnement du corps noir. Tout objet rayonne de la lumière, visible, infrarouge et ultraviolette, et le spectre de cette lumière dépend de la température. Ce rayonnement peut être observé en maintenant à une température *T* une cavité à la paroi absorbante pour la lumière qu'elle reçoit (d'où le nom de corps noir) et en mesurant les radiations qui s'échappent par un petit trou percé dans la paroi. La distribution des longueurs d'onde de la lumière émise à une température fixée avait été mesurée par des expériences précises à la fin du XIXe siècle. La courbe de l'intensité rayonnée en fonction de la fréquence est en forme de cloche, avec un maximum qui se décale vers les hautes fréquences, c'est-à-dire vers les petites longueurs d'onde, lorsque la température augmente. Ce fait expérimental est facile à observer : à la température ordinaire, le maximum de rayonnement est autour de 10 microns de longueur d'onde, dans l'infrarouge. Chauffée, l'enceinte commence à émettre de la lumière rouge. À plus haute température la lumière vire à l'orange, puis au jaune. À toute température, la courbe décroît vers 0 pour les grandes et les petites longueurs d'onde.

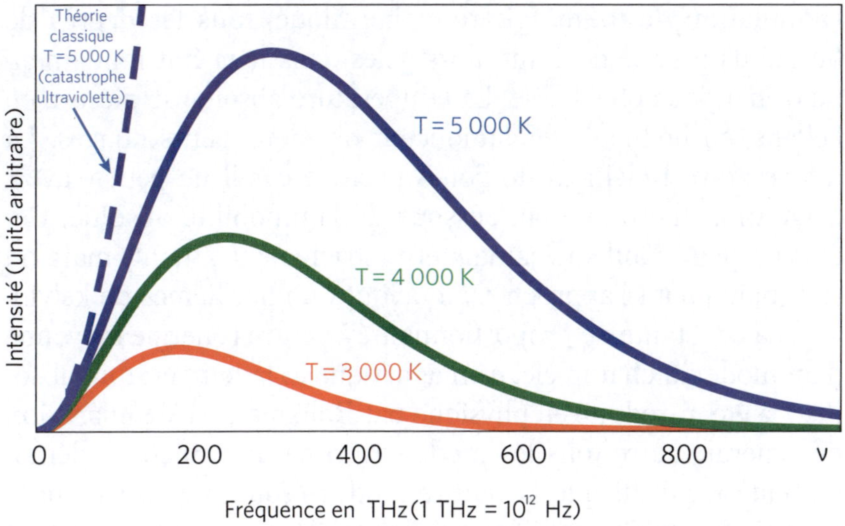

Figure V.2. Spectre du rayonnement thermique à différentes températures *T*. Le maximum des courbes en cloche se décale vers les grandes fréquences, donc les courtes longueurs d'onde lorsque *T* augmente. La théorie classique (indiquée en traits interrompus pour la température la plus élevée T = 5 000 K) prédit une intensité tendant vers l'infini aux courtes longueurs d'onde (« catastrophe ultraviolette »).

De façon surprenante, la physique classique ne sait expliquer ces caractéristiques simples. D'après Maxwell, chacune des composantes de fréquence du champ électromagnétique dans une cavité est analogue à un petit oscillateur vibrant. Le nombre de ces oscillateurs élémentaires dans un petit intervalle spectral autour d'une fréquence *ν* croît comme le carré de cette fréquence. Cette croissance se comprend de façon qualitative : plus la fréquence est grande, plus la longueur d'onde est petite et plus il y a de modes du champ susceptibles d'osciller entre les parois d'une cavité de dimension donnée.

La thermodynamique classique dit par ailleurs que l'énergie du champ doit se partager équitablement entre tous ses modes d'oscillation, chaque mode ayant une énergie moyenne proportionnelle à la température absolue *T*. Celle-ci est égale à la température Celsius ordinaire, augmentée de 273,16 °C. On l'appelle température absolue car le zéro de son échelle correspond à l'annulation de toute agitation thermique, tous les degrés de liberté d'un système étant alors gelés dans leur état fondamental d'énergie la plus basse. La température absolue se mesure en kelvins, en honneur de l'annonceur des deux petits nuages. La température Kelvin est toujours positive car il ne peut y avoir d'agitation thermique au-dessous de l'immobilité absolue. Cet état ne peut d'ailleurs jamais être strictement atteint, mais on sait maintenant l'approcher à quelques milliardièmes de kelvin.

La constante de proportionnalité k_B entre l'énergie moyenne d'un mode du champ électromagnétique et la température absolue T a été introduite en physique par Boltzmann. L'équipartition de l'énergie entre tous les modes exprime un principe « démocratique » qui dit que la nature tend à l'équilibre thermique à répartir équitablement l'énergie d'un système à une température donnée entre tous ses degrés de liberté. Si l'énergie est à un instant inégalement distribuée, les échanges thermiques vont tendre à supprimer les différences d'excitation entre les oscillateurs. Il en résulte que l'intensité du rayonnement thermique s'échappant de la cavité à une fréquence ν donnée devrait être proportionnelle à k_BT et à ν^2. Cette loi, établie par les physiciens Rayleigh et Jeans, rend bien compte de la distribution spectrale du rayonnement thermique aux petites fréquences, c'est-à-dire aux grandes longueurs d'onde. Mais aux courtes longueurs d'onde, elle s'éloigne du spectre observé et conduit à une absurdité : le rayonnement diverge et tend vers l'infini avec la fréquence, ce qui physiquement n'a pas de sens. C'est ce qu'on a appelé la « catastrophe ultraviolette ».

Planck avait trouvé en 1900 une formule mathématique s'accordant bien à l'expérience et permettant d'éviter cette catastrophe en postulant que les échanges d'énergie entre la lumière et la matière ne pouvaient se faire que par éléments discrets ou quanta d'énergie $h\nu$, proportionnels à la fréquence. Il avait alors introduit la fameuse constante de proportionnalité h entre énergie et fréquence qui porte son nom. Mais cette introduction des quanta apparaissait comme une astuce mathématique, une mesure *ad hoc* pour tenter de sauver la physique classique et dissiper ainsi le second nuage de lord Kelvin. En ce sens, elle jouait un rôle analogue à celui de la formule de contraction des longueurs que Lorentz avait imaginée pour résoudre le mystère du premier nuage. Einstein ne pouvait se satisfaire d'une explication de cette nature.

La lumière entre ondes et particules

Pour le jeune physicien de Berne, les quanta prirent un sens plus profond. C'étaient non seulement les échanges lumière-matière qui étaient quantifiés mais les énergies des oscillateurs du champ eux-mêmes qui devaient l'être. Il fit l'hypothèse que chacun des modes du champ possède une échelle d'énergie dont l'intervalle entre les barreaux, $h\nu$, est proportionnel à la fréquence. Aucune des énergies intermédiaires entre ces barreaux n'est permise. Sauter d'un barreau au suivant c'est émettre ou absorber un grain d'énergie lumineux, ce qu'on allait appeler plus tard un photon. Plus la fréquence est grande, plus l'intervalle entre les barreaux est important et plus coûteuse en énergie devient l'ascension de l'échelle. Le champ thermique dans chaque mode se trouve ainsi pris entre des contraintes thermodynamiques antagonistes.

Précisons cet antagonisme en rappelant quelques notions simples de thermodynamique. Cette science, établie sous sa forme aboutie par Gibbs aux États-Unis et Boltzmann en Autriche à la fin du XIXᵉ siècle, introduit pour étudier l'équilibre d'un système physique en contact avec un environnement à la température T une fonction F appelée son énergie libre. Celle-ci est égale à $E - TS$ où E est l'énergie du système et S son entropie, la quantité qui mesure son degré de désordre. Le second principe de la thermodynamique dit que tout système maintenu à la température T tend à *minimiser* son énergie libre.

Pour nous exprimer de façon imagée et quelque peu anthropomorphique, un système thermodynamique en équilibre à la température T est à la fois « paresseux » (il « aime » à entropie constante diminuer son énergie, ce qui décroît F) et « désordonné » (il « a envie » à énergie constante d'augmenter son entropie, ce qui diminue aussi F). Selon la température, c'est l'une ou l'autre de ces deux tendances qui l'emporte. À très basse température, il aura intérêt à être paresseux et cherchera l'état d'énergie la plus basse. À haute température, il préférera être désordonné pour augmenter S le plus possible. À une température intermédiaire, il choisira un compromis en maintenant une balance optimale entre E et S de façon à minimiser F.

Le théorème d'équipartition de l'énergie des oscillateurs qui donne à chacun une énergie moyenne k_BT résulte de ce compromis, *à condition que les énergies puissent varier continûment*. La situation devient très différente si l'énergie ne peut varier que par sauts discrets, chaque oscillateur présentant une échelle de niveaux à barreaux équidistants. Dans la recherche du compromis entre minimiser son énergie, c'est-à-dire rester à une altitude la plus basse possible de chaque échelle, et maximiser son entropie, c'est-à-dire occuper autant de barreaux que possible pour augmenter le désordre, le « choix » du champ va dépendre de sa fréquence et de la température. À basse fréquence, il existe beaucoup de barreaux ayant une énergie de l'ordre de k_BT et la loi de l'équipartition de l'énergie ainsi que la formule de Rayleigh-Jeans qui en découle est une bonne approximation. Mais lorsque $h\nu$ devient de l'ordre de k_BT, monter dans l'échelle coûte trop en énergie pour que le système puisse augmenter son entropie en occupant beaucoup de niveaux tout en maintenant basse son énergie libre. La paresse l'emporte alors sur le désordre. Les oscillateurs quantiques de grande fréquence restent gelés dans leur état fondamental, ce qui élimine la catastrophe ultraviolette et la loi de Planck en résulte.

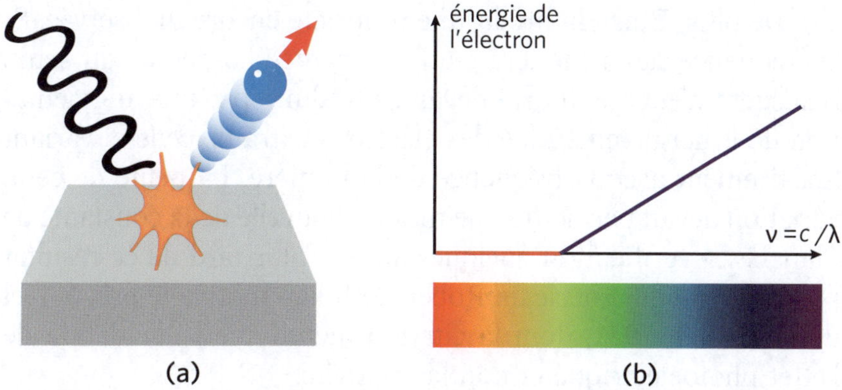

Figure V.3. L'effet photoélectrique. (a) Au-dessus d'une fréquence seuil, la lumière arrache des électrons à une surface métallique. (b) La théorie d'Einstein prédit que l'énergie des électrons éjectés ne dépend que de la couleur de la lumière. À partir d'une valeur nulle au seuil, cette énergie augmente linéairement avec la fréquence de l'onde lumineuse. La pente de cette variation est égale à la constante de Planck h.

Dans le même article, Einstein montrait que la notion de photon expliquait un autre mystère de la lumière, les propriétés étranges de l'effet photoélectrique. Lorsqu'on irradie un métal, il peut émettre des électrons, particules élémentaires découvertes en 1897. Mais cet effet photoélectrique possède une caractéristique étrange : il ne se produit que lorsque la lumière a une fréquence supérieure à un seuil dépendant du métal. Au-dessous de ce seuil, quelle que soit l'intensité de la lumière, aucun électron n'est émis. Au-dessus, une lumière même très faible extrait des électrons.

Einstein expliqua ce résultat en postulant qu'un électron du métal doit absorber un photon pour s'échapper et que ce photon doit posséder une énergie minimale d'extraction W, d'où le seuil de fréquence. Si la lumière n'a pas une fréquence assez grande et même si elle est intense, aucun de ses photons ne peut extraire d'électron. Par analogie, on comprend qu'une chute de neige abondante et continue aura moins d'effet perturbateur en tombant sur une surface fragile qu'une grêle dans laquelle la même eau gelée arrive sous forme d'entités énergétiques discrètes.

De plus, Einstein prédit une propriété encore inobservée. Si la fréquence de la lumière était augmentée au-dessus du seuil, l'excédent d'énergie fourni devait se traduire par une augmentation de l'énergie cinétique des électrons extraits, celle-ci variant linéairement avec la fréquence de la lumière. La pente de cette variation devait permettre une mesure nouvelle de la constante de Planck. La vérification quelques années plus tard de ce résultat par le physicien américain Robert Millikan motiva le prix Nobel d'Einstein en 1921, dont la citation mentionne l'élucidation de l'effet photoélectrique et non la relativité.

En acceptant l'idée que la quantification des énergies était plus qu'une astuce mathématique mais une vérité physique profonde, Einstein accomplit ainsi un pas de géant. Depuis les expériences d'interférence de Young et Fresnel et la théorie de Maxwell, il était admis que la lumière était une onde, comme Huygens l'avait proposé dès le XVIIe siècle, et la théorie corpusculaire proposée par Newton avait été abandonnée. Dans son papier sur la lumière de 1905, Einstein ne récusait ni la théorie ondulatoire, ni les équations de Maxwell sur lesquelles il s'était par ailleurs appuyé pour fonder la relativité, mais il affirmait de façon révolutionnaire que la lumière était une onde lorsqu'elle se propageait et se manifestait par des phénomènes d'interférence, et qu'elle était formée d'entités discrètes quand elle interagissait avec la matière.

Il réconciliait ainsi Huygens et Newton de façon inattendue et introduisait un principe de dualisme qui devait depuis dominer la physique. Le photon, manifestation corpusculaire de la lumière, se propage à la vitesse limite c de l'information. À chaque photon d'une onde plane d'énergie $h\nu$ est associée, d'après la relativité restreinte, l'impulsion $h\nu/c$. Si la lumière est polarisée circulairement, elle possède également un moment cinétique, chaque photon en transportant une unité égale à $h/2\pi = \hbar$ (voir chapitre I).

Les quanta se généralisent à la matière

Ce qui fait la qualité exceptionnelle d'Einstein, c'est sa capacité à tirer les conclusions de ses découvertes sans se laisser aveugler par des idées préconçues et à généraliser les résultats obtenus dans un domaine à d'autres champs de la physique. Ayant compris la nécessité de quantifier les oscillateurs lumineux, il extrapola ce résultat à l'étude des oscillateurs mécaniques que sont les atomes dans un solide. Ces atomes vibrent autour de leurs positions d'équilibre à des fréquences qui dépendent de la structure cristalline, la fréquence des vibrations étant d'autant plus grande que le solide est plus rigide. Depuis le XIXe siècle et les physiciens français Dulong et Petit, on savait que la chaleur spécifique atomique des solides, c'est-à-dire la quantité d'énergie qu'il fallait apporter par atome pour augmenter leur température d'un degré, prenait, pour un grand nombre d'éléments, une valeur égale à trois fois la constante de Boltzmann.

Ce résultat était une conséquence de l'équipartition de l'énergie, chaque atome correspondant à trois oscillateurs élémentaires vibrant dans les trois directions de l'espace. Il y avait cependant des exceptions à cette règle, le diamant par exemple ayant une chaleur spécifique par atome de carbone inférieure à cette valeur. Einstein émit l'hypothèse que les oscillateurs atomiques étaient quantifiés, comme les oscillateurs du champ électromagnétique, et que ces oscillateurs devaient vibrer plus vite dans le diamant que dans d'autres éléments pour lesquels la loi de Dulong et Petit s'appliquait. Il en résultait, comme pour le rayonnement thermique, que ces oscillateurs de haute fréquence devaient voir leurs excitations gelées à la température ambiante. Et l'expérience confirme que suffisamment chauffé, la chaleur spécifique du diamant augmente et rejoint la loi de Dulong et Petit. Inversement, Einstein prédit qu'à suffisamment basse température, au-dessous d'une valeur qui varie suivant le solide, la chaleur spécifique par atome des métaux devait s'effondrer et s'annuler à la température du zéro absolu de l'échelle kelvin.

Einstein présenta cette analyse théorique au premier congrès Solvay de 1911 où il rencontra Lorentz, Marie Curie, Langevin et les autres grands physiciens du début du siècle et où furent discutées pour la première fois les idées de la physique quantique naissante. Ernest Solvay était un chimiste et industriel belge passionné par la physique qui fonda une série de conférences dans lesquelles se discutent périodiquement, depuis 1911, les idées les plus avancées de la physique. La photographie officielle de ce premier congrès est célèbre car on y voit rassemblée autour de Solvay l'élite de la physique de l'époque, qui compte tous ceux qui ont commencé à lever le voile sur ce qu'on appelait alors la théorie des quanta. Marcel Brillouin, professeur au Collège de France (dont le fils, Léon, fut l'un des fondateurs une vingtaine d'années plus tard de la théorie quantique des solides), était avec le spécialiste des rayons X Maurice de Broglie, le secrétaire du congrès. Le Collège de France en a conservé les actes, ronéotypés et annotés au crayon par Marcel Brillouin.

Einstein, qui était alors surtout connu pour ses travaux sur la relativité, y présenta un article intitulé « De l'état actuel du problème des chaleurs spécifiques » et son premier paragraphe portait le sous-titre : « Relation entre chaleur spécifique et formule du rayonnement thermique ». Le texte détaillait comment la formule de Planck pouvait s'appliquer non seulement au rayonnement mais aussi aux oscillateurs matériels contenus dans la matière.

Dès ce moment, il devint clair que la constante de Planck n'était pas qu'une curiosité introduite dans un modèle mathématique pour faire coller la théorie à l'expérience, mais une constante fondamentale de la nature qui intervenait dans tous les phénomènes du monde microscopique. Sa valeur finie était l'indication du caractère discret des grandeurs physiques microscopiques et la physique classique ne devait être retrouvée

Figure V.4. Le congrès Solvay de 1911. On y reconnaît les principaux protagonistes de notre histoire.

que comme une approximation lorsque les énergies thermiques $k_B T$ mises en jeu étaient grandes devant le quantum *hv*, *h* pouvant alors être considéré comme nul. Ainsi, les révolutions de la physique du début du XXe siècle n'ont pas aboli les théories de Newton et Maxwell mais les ont généralisées. La mécanique classique se retrouve comme une limite de la quantique quand *h* peut être assimilé à 0 et comme une limite de la théorie de la relativité quand la vitesse de la lumière *c* devient très grande devant les vitesses impliquées dans les phénomènes étudiés. Elle peut alors être considérée comme infinie, et *1/c* assimilé à 0.

Le double génie d'Einstein a été de comprendre ce qui se passe quand les valeurs finies de *h* et *1/c* ne peuvent être négligées. George Gamow, le jeune chercheur qui offrit en 1930 à Bohr et à Einstein sa version de la boîte à photons, fut un grand vulgarisateur de la physique, dans des ouvrages qui devaient beaucoup à sa profonde compréhension de la science et à son sens de l'humour. Il y a décrit les aventures merveilleuses de son héros, Monsieur Tompkins, qui explore des univers où h et $1/c$ sont assez grands pour ne pouvoir être négligés dans la vie quotidienne. Gamow y présente de façon ludique les concepts de la relativité et de la physique quantique en montrant les bizarreries d'un monde où on pourrait atteindre une vitesse voisine de celle de la lumière ou bien voyager, tels de minuscules Lilliputiens, au sein de la matière quantique.

De la découverte des premiers effets quantiques se dégageait l'idée qu'ils se manifestent de façon privilégiée à très basse température, ce que toute la physique du XXe siècle a par la suite confirmé. C'est en 1911, juste après le congrès Solvay, que la supraconductivité de certains métaux, leur capacité à conduire sans résistance le courant électrique à très basse température, a été découverte par le Hollandais Heike Kamerlingh Onnes, que l'on voit sur la photo du congrès à côté d'Einstein. La supraconductivité est un effet quantique qui disparaît au-dessus d'une température de transition. Il fallut attendre 1957 pour l'expliquer complètement. Einstein devait cependant, comme nous le verrons, introduire dans les années 1920 un concept fondamental pour la compréhension de ce phénomène.

L'homme debout sur la photo du congrès à côté de Kamerlingh Onnes, Ernest Rutherford, est également important dans notre histoire. Toujours en 1911, il effectua une expérience de transmission par une mince feuille d'or de rayons α produits par la désintégration radioactive de noyaux atomiques instables. Ces rayons sont formés de noyaux d'atomes d'hélium portant une charge électrique positive double de celle d'un proton. Alors que la plupart des particules α traversaient la feuille d'or sans être déviées, un petit nombre subissait une forte déflexion. Rutherford en déduisit que les atomes de la feuille d'or étaient constitués de charges positives quasi ponctuelles, les noyaux atomiques, qui contenaient l'essentiel de la masse de la matière. Le reste était constitué par des électrons beaucoup plus légers qui ne perturbaient pas les trajectoires des particules α. Celles-ci traversaient en général la feuille dans l'espace vide entre les noyaux et n'étaient fortement déviées par la répulsion coulombienne que dans les rares cas où leurs trajectoires les faisaient passer au voisinage de ceux-ci.

L'idée qui s'en déduisait immédiatement était que l'atome devait être un petit système planétaire. Le noyau lourd de très petite taille concentrait l'essentiel de la masse et jouait le rôle du Soleil. Les électrons légers gravitant sur des orbites de rayon très grand devant les dimensions du noyau en étaient les planètes. Mais là encore, la physique classique se trouvait dans une impasse. Des électrons tournant autour du noyau devaient d'après la théorie de Maxwell rayonner de l'énergie et tomber rapidement sur le noyau, rendant la matière instable.

Un jeune visiteur postdoctoral de Rutherford, le Danois Niels Bohr, apporta en 1913 une réponse à ce problème. Il établit le premier modèle quantique de l'atome en postulant que les énergies des électrons dans l'atome étaient quantifiées, comme les oscillateurs d'Einstein. Les électrons ne peuvent occuper que certaines orbites et ne jamais avoir d'énergies intermédiaires. On retrouve encore cette image des barreaux d'une échelle, cette fois avec des marches inégales entre les niveaux. Dans ce modèle les électrons sautent d'une orbite à l'autre en émettant ou absorbant un quantum de rayonnement, l'énergie $h\nu$ du photon étant égale à la différence d'énergie entre les niveaux concernés. Sur le niveau fondamental d'énergie la plus basse, l'électron ne peut rayonner et l'atome est stable. Le passage d'un niveau à l'autre se fait par saut quantique instantané.

Le modèle de Bohr permettait de calculer les niveaux d'énergie de l'atome le plus simple, celui de l'hydrogène à un seul électron, avec une formule faisant à nouveau intervenir la constante de Planck. Le spectre des fréquences émises par l'atome était en très précis accord avec ce modèle, ce qui renforça la confiance que les idées quantiques commençaient à acquérir dans la communauté des savants.

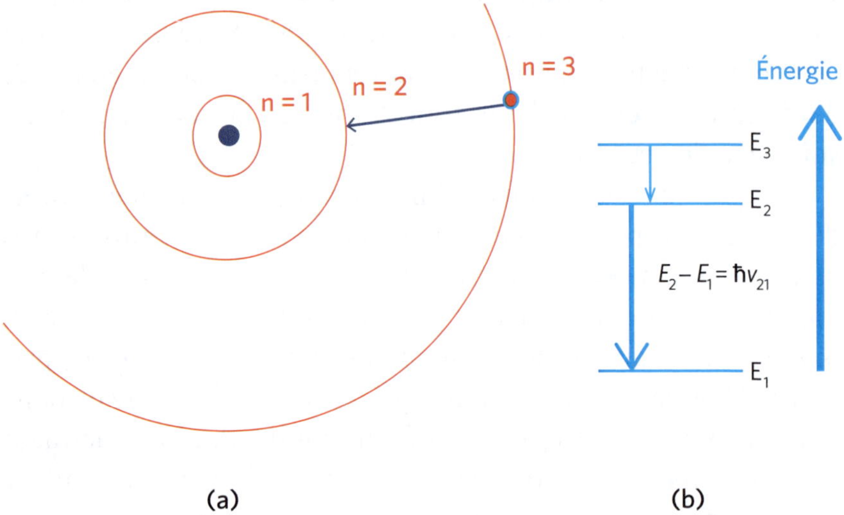

Figure V.5. Le modèle de Bohr de l'atome d'hydrogène de 1913 (orbites circulaires). (a) L'électron se trouve sur des cercles centrés sur le proton, repérés par leur nombre quantique $n = 1,2,3...$ Les rayons de ces orbites croissent comme n^2. L'orbite de l'état fondamental $n = 1$ a un rayon de 0,53 angström ($0{,}53.10^{-10}$ mètre). On appelle cette quantité le rayon de Bohr. L'atome gagne ou perd de l'énergie lorsque l'électron saute à un instant aléatoire d'une orbite à l'autre en absorbant ou en émettant un photon (saut quantique). (b) Diagramme des niveaux d'énergie de l'atome de Bohr, montrant le niveau fondamental $n = 1$ d'énergie la plus basse et les deux premiers niveaux excités $n = 2$ et $n = 3$, correspondant aux orbites de la figure de gauche. Les énergies des photons émis ou absorbés satisfont à la relation de conservation de l'énergie du système atome plus lumière. Les fréquences des photons sont ainsi proportionnelles aux différences des énergies des états initial et final des transitions (la constante de proportionnalité est h). La quantification du spectre d'énergie donne, cent ans après Fraunhofer, une explication aux raies discrètes des spectres atomiques. Ce modèle, qui s'appuie encore sur la notion classique de trajectoire, a peu après été généralisé aux orbites elliptiques par Arnold Sommerfeld, avant d'être remplacé en 1925 par la théorie quantique moderne décrivant l'électron par sa fonction d'onde délocalisée. La théorie complète montre que les niveaux d'énergie de Bohr se scindent en plusieurs sous-niveaux d'énergies voisines, correspondant aux diverses valeurs possibles du moment cinétique de l'électron (structure fine). Le couplage entre le magnétisme électronique et celui du proton ajoute un enrichissement supplémentaire au spectre (structure hyperfine). Le couplage de l'électron avec les fluctuations du vide ajoute enfin un petit déplacement aux niveaux d'énergie (déplacement de Lamb).

Des photons grégaires et des atomes qui les imitent

Einstein fut heureux de voir ses idées généralisées à la compréhension de la structure de la matière. J'évoquerai plus loin ses relations avec Bohr et leurs discussions passionnées au sujet de l'interprétation de la physique quantique. En 1913, cependant, Einstein avait provisoirement abandonné l'étude des photons pour se consacrer, comme nous l'avons vu, à la théorie de la relativité générale. En 1916, une fois cette théorie établie, il revint aux quanta. Maintenant que l'on comprenait mieux la nature quantique de la lumière et de la matière, était-il possible de revisiter la théorie du rayonnement du corps noir en analysant en détail les mécanismes par lesquels les atomes des parois de la cavité interagissaient avec les photons qu'elle contient ?

Les atomes peuvent soit absorber des photons, soit en émettre, et l'équilibre thermique résulte du bilan entre ces deux mécanismes. L'absorption se fait pour chaque atome avec une probabilité par unité de temps proportionnelle à l'intensité lumineuse dans les modes résonnant avec les transitions atomiques, alors que l'émission d'un atome excité vers le niveau fondamental se fait, selon Bohr, suivant un processus spontané et aléatoire, un atome émettant à un instant imprévisible un photon dans un mode ou un autre du champ, selon une loi de probabilité indépendante de la lumière présente.

Einstein constata que ces deux mécanismes n'étaient pas suffisants pour retrouver la loi de Planck. Il fallait, pour y parvenir, ajouter un troisième processus par lequel un atome excité recevant un photon en émet un nouveau, dans le même mode que celui qu'il reçoit, avec une probabilité proportionnelle au nombre de photons déjà présents dans ce mode. Ce mécanisme d'émission, dite « stimulée », est l'exact pendant de l'absorption.

Il amplifie la lumière au lieu de l'atténuer. Il fait que lorsque des photons sont en présence d'atomes excités, de nouveaux photons apparaissent dans les modes déjà occupés, et cela d'autant plus rapidement que le nombre de photons déjà présents est plus important.

L'émission stimulée allait être exploitée dans les lasers, inventés quelque cinquante ans plus tard. Ces dispositifs produisent des faisceaux de lumière amplifiée et cohérente, tous leurs atomes émettant dans la même direction avec la même fréquence et la même phase une lumière extrêmement stable. Ces sources sont très différentes des lampes classiques dans lesquelles les atomes émettent indépendamment de façon spontanée des photons dans des modes différents, avec des phases et des fréquences aléatoires.

On sait l'importance des lasers dans la technologie moderne. Les antennes gravitationnelles qui détectent d'infimes variations dans la distance de miroirs séparés de plusieurs kilomètres exploitent la stabilité extraordinaire en phase et en fréquence de lasers extrêmement puissants. Il est remarquable que la découverte des ondes gravitationnelles rapproche ainsi deux découvertes essentielles d'Einstein des années 1915-1916, celle de la relativité générale qui a prévu l'existence de ces ondes et celle de l'émission stimulée, à la base de l'invention des lasers qui ont permis leur détection. Mais j'ai anticipé en parlant des lasers. En 1916, Einstein était loin d'envisager leur existence. Il ne semble pas avoir non plus particulièrement noté à ce moment-là que les photons avaient tendance à s'accumuler dans le même état. Cette propriété de grégarité allait conduire quelques années plus tard Einstein à apporter une autre contribution importante à la théorie quantique naissante.

Il fallut pour cela qu'il reçoive en 1924 une lettre d'un jeune physicien indien inconnu, Satyendranath Bose. Celui-ci lui envoya une courte note dans laquelle il démontrait à nouveau la formule de Planck du rayonnement thermique, en partant simplement des principes de la thermodynamique et en considérant le champ lumineux comme un ensemble de photons échangeant de l'énergie avec un réservoir thermique. En cela, il suivait la méthode que Boltzmann avait appliquée à un gaz d'atomes. Pour calculer l'entropie du gaz de photons, il dénombrait tous les états disponibles pour ce gaz et assumait qu'à l'équilibre tous ces états sont équiprobables.

Dans ce calcul, Bose faisait une hypothèse implicite, celle de l'*indiscernabilité* des photons. Cette hypothèse était différente de celle faite par Boltzmann qui dans son calcul numérotait les atomes et considérait comme deux configurations différentes celles où les atomes 1 et 2 avaient les positions et impulsions x,p pour l'atome 1 et $x'p'$ pour l'atome 2 et celle où ces valeurs étaient échangées, $x'p'$ pour l'atome 1 et x,p pour l'atome 2. Au lieu de cela, Bose considérait que ces deux états n'en faisaient qu'un pour les photons. L'état du gaz de photons est alors complètement spécifié par le nombre de particules pour chaque valeur de x,p, sans avoir à se préoccuper de la numérotation des particules. Ce changement de méthode de comptage, apparemment anodin, a une conséquence importante. Il rend relativement plus probable la présence de tous les photons dans un même état.

Pour expliquer cette propriété, on remarquera que si les particules sont discernables, les configurations où elles occupent des états différents peuvent être réalisées de multiples manières, en échangeant les particules entre les états, alors que celles où elles occupent le même état ne peuvent être réalisées que d'une seule façon. La discernabilité rend ainsi les configurations où les particules sont dans le même état plus rares que celles où elles sont dans des états différents. L'indiscernabilité augmente par contre la probabilité relative des configurations où toutes les particules occupent le même état, et en particulier celle de l'état fondamental, dans lequel elles occupent toutes l'état d'énergie la plus basse.

En faisant cette hypothèse, Bose retrouvait la formule de Planck, ce qu'il n'aurait pas obtenu en employant la méthode de Boltzmann. Ce simple fait validait sa méthode de comptage, à la base de ce qu'on appelle maintenant la statistique quantique de

Bose-Einstein. En lisant l'article, Einstein se rendit compte de son importance. Il reconnut peut-être aussi que cette indiscernabilité fondamentale des photons confirmait leur caractère grégaire, leur tendance à s'accumuler dans le même état, propriété que sa découverte de l'émission stimulée, huit ans auparavant, avait déjà permis d'entrevoir.

L'extraordinaire intuition d'Einstein a été de partir de ce papier, qui somme toute ne faisait que confirmer une formule déjà connue pour la lumière, pour en étendre la portée en appliquant la statistique quantique de Bose à des particules matérielles, à un gaz d'atomes considérés comme fondamentalement indiscernables. Il retrouva alors les propriétés classiques du gaz de Boltzmann à la température ambiante, mais à très basse température il prédit que tous les atomes devaient se condenser dans le même état quantique, l'état fondamental du système, un peu à la manière des photons d'un faisceau laser, qui tous occupent le même mode du champ. Cet état hypothétique de la matière ultra-froide, appelé condensat de Bose-Einstein et imaginé bien avant l'invention du laser, laissa sceptiques les collègues d'Einstein qui ne le voyaient que comme une curiosité résultant d'une méthode de calcul finalement arbitraire.

La suite de l'histoire a cependant, une fois de plus, donné raison à Einstein. La condensation de Bose-Einstein des atomes d'un gaz a été observée pour la première fois en 1995, dans un ensemble d'atomes alcalins refroidis et piégés à l'aide de lasers. Libérés de leurs pièges, ces condensats forment des faisceaux de matière cohérente analogues à des rayons lasers dans lesquels les photons sont remplacés par des atomes. Ce nouvel état de la matière fait l'objet d'études très actives dans de nombreux laboratoires du monde entier.

L'article sur la condensation de Bose-Einstein a eu une portée beaucoup plus générale que la découverte d'un état particulier de la matière aux très basses températures. En prenant au sérieux les conséquences de l'application de la règle de Bose pour le dénombrement des états accessibles à un gaz des particules, Einstein a, au-delà de ce cas particulier, deviné un aspect essentiel de la physique quantique. L'indiscernabilité des particules d'une même espèce est une propriété importante du monde des quanta. Elle joue un rôle fondamental pour rendre compte des propriétés de la matière et de la lumière. Einstein a été à la fin de 1924 le premier à l'entrevoir, avant que ne se lève, quelques mois plus tard, le coin du voile qui recouvrait encore le mystère du monde quantique.

Le voile se lève sur les ondes de matière

Au moment de l'histoire où nous sommes arrivés, la physique quantique rassemblait un ensemble d'observations et de méthodes disparates, mais ne constituait pas encore une théorie achevée, décrite de façon mathématique simple et claire. La situation allait changer radicalement dans les mois qui suivirent. Einstein n'a pas été l'auteur direct de ce dernier chapitre, mais il y a indirectement contribué. Revenons pour l'évoquer encore une fois à la photo du congrès Solvay de 1911. À côté d'Einstein, à l'extrême droite, nous voyons Paul Langevin et au centre Maurice de Broglie, un spécialiste de la physique des rayons X. Le jeune frère de Maurice, Louis, ne participait pas au congrès. Étudiant en histoire, il ne s'intéressait pas encore à la physique. Il est donc, comme le jeune Bohr, absent de cette photo. On dit que c'est Maurice qui fit naître en Louis de Broglie la passion pour la physique en lui parlant des discussions du congrès de 1911.

Après avoir fait ses classes en physique classique à la Sorbonne et traversé la Grande Guerre dans les communications radio à la tour Eiffel, Louis entreprit en 1920 une thèse de physique sous la direction de Paul Langevin. Reprenant l'idée du dualisme onde-particule d'Einstein, il l'étendit à la matière en postulant que les particules matérielles, comme les photons, devaient être associées à des ondes. Pour en trouver la longueur d'onde, de Broglie fit une analogie entre les corpuscules de matière de masse m et les particules de lumière que sont les photons. L'impulsion $p = h\nu/c$ d'un photon peut également s'écrire $p = h/\lambda$, où $\lambda = c/\nu$ est la longueur d'onde du rayonnement. De Broglie étendit cette relation entre longueur d'onde et impulsion aux corpuscules matériels et associa à toute particule d'impulsion $p = mV$ une longueur d'onde $\lambda = h/mV$.

Les détails de cette association restaient flous, mais de Broglie prédisait la possibilité d'observer les interférences de ces ondes de matière et pouvait, à l'aide d'un modèle simple, retrouver les formules de Bohr sur le spectre de l'hydrogène. L'onde de matière électronique tournant autour du noyau devait satisfaire des conditions de résonance, se refermer sur elle-même après avoir oscillé un nombre entier de fois. Cette condition donnait après un calcul simple les énergies des orbites de Bohr autorisées. Pour arriver à ce résultat, de Broglie s'était ainsi largement inspiré des travaux d'Einstein, de ses papiers sur les quanta, mais aussi de ceux sur la relativité.

Invoquer la relativité dans le contexte des réflexions de De Broglie permet de comprendre l'importance du concept de phase en physique quantique. L'optique classique de Fresnel, discutée au chapitre III, avait introduit ce concept en associant la phase de l'onde lumineuse à la direction d'un vecteur dans un plan abstrait (ou, de façon équivalente, à un nombre complexe représenté par un vecteur dans ce plan). À une particule se déplaçant librement avec une impulsion p le long de la direction x, de Broglie associa une onde de matière de longueur d'onde $\lambda = h/p$ dont la phase devait donc, à un instant donné, être égale à $2\pi x/\lambda = p.x/\hbar$. Le vecteur de Fresnel représentant cette phase tourne bien de 2π lorsque x augmente de λ.

Au lieu de s'intéresser à l'évolution spatiale de la phase de l'onde de matière, on peut se demander comment elle évolue dans le temps, en un point donné. La relativité restreinte nous donne la réponse. Nous avons vu que la quantité $Et - px$ est un invariant relativiste pour une particule se déplaçant dans la direction x avec une énergie E et une impulsion p. Il est donc naturel d'admettre que si $px/\hbar$ décrit la phase de l'onde de matière à un instant donné, la quantité $(Et - px)/\hbar$ doit être la phase spatio-temporelle au point x,t de l'espace-temps. Cette phase a un sens absolu. L'événement correspondant au passage de l'onde de De Broglie à un maximum pour un certain observateur doit correspondre au même événement pour un autre observateur dans un autre référentiel galiléen. La phase de l'onde de matière associée à une particule libre est ainsi un invariant relativiste. En un point x de l'espace, cette phase évolue comme l'angle $Et/\hbar$. Elle tourne donc avec la fréquence E/h. La physique quantique associe ainsi, de façon duale l'impulsion p et la position x d'une part, l'énergie E et le temps t d'autre part.

L'idée de De Broglie était révolutionnaire et Langevin ne savait quoi en penser. Il envoya le manuscrit de la thèse à Einstein. Celui-ci fut impressionné et répondit à Langevin que le jeune de Broglie avait levé un pan du grand voile qui cachait les lois du monde microscopique. Langevin ainsi rassuré, de Broglie put soutenir sa thèse avec le physicien atomiste Jean Perrin comme président du jury. Il paraît qu'après la soutenance, Maurice de Broglie demanda à Perrin ce qu'il pensait de son frère et, sans trop s'avancer, ce dernier lui répondit : « Je pense que votre frère est très intelligent. » L'observation en 1926 des premières interférences d'électrons par les physiciens américains Clinton Davisson et Lester Germer prouva que de Broglie n'était pas qu'intelligent. Il avait aussi vu juste.

Quelques mois plus tard, Erwin Schrödinger, un professeur de physique à Zürich, présenta dans un séminaire à ses collègues les travaux de De Broglie. L'un des auditeurs lui fit remarquer que s'il y avait onde, il devait y avoir une équation décrivant sa propagation. Quel était donc l'équivalent pour ces ondes de matière des équations de Maxwell pour les photons ? Schrödinger s'attela à ce problème et établit en quelques mois de travail fiévreux la fameuse équation qui porte son nom. Elle associe à une particule une fonction d'onde qui évolue dans le temps sous l'effet du champ de forces qu'elle subit. Cette évolution est décrite par une équation différentielle reliant les dérivées temporelles et spatiales de la fonction d'onde. Appliquant cette équation à un électron évoluant dans le champ électrique du proton, Schrödinger trouva que sa solution exigeait que les énergies de l'atome d'hydrogène soient quantifiées. Son équation leur assignait les mêmes valeurs que celles du modèle de Bohr.

Indépendamment de Schrödinger, Werner Heisenberg, un jeune étudiant allemand en physique, avait présenté, presque simultanément, une théorie mathématique de la physique quantique basée sur la description des observables physiques sous forme de tableaux de nombres ou matrices obéissant à une algèbre non commutative. Lui aussi retrouvait le spectre de l'atome d'hydrogène dont la quantification résultait dans sa théorie de la non-commutation des opérateurs décrivant la position et l'impulsion de l'électron. Il fut rapidement reconnu que les points de vue de Schrödinger et de Heisenberg étaient équivalents, qu'ils décrivaient une même réalité physique dans deux formalismes que l'on pouvait traduire l'un dans l'autre. La physique quantique sous sa forme moderne était née.

Fonction d'onde, états quantiques et principe de superposition

Il restait à comprendre quelle était la nature profonde de ces ondes dont l'équation de Schrödinger décrivait la propagation. De quoi étaient-elles faites ? Dans quel milieu se propageaient-elles ? Devait-on réinventer l'éther qu'Einstein avait éliminé de la physique vingt ans auparavant ? La réponse fut donnée rapidement par Max Born, le maître de Heisenberg : il s'agit d'ondes mathématiques abstraites associées à des distributions de probabilités qui n'ont pas besoin de milieu pour se propager. Le carré de l'amplitude de l'onde en un point représente la probabilité de trouver la particule en ce point. Cette formulation faisait apparaître un aspect essentiel de la théorie, son caractère probabiliste. En physique quantique, on ne peut parler de la position ou de la vitesse d'une particule, ou de son énergie avant de l'avoir mesurée. Avant cette mesure, tous les résultats potentiels sont possibles, avec des probabilités décrites par l'onde de Schrödinger ou par les valeurs des éléments des matrices de Heisenberg. Ces probabilités ne sont pas dues, comme en physique statistique classique, à notre connaissance insuffisante du système mais à une incertitude fondamentale.

Le principe de superposition est également essentiel. L'onde de matière d'une particule obéit comme une onde lumineuse au principe d'Huygens-Fresnel. Pour calculer sa propagation de proche en proche, on peut la décomposer en ondelettes secondaires issues de sources présentes sur des fronts d'onde successifs, l'onde globale résultant de l'interférence de toutes ces ondelettes. Dit autrement, si plusieurs ondes de matière décrivant l'évolution d'une particule satisfont à l'équation de Schrödinger, alors une combinaison de ces ondes obtenues en sommant leurs amplitudes avec des coefficients arbitraires est également une solution, décrivant un autre état possible de la particule.

Pour être une théorie complète, décrivant non seulement le comportement d'une particule isolée, mais aussi les interactions entre particules conduisant à la formation de noyaux, d'atomes, de molécules ou de solides, la notion de fonction d'onde représentant une distribution d'amplitudes dans l'espace-temps à quatre dimensions doit être généralisée. La description d'un ensemble de N particules exige une fonction à 3N+1 variables, les 3N données des coordonnées d'espace de chaque particule, plus le temps. Cette fonction d'onde ne peut plus se représenter simplement comme une onde dans l'espace ordinaire. Elle devient une fonction évoluant dans un espace abstrait multidimensionnel, mais les propriétés essentielles de la fonction d'onde d'une particule demeurent. Le carré de l'amplitude associée à une configuration des positions des particules représente toujours la probabilité de détecter l'ensemble des particules dans cette configuration. Et le principe de superposition subsiste. Les fonctions d'onde multiparticules se combinent et peuvent donner lieu à des phénomènes d'interférence dans l'espace de leurs configurations. Cette description privilégie la mesure des positions des particules. On peut aussi bien s'intéresser à celle de leurs vitesses. Pour cela, on est amené à décrire des fonctions prenant leurs valeurs non plus dans l'espace ordinaire, mais dans celui des impulsions. Ces fonctions se déduisent des précédentes par une opération de transformation de Fourier, dont les propriétés ont été évoquées au chapitre III.

Les physiciens peuvent aussi s'intéresser à d'autres paramètres que la position ou la vitesse de particules. Il peut par exemple s'agir de l'état de polarisation de photons, ou encore de l'orientation dans l'espace du spin des électrons ou du moment cinétique des atomes. La fonction d'onde spatiale est alors remplacée par un objet mathématique plus général, le vecteur d'état du système défini dans l'espace de Hilbert abstrait introduit au chapitre I. La connaissance des coordonnées de ce vecteur dans cet espace permet de calculer la probabilité de trouver tel ou tel résultat lorsqu'on effectue une mesure d'une observable du système quantique étudié, qu'il s'agisse de la polarisation d'un photon, du moment cinétique d'un atome ou de quelque autre quantité physique. La fonction d'onde spatiale n'est ainsi qu'un cas particulier d'état quantique, adapté à l'étude des variables de position ou de vitesse des particules étudiées.

Le principe de superposition quantique résulte simplement des règles d'addition des vecteurs d'état dans l'espace de Hilbert. Si un système quantique peut se trouver dans divers états représentés par des vecteurs différents, la somme de ces vecteurs, affectés de coefficients arbitraires, représente un autre état possible du système. On notera l'analogie avec les règles de composition des vecteurs de Fresnel décrivant l'état de vibration de la lumière, qui traduisent le principe de superposition en optique.

Comme nous l'avons vu au chapitre I, les transformations affectant les états quantiques jouent un rôle essentiel dans la théorie. Elles peuvent décrire comment ces états sont modifiés sous l'effet des rotations ou des translations dans l'espace des objets quantiques étudiés, ou encore comment ils évoluent dans le temps. Chaque transformation est représentée par un opérateur dans l'espace de Hilbert des états, un objet mathématique décrit par un tableau ou matrice de nombres complexes. Cette matrice permet de calculer les coordonnées du vecteur d'état résultant d'une transformation donnée, à partir des coordonnées de l'état initial. En général, le produit de deux opérateurs quantiques est non commutatif, le résultat dépendant de l'ordre dans lequel ils sont appliqués. Cette propriété, déjà évoquée, joue un rôle essentiel dans la théorie. C'est elle qui entraîne le caractère discret des valeurs possibles de certaines observables, telles que les énergies internes des atomes ou encore leurs moments cinétiques.

Toutes ces notions, qui restent forcément vagues pour le lecteur non spécialiste, se sont précisées au cours des années 1925 à 1930, à l'occasion des débats passionnés entre les pères fondateurs de la théorie. Nous y reviendrons plus loin.

La famille des particules s'élargit

La théorie quantique fut, dans les années 1930 et 1940, complétée pour tenir compte des principes relativistes. L'équation de Schrödinger est en effet une approximation valable pour des particules de vitesse faible devant *c*. Les concepts quantiques mariés à ceux de la relativité montrèrent qu'à l'électron devait être associée son antiparticule, le positron de même masse mais de charge opposée. Cette particule fut observée expérimentalement peu après la prédiction théorique de son existence par Paul Dirac.

Électrons et positrons peuvent, comme nous l'avons vu, s'annihiler mutuellement en produisant des photons gamma, la matière se transformant en énergie électromagnétique pure, conformément à la formule d'Einstein $E = mc^2$.

La théorie de l'électrodynamique quantique, établie dans les années 1940 par les Américains Richard Feynman et Julian Schwinger et, indépendamment, par le Japonais Sin-Itiro Tomonaga, décrit tous les phénomènes qui impliquent particules chargées et lumière. La formulation de cette théorie par Feynman est particulièrement parlante. Elle analyse les interactions relativistes entre les particules sous forme de diagrammes dans l'espace de Minkowski, donnant une représentation imagée des processus physiques impliqués.

Chaque particule y est représentée par des segments de lignes d'univers interrompues par des événements ponctuels, ou vertex, correspondant à des processus d'émission ou d'absorption de photons. La physique quantique n'assignant pas de trajectoire définie aux particules, chacune des lignes symbolise une infinité de chemins possibles suivis par les particules entre deux vertex. La théorie fixe les règles mathématiques qui assignent une amplitude de probabilité aux différents chemins et indique comment sommer ces amplitudes pour calculer la contribution de chaque diagramme à l'amplitude de probabilité du processus étudié. La sommation de ces amplitudes complexes rappelle celle des vecteurs de Fresnel. Comme en optique, seuls comptent les chemins dont les phases quantiques ne se brouillent pas par interférence destructive.

Ces diagrammes décrivent par exemple comment l'électron de l'atome d'hydrogène interagit avec le proton par un échange de photons dits « virtuels » car ils n'apparaissent pas en dehors des systèmes en interaction et ne peuvent être directement détectés.

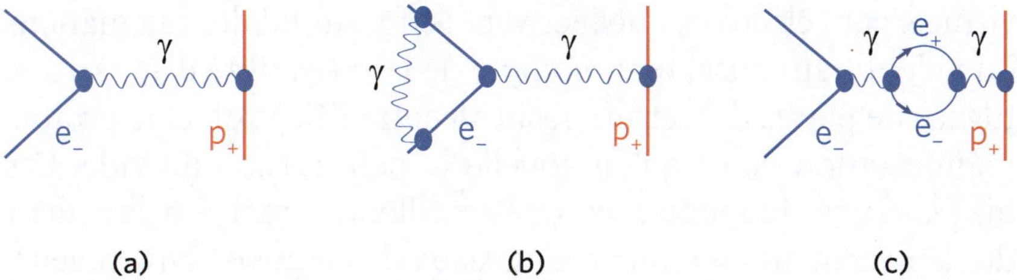

Figure V.6. Trois diagrammes de Feynman illustrant les processus élémentaires de diffusion électron-proton dans l'atome d'hydrogène. Chaque dessin représente les lignes d'univers de particules en interaction. Le temps s'écoule verticalement et la coordonnée horizontale représente l'espace, réduit à une dimension pour faciliter le dessin. Les traits gras décrivent les portions de ligne d'univers des particules matérielles (électron e_-, positron e_+ et proton p_+) alors que celles des photons (γ) sont représentées par des lignes ondulées. Les intersections entre les lignes, appelées vertex, représentent les processus d'émission et d'absorption de quanta de lumière. Les photons qui apparaissent transitoirement dans ces processus sont dits *virtuels*. (a) Diagramme décrivant le processus élémentaire d'interaction à deux vertex entre un électron (e_-) et un proton (p_+) par échange d'un photon virtuel. (b) Diagramme à quatre vertex décrivant la contribution principale au déplacement de Lamb (voir chapitre I) : l'électron émet et absorbe un photon virtuel avant et après son interaction avec le proton. Ce photon furtif décrit l'effet des fluctuations du vide sur l'électron diffusé par le proton. (c) Autre diagramme à quatre vertex décrivant la contribution de la polarisation du vide au déplacement de Lamb : le photon échangé entre l'électron et le proton crée une paire électron (e_-)-positron (e_+) transitoire qui s'annihile pour recréer un photon, finalement absorbé. Ce processus réduit légèrement l'interaction électron-proton et contribue pour 5 % au déplacement de Lamb.

Chacun de ces échanges de photons correspond à un processus de diffusion élémentaire. La liaison permanente de l'électron au noyau, dans l'état fondamental comme dans les états excités de l'atome, résulte de l'effet additif de tous ces processus qui créent un état stationnaire dans lequel l'électron est lié au proton. La sommation de la contribution de tous les diagrammes permet de calculer avec précision les énergies relativistes des niveaux atomiques.

Aux diagrammes décrivant l'effet des échanges directs de photons entre l'électron et le proton, il faut ajouter ceux qui correspondent aux émissions et absorptions rapides de photons virtuels par l'électron, qui décrivent l'effet sur lui des fluctuations du vide. Il faut aussi tenir compte de la possibilité d'apparition fugace de paires d'électron-positron entre l'électron et le proton, manifestation de ce qu'on appelle la polarisation du vide. Ces diagrammes donnent avec une excellente précision la valeur du déplacement de Lamb des niveaux d'énergie de l'hydrogène. La coïncidence, avec neuf ou dix chiffres significatifs, entre les prédictions calculées et les mesures de spectroscopie atomique fait de l'électrodynamique quantique la théorie de loin la plus précise de toute la physique. Feynman a pu dire que si cette théorie pouvait prédire la distance entre Londres et New York, le résultat serait exact à l'épaisseur près d'un cheveu !

De façon encore plus fondamentale, l'électrodynamique quantique a servi de modèle à la théorie quantique des champs qui décrit sous une forme unifiée les différentes interactions existant dans la nature. Dans cette théorie, les diverses particules sont les quanta de leurs champs respectifs. Le photon, dont le champ véhicule l'interaction électromagnétique entre électrons et protons, est le « cousin germain » des particules massives W et Z, véhicules de l'interaction nucléaire faible, responsable de la radioactivité des atomes instables. L'électromagnétisme et la radioactivité ont été rassemblés au cours des années 1960 dans la théorie dite « électrofaible ». Aboutissement des travaux de Steven Weinberg, Abdus Salam et Sheldon Glashow, cette théorie a prolongé la procédure unificatrice de la physique commencée un siècle auparavant par Maxwell. Elle décrit la radioactivité ainsi que les phénomènes électromagnétiques comme les différentes faces d'une même forme d'interaction fondamentale entre les particules de l'Univers.

En poursuivant l'unification plus loin, le photon apparaît aussi comme le cousin « au second degré » des gluons, particules qui véhiculent l'interaction nucléaire forte responsable de la cohésion des quarks, des protons et des neutrons dans les noyaux atomiques. L'interaction électrofaible et l'interaction forte sont à présent réunies dans une famille élargie constituant le *modèle standard* des particules élémentaires, qui rend compte avec une très grande précision de l'ensemble des forces de la nature, à l'exclusion de la gravitation.

Ce modèle, que les physiciens théoriciens Murray Gell-Mann, David Gross, Frank Wilczek et David Politzer ont contribué à élaborer, s'est construit progressivement au cours des années 1960 à 1980 par un échange constant entre travaux théoriques et expériences menées auprès d'accélérateurs de particules. Les collisions à hautes énergies qui se produisent dans ces machines font apparaître des particules cousines de l'électron – muons et neutrinos – qui ne sont pas présentes dans la matière ordinaire, mais dont l'existence est essentielle pour assurer la cohérence du modèle et pour rendre compte des processus nucléaires se produisant au sein des étoiles. D'autres particules, prédites par la théorie et découvertes grâce aux accélérateurs, sont les cousines des quarks présents dans les noyaux atomiques. Elles portent des noms poétiques – quarks charmé ou étrange – qui témoignent de l'imagination des physiciens qui les ont baptisées.

Seule l'interaction gravitationnelle résiste encore à ce qui serait la grande unification de toutes les forces de la nature, et le graviton, quantum hypothétique du champ gravitationnel, reste pour l'instant élusif. La difficulté de cette ultime unification vient sans doute du fait que la gravitation n'est pas une force comme les autres, mais qu'elle exprime la structure même de la toile de l'univers. La quantifier, la ramener à des entités discrètes, pose la question de la discrétisation du temps et de l'espace, à des échelles tellement petites qu'aucune expérience pour la vérifier n'est envisageable à ce jour.

Une identité fondamentale

Ce survol rapide de l'histoire de la théorie quantique telle qu'elle s'est développée depuis un siècle ne serait pas complet si nous ne revenions pas sur l'importance de l'indiscernabilité des particules. Cet aspect de la physique quantique avait été annoncé par Einstein dans son article sur la condensation de Bose-Einstein et il allait par la suite prendre une importance centrale dans la théorie. Un principe essentiel de la théorie quantique consiste en effet à décrire les particules d'une espèce donnée comme des objets totalement identiques. En physique classique, on peut toujours, en principe, distinguer des atomes d'un même élément, ou des électrons gravitant autour d'un noyau atomique, ne serait-ce qu'en les numérotant de façon arbitraire et en les suivant théoriquement sur leurs trajectoires au cours du temps.

En physique quantique cette possibilité, même théorique, disparaît. Il n'y a plus de trajectoires pour les particules, seulement des fonctions d'onde décrivant leurs probabilités de se trouver en différents points. Lorsque deux particules entrent en collision, les ondes qui leur sont associées se recouvrent et il est impossible, même en principe, de déterminer laquelle est laquelle lorsqu'elles se séparent après avoir interagi.

De cette impossibilité, les physiciens ont déduit, dès l'avènement de la théorie quantique dans les années 1925-1930, que la nature n'avait que deux façons de distribuer des particules identiques entre différents états. Dans l'une, qui avait été devinée par Bose pour les photons et étendue par Einstein à la catégorie de particules qu'on appelle des bosons, un nombre arbitraire de particules peut se trouver dans le même état, sans qu'on puisse les distinguer les unes des autres en quoi que ce soit. Cette règle explique, comme nous l'avons vu, le caractère grégaire des bosons.

L'autre règle de la nature, entrevue d'abord par le physicien suisse Wolfgang Pauli, puis explicitée par Enrico Fermi et Paul Dirac, concerne la catégorie des particules qu'on appelle des fermions. Cette règle, appelée aussi principe d'exclusion de Pauli, s'applique en particulier aux électrons. Elle dit qu'au plus une particule peut se trouver dans un état quantique donné. Alors que la règle bosonique favorise à basse température le rassemblement dans l'état d'énergie la plus basse d'un ensemble de bosons, la statistique de Fermi-Dirac oblige les fermions à se répartir entre tous les niveaux d'énergie accessibles, sans que jamais plus d'une particule n'occupe un même état.

Le principe d'exclusion joue un rôle essentiel pour expliquer la structure des atomes et de la matière en général. C'est parce que deux électrons ne peuvent occuper le même état quantique que les atomes des éléments successifs de la classification périodique sont de plus en plus gros. Les électrons ne peuvent en effet s'accumuler près du noyau et doivent venir occuper des orbites de plus en plus excitées, les éloignant d'autant plus du cœur de l'atome qu'il y a plus d'électrons à caser. Le même principe donne une explication profonde aux propriétés mécaniques de la matière solide. Bien que les atomes soient surtout « remplis de vide » puisque l'essentiel de leur masse est concentré dans de tout petits noyaux, ils ne peuvent s'interpénétrer car leurs électrons périphériques « refusent », en raison du principe d'exclusion, de se trouver au même endroit. C'est en vertu du même principe que nous ne passons pas au travers du plancher sur lequel nous tenons debout, les électrons de nos semelles refusant d'occuper la même place que ceux du sol sur lequel nous nous appuyons.

La partition entre bosons et fermions est une caractéristique essentielle du modèle standard de la physique. Les particules fondamentales qui constituent la matière sont toutes des fermions. Au niveau le plus microscopique, ce sont les électrons qui orbitent autour des noyaux et les quarks qui s'associent par trois pour former les protons et les neutrons, constituants de la matière nucléaire. Quant aux particules qui véhiculent les forces – photons, particules W et Z de l'interaction faible et gluons –, ce sont des bosons, ainsi que l'hypothétique graviton.

Il existe enfin un autre boson fondamental, que l'actualité a fait récemment connaître au grand public. On l'appelle le boson de Higgs, du nom de l'un des physiciens qui en ont prédit l'existence dans les années 1960. Cette particule, découverte au CERN en 2011 après une longue recherche, a fait à l'époque la une des journaux. Le champ qui lui est associé baigne tout l'espace.

En interagissant avec ce champ, la plupart des particules du modèle standard, dont la masse était initialement nulle, sont devenues massives à un stade primitif de l'évolution de l'univers. Le photon est resté de masse nulle, alors que ses particules cousines, les bosons W et Z, sont devenues très lourdes. Cette différence explique, comme nous le verrons, la grande disparité de portée entre les forces électromagnétiques et les interactions nucléaires faibles.

Bosons et fermions se distinguent par leurs moments cinétiques intrinsèques. Les spins des premiers sont entiers, ceux des seconds demi-entiers. Le photon en particulier est un boson de spin 1 (son moment cinétique le long de sa direction de propagation pouvant prendre les valeurs $+\hbar$ ou $-\hbar$) alors que l'électron est un fermion de spin 1/2 (son moment cinétique intrinsèque vaut $+\hbar/2$ ou $-\hbar/2$). Ce lien entre la statistique des particules élémentaires et la valeur de leurs spins a été démontré par Pauli en 1940.

Les systèmes composites formés de plusieurs particules liées entre elles obéissent aussi au principe d'indiscernabilité quantique. Ce sont des bosons si le nombre total de particules élémentaires qui les composent est pair (leur spin, somme d'un nombre pair de spins demi-entiers, est alors entier). Ce sont des fermions si le nombre de particules élémentaires est impair (leur spin est dans ce cas demi-entier). Les protons et les neutrons constituant des noyaux atomiques, chacun formé de trois quarks fortement liés entre eux, sont ainsi des fermions.

La même règle s'applique aux atomes, qui sont des systèmes liés de quarks et d'électrons. L'atome d'hydrogène (un proton et un électron, soit quatre particules élémentaires) est un boson ainsi que l'atome d'hélium 4 (deux protons, deux neutrons et deux électrons). Le deutérium (isotope 2 de l'hydrogène formé d'un proton, d'un neutron et d'un électron) ainsi que l'hélium 3 (deux protons, un neutron et deux électrons) sont par contre des fermions. Les isotopes impairs des atomes alcalins qui possèdent tous un nombre impair de quarks et d'électrons, donc un nombre total pair de fermions, sont des bosons composites. Comme nous l'avons vu, ce sont ces atomes qui ont été les premiers à être préparés dans des condensats de Bose-Einstein.

L'existence de bosons composites formés par appariement de nombres pairs de fermions dans la matière explique un certain nombre de phénomènes quantiques qui ont été découverts avant même la première réalisation expérimentale des condensats de Bose-Einstein. Les ensembles de bosons possèdent des propriétés quantiques très spéciales. Leurs particules se comportent de façon collective et font que ces systèmes peuvent manifester de la superfluidité, s'écouler ensemble sans viscosité. C'est le cas de l'hélium 4 liquide à très basse température dont la superfluidité a été découverte dans les années 1930. La superfluidité se manifeste également dans la supraconductivité de certains métaux, que j'ai déjà mentionnée. Leurs électrons s'apparient en effet dans des paires à caractère bosonique qui s'écoulent sans résistance. Ainsi, en prédisant la condensation des bosons, Einstein a livré un élément essentiel de la compréhension de la supraconductivité.

La boîte de Pandore de la physique quantique

Quelle fut l'attitude d'Einstein face au développement de cette physique quantique qui, à partir d'une interrogation sur la lumière, devait conduire si loin nos connaissances sur la structure de la matière et de l'univers ? Il avait introduit en physique un dualisme incompatible avec les concepts classiques. Il avait reconnu que cette physique portait en elle un indéterminisme fondamental, en décrivant l'émission spontanée de photons comme un processus aléatoire. Il avait aussi, le premier, compris l'importance de l'indiscernabilité quantique, qui est une propriété essentielle de particules se comportant comme des ondes. Ajoutons qu'Einstein avait cru à la réalité des photons bien avant Planck et même avant Bohr.

En évoquant Einstein face aux quanta qu'il avait découverts, on ne peut s'empêcher de penser au mythe de la boîte de Pandore. Il nous faut tout de suite qualifier et préciser cette image. La mythologie nous dit qu'en ouvrant la jarre qu'elle était censée laisser fermée, Pandore déclencha une série d'événements catastrophiques. Dans le cas de la boîte d'où sortit le photon, les conséquences furent certainement immenses. L'ouverture de cette boîte nous a apporté la connaissance du monde microscopique et nous a donné les clés de toutes les technologies modernes, ce qu'on peut difficilement qualifier de catastrophe. Les centrales nucléaires, les ordinateurs, les téléphones cellulaires, les lasers, l'imagerie par résonance magnétique, l'Internet, les horloges atomiques et le GPS sont des technologies quantiques qui ont changé notre vie quotidienne au cours du dernier siècle. D'aucuns, voyant les mauvais usages qu'on peut faire de certaines de ces inventions, seraient tentés de redonner son sens sinistre à l'expression mythologique. On peut en effet penser aux applications militaires de l'énergie nucléaire ou encore aux aspects négatifs de l'Internet et à l'utilisation parfois pervertie des réseaux sociaux qui en est la conséquence.

Einstein ne partageait pas cette vision pessimiste et négative de la connaissance et de la science. Si boîte de Pandore il y eut pour lui, ce ne fut pas pour cette mauvaise raison. Cette image, avec sa résonance quasi tragique, s'applique à la découverte des quanta par Einstein parce que la théorie qui en est finalement sortie l'a toujours mis mal à l'aise et qu'il a jusqu'à la fin de sa vie cherché à la dépasser pour revenir à une vision du monde plus conforme à ses idées classiques. Et il faut dire que malgré ses immenses succès, cette théorie continue à faire l'objet de nombreuses interprétations et qu'elle exerce toujours sur le public non scientifique une fascination qui va bien au-delà de la physique.

Pour un esprit classique, ondes et particules sont antinomiques. Les phénomènes ondulatoires sont délocalisés et continus. Les ondes se répandent dans tout l'espace qui leur est accessible. Elles s'ajoutent ou se soustraient, selon leurs phases respectives, et obéissent aux principes de superposition et d'interférence découverts au début du XIXe siècle par Young et Fresnel. Les particules, au contraire, sont des objets bien localisés, suivant des trajectoires définies sous l'effet des forces qui leur sont appliquées. Les principes de superposition ou d'interférence n'ont pas de sens pour elles. Cette opposition entre ondes et corpuscules – illustrée par l'ancienne querelle entre les partisans de Huygens et ceux de Newton – remontait aux origines de la science moderne. Et voilà qu'Einstein avait refusé de suivre les chemins battus en se rangeant dans un camp ou dans l'autre et avait affirmé que, pour la lumière au moins, la dichotomie classique entre ondes et particules, qui semblait pourtant évidente, ne pouvait être maintenue.

Au courant de la même année, il avait déjà été iconoclaste en rejetant un autre dogme de la physique classique, celui de l'universalité du temps. Aussi contre-intuitifs qu'aient été les principes relativistes, ils furent cependant moins dérangeants pour la science de l'époque – et pour Einstein – que l'ouverture de la boîte de Pandore d'où le photon s'est échappé. La révolution quantique allait en effet se révéler pour la physique et la science en général, bien plus bouleversante pour notre façon de voir le monde que ne l'a été la relativité. La théorie des quanta allait révéler, pas à pas, un monde étrange dans lequel le continu et le discontinu, le certain et l'incertain, le fluctuant et l'immuable se côtoient constamment. C'est un monde alliant de façon déconcertante des aspects apparemment inconciliables, donnant une place prééminente au hasard que le déterminisme classique avait cherché à éliminer. Ce monde est celui des molécules, des atomes et des constituants élémentaires de la nature, parmi lesquels les photons, particules omniprésentes voyageant à la vitesse de la lumière, jouent un rôle essentiel.

Les fondateurs de la théorie – Einstein, Bohr, de Broglie, Schrödinger, Heisenberg et les autres – découvrirent les lois quantiques en imaginant des expériences de pensée, comme Einstein l'avait fait pour la relativité. Mais pour Einstein tout au moins, ces expériences de pensée quantiques jouèrent un rôle très différent de celui des trains, manèges et horloges qu'il avait imaginés en 1905. Alors que ces dernières lui avaient servi de guide pour étayer et confirmer sa théorie, les expériences de pensée quantiques lui permirent de jouer l'avocat du diable, dans ses tentatives de plus en plus désespérées pour prouver que la théorie quantique ne pouvait être le dernier mot pour expliquer les lois de la nature. Les expériences de pensée quantiques étaient également plus subtiles et complexes que celles de la relativité car elles se devaient d'analyser des phénomènes contre-intuitifs et apparemment contradictoires, alors que les expériences de trains ou de manèges relativistes ne faisaient qu'illustrer une seule idée simple et rationnelle, l'équivalence de tous les repères pour la description des lois de la physique.

Du classique au quantique : dialogue à travers les siècles entre Fermat, Maupertuis et Feynman

Si la physique quantique nous paraît étrange, c'est que ses lois ne se manifestent en général pas directement à l'échelle des phénomènes macroscopiques auxquels nos sens sont sensibles. La raison en est l'extrême petitesse de la constante de Planck devant les actions auxquelles nous sommes quotidiennement confrontés. J'emploie ici le mot « action » dans son sens physique. Une action est une énergie E multipliée par un temps t, ou encore une impulsion p multipliée par une longueur x. Les actions s'expriment dans le système d'unité usuel en joules × seconde (J.s). La variation de l'action d'une particule ayant l'énergie E et l'impulsion p entre deux événements séparés par un petit intervalle d'espace-temps dx,dt est égale à $Edt - pdx$ (pour simplifier, nous n'explicitons ici qu'une dimension spatiale).

La relativité et la physique quantique nous ont appris que l'onde de matière associée à cette particule a, au point x,t, une phase égale au quotient de son action $A = Et - px$ par la constante de Planck $\hbar$. Cette phase est un nombre sans dimension, gigantesque pour un corps macroscopique. De même, les moments cinétiques des systèmes que nous rencontrons dans la vie courante, qui ont également la dimension d'une action, sont énormes comparés au spin d'une particule quantique. Le moment cinétique d'une roue de vélo tournant avec une fréquence de quelques hertz est typiquement égal à quelques dizaines de J.s alors que l'unité de moment cinétique quantique $\hbar$ est très voisine de 10^{-34} J.s, une fraction de l'ordre de 1 sur 10 millions de milliards de milliards de milliards !

Malgré la très grande valeur de la fréquence ν de la lumière, de l'ordre de 5.10^{14} hertz pour un rayonnement de couleur jaune, l'énergie $h\nu$ d'un photon est extrêmement petite, de l'ordre de 3.10^{-19} J. Une lampe de 100 watts lumineux rayonne environ 330 milliards de milliards de photons par seconde ! Ces exercices d'ordres de grandeur nous font sentir l'énorme distance qui sépare le monde macroscopique de celui des atomes et des photons. Les échanges d'énergie dans les processus macroscopiques observés dans notre vie quotidienne impliquent des nombres de quanta gigantesques. L'aspect granulaire de la physique quantique est alors totalement inobservable et tous les phénomènes nous paraissent continus. Notons que les ordres de grandeur exprimés en nombres impliquant des puissances négatives de 10 aussi élevées ont conduit les physiciens à choisir des unités atomiques plus pratiques. Le joule est remplacé par l'électronvolt (eV), le travail d'un électron subissant une chute de potentiel de 1 volt, qui est égal à $1,6.10^{-19}$ J. L'énergie du photon de lumière jaune prend alors la valeur plus pratique de 1,85 eV.

Explorons maintenant de façon plus fondamentale la frontière entre le classique et le quantique en analysant la dynamique d'une particule à partir des idées de Feynman. Nous pouvons, en remplaçant l'incrément dx par vdt où v est la vitesse de la particule, écrire la variation de son action A sur un petit segment de ligne d'univers sous la forme $dA = (E - pv)dt$. La variation globale ΔA de l'action de la particule quand elle suit un chemin entre deux événements séparés par une distance quelconque est l'intégrale sur ce chemin des incréments dA. Pour une particule non relativiste, E est en général la somme de son énergie potentielle U (qui dépend par exemple de sa hauteur dans un champ de gravitation) et de son énergie cinétique $mv^2/2 = pv/2$. L'incrément dA s'écrit alors $(U + pv/2 - pv)dt = (U - pv/2)dt$. La variation de l'action de la particule est donc simplement l'intégrale de la *différence* de ses énergies potentielle et cinétique le long de sa ligne d'univers. Cette intégrale dépend évidemment du chemin suivi.

Rappelons-nous maintenant que la particule évolue d'après le principe de superposition, « à la fois » sur tous les chemins reliant les deux points d'espace-temps considérés. L'amplitude de probabilité de la trouver en $x + \Delta x$ à l'instant $t + \Delta t$ si elle était en x à l'instant t est la somme de nombres complexes dont les phases sont les quantités $\Delta A/\hbar$ associées à tous les chemins reliant ces deux points. Cette règle, qui s'applique au calcul des diagrammes de Feynman, est analogue à celle de Huygens-Fresnel qui prescrit comment sommer les vecteurs de Fresnel associés à la propagation de la lumière entre deux points. Seules comptent dans cette somme les contributions des chemins de phase stationnaire, c'est-à-dire ceux pour lesquels ΔA ne varie que de l'ordre de $\hbar$ sur des trajectoires voisines. Pour des systèmes quantiques microscopiques un grand nombre de chemins satisfont cette condition. La particule les suit tous « à la fois ». Elle se comporte comme une onde et les effets quantiques sont importants.

Lorsque, par contre, la particule est macroscopique, son action ΔA mesurée en unités de $\hbar$ est un nombre énorme, de l'ordre d'une puissance de 10 très élevée. Elle suit alors seulement le chemin d'action extrémale (maximum ou minimum), car les contributions à l'amplitude de probabilité de tous ceux qui s'en écartent se brouillent complètement par interférence destructrice. On retrouve ainsi paradoxalement à partir du principe de superposition quantique, le principe *de moindre action* de la mécanique classique, qui rappelle celui de Fermat en optique.

La mécanique quantique est ainsi à la physique classique ce que l'optique géométrique des rayons lumineux est à l'optique ondulatoire. Les effets de diffraction et d'interférence de la lumière ne deviennent importants que lorsque la taille des obstacles présentés aux rayons lumineux devient de l'ordre de la longueur d'onde. De manière analogue, les interférences quantiques ne s'observent que si les actions des systèmes étudiés sont de l'ordre de l'action de Planck *h*. J'ai suivi ici un argument développé par Feynman qui inventa dans les années 1940 sa méthode des diagrammes à partir d'une réflexion sur l'importance de la constante de Planck dans la définition de la frontière entre les mondes classique et quantique.

Cela dit, le *principe de moindre action* classique n'a bien sûr pas attendu Feynman et sa découverte historique a précédé de longtemps la physique quantique. Il a été énoncé pour la première fois au milieu du XVIIIe siècle par Maupertuis, l'homme de la mesure de la forme de la Terre, que nous avons déjà cité au chapitre II dans un autre contexte. Sur l'action, Maupertuis nous dit :

> Lorsqu'il arrive quelque changement dans la Nature, la quantité d'Action employée pour ce changement est toujours la plus petite qu'il soit possible.

On reconnaît là un argument quasi philosophique, voisin de celui de Fermat selon qui « la Nature agit suivant les voies les plus courtes et les plus simples ». La remarquable intuition de Maupertuis fut confirmée quelques décennies plus tard par le mathématicien Lagrange qui montra que le principe d'action extrémale est équivalent à la loi de Newton. Il exprime sous forme intégrale, en sommant les contributions à l'action de trajectoires infinitésimales, ce que Newton avait décrit par une équation différentielle, égalant la dérivée de l'impulsion d'une particule à la force qu'elle subit.

Faire émerger comme Feynman l'a fait le principe classique de moindre action de celui des superpositions quantiques a l'avantage de répondre à une question troublante que les physiciens classiques s'étaient posée et que nous avons déjà évoquée au sujet de la lumière et du principe de Fermat : comment la particule « sait-elle » que le chemin qu'elle suit est bien extrémal ? Quel moyen a-t-elle de « déterminer » que les autres chemins correspondent à des actions plus grandes ou plus petites ? La réponse est, comme pour la lumière, que la particule est associée à une onde qui lui permet de « sentir » les chemins voisins et donc de « décider » celui qui correspond à l'action extrémale. J'ai mis plusieurs verbes entre guillemets dans cette analogie anthropomorphique. La particule ne sent ni ne choisit bien sûr rien du tout. Elle obéit simplement aux lois de la physique quantique qui font naturellement émerger le comportement classique déterministe d'une théorie ondulatoire lorsque l'action devient grande devant la constante de Planck.

Un voyage dans les ordres de grandeur

La petitesse de la constante de Planck entraîne celle des longueurs d'onde de matière découvertes par de Broglie. L'estimation de ces longueurs d'onde permet de comprendre, de façon plus spécifique que l'argument théorique de Feynman, pourquoi les phénomènes quantiques échappent en général à notre observation directe. Une molécule d'oxygène, de masse $M = 5.10^{-26}$ kilo, se déplaçant dans l'air ambiant à la vitesse v = 500 m/s, est associée à une longueur d'onde h/Mv de l'ordre de 2.10^{-11} mètre, soit 0,2 angström. Cette longueur est très petite devant les distances entre molécules dans le gaz, typiquement de l'ordre de 30 angströms. L'onde de matière associée à une molécule oscille sur de très petites distances spatiales et elle est diffusée par son interaction avec les autres particules distribuées aléatoirement à plusieurs dizaines de longueurs d'onde les unes des autres. Les ondelettes de matière générées par toutes ces interactions présentent des phases dont les différences sont complètement aléatoires, si bien que tous les effets d'interférence entre ces ondes se brouillent. La physique du gaz s'analyse alors comme celle de petites billes classiques se choquant suivant les lois des boules de billard. C'est ainsi que Boltzmann et Maxwell avaient, avant l'avènement de la théorie quantique, établi la théorie cinétique des gaz.

Les longueurs d'onde de matière augmentent lorsque la masse des particules et leur vitesse diminuent, rendant les phénomènes quantiques relativement plus importants. Un gaz d'hélium, huit fois plus léger que l'oxygène, est constitué à la température ambiante d'atomes dont la longueur d'onde est voisine de 0,6 angström. C'est encore petit devant les distances interatomiques, mais cela s'en rapproche. Et si l'on comprime ce gaz et le refroidit, on atteint plus facilement que pour l'oxygène des situations où les effets quantiques, liés au fait que les distances interatomiques deviennent de l'ordre des longueurs d'onde, commencent à se manifester de façon spectaculaire. L'hélium 4 liquide devient superfluide à 2,17 kelvins et grimpe le long des parois du récipient qui le contient en s'écoulant sans viscosité sous forme de fontaine de liquide échappant spontanément au récipient. Voilà un rare effet quantique macroscopique, une propriété « bosonique » étrange, qui ne fut observée pour la première fois que dans les années 1930.

Explorons plus avant le monde quantique en évaluant la longueur d'onde d'un électron – dont la masse m est 7 300 fois plus petite que celle de l'hélium – orbitant dans un atome d'hydrogène. Dans l'état fondamental, l'électron a une énergie cinétique $E_c = mv^2/2 = 13{,}6$ eV. Sa vitesse $v = \sqrt{2E_c/m}$ (égale à $2{,}2.10^6$ m/s) correspond à une longueur d'onde broglienne h/mv de 3 angströms, égale à la circonférence de l'orbite que Bohr avait assignée à l'électron dans son modèle de 1913. Il est alors clair que les effets quantiques sont essentiels. C'est la condition d'interférence constructive de l'onde électronique – circulant autour du noyau et retrouvant la même phase au bout d'un tour – qui justifie la règle de quantification de Bohr.

Les interférences électroniques jouent également un rôle important dans la matière solide. Dans un métal – le cuivre par exemple –, les atomes sont distribués dans un réseau cristallin régulier, dont le pas est d'environ 2 angströms. Ils mettent chacun en commun un ou deux électrons se déplaçant librement dans le réseau. En vertu du principe de Pauli qui empêche deux fermions d'occuper le même état, tous ces électrons se distribuent sur une échelle d'états quantiques, occupés jusqu'à un niveau d'énergie maximale E_F, appelé *énergie de Fermi*. Négligeant en première approximation les interactions de ces électrons entre eux et avec les atomes, on trouve par un calcul élémentaire de remplissage des niveaux que dans le cuivre $E_F = 7$ eV. Cette énergie correspond à une vitesse électronique $v_F = 1{,}5\ 10^6$ m/s et à une longueur d'onde broglienne h/mv_F d'environ 4 angströms, supérieure à la distance séparant les atomes voisins dans le réseau. Les interférences quantiques entre les ondes électroniques diffusées de façon cohérente par les atomes du métal jouent un rôle essentiel pour expliquer ses propriétés macroscopiques, notamment sa conductivité électrique.

Plongeons encore plus loin au cœur de la matière. À l'intérieur du noyau de l'atome, les protons et neutrons de masses voisines $M = 1{,}6.10^{-27}$ kilo sont confinés à l'extrême sur des dimensions de l'ordre de 10^{-15} mètre et leurs vitesses sont proches de celle de la lumière c. Les dimensions des noyaux sont comparables aux ordres de grandeur des longueurs d'onde h/Mc des particules qui les constituent. Les forces nucléaires confinent les particules dans les noyaux comme le ferait une barrière dont l'épaisseur serait de l'ordre de *h/Mc*. Les ondes de matière peuvent fuir à travers cette barrière par un phénomène analogue à ce qu'on appelle la *réflexion totale frustrée* en optique. Si on rapproche deux blocs de verre en séparant leurs surfaces planes par un mince intervalle d'air d'épaisseur de l'ordre de la longueur d'onde de la lumière, un rayon subissant la réflexion totale dans l'un des blocs peut en effet passer dans l'autre grâce à l'onde évanescente qui s'établit dans l'air entre les deux dioptres (cette onde a été décrite au XIXe siècle par Fresnel ; voir chapitre III). Les photons passent d'un bloc à l'autre alors qu'ils ne pourraient le faire si les dioptres étaient séparés de plus d'une ou deux longueurs d'onde. Un effet analogue peut se produire avec les ondes de matière des particules nucléaires piégées dans les noyaux. Cette transmission de particules à travers la barrière de potentiel nucléaire qui les confine est ce qu'on appelle un *effet tunnel*. C'est ainsi que des noyaux d'atomes d'hélium (constitués de deux protons et de deux neutrons) s'évadent par un effet ondulatoire quantique de noyaux atomiques instables. C'est la radioactivité α, qui fut découverte au début du XXe siècle. Comme nous l'avons vu, les particules α ainsi produites servirent de projectiles à Rutherford pour bombarder une feuille d'or et lui firent découvrir en 1911 le noyau atomique et la structure planétaire de l'atome.

Dans tous les effets quantiques, les notions de superposition d'états et d'interférence sont essentielles. Ces concepts, introduits en optique au début du XIXe siècle, allaient ainsi, avec l'avènement des quanta, s'étendre à la description de toute la physique. Les champs de vecteurs que Fresnel avait tout d'abord imaginés pour décrire la lumière, et que Faraday et Maxwell avaient élargis à la description des phénomènes électriques et magnétiques, s'étendirent au XXe siècle à la description des champs associés à toutes les particules fondamentales. En ce sens, on peut dire que l'histoire scientifique de la lumière porte en germe toute l'histoire de la physique. D'abord décrit comme un champ délocalisé, le rayonnement électromagnétique acquit grâce à Einstein un caractère corpusculaire et ce dualisme se généralisa rapidement à d'autres champs, décrivant le comportement de toutes les particules constituant l'Univers.

Il n'est pas surprenant que cet aspect paradoxal de la physique soit apparu pour la première fois dans l'exploration de phénomènes optiques, tels que le rayonnement thermique ou l'effet photoélectrique. Le photon est en effet parmi toutes les particules celle dont les longueurs d'onde couvrent les gammes de dimensions spatiales les plus étendues. Parce que sa masse est nulle, l'énergie du photon peut prendre un spectre extrêmement étendu de valeurs depuis, celles de l'ordre de micro- ou de nanoélectronvolts des ondes radio jusqu'aux gigaélectronvolts des rayons gamma. Les longueurs d'onde associées, inversement proportionnelles à ces énergies, s'étendent des kilomètres aux attomètres (10^{-18} mètre). À une extrémité de ce spectre, les effets d'interférence des ondes de grande longueur d'onde se manifestent de façon évidente alors qu'à l'autre limite, le comportement granulaire des photons de grande énergie bombardant la matière est clairement identifiable. Entre ces deux extrêmes, dans le domaine optique, la lumière manifeste de façon subtile la combinaison d'effets ondulatoires et corpusculaires qu'Einstein fut le premier à entrevoir.

La scène quantique : objets individuels ou ensembles statistiques ?

Les effets quantiques à l'échelle d'un gaz, d'un solide, d'un atome ou d'un noyau ont été révélés par des observations indirectes. Le comportement ondulatoire de la matière a été reconstruit par des déductions subtiles faites en observant le comportement statistique d'ensembles macroscopiques de particules. Le quantique ne s'y révélait pas de façon directe, mais se montrait pour ainsi dire voilé. C'est pour en établir les règles que les physiciens avaient imaginé ce qui se passerait s'ils étaient capables de manipuler et d'observer des électrons, des atomes, des molécules ou des photons isolés, protégés des perturbations de leur environnement. Tout en imaginant ces expériences, ils pensaient qu'elles resteraient à jamais impossibles à réaliser. Schrödinger exprima cette conviction dans un texte de 1952 où il écrit :

> Nous n'expérimentons jamais avec un seul atome, un seul électron ou une seule molécule. Nous le faisons dans nos expériences de pensée, mais cela a toujours des conséquences ridicules.

Cette phrase peut sembler étrange car, en 1952, l'existence des particules ne faisait aucun doute. Leurs trajectoires dans les chambres à bulles étaient déjà étudiées auprès des accélérateurs qui exploraient avec de plus en plus de précision la structure de la matière. Schrödinger le savait bien, mais il voyait une grande différence entre ces expériences et celles que lui et ses collègues avaient imaginées. Dans les expériences de pensée, ils envisageaient ce qui se passerait si on était capable de manipuler et d'observer des particules quantiques sans les détruire, alors que dans les détecteurs des accélérateurs, les expérimentateurs observaient les traces laissées par des objets quantiques détruits par des collisions de grande énergie. Pour souligner cette différence essentielle, Schrödinger faisait remarquer que :

> nous n'expérimentons pas plus avec des particules isolées que nous n'élevons des Ichthyosaures dans un zoo. Nous analysons les traces laissées par des événements, longtemps après qu'ils se sont produits.

En d'autres termes, les physiciens des particules se comportent comme des paléontologues cherchant à reconstruire les événements passés à l'aide de témoignages fossiles. Ils font de l'analyse *post mortem* alors que les expériences de pensée s'attachaient à imaginer ce qui se passerait si on pouvait observer des systèmes quantiques isolés *in vivo*, sans les détruire. Schrödinger, comme sans doute ses collègues de l'époque, pensait que ces rêves resteraient à jamais irréalisables. Lorsqu'il parle de « conséquences ridicules », il semble même impliquer que les effets que ces expériences décrivaient, les superpositions d'états et les sauts quantiques, ne seraient à jamais observables que par leurs conséquences statistiques, leurs effets dans des systèmes constitués d'un grand nombre de particules, mais qu'il était vain de chercher à les mettre en évidence au niveau des particules individuelles.

L'histoire récente de la physique a montré que Schrödinger avait tort. Nous savons aujourd'hui manipuler des atomes ou des photons isolés sans les détruire et mettre ainsi en évidence directement les propriétés du monde quantique, dévoiler ce qui était jusqu'alors caché dans la complexité du monde classique qui nous entoure. Les expériences de pensée sont devenues réelles, et la lumière a joué un grand rôle dans cette avancée révolutionnaire de la physique.

C'est en effet le laser qui a permis d'explorer la matière au niveau le plus élémentaire, de piéger des atomes ou des photons et d'étudier leur comportement sur une scène où ils manifestent de façon directe leurs propriétés quantiques. Le laser est une technologie née de la physique quantique, qui exploite les connaissances que cette physique nous a données de l'interaction entre atomes et photons au niveau le plus fondamental. Einstein a eu l'idée de départ qui a permis de concevoir cet instrument, lorsqu'il a décrit le phénomène de l'émission stimulée. Quand cette idée a été mise en œuvre, elle a permis de réaliser des expériences testant et confirmant les principes contre-intuitifs de la physique quantique, qu'Einstein et ses collègues avaient dégagés en imaginant des expériences dont ils ne rêvaient pas qu'elles puissent un jour devenir réelles. Ce paradoxe illustre une fois de plus la complémentarité entre recherche fondamentale et recherche appliquée. La première pose les principes sur lesquels la seconde peut se développer et les inventions qui en résultent permettent d'explorer la nature avec une précision accrue, pour confirmer ou corriger les modèles existants, dans un aller et retour fécond entre expériences et théories.

J'ai participé à cette aventure et contribué, par mes recherches, à domestiquer les atomes et les photons qui, peut-être un jour, seront les instruments de technologies quantiques nouvelles. J'ai eu la chance de faire partie d'une vaste communauté de chercheurs qui, dans le monde entier, s'est attachée à explorer le monde des atomes et des photons d'abord pour le comprendre mieux, et ensuite pour l'exploiter par la mise au point d'appareils nouveaux augmentant nos possibilités d'action et d'information. C'est de cette aventure dont je parlerai aux chapitres suivants. Mais avant cela, pour en éclairer le contexte, il nous faut analyser les discussions passionnées des congrès Solvay de 1927 et 1930 où s'est élaborée la théorie quantique.

Les fentes de Young revisitées

La première expérience de pensée qui vint sans doute à l'esprit d'Einstein et de Bohr fut celle des fentes de Young, l'observation des franges d'interférences qui au début du XIXe siècle sembla donner définitivement raison à Huygens en établissant le caractère ondulatoire de la lumière. Comment interpréter cette expérience si la lumière était, après tout, formée de grains discrets, les photons ?

Et comment l'expliquer si on remplaçait la lumière par un flux de particules matérielles, par exemple par des électrons ? Ces particules étaient, d'après de Broglie, associés à une onde de matière et devaient aussi donner lieu à des interférences, comme l'expérience fameuse de Davidson et Germer le montra en 1927, entraînant l'attribution en 1929 du prix Nobel au jeune physicien français.

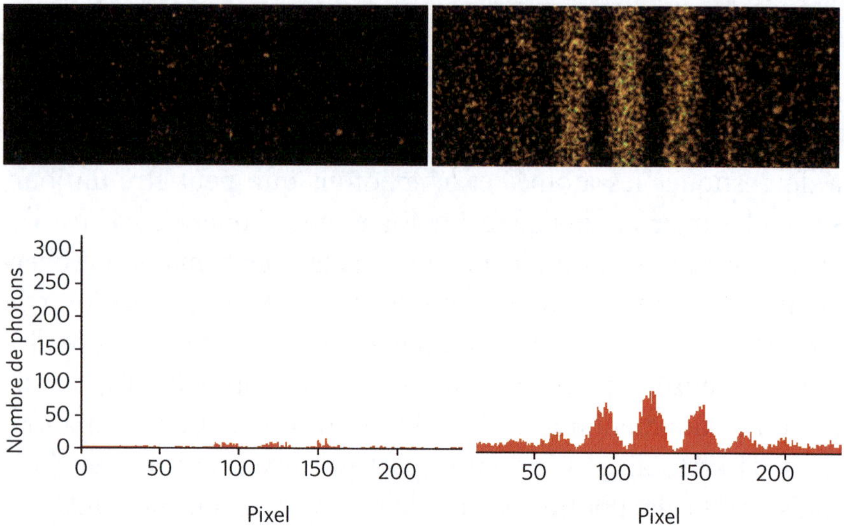

Figure V.7. Expérience d'interférence à deux ondes avec des photons traversant un à un l'appareil (*écrans du haut*) : les premiers photons semblent atteindre l'écran en des points aléatoires (*à gauche*), avant qu'une image claire des franges ne se forme (*à droite*). On reconnaît dans cette image le pointillisme correspondant à l'arrivée individuelle des particules sur l'écran. Les histogrammes au-dessous des photos montrent à ces deux instants le nombre de particules en fonction de l'abscisse du point de détection mesuré en pixels (1 pixel = 25 microns). Les deux ondes qui interfèrent ne proviennent pas de deux fentes mais de la lumière traversant un biprisme de Fresnel, formé de deux prismes accolés à leur base. Ce dispositif, inventé par Fresnel pour étudier les interférences lumineuses, produit des franges analogues à celles qu'il avait obtenues avec ses deux miroirs inclinés. Le principe est identique à celui des fentes de Young (expérience effectuée par Jean-François Roch, École normale supérieure, Cachan).

L'interprétation quantique est, à un premier niveau, très simple. Les ondes de matière ont des amplitudes complexes. Celles qui sont associées au passage des particules par les deux fentes se superposent et interfèrent. Elles se renforcent lorsque la différence de marche entre les chemins est un nombre entier de longueurs d'onde brogliennes et s'annulent par interférence destructrice lorsque cette différence est un nombre impair de demi-longueurs d'onde. Là où les amplitudes de probabilité s'ajoutent, la probabilité de trouver les particules est grande, là où elles se retranchent, cette probabilité s'annule. Si le flux de particules est important, la distribution des points d'impact des particules sur un écran reproduit quasi instantanément la figure de franges d'interférence familière que Young et Fresnel avaient observée plus d'un siècle auparavant. Dans le cas de la lumière, il semblait n'y avoir rien de neuf. S'il s'agissait d'électrons ou d'autres particules, le résultat était nouveau et ouvrait des perspectives fascinantes pour la physique, étendant le concept d'interférence aux propriétés de la matière.

Mais il y a plus que cela dans cette expérience. La notion même de réalité physique se trouve remise en question si on cherche à analyser ce qui se passe au niveau des particules individuelles traversant le dispositif. Supposons que la source de particules, photons ou électrons, soit tellement faible qu'elle n'émette qu'un corpuscule à la fois. La figure d'interférence n'apparaîtra alors qu'après un long temps de pose, les premières particules arrivant sur l'écran de façon apparemment aléatoire jusqu'à ce qu'une image des franges, d'abord pointilliste, puis de plus en plus précise, ne se forme. Cette expérience d'interférences se construisant progressivement, qui n'était qu'imaginée du temps d'Einstein et de Bohr, est à présent réalisée avec toutes sortes de particules, photons, électrons, atomes et molécules, dans différents types d'interféromètres séparant en deux puis recombinant les chemins des particules issues d'une même source. Elle donne toujours le résultat attendu.

Pour que les interférences apparaissent il faut bien sûr que les deux chemins soient ouverts au passage de chaque particule. Si dans l'expérience de Young on ferme une des deux fentes aléatoirement, l'image formée sur l'écran de détection sera celle de deux taches de diffraction s'ajoutant simplement de façon classique, sans interférences.

Mesure, complémentarité et relations d'incertitude

Une question se pose alors immédiatement à un esprit formé à la physique newtonienne, habitué à raisonner en termes d'orbites et de trajectoires. Que se passe-t-il au moment où la particule traverse l'écran percé des deux fentes ? Si elle passe par une des deux fentes, comment se fait-il qu'elle ne puisse jamais arriver sur une frange sombre, alors qu'elle le pourrait si l'autre fente était fermée ? Comment « sait-elle » que la fente par laquelle elle ne passe pas est ouverte ou fermée pour « décider » ou non d'arriver sur une frange sombre ? La réponse donnée par la physique quantique est... que la question n'a pas de sens. Il n'est pas possible de donner une réalité physique au passage de la particule par un trou ou l'autre si aucune mesure n'est faite pour répondre à la question. Il y a une amplitude de probabilité pour que le photon ou l'électron passe par chacun des trous et ces amplitudes de probabilité vont interférer pour donner un résultat lorsqu'une mesure de la position de la particule sera faite, *après* son passage à travers l'écran.

Si on cherche à déterminer où se trouve la particule au moment où elle traverse les fentes, on va bien obtenir un résultat (elle passe soit d'un côté, soit de l'autre), mais la fonction d'onde et l'évolution ultérieure de la particule seront perturbées de façon telle que les franges disparaîtront. En d'autres termes, savoir où est la particule au niveau des fentes et déterminer où elle a des chances de tomber sur l'écran de détection après les fentes sont deux questions incompatibles. On ne peut pas, par une même expérience, demander à la nature de répondre simultanément aux deux. Il faut poser l'une ou l'autre de ces questions, et pour cela modifier en conséquence le dispositif expérimental. Cette impossibilité de mesurer simultanément des quantités physiques incompatibles a été exprimée par Bohr dans ce qu'il a appelé le *principe de complémentarité.*

Ce principe a des conséquences fondamentales pour l'intuition que l'on se fait de la réalité physique et d'abord pour la notion de trajectoire. Si on ne regarde pas l'électron qui traverse l'appareil, il n'y a pas de sens à se demander quelle trajectoire il suit. On peut, de façon imagée, dire qu'il suit dans l'interféromètre les deux trajectoires à la fois, passant par une fente *et* l'autre, dans une superposition des deux états, pour ainsi dire suspendu entre deux réalités classiques. En fait, une expression plus exacte de la théorie est de dire que ce sont les amplitudes de probabilité associées aux deux trajectoires qui se superposent, au sens mathématique du terme. C'est cette superposition mathématique qui est à la base des règles de calcul des diagrammes de Feynman évoqués plus haut.

Pour Bohr et Heisenberg, ce point de vue s'imposait et ils l'admettaient comme une propriété de la nature à l'échelle microscopique qu'il était vain de contester. Pour Einstein, Schrödinger et de Broglie, c'était une autre affaire. « Je sais où est la Lune dans le ciel même si personne ne la regarde », disait Einstein et il avait du mal à renoncer à attribuer une réalité physique à une quantité, simplement parce qu'elle n'était pas explicitement mesurée. Pour essayer de convaincre son aîné, le jeune Heisenberg lui dit un jour qu'en établissant les concepts quantiques il n'avait fait que suivre la méthode que lui-même, Einstein, avait empruntée à la pensée de Ernst Mach. Ce physicien et philosophe allemand prônait que la physique ne devait s'intéresser qu'à ce qui était mesurable et qu'il fallait pour définir une quantité physique quelconque envisager avec précision la façon dont elle était pratiquement évaluée. N'était-ce pas après tout ce qu'avait fait Einstein lorsqu'il avait remis en question la notion de temps absolu en s'intéressant de près à la synchronisation des horloges ? Heisenberg avait suivi la même démarche en établissant une théorie qui reliait entre elles des quantités mesurables de façon explicite. Se poser la question de la valeur prise par certaines quantités, positions ou vitesses de particules, quand le dispositif expérimental ne pouvait les déterminer était une question vaine. Einstein opinait du chef, reconnaissait que la pensée de Mach l'avait aidé pour la relativité, mais « qu'il ne fallait pas répéter deux fois la même plaisanterie ».

Puisque nous évoquons Heisenberg, il est temps d'analyser son fameux principe d'incertitude, qui joue un rôle important en physique quantique et qui est souvent mentionné dans le langage commun pour évoquer les mystères quantiques. Il est important d'en parler à ce stade et de le démystifier, car ce principe est étroitement lié à la notion de complémentarité introduite par Bohr et il va nous servir pour analyser plus en détail les expériences de pensée discutées aux congrès Solvay de 1927 et de 1930.

Ces fameuses relations d'incertitude expriment que certaines quantités dites « complémentaires » ou « conjuguées » ne peuvent être simultanément déterminées en physique quantique qu'avec une précision limitée. Elles relient entre elles les incertitudes Δx et Δp que doivent respecter les mesures de la position et de l'impulsion d'une particule, ou encore les incertitudes ΔE et Δt avec lesquelles on peut déterminer l'énergie E échangée entre deux systèmes quantiques et l'instant t de cet échange. La relation liant position et vitesse, $\Delta x.\Delta p \geq \hbar$, exprime le fait que, au niveau quantique, augmenter la précision sur la mesure de la position d'une particule se paie par une incertitude croissante sur la connaissance de son impulsion, donc de sa vitesse. La relation analogue portant sur le temps et l'énergie, $\Delta E.\Delta t \geq \hbar$, signifie que pour déterminer avec précision une énergie, il faut le payer par un renoncement à connaître avec certitude le moment où cette énergie a été créée ou échangée.

La petitesse de la constante de Planck apparaissant dans ces inégalités indique bien sûr qu'elles ne deviennent de véritables limitations qu'au niveau des processus microscopiques de la physique atomique ou nucléaire. À l'échelle macroscopique, les produits des incertitudes expérimentales classiques sur x et p ou sur E et t sont bien plus grandes que $\hbar$ et la précision des mesures n'est pas limitée par les relations de Heisenberg.

Ces relations peuvent se déduire qualitativement des propriétés des ondes de matière brogliennes. Une particule d'impulsion donnée p a une longueur d'onde bien définie. Elle s'étend donc dans l'espace sur une distance théoriquement infinie, correspondant à une répartition uniforme de la probabilité de trouver la particule n'importe où. Une extrême précision sur l'impulsion d'une particule se paie ainsi par une information nulle sur sa position. Inversement, lorsqu'on détecte une particule en un point précis, sa fonction d'onde est à cet instant parfaitement localisée en ce point et elle est constituée de la superposition d'une infinité d'ondes planes associées à une distribution infiniment large de valeurs de l'impulsion. Il s'agit là de propriétés fondamentales de la transformation de Fourier, déjà analysées dans le contexte de l'optique au chapitre III.

Connaître avec une infinie précision la position d'une particule se paie ainsi par une méconnaissance totale de son impulsion. Entre ces deux situations extrêmes, on peut préparer la fonction d'onde d'une particule comme un *paquet d'ondes* dont les longueurs d'onde sont dispersées autour d'une valeur centrale, donnant une largeur Δp à la distribution des impulsions et une largeur inversement proportionnelle $\Delta x = \hbar/\Delta p$ à la distribution des valeurs possibles de sa position. Le produit $\Delta x.\Delta p$ des deux incertitudes est alors égal à $\hbar$ et c'est le meilleur compromis possible si l'on cherche à optimiser les précisions des deux mesures.

Un raisonnement analogue, également basé sur l'analyse de Fourier, permet de comprendre les relations d'incertitude temps-énergie. Une particule d'énergie E bien définie est associée à une onde broglienne de fréquence E/h parfaitement déterminée, ce qui exige qu'elle se développe sur un intervalle de temps infini. Il est alors impossible de savoir quand l'onde est apparue. Inversement une particule créée à un instant bien précis a une indétermination totale sur son énergie. Ici encore, le meilleur compromis possible consiste à considérer un paquet d'ondes qui admet un certain flou ΔE sur son énergie et un flou conjugué Δt sur le temps de création du paquet (ou de son passage en un point), le produit de ces deux incertitudes étant égal à $\hbar$.

Ces relations d'incertitude jouent un rôle essentiel en physique quantique. Elles donnent une explication qualitative à des phénomènes fondamentaux du monde des atomes et des photons. Nous avons vu qu'un des mystères que la physique newtonienne et les équations de Maxwell étaient incapables d'expliquer est la stabilité de la matière atomique. L'électron de l'atome d'hydrogène qui tourne autour du noyau, attiré par son champ électrique comme une planète est attirée autour du Soleil par son champ gravitationnel, devrait rayonner de l'énergie électromagnétique et finir, au bout d'un temps très court, par tomber sur le noyau. Or il reste à une distance de l'ordre de 0,5 angström de celui-ci. Bohr avait admis cette propriété comme un postulat en assignant à l'électron des orbites privilégiées, la plus basse étant précisément celle où l'électron gravite à un rayon de Bohr du noyau.

Les relations d'incertitude donnent à ce postulat une explication plus générale. Si l'électron tombait sur le noyau, sa position deviendrait infiniment précise et donc son impulsion et, par voie de conséquence, son énergie cinétique augmenteraient indéfiniment. En restant à une distance finie du noyau il optimise le produit des incertitudes sur sa position et son impulsion de façon à minimiser son énergie. Celle-ci est la somme de son énergie potentielle électrique, qui devient de plus en plus forte et négative lorsqu'il se rapproche du noyau et de son énergie cinétique positive qui devient alors de plus en plus grande. La taille de la fonction d'onde électronique, de l'ordre de 10^{-10} mètre, correspond au minimum de la somme de ces deux énergies qui évoluent en sens contraire avec la distance de l'électron au noyau. Si on ajoute progressivement d'autres électrons à l'atome pour former les éléments successifs de la classification périodique de Mendeleïev, on doit – en tenant compte de la statistique de Fermi-Dirac – les placer sur des orbites de plus en plus grandes. On peut dire ainsi que la structure de la matière s'explique par les exigences combinées des relations d'incertitude de Heisenberg et du principe d'exclusion de Pauli.

La relation d'incertitude temps-énergie joue également un rôle essentiel en physique quantique. Lorsqu'un électron dans un atome est porté dans un état excité, il retombe au bout d'un certain temps vers son état fondamental en émettant un photon dont la fréquence est reliée à la différence d'énergie des deux états par la formule de Planck $E_1 - E_2 = h\nu$. Cette émission se produit à un instant aléatoire, comme un saut quantique instantané. Le temps moyen τ que l'atome passe dans l'état excité est relié aux incertitudes ΔE et $\Delta\nu$ de l'énergie et de la fréquence du photon émis par la relation $\Delta E = h\Delta\nu = \hbar/\tau$ qui détermine la limite de la précision de la mesure de la fréquence de la lumière émise par un atome au repos (s'il bouge, s'y ajoute une incertitude supplémentaire comme nous le verrons au chapitre suivant).

Si l'on cherche une source de lumière la plus monochromatique possible, par exemple pour construire une horloge atomique, on devra choisir de l'asservir sur une transition atomique entre un état fondamental et un état excité de la plus grande durée de vie possible, c'est-à-dire de la plus grande valeur possible pour τ. Dans les horloges atomiques optiques, les états atomiques excités ont une durée de vie de quelques centaines de secondes, ce qui permet de définir la fréquence de l'ordre de 10^{15} hertz au millième de hertz et de donner à l'horloge une incertitude relative de quelque 10^{-19} (moins d'une seconde sur l'âge de l'Univers !). Ainsi, les relations d'incertitude ne sont pas synonymes de flou ou d'imprécision. La physique quantique autorise à atteindre une précision aussi grande que l'on veut lorsqu'on mesure un paramètre (par exemple l'énergie ou la fréquence d'un photon) à *la condition* d'accepter une grande indétermination sur la variable conjuguée (dans ce cas, le temps d'émission de ce photon).

La relation d'incertitude temps-énergie peut être aussi invoquée pour comprendre l'effet tunnel quantique, analysé par Gamow dans les années 1920. Nous avons vu avec l'exemple des rayons α qu'une particule piégée par une force nucléaire peut échapper à son piège et s'en éloigner indéfiniment. Classiquement cela est impossible parce que la traversée de la barrière constituant le piège violerait le principe de conservation de l'énergie. Dit plus simplement, la particule piégée n'a pas assez d'énergie cinétique pour sauter par-dessus la barrière qui la confine. En physique quantique cependant, un processus transitoire peut faire apparaître une quantité d'énergie ΔE ne conservant pas l'énergie, à condition que ce processus ne dure pas plus qu'un temps Δt de l'ordre de $\hbar/\Delta E$. On peut dire que la particule, pour s'échapper par effet tunnel, emprunte au noyau l'énergie potentielle qui lui permet de sauter par-dessus la barrière, et que cet emprunt est possible parce que le saut ne dure qu'un temps très court.

Un argument analogue explique la grande différence de portée entre les interactions « cousines » que sont les forces électromagnétiques et les interactions nucléaires responsables de la radioactivité. Les premières sont à longue portée parce qu'elles sont véhiculées par des photons de masse nulle, dont l'énergie peut être arbitrairement petite. D'après la relation d'incertitude temps-énergie, le temps écoulé entre la création et l'annihilation d'un photon virtuel échangé par deux particules chargées peut être arbitrairement long, d'autant plus grand que sa fréquence est plus petite. Ce photon peut donc se propager à la vitesse de la lumière sur de grandes distances, ce qui explique la longue portée des interactions électromagnétiques. La force nucléaire faible est quant à elle véhiculée par des bosons W et Z, dont les masses M_w et M_z sont environ cent fois celle d'un proton. Les apparitions de ces bosons dans les processus nucléaires sont donc extrêmement fugaces, n'excédant pas un temps $\hbar/M_wc^2$ ou $\hbar/M_Zc^2$, de l'ordre de 10^{-25} seconde. Ils ne peuvent pendant ce temps se propager que sur des distances de l'ordre de 10^{-17} mètre, ce qui limite l'influence de la force nucléaire faible à l'intérieur des noyaux atomiques.

Débats autour d'expériences imaginaires

Pour comprendre comment les relations d'incertitude de Heisenberg éclairent le principe de complémentarité de Bohr, revenons encore à l'expérience de pensée des fentes de Young. Einstein n'avait pas renoncé à l'existence de la trajectoire de la particule traversant l'écran percé des deux fentes. Obturer l'une des deux pour s'assurer que le photon ou l'électron passait par l'autre était évidemment une procédure trop brutale. Il imagina une méthode plus subtile. Les deux fentes étaient à présent horizontales, l'une au-dessus de l'autre. La fente du bas était percée dans la paroi de l'écran fixe et celle du haut faisait partie d'un équipage mobile, une petite lame suspendue à un ressort vertical, laissée libre d'osciller de haut en bas. L'idée d'Einstein était simple.

Figure V.8. Bohr et Einstein photographiés en 1925 à Leyde chez leur ami, le physicien austro-hollandais Paul Ehrenfest *(© World History Archive/ABACA)*.

Si la particule traversait le dispositif par la fente du bas, celle du haut ne bougerait pas. Par contre, si la trajectoire la menait à travers celle du haut, elle serait diffractée par les bords de cette fente et verrait son impulsion légèrement défléchie vers le bas, entraînant par réaction un mouvement de l'équipage mobile vers le haut. Cet équipage retenu par le ressort se mettrait à osciller et son mouvement révélerait la trajectoire suivie par la particule. Celle-ci arriverait ensuite sur l'écran de détection et y laisserait une trace comme dans l'expérience dans laquelle les deux fentes sont fixes. On connaîtrait ainsi la trajectoire de chaque particule et on observerait des franges après la détection d'un grand nombre d'impacts. Mais est-ce si sûr ?

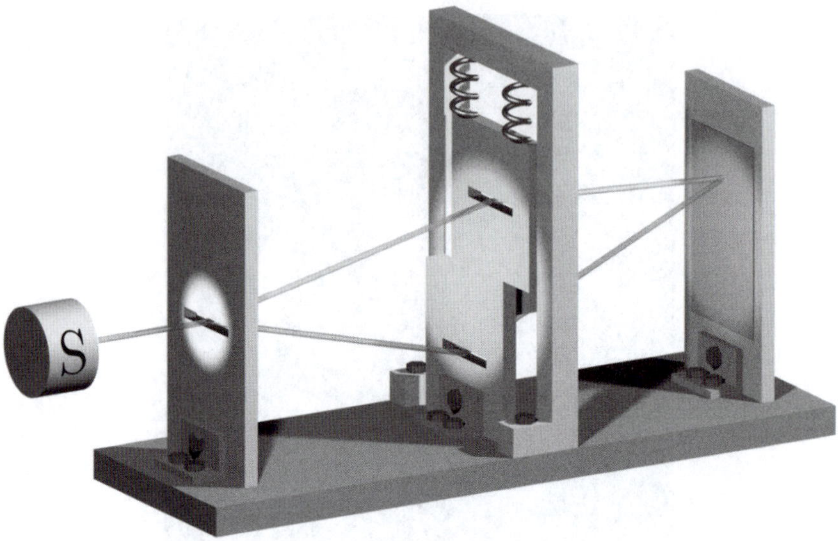

Figure V.9. L'expérience de pensée des trous de Young avec une fente mobile. L'équipage mobile, suspendu aux ressorts, se met à osciller si la particule passe par la fente supérieure *(d'après un dessin de Niels Bohr, reconstitué par J.-M.Raimond)*.

Bohr n'eut pas de mal à sauver son principe de complémentarité en appelant Heisenberg à la rescousse. Pour détecter le tout petit changement d'impulsion provoqué par le passage de la particule, l'impulsion initiale de l'équipage mobile devait être connue avec une incertitude Δp très petite, entraînant une incertitude sur la position verticale de la fente au moins égale à $\Delta x = \hbar/\Delta p$. Cette incertitude aurait pour conséquence de créer un flou sur la différence de marche entre les deux chemins qui brouillerait la figure d'interférence. La particule perturbée par le recul qu'elle ferait subir à la fente mobile arriverait sur l'écran de détection n'importe où, et non plus obligatoirement sur une frange brillante.

Cette expérience de pensée révèle une propriété essentielle d'un oscillateur quantique, qu'il s'agisse d'une petite masse accrochée à un ressort ou d'un pendule oscillant dans le champ de pesanteur terrestre. Tout comme l'électron dans l'atome d'hydrogène et fondamentalement pour la même raison, l'oscillateur ne peut être à un instant localisé en un point précis, car alors son impulsion serait infinie. Dans son état d'énergie la plus basse, ce qu'on appelle son état fondamental, le système doit avoir une énergie cinétique résiduelle et présenter une incertitude de position autour de son point d'équilibre. Ce flou de position et d'impulsion, qui correspond à l'état d'énergie minimum compatible avec les relations d'incertitude, définit ce qu'on appelle les fluctuations de point zéro de l'oscillateur.

Dans l'expérience de pensée de la fente mobile, ces fluctuations inévitables font que l'observation des franges est incompatible avec la détection du mouvement de la fente, conformément au principe de complémentarité de Bohr. Ces limitations ne s'appliquent qu'à des objets ultralégers, de taille atomique. Pour des corps macroscopiques constitués d'un nombre gigantesque d'atomes, la petitesse de la constante de Planck rend les fluctuations quantiques négligeables. Les fentes d'interféromètres ne bougent pas de façon perceptible et les interférences sont observées, sans que l'on puisse connaître la trajectoire suivie par les particules. L'expérience de la fente mobile restait une expérience idéale de pensée, dont la réalisation était inimaginable à l'époque. Les choses ont changé depuis et des versions de ces expériences sont maintenant faisables, comme nous le verrons plus loin.

Les fluctuations quantiques sont également essentielles dans la description des modes du champ électromagnétique qui sont aussi des oscillateurs, comme l'étude du rayonnement thermique l'a montré. Dans son état fondamental, en absence de photons, un mode du champ de fréquence ν présente des fluctuations du champ magnétique et du champ électrique, dont l'énergie est égale à celle d'un demi-photon, $h\nu/2$. C'est ce qu'on appelle les fluctuations du champ du vide. Ces fluctuations ont des effets détectables sur les atomes qui sont immergés dans ce champ. Elles sont en particulier responsables du déplacement de Lamb des niveaux atomiques de l'hydrogène.

Un oscillateur dans son état fondamental, qu'il s'agisse d'un champ ou d'un système mécanique, a une phase complètement aléatoire alors que son énergie est parfaitement définie puisque son nombre de quanta est égal à zéro. Pour acquérir une phase, l'oscillateur doit présenter une incertitude sur son énergie, c'est-à-dire être excité dans une superposition d'états correspondant à des nombres de quanta différents, distribués sur un intervalle Δn autour d'une valeur moyenne $\bar{n}$. Conformément à la relation d'incertitude de Heisenberg temps-énergie, la phase de l'oscillateur est d'autant plus précise que Δn est plus grand. La fluctuation ΔE de l'énergie de l'oscillateur est en effet égale à $h\nu\Delta n$, tandis que celle, Δt, de l'instant où sa phase passe par une valeur donnée introduit une imprécision $\Delta\varphi = 2\pi\nu\Delta t$ sur cette phase. On déduit alors de la relation $\Delta E.\Delta t \geq \hbar$ que le produit $\Delta n.\Delta\phi$, égal *à* $\Delta E.\Delta t/\hbar$, est plus grand ou égal à l'unité. Le produit de $\Delta\varphi$ par l'incertitude relative $\Delta n/\bar{n}$ du nombre de quanta est donc *au minimum* égal *à* $1/\bar{n}$. L'état de l'oscillateur ressemblant le plus possible à un système classique, ayant *à la fois* une énergie et une phase définies de façon optimale, correspond au compromis dans lequel les incertitudes sur ces quantités sont toutes deux égales à $1/\sqrt{\bar{n}}$.

À la limite classique, le nombre de photons ou de quanta de vibrations est gigantesque et la quantité $1/\sqrt{\bar{n}}$ est négligeable. On retrouve la « certitude » de la physique newtonienne pour laquelle les amplitudes et les phases d'un oscillateur peuvent être définies avec une précision arbitraire. Dans le cas de petits nombres de photons ou de quanta de vibration, la granularité quantique n'est plus négligeable et la quantité $\Delta n/\bar{n}$ devient appréciable, ainsi que les fluctuations de phases quantiques $\Delta\phi$, de l'ordre de $1/\sqrt{\bar{n}}$. Nous en verrons des exemples plus loin.

Ayant perdu en 1927 la bataille des relations d'incertitude reliant position et impulsion, Einstein revint au congrès Solvay de 1930 sur la question de la relation reliant l'énergie et le temps. Il présenta à Bohr une expérience de pensée qui semblait violer l'inégalité de Heisenberg $\Delta E.\Delta t \geq \hbar$. Certes, si l'on considérait le cas de l'émission spontanée d'un photon par un atome excité, cette inégalité était bien respectée, mais c'était peut-être dû au fait que l'expérimentateur ne contrôlait pas le processus aléatoire d'émission de la particule lumineuse. Einstein imagina un dispositif ingénieux, la fameuse boîte à photons que j'ai décrite au début de ce chapitre telle que Gamow la construisit et telle qu'on peut la voir aujourd'hui dans sa vitrine à l'Institut Niels Bohr. Cette boîte était en principe capable de relâcher des quanta de lumière à un instant bien défini. Pour mesurer l'énergie électromagnétique contenue dans la boîte, celle-ci était suspendue à un ressort dans le champ de gravitation terrestre et il suffisait donc de peser la boîte comme un vulgaire poids, en observant le déplacement d'un curseur attaché à la boîte devant une règle graduée. Il fallait pour cela admettre l'équivalence entre la masse et l'énergie et celle entre masse inertielle et masse pesante de la relativité générale.

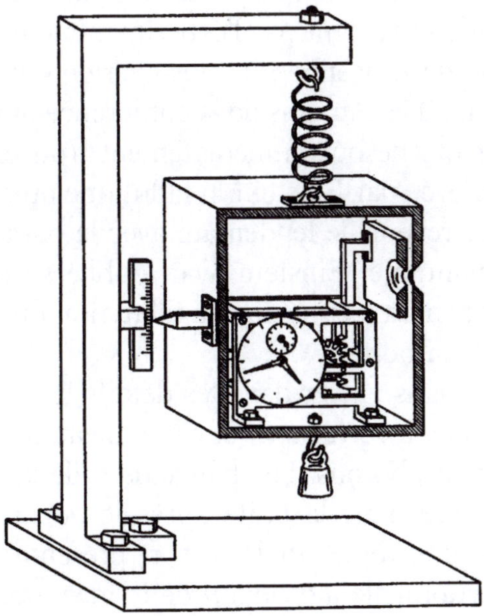

Figure V.10. La boîte à photons dessinée par Niels Bohr. C'est cette boîte que Gamow a « construite » et offerte à Einstein et à Bohr à Noël en 1930 (voir figure V.1) *(Archives Niels Bohr, Copenhague)*.

L'expérience mariait ainsi la nouvelle physique quantique avec la théorie de la relativité, un domaine de la physique qu'Einstein ne connaissait que trop bien. La boîte était supposée avoir des parois internes parfaitement réfléchissantes permettant aux photons d'y rebondir sans perte et l'énergie du système était donc conservée. Pour contrôler l'émission d'un photon, une horloge située dans la boîte activait l'ouverture et la fermeture d'un obturateur ouvrant une des parois pendant un petit intervalle de temps, mesurable en repérant la position de l'aiguille de l'horloge à l'ouverture et à la fermeture de l'obturateur. En pesant la boîte avant l'ouverture et après la fermeture de cet obturateur, on pouvait déterminer l'énergie, donc le nombre de quanta qui s'étaient échappés. On disposait d'un temps arbitraire pour faire cette mesure avant et après le départ des photons et il semblait donc que rien ne venait limiter la précision avec laquelle on pouvait déterminer E, pour un intervalle t d'ouverture de la boîte aussi court que décidé librement par l'expérimentateur.

La relation de Heisenberg temps-énergie semblait avoir un problème sérieux. Les témoins de la conférence ont raconté l'agitation de Bohr qui ne put immédiatement trouver la réponse à la question soulevée par Einstein. Il fallut une nuit sans sommeil au Danois pour revenir le lendemain avec la parade qui sauvait la physique quantique. Einstein avait oublié sa propre théorie de la relativité générale et négligé la dilatation du temps mesuré par l'horloge de la boîte !

Reprenons, sans entrer dans les détails le raisonnement de Bohr, que Gamow a retranscrit sur le tableau attaché à sa version de la boîte à photons. Le changement de la masse-énergie $E = mc^2$ contenue dans la boîte après le départ des photons allait entraîner une force sur le ressort présentant une incertitude ΔF proportionnelle à celle Δm de la masse qu'on cherchait à déterminer. Cette incertitude sur la force était liée à celle, Δp, de l'impulsion acquise par la boîte, la relation entre F et p étant simplement la loi de Newton disant que la variation de p par unité de temps est égale à la force appliquée. L'incertitude sur p était, par la relation de Heisenberg entre la position et l'impulsion, liée à celle, Δz, de la position verticale du curseur mesurant le poids de la boîte.

Ainsi, une chaîne directe de relations reliait les incertitudes Δm de la masse que l'on cherche à déterminer, celle Δp de l'impulsion acquise par la boîte pendant l'ouverture de l'obturateur et celle Δz de la hauteur du curseur attaché à la boîte. Et c'est à ce point du raisonnement qu'intervient la relativité générale. Si la hauteur de la boîte dans le champ de gravitation terrestre a changé, le temps mesuré par l'horloge a aussi changé. Le rythme de l'horloge mesurant l'intervalle de temps écoulé entre l'ouverture et la fermeture de l'obturateur dépend de z et l'incertitude quantique Δz affecte celle sur le temps d'ouverture, Δt. Un simple calcul permit alors à Bohr de relier Δm à Δt et de retrouver la relation d'incertitude sous la forme $\Delta mc^2.\Delta t \geq \hbar$. La relativité générale avait sauvé la relation de Heisenberg ! Les témoins du triomphe de Bohr notèrent l'ironie de la situation. Einstein avait été pris en défaut sur la théorie de la relativité, son enfant chéri, et c'est cette théorie qui avait permis de préserver la cohérence de la physique quantique qui le mettait mal à l'aise !

Il peut *a priori* paraître surprenant que la physique quantique s'appuie sur la théorie de la relativité, générale de surcroît, pour être ainsi validée, alors qu'il n'existe toujours pas de modèle mariant de façon générale ces deux théories. Il n'y a là cependant rien d'étonnant. En imaginant son expérience, Einstein avait lui-même défini le cadre dans lequel elle devait être analysée. L'équivalence masse-énergie de la relativité restreinte et le principe d'équivalence entre masse inertielle et gravitationnelle jouent un rôle essentiel ici. La dilatation des temps en fonction de la position dans un champ gravitationnel en est une conséquence inéluctable, comme l'expérience de pensée du manège décrite au chapitre précédent l'a montré. Tenir compte de cet effet sur le temps mesuré par l'horloge de la boîte est donc une démarche parfaitement justifiée, indispensable même si on veut s'assurer de la cohérence de la physique. Qu'il n'existe pas encore de théorie qui décrive les aspects quantiques dans les conditions de gravitation extrêmes des trous noirs n'est pas un problème pour l'expérience exposée ici, qui ne dépend que des manifestations de la relativité générale dans des situations de champs très faibles, où elle peut être décrite classiquement.

L'intrication quantique

Les expériences de pensée des années 1927 et 1930 portaient en germe la question de *l'intrication quantique*, un concept qui a beaucoup occupé Einstein dans les années 1930 et qui a conduit à sa dernière contribution à la physique quantique. Pour interpréter ces expériences, il est nécessaire de décrire comme des objets quantiques non seulement les particules que l'on étudie, mais aussi l'appareil expérimental avec lequel elles interagissent. Dans l'expérience de la fente mobile, celle-ci et la particule forment un ensemble indissociable, dont les paramètres physiques sont fortement corrélés. Après la traversée des fentes, le système évolue dans une superposition de deux situations physiques distinctes : celle où la particule est passée par la fente inférieure sans que la fente supérieure ne bouge et celle où elle a été transmise à travers la fente supérieure qui se met à osciller. Avant que la particule ne soit finalement détectée en aval des fentes, à une distance de celles-ci qui peut être imaginée arbitrairement grande, ces deux parties du système sont dans un état quantique combiné, ce qu'on appelle un état intriqué. Cette intrication possède des propriétés étranges pour un esprit classique.

Si l'on observe la fente, on la trouvera, avec des probabilités égales, soit immobile, soit en état d'oscillation. Dans le premier cas on saura avec certitude, même sans l'avoir détectée, que la particule est décrite par l'onde issue de la fente inférieure, alors que dans le second cas, on sera sûre qu'elle est associée à l'onde émanant de la fente supérieure. On pourrait même s'assurer de cette corrélation parfaite en modifiant le dispositif expérimental.

Il suffirait, dans le cas des photons, de remplacer l'écran de détection par une lentille formant l'image des deux fentes et de placer des détecteurs à la place où ces images se forment. On verrait alors que si la fente légère restait immobile, le photon arriverait toujours sur le détecteur coïncidant avec l'image de la fente fixe, alors que ce serait le contraire si la fente légère se déplaçait.

L'état intriqué de deux systèmes qui ont interagi et se sont séparés est très particulier. Chaque partie ne peut plus être décrite indépendamment de l'autre. L'état quantique de l'ensemble porte une information sur la corrélation, mais n'a pas d'information sur chaque partie considérée séparément. La particule va aboutir à un détecteur ou à l'autre avec des probabilités égales et la fente va être observée en mouvement ou non, également avec des probabilités égales. Lequel de ces résultats va être observé par une mesure est imprévisible. La seule information portée par l'état quantique intriqué est que ces deux résultats sont toujours corrélés. La particule *seule* n'est plus dans une superposition d'états, elle *partage* cette superposition avec la fente qui porte une information sur la trajectoire de la particule.

Ce partage explique la disparition des franges d'interférence. Même si aucun observateur ne regarde ce qui arrive à la fente mobile, on peut toujours supposer que son état est enregistré, inscrit dans un registre qui pourra être lu à tout moment ultérieur. Cette simple possibilité contraint la particule à passer par une fente ou l'autre suivant le résultat de cette mesure virtuelle. On se retrouve dans une situation qui n'est pas fondamentalement différente de celle où une fente ou l'autre se trouve aléatoirement fermée et on comprend que dans ce cas, les interférences ne peuvent se former. Du simple fait que la particule partage son état quantique avec un autre système, la superposition quantique impliquant qu'elle est à la fois sur les deux trajectoires est remplacée par une alternative classique. La particule est maintenant associée à l'onde issue d'une fente *ou* de l'autre, non plus une superposition d'une trajectoire *et* de l'autre, et les interférences disparaissent.

L'intrication quantique joue ainsi un rôle essentiel dans l'explication du principe de complémentarité. L'aspect ondulatoire n'est observé que si aucune information sur la trajectoire des particules ne fuit dans un environnement susceptible d'enregistrer cette information. Si cette fuite s'est produite, la particule étudiée est intriquée avec son environnement et les effets d'interférence sont détruits. Le système est forcé de suivre une trajectoire classique, déterminée par l'information qui a fui dans l'environnement. C'est ce phénomène qui explique que des particules quantiques laissent des traces de trajectoires précises dans des chambres à bulles ou à étincelles. Leur interaction continue avec le liquide de la chambre ou les potentiels des fils des détecteurs les forcent à choisir une trajectoire et font disparaître l'aspect ondulatoire de leur comportement.

L'analyse des expériences de pensée de 1927 et 1930 conduisit Einstein à s'interroger sur l'intrication, ce qui se concrétisa par un fameux article, écrit en collaboration avec ses assistants Podolski et Rosen en 1935, que l'on appelle simplement le « papier EPR ». Einstein et ses collègues y considèrent une situation plus simple que celle du photon et de la fente mobile. Deux particules de même masse, par exemple un électron et un positron, sont créées à un instant donné et s'éloignent l'une de l'autre dans le référentiel de leur centre de masse, pris comme point origine O. Après un temps indéterminé, elles se trouvent séparées par une distance arbitraire et leurs positions et impulsions sont inconnues. D'après la physique quantique, les probabilités de résultats de mesures de ces quantités sont données par la fonction d'onde de la paire de particules. Celle-ci est manifestement intriquée et décrit un système dans lequel l'information est contenue dans les corrélations entre les deux particules. Si on mesure l'une en un point d'abscisse x, on est sûr que l'autre sera au point $-x$. Si on détermine l'impulsion de l'une des particules et on lui trouve la valeur $+p$, l'autre aura la valeur $-p$. Les positions et vitesses individuelles sont inconnues, mais la somme de leurs positions et impulsions est parfaitement définie.

Ces propriétés sont une conséquence évidente de la conservation de l'impulsion, valable aussi bien en physique classique que quantique. Le même résultat serait vrai si on s'intéressait à deux boules de billard identiques s'approchant l'une de l'autre avec la même vitesse, avant de subir un choc frontal et de s'éloigner dans des directions opposées. Leurs positions et vitesses resteraient toujours opposées l'une de l'autre au cours de leur mouvement. Ce qui est différent dans la situation quantique, c'est que les deux particules sont, avant d'être mesurées, dans une superposition d'états de positions et de vitesses fondamentalement *non existantes.* L'interprétation de Copenhague de la physique quantique, soutenue par Bohr, affirmait que les positions et impulsions n'avaient pas de réalité physique avant d'être mesurées, que leurs valeurs ne s'actualisaient, ne prenaient un sens, que lorsqu'un appareil de mesure adapté pour mesurer soit la vitesse, soit la position de chacune d'elles donnait un résultat précis. C'est cet argument qui permit à Bohr dans sa discussion avec Einstein en 1927 de considérer comme dénuée de sens la question de savoir par quelle fente passe le photon ou l'électron dans l'expérience des fentes de Young.

Dans le papier EPR, Einstein revient à la charge en faisant une remarque qui semble de bon sens. Si les particules sont séparées par une grande distance, l'une recueillie par Alice et l'autre par Bob, la première n'a pas besoin si elle veut connaître la position de sa particule de la mesurer. Sans la toucher, ni sans interagir d'aucune façon avec elle, il lui suffit de demander à Bob de faire la même mesure sur sa particule et de lui communiquer le résultat par téléphone ou par radio. Elle connaîtra alors la position de la sienne. La même procédure s'applique à la mesure de l'impulsion ou de la vitesse. Une mesure faite par Bob, sans qu'Alice ait à toucher sa particule lui donnera la valeur de ce paramètre. Bien sûr, Bob ne peut mesurer en même temps position et impulsion à cause du principe d'incertitude. La mesure d'une des quantités va perturber le résultat obtenu sur l'autre.

Einstein ne remettait plus en cause cette propriété locale de la physique quantique, mais il affirmait que si le résultat sur une particule d'une mesure de l'une ou l'autre de ces quantités pouvait être connu sans interagir en aucune manière avec elle, cette valeur devait être ce qu'il appelait un *élément de réalité*, exister réellement avant même toute mesure. Quelque chose avait dû se passer à l'instant de création de la paire de particules qui avait dès ce moment fixé les valeurs qu'allaient prendre ces paramètres au cours d'une mesure ultérieure. L'incertitude quantique devait, d'une façon ou d'une autre, se ramener à une incertitude classique, une méconnaissance de paramètres cachés dans le système que la mesure sur l'une des deux particules devait permettre de déterminer, sans toucher à l'autre. Ce raisonnement conduisit Einstein à affirmer que la description que donnait la physique quantique du monde microscopique était incomplète, qu'il devait y avoir des variables cachées qu'elle était pour le moment incapable de décrire.

Le comportement non local de la physique impliqué par l'interprétation de Copenhague lui déplaisait fortement. Il lui était déjà difficile d'admettre que « Dieu jouait aux dés » quand il s'agissait d'actualiser le résultat d'une mesure en un point de l'espace-temps. Cela devenait encore plus dur à accepter si ce hasard était, en plus, non local. Que le résultat aléatoire d'une mesure effectuée par Bob affecte immédiatement la valeur du paramètre corrélé observé par Alice lui semblait inconcevable.

Et pourtant c'est ce qu'affirmait Bohr dans un article où il répliquait aux arguments développés dans le papier EPR. La physique d'un système quantique formé de parties séparées dans l'espace formait un tout indissociable. Les quantités physiques corrélées à distance entre elles ne prenaient de réalité dans l'espace tout entier que lorsqu'une mesure était effectuée sur l'une des parties du système. Cette révélation du résultat, ce qu'on a appelé l'*effondrement* de l'état quantique, était un phénomène d'acquisition de l'information non local. Que les mesures soient effectuées au même instant ou dans un ordre temporel quelconque, les corrélations devaient être toujours vérifiées, sans qu'on ait à invoquer l'existence de variables cachées. Bohr comprenait intuitivement qu'il ne pouvait y avoir de telles variables, que leur existence éventuelle remettrait en question tout l'édifice de la théorie quantique.

Il fallut attendre trois décennies après le papier EPR pour que la question qui opposait Einstein à Bohr soit posée en termes vérifiables expérimentalement. Le physicien irlandais John Bell reconsidéra la question des variables cachées en 1964, après la mort des deux protagonistes de ce débat. Reprenant l'expérience de pensée EPR, il montra que si on mesurait non plus seulement deux variables conjuguées comme x et p, mais un ensemble d'observables combinaisons de ces quantités, on pouvait montrer qu'une théorie de variables cachées serait incapable de décrire les effets d'interférence d'amplitudes de probabilité prédits par la physique quantique.

Bell établit pour cela une inégalité mathématique qu'une somme de probabilités de résultats corrélés de mesures devait satisfaire si les variables cachées existaient, et qui était violée par les prédictions de la physique quantique. Une première tentative de test d'une inégalité de Bell fut réalisée en 1972 par le physicien américain John Clauser. Il mesura les corrélations entre les polarisations de paires de photons intriqués et trouva que le résultat était conforme aux prédictions de la théorie quantique. L'expérience était cependant critiquable car les polarisations des photons étaient fixées à l'avance, ce qui n'excluait pas la possibilité d'une influence causale d'une mesure sur l'autre. Une amélioration cruciale fut apportée à cette expérience en 1982 par mon collègue Alain Aspect, à l'université d'Orsay. Opérant toujours sur des paires de photons intriqués, il commuta aléatoirement l'orientation des polariseurs placés devant les photodétecteurs en un temps plus court que celui mis par la lumière pour se propager d'un détecteur à l'autre. Son expérience confirma que des inégalités du type de celles envisagées par Bell étaient bien violées, donnant définitivement raison à Bohr. Ce résultat fut depuis confirmé par de multiples expériences de plus en plus précises dans lesquelles se sont particulièrement illustrés les physiciens Anton Zeilinger en Autriche et Nicolas Gisin en Suisse.

Un argument qui est parfois employé pour nier la possibilité d'effondrement instantané de la fonction d'onde en deux points séparés par une grande distance et que cela violerait le principe de relativité et la causalité. En fait, ce n'est pas le cas et Einstein lui-même n'a jamais utilisé cet argument pour contester le point de vue de Copenhague. La théorie de la relativité interdit le transfert d'information entre deux points à une vitesse plus grande que celle de la lumière. Or le résultat complètement aléatoire d'une mesure quantique non locale ne transporte pas d'information. Celle-ci est entièrement contenue dans les *corrélations entre les résultats* observés par Alice et Bob et ces corrélations ne peuvent être constatées que lorsque les deux observateurs échangent leurs observations. Cet échange doit se faire par un moyen classique (par exemple un message électromagnétique) et respecte donc le principe de relativité. Les corrélations non locales de la physique quantique sont étranges, elles constituent, comme Einstein le disait, « une action fantomatique à distance », mais elles ne violent aucun principe de la physique.

Revenons encore sur l'expérience des fentes de Young en mentionnant un dernier rebondissement dû au physicien américain John Wheeler, celui qui inventa l'expression « trou noir ». Réfléchissant à l'étrangeté d'un monde dans lequel un système physique peut être suspendu entre différentes réalités avant une mesure, il imagina une version de l'expérience d'interférence où le photon n'aurait pas à choisir entre « passer par une fente *et* par l'autre » ou bien « par une fente *ou* par l'autre », même après la traversée des fentes ! Analysons cette expérience dite de *choix retardé* (*delayed choice* en anglais). Supposons que derrière les fentes fixes, ouvertes à présent toutes les deux (il n'y a plus de fente mobile), on place soit l'écran de détection des interférences, soit une lentille qui forme l'image des deux fentes dans un plan situé plus loin en aval, où l'on dispose deux détecteurs comptant les photons formant ces images.

Le choix entre l'écran détecteur et la lentille se fait aléatoirement et très rapidement, pendant le temps où les photons, ayant déjà traversé les deux fentes, se propagent librement dans l'espace à l'intérieur de l'interféromètre. En termes naïfs, les photons ne « savent » pas quand ils traversent les fentes s'ils doivent le faire dans un état de superposition (ce qui conduira à observer des franges au cas où un écran serait ultérieurement placé sur leur parcours) ou selon une trajectoire passant par une fente ou l'autre (ce qui les mènera avec certitude vers un des deux détecteurs au cas où la lentille serait substituée à l'écran).

D'après l'interprétation de Copenhague, la fonction d'onde des photons n'a pas à choisir. Qu'il y ait des trajectoires définies ou des ondes n'existe pas avant que l'on ne pose au photon une question précise en choisissant aléatoirement un dispositif ou l'autre, même après que le photon a traversé les fentes. On observera toujours, suivant la question posée, soit un résultat dichotomique (le photon arrive sur un détecteur ou l'autre), soit un comportement ondulatoire (le photon n'arrive que sur une frange brillante et jamais sur une frange sombre de l'écran interposé sur son passage).

L'expérience proposée par Wheeler dans les années 1980 a été réalisée en 2007 par Jean-François Roch sous une forme différente, avec un autre type d'interféromètre mais suivant le même principe. Elle a donné un résultat en plein accord avec l'interprétation de Copenhague. Présenter un choix retardé à une particule quantique ne la met jamais en défaut. Elle est toujours « prête », quelle que soit la version de l'appareil auquel elle va être finalement confrontée, à donner un résultat conforme aux prédictions étranges de la physique quantique.

Le chat de Schrödinger et la frontière classique-quantique

On ne peut abandonner les expériences de pensée sans mentionner celle qui est restée la plus célèbre d'entre toutes, qui concerne le fameux chat de Schrödinger. Au détour d'une phrase dans un article de 1935 où il discute pour la première fois de façon explicite le concept d'intrication (qu'il a été le premier à nommer par le terme allemand *Quantenverschränkung*), le physicien autrichien imagine le sort d'un chat enfermé dans une boîte avec un atome excité. Celui-ci peut retomber vers un état fondamental en émettant un rayonnement, photon ou particule radioactive qui déclenche un dispositif capable de tuer le chat (ouverture d'une fiole contenant un poison, ou tir d'un revolver dirigé vers la pauvre bête, peu importe). L'événement fatal peut se produire à n'importe quel moment pendant la durée de vie de l'état excité, supposée être très longue. Pendant cet intervalle de temps et avant que l'on n'ouvre la boîte pour constater ce qui s'y passe, la physique quantique décrit l'état de l'atome comme une superposition de l'état excité et de l'état fondamental en présence de la particule émise. Le chat qui interagit avec l'atome doit donc être aussi dans une superposition de l'état où il est bien vivant et de celui où il est mort, tué par le processus déclenché par la particule tueuse.

La question est de savoir si l'interprétation de Copenhague est valable dans ce cas extrême. Doit-on admettre que l'état du chat n'a pas de réalité physique avant d'être observé, que le pauvre animal est suspendu entre deux réalités classiques bien différentes, susceptibles de surcroît de donner lieu à des phénomènes d'interférence ? Schrödinger ne le pensait pas et il ne décrivait cette expérience que comme un exemple des conséquences ridicules qui se présentaient selon lui lorsqu'on prenait au pied de la lettre les prédictions de la théorie quantique.

La situation du malheureux chat n'est pas fondamentalement différente de celle de la fente mobile de l'expérience de Young. Celle-ci, comme le chat, est suspendue entre deux réalités (elle oscille et à la fois elle n'oscille pas) sous l'effet de son interaction avec le photon traversant les deux fentes. Le mérite de Schrödinger est d'avoir associé l'étrangeté quantique et la notion d'intrication non pas au sort qui n'intéresse affectivement personne d'un banal oscillateur portant une petite fente mobile, mais à celui d'un animal vivant, un chat dont le destin préoccupera sans doute davantage le lecteur.

Figure V.11. Une illustration de l'expérience de pensée du chat de Schrödinger *(Wikimedia Commons)*.

L'expérience, outre son intérêt pour la définition de l'intrication, pose également la question de la limite entre les mondes classique et quantique. Toutes les expériences de pensée décrites dans ce chapitre font l'hypothèse que les appareils utilisés sont sensibles aux phénomènes quantiques, à la valeur finie de la constante de Planck. Pour reculer au simple frôlement d'un photon ou d'un électron, la fente mobile du dispositif de Young doit être bien légère et il en est de même de la boîte à photons pour qu'elle subisse un recul mesurable quand un seul photon en échappe.

À partir d'une certaine taille, les effets quantiques se brouillent et l'intrication doit d'une façon ou d'une autre disparaître, ou tout au moins se voiler. Il en est de même dans le cas dramatique du chat. Cet effacement des phénomènes quantiques quand la taille des systèmes considérés augmente est ce qu'on appelle la *décohérence*. Pour la comprendre, il faut analyser comment les systèmes quantiques s'intriquent à leur environnement, ce que des expériences récentes ont permis d'étudier en détail, comme nous le verrons plus loin.

Les lois étranges de la physique quantique, telles qu'elles se découvrent à l'analyse des expériences de pensée des années 1920 et 1930, ont finalement été admises par la grande majorité des physiciens qui les ont exploitées pour étudier les propriétés microscopiques de la matière, avec le succès que l'on sait. Obéissant au mot d'ordre « tais-toi et calcule » opposé à ceux que, comme Einstein, les bizarreries du monde quantique tracassaient, les physiciens des années 1930 à 1980 ne se sont plus trop interrogés sur les questions d'interprétation de la théorie. Pour une part, l'explication vient de ce qu'ils n'étaient capables d'observer directement que des ensembles contenant un très grand nombre de particules, qu'il s'agisse d'atomes, de molécules ou d'électrons. À ces échelles, les phénomènes quantiques, tels les sauts quantiques ou les effets de superposition d'états, ne se manifestaient que de façon statistique. Interpréter la fonction d'onde comme une quantité mathématique renseignant sur les probabilités de résultats de mesures sur de grands ensembles de particules, à l'instar de ce que faisait la physique statistique classique depuis le XIXe siècle, était en général suffisant.

Se poser la question de savoir si la notion de fonction d'onde restait pertinente au niveau des particules individuelles, comme le décrivaient les expériences de pensée, n'était pas indispensable pour comprendre la physique des atomes, des molécules ou des solides, ou encore les processus des réactions chimiques impliquant des quantités macroscopiques de produits réagissant. Et, lorsqu'on était capable d'enregistrer la présence dans une expérience de particules individuelles, celles-ci se présentaient sous forme de gerbes de trajectoires dans des chambres à bulles ou à étincelles, auxquelles on pouvait donner une description classique évidente.

Les subtilités analysées par les expériences de pensée résultant de l'interprétation que l'on cherchait à donner à la fonction d'onde d'un système quantique isolé restaient hors d'atteinte expérimentale. C'est sans doute ce que Schrödinger voulait dire quand il qualifiait de « conséquences ridicules » les résultats prédits par la physique quantique lorsqu'on s'intéressait à des particules individuelles. Pour bon nombre de physiciens, de telles expériences devaient rester à jamais impossibles, et il n'était pas nécessaire de se poser plus avant la question sur ce qu'elles voulaient vraiment dire. La situation a changé dans les années 1980 lorsque les progrès technologiques ont rendu possible la manipulation au laboratoire d'objets quantiques isolés. Le quantique « nu » s'est alors dévoilé dans des expériences qui feront l'objet des chapitres suivants. Le laser a joué un rôle essentiel dans ces expériences. Une fois de plus la lumière a éclairé la physique et lui a permis d'avancer dans des directions nouvelles, découvrant directement le monde étrange que les expériences de pensée avaient permis d'imaginer.

Avant d'aborder la description de ces expériences, arrêtons-nous encore un instant, à l'orée de l'époque moderne, sur l'histoire de la lumière brossée dans les quatre derniers chapitres. Il nous faut constater que le centre de cette histoire s'est au cours du temps déplacé. Alors que les grandes découvertes du XIXe et du début du XXe siècle ont été pour l'essentiel faites en Europe, les États-Unis ont, au cours des années, pris de plus en plus d'importance comme épicentre de l'élaboration du savoir. La montée de la puissance industrielle et commerciale de l'Amérique après la guerre de Sécession s'est accompagnée d'un essor de la science, illustré par la création en 1865 de la National Academy of Sciences, l'Académie des sciences des États-Unis, deux siècles après la fondation des Académies de Londres et de Paris.

Les inventions de l'ampoule électrique par Thomas Edison et du téléphone par Alexander Graham Bell ainsi qu'à un niveau plus fondamental les expériences d'interférométrie de Michelson et les travaux théoriques de Gibbs en thermodynamique montrèrent, dès la fin du XIXe siècle, qu'il fallait compter avec l'Amérique pour faire progresser la science et la technologie. Plus près de nous, les expériences de Millikan sur l'effet photoélectrique et celles de Davisson et Germer sur la diffraction des électrons ont été déterminantes pour faire émerger les concepts de la physique quantique. Il faut y ajouter celles de l'Américain Arthur Compton en 1922 sur la diffusion des rayons X et gamma par les électrons, qui ont achevé de convaincre les physiciens de la réalité des photons.

La prééminence de l'Europe et en particulier de l'Allemagne au cours des années 1920 restait cependant très forte. C'était encore l'époque où les étudiants et les jeunes chercheurs voyageaient d'ouest en est à travers l'Atlantique pour venir se former en Europe. Celui qui allait être le père de la résonance magnétique, l'Américain Isidor Rabi, était au début des années 1920 venu apprendre la technologie des jets atomiques à Hanovre, chez Otto Stern. Quelques années plus tard, un étudiant de Rabi, Robert Oppenheimer, qui deviendra le père de la bombe atomique, fit le même voyage en allant en Allemagne travailler auprès de Max Born et de Werner Heisenberg.

La montée du nazisme et la persécution des scientifiques juifs en Allemagne firent dès le début des années 1930 basculer le centre de gravité de la science de l'autre côté de l'Atlantique. Le départ d'Einstein de Berlin et son installation à Princeton en 1933 en furent une étape symbolique. Einstein fut suivi par de très nombreux scientifiques, dont Otto Stern, Enrico Fermi et George Gamow, que nous avons croisés dans ce chapitre. La fin de la Seconde Guerre mondiale a amorcé un relatif retour du balancier. L'Amérique reste globalement prééminente, mais le berceau de la science que fut l'Europe est redevenu un centre rayonnant de recherche, sur la lumière comme dans bien d'autres domaines. La France, suivant la tradition forte qu'elle a développée en optique depuis Fresnel, y joue au sein de l'Europe un rôle important.

Une autre concurrence apparaît maintenant à l'Est avec le développement scientifique des pays d'Extrême-Orient, la Chine en tête. La science moderne a dès sa naissance au XVIe et au XVIIe siècle été une activité globale et sans frontières. Son développement présent dans le monde entier en est une illustration. Les moyens qui sont accordés à la recherche scientifique ont, dès ses débuts, reflété la puissance économique et les ambitions des États qui la soutiennent. Il faut espérer que dans cette concurrence de plus en plus âpre, le Vieux Continent où la science est née aura la volonté et les moyens de continuer à jouer un rôle important dans la grande aventure de l'acquisition des connaissances.

CHAPITRE VI

Des lasers, des photons et des atomes géants

J'ai partagé en 2012 le prix Nobel de physique avec mon collègue et ami David Wineland pour « le développement de méthodes expérimentales innovantes permettant de mesurer et de manipuler des systèmes quantiques individuels ». Les travaux ainsi reconnus sont des réalisations au laboratoire de certaines des expériences de pensée imaginées par les fondateurs de la théorie quantique dans les années 1920 et 1930, que j'ai décrites au chapitre précédent. Les premières expériences de nos deux groupes de recherche, l'un à Paris, l'autre à Boulder dans le Colorado, remontent aux années 1980. Un demi-siècle s'était écoulé depuis les discussions entre Einstein et Bohr aux congrès Solvay. Les progrès de la technologie, et en particulier le développement des lasers, avaient rendu possible ce qui n'avait été que rêvé par les grands physiciens du début du XXe siècle : jongler avec des particules quantiques individuelles pour mettre directement en évidence l'étrange logique du monde à l'échelle microscopique.

En ce qui me concerne, cette aventure avait commencé une vingtaine d'années auparavant au cours de mes années de formation évoquées au chapitre I. Comme toute recherche fondamentale, c'est d'abord la curiosité et le désir de comprendre la Nature qui nous a motivés, mon groupe de recherche et moi-même. Et c'est une route faite de tours et de détours que nous avons suivie, au gré des résultats inattendus, de surprises et parfois d'échecs.

Même si l'orientation générale des recherches était claire dès le début – utiliser la lumière pour approfondir nos connaissances du monde atomique –, le but auquel nous sommes finalement arrivés – manipuler et mesurer sans les détruire des photons individuels – ne s'est dégagé que progressivement et est resté longtemps incertain. C'est le début de cette longue quête que je décris dans ce chapitre.

Un atome habillé de photons

L'aventure a commencé pendant mon travail de thèse supervisé par Claude Cohen-Tannoudji. J'ai déjà évoqué au premier chapitre les expériences qui m'ont initié à la recherche. J'orientais à l'aide de la lumière d'une lampe classique les moments cinétiques (plus simplement appelés « spins ») de noyaux d'atomes de mercure et étudiais leur danse lorsqu'ils étaient soumis à un champ de radiofréquence. Chaque spin a deux états + et – d'énergie E_+ et E_-, correspondant à une orientation du moment magnétique parallèle ou antiparallèle à la direction du champ magnétique statique B_0 appliqué aux atomes. L'écart d'énergie $E_+ - E_-$ est proportionnel à l'amplitude du champ B_0, et la fréquence de la transition correspondante $\nu_0 = (E_+ - E_-)/h$, appelée fréquence de Larmor, est égale à 760 hertz pour un champ de 1 gauss ou 10^{-4} tesla (le champ terrestre est de l'ordre de 0,6 gauss).

Un autre champ magnétique B_1, tournant dans le plan perpendiculaire à B_0 à la fréquence de Larmor ν_0, induisait le basculement des spins, initialement orientés dans l'état + vers l'état –, puis leur retour vers l'état + suivant une évolution sinusoïdale appelée oscillation de Rabi. Ce phénomène périodique porte le nom du physicien américain qui l'avait observé pour la première fois dans les années 1930 en découvrant la résonance magnétique.

La fréquence de Rabi ν_R est proportionnelle à l'amplitude du champ de radiofréquence B_1 et ne doit pas être confondue avec la fréquence de Larmor ν_0, qui est quant à elle proportionnelle à l'amplitude du champ statique B_0.

Bien que le spin d'une particule soit une propriété quantique décrivant une observable qui ne peut prendre, pour chaque atome, que des valeurs discrètes et qu'il en est de même du champ de radiofréquence de ces expériences, constitué de photons de très grandes longueurs d'onde (300 kilomètres pour une fréquence de 1 kilohertz), la physique de la danse des spins pouvait être décrite classiquement. Nous observions en effet des milliards de spins évoluant de concert dans notre cellule de résonance et les champs de radiofréquence induisant cette évolution transportaient des milliards de milliards de photons par seconde. Toute granularité quantique, aussi bien de la matière que du champ, était totalement inobservable. Les expériences de résonance magnétique réalisées jusqu'à ce jour depuis les travaux pionniers de Rabi avaient ainsi été décrites à partir d'images classiques.

Claude avait cependant eu l'intuition qu'il serait intéressant de prendre au sérieux l'aspect granulaire de nos expériences et me demanda de les décrire en explicitant les états quantiques impliqués, qu'il s'agisse des atomes aussi bien que du champ. Reprenant l'image élémentaire de Bohr pour décrire l'échange d'énergie entre un atome et le champ électromagnétique, nous nous intéressâmes d'abord à ce qui arrive à un spin dans l'état d'énergie supérieure + en présence du vide de photons. Nous notâmes l'état global de l'atome et du champ par le symbole $|+,0\rangle$, le premier terme dans le crochet $|\rangle$ se référant à l'état de l'atome et le second à celui du champ (0 photon). La notation utilisée ici est celle que Paul Dirac avait introduite dès les années 1920 pour définir en général un état quantique. Lorsque l'atome bascule de + vers – en émettant un photon de radiofréquence, le système évolue ainsi de l'état $|+,0\rangle$ à l'état $|-,1\rangle$, la notation étant explicite.

L'oscillation de Rabi élémentaire correspond dans ce cas à une évolution réversible entre les deux états |+,0> et |–,1>. Ces deux états ne sont pas des états d'énergie bien définie du système global atome-champ. S'ils l'étaient, ils devraient en effet rester indéfiniment dans ces états, d'après la relation d'incertitude entre temps et énergie. Les états stationnaires de ce problème, ceux qu'on appelle les *états propres de l'énergie*, sont les combinaisons $|H_0^+>$ = |+,0> + |–,1> et $|H_0^->$ = |+,0> – |–,1>, superpositions des deux états |+,0> et |–,1>, avec des amplitudes de probabilité relatives opposées. Les deux états $|H_0^+>$ et $|H_0^->$ ont des énergies séparées par un intervalle ΔE_0 correspondant à ce qu'on appelle la fréquence de Rabi du vide, $\nu_{R,0} = \Delta E_0/h$.

Lorsqu'on adopte ce point de vue, l'oscillation de Rabi apparaît comme une interférence quantique. L'état initial du système global, |+,0>, est en effet la superposition des deux états propres de l'énergie $|H_0^+>$ et $|H_0^->$. Le système global atome-champ se trouve ainsi, à l'instant initial, suspendu entre deux états quantiques d'énergies différentes, de même que dans l'expérience des fentes de Young, la particule se trouve au moment où elle traverse l'écran percé des deux fentes dans une superposition de deux états de positions classiques différentes. Lorsqu'on effectue à un instant *t* ultérieur la mesure du spin de l'atome, on obtient le résultat + ou – avec une probabilité qui résulte de l'interférence des deux amplitudes correspondant aux composantes $|H_0^+>$ et $|H_0^->$ de l'état initial. Ces amplitudes, dont les phases diffèrent à l'instant *t* de la quantité $2\pi\nu_{R,0}t$, conduisent à une probabilité de détecter l'atome dans l'état + ou – oscillant dans le temps, de même que dans les franges de Young, elles donnaient lieu à des oscillations spatiales de la probabilité de trouver la particule en différents points de l'écran de détection. L'interférence spatiale est devenue ici une interférence temporelle, mais la physique est similaire à celle des fentes de Young et son expression mathématique passe par des équations identiques, les variables de position et d'impulsion dans l'expérience de Young étant remplacées par les variables de temps et d'énergie dans celle de Rabi.

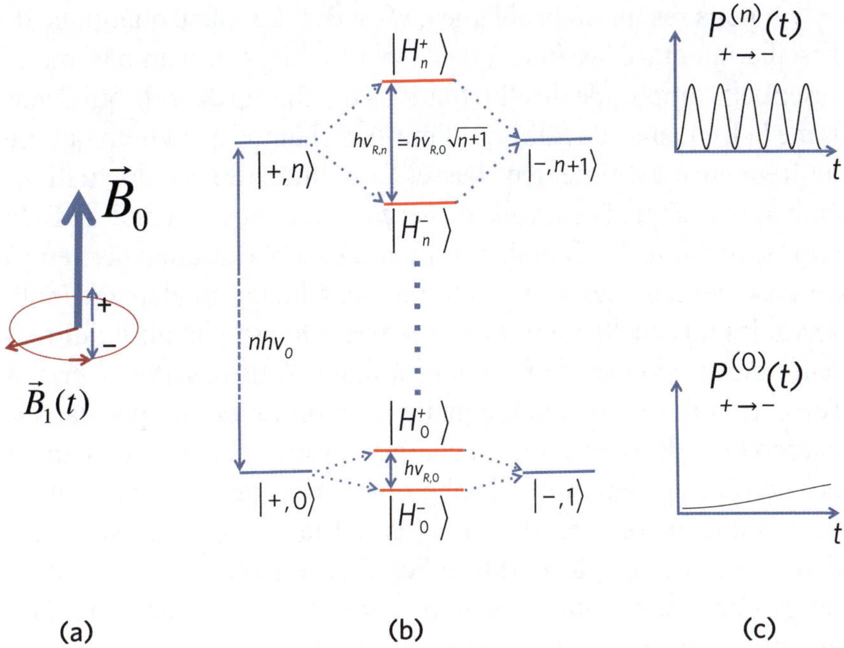

Figure VI.1. L'oscillation de Rabi dans la théorie de l'atome habillé. (a) Configuration des champs : les états du spin + et – pointent dans les directions parallèle et antiparallèle à celle du champ magnétique statique B_0. Le champ magnétique de radiofréquence B_1 polarisé circulairement tourne dans un plan perpendiculaire à B_0 à la fréquence de Larmor ν_0. Il induit une oscillation du spin entre les états + et – à la fréquence de Rabi ν_R. (b) Niveaux d'énergie de l'atome habillé : le couplage entre les états |+,0> et |–,1> crée un doublet d'états « habillés » $|H_0^+>$ et $|H_0^->$ dans l'état fondamental du système atome + photons. La séparation entre ces deux états correspond à la très petite fréquence de Rabi du vide $\nu_{R,0}$. La figure montre également une portion du diagramme des niveaux de l'atome habillé autour de l'énergie $nh\nu_0$, correspondant à un nombre de photons n très grand. Le dédoublement de l'énergie entre les états habillés $|H_n^+>$ et $|H_n^->$ correspond à la fréquence de Rabi $\nu_{R,n} = \nu_{R,0}\sqrt{n+1}$ (la représentation n'est pas à l'échelle, le facteur d'amplification $\sqrt{n+1}$ de la fréquence de Rabi étant gigantesque). (c) La probabilité P(t) de basculement du spin de l'état + à l'état – en fonction du temps oscille entre 0 et 1 sous l'effet de l'interférence quantique associée à l'évolution du système dans une superposition des deux états habillés dans chacun des doublets. Dans le cas du vide (*courbe du bas*) cette oscillation est si lente qu'elle est pratiquement indécelable. Sa période est observable, de l'ordre de la centaine de hertz, pour des champs de radiofréquence contenant des nombres n de photons très grands (les axes du temps des deux oscillations représentées ici pour $n = 0$ et pour n grand ne sont pas à la même échelle).

Il nous restait un problème à résoudre. Le calcul quantique de l'oscillation entre les états à 0 et 1 photon dépend d'un paramètre essentiel, l'amplitude des fluctuations du champ du vide qui détermine la fréquence de Rabi $\nu_{R,0}$. Pour nos champs de radiofréquence de fréquence extrêmement basse, l'amplitude de ces fluctuations était si petite que l'intervalle d'énergie ΔE_0 et la fréquence de Rabi correspondante $\Delta E_0/h$ étaient minuscules, conduisant à des temps de basculement des spins extrêmement longs, totalement inobservables à l'échelle de nos expériences. Que se passait-il qui rendait notre fréquence de Rabi mesurable ? Nous observions en fait l'évolution des moments magnétiques atomiques non pas dans le champ du vide, mais dans un champ de radiofréquence contenant des nombres gigantesques de photons. Envisageant pour simplifier un nombre n très grand mais bien défini, toute l'analyse précédente reste valable, à condition de décrire maintenant l'évolution du système global entre les états $|+,n>$ et $|-,n+1>$, correspondant au spin dans l'état + ou – en présence de n ou de $n+1$ photons. Les états propres de l'énergie du système global deviennent alors $|H_n^+>$ et $|H_n^->$, superpositions des deux états $|+,n>$ et $|-,n+1>$. La différence d'énergie de ces états, $\Delta E_n = \Delta E_0 \sqrt{n+1}$, varie proportionnellement à la racine carrée du nombre de photons augmenté d'une unité et conduit, pour un nombre de photons très élevé, à une fréquence de Rabi $\nu_{R,n} = \nu_{R,0} \sqrt{n+1}$ de l'ordre de la centaine de hertz dans les expériences que nous réalisions.

L'augmentation de la fréquence de Rabi avec le nombre de photons présents dans le champ traduit le phénomène d'émission stimulée découvert par Einstein en 1916 (voir chapitre IV). Plus le champ incident sur un atome est grand, plus grande est la probabilité que l'atome va ultérieurement émettre un photon supplémentaire dans ce champ. La formule $\Delta E_n = \Delta E_0 \sqrt{n+1}$ exprime en fait le phénomène d'amplification du champ, responsable dans un contexte différent de l'effet laser.

En décrivant comme un système quantique global l'atome et le champ avec lequel il interagissait, nous introduisîmes en résonance magnétique ce qu'on appelle depuis la théorie de l'« atome habillé » (*dressed atom* en anglais). L'atome était décrit comme vêtu du nuage de photons de radiofréquence qui l'entoure. L'idée de cette dénomination était venue à Claude par analogie avec l'électrodynamique quantique qui décrit les propriétés de l'électron et des atomes comme résultant d'un *habillage* de ces particules par les fluctuations du vide dans lequel elles baignent (voir chapitre I). Dans le cas de nos spins, l'habillage n'était pas spontané. Il était induit par les champs auxquels nous soumettions nos atomes mais l'idée était analogue. Claude avait déjà dans sa thèse – soutenue quelques années auparavant – évoqué cette analogie en découvrant qu'un champ lumineux non résonnant avec les atomes et contenant un grand nombre de photons pouvait modifier la position de niveaux d'énergies atomiques de la même façon que les fluctuations du vide le faisaient dans ce qu'on appelle le *déplacement de Lamb* (*Lamb shift*). Les déplacements lumineux ou *light shifts*, comme on les appelle dans la littérature anglo-saxonne, étaient déjà une manifestation de l'habillage des atomes par des photons.

En développant ce modèle, je ne faisais que l'adapter aux radiofréquences et le généraliser à des situations variées, dépendant des orientations diverses que l'on pouvait donner au champ statique B_0 et à la polarisation du champ magnétique de radiofréquence B_1 habillant le spin atomique. La méthode était très générale. Il fallait pour chaque configuration des champs déterminer les niveaux propres d'énergie de l'*atome habillé* et décrire les expériences comme des interférences entre amplitudes de probabilité associées aux chemins que le système pouvait suivre en évoluant dans des superpositions d'états entre ces niveaux (c'est en référence à l'atome habillé que j'ai utilisé plus haut la lettre *H* et appelé $|H_n^+>$ et $|H_n^->$ les niveaux d'énergie du système global atome-champ). L'image synthétique du diagramme des niveaux de l'atome habillé faisait immédiatement apparaître des effets nouveaux que la description classique de la résonance magnétique ne révélait pas aussi clairement. Guidé par ce modèle, je découvris plusieurs types des résonances nouvelles et des effets d'habillage des atomes par le champ qui n'avaient jamais été observés auparavant.

Je soutins ma thèse en juin 1971. Anatole Abragam, le pionnier français de la résonance magnétique nucléaire, faisait partie du jury. Claude admirait ce savant élégant et caustique, professeur au Collège de France, qui lui avait enseigné la physique quantique et les principes du magnétisme nucléaire dans les cours qu'il avait une quinzaine d'années auparavant dispensés au Commissariat à l'énergie atomique. Après l'exposé de soutenance dans lequel j'avais présenté mes explorations de l'atome habillé par des photons de radiofréquence, Abragam me demanda, avec le sourire ironique et l'élégance de langage qui le caractérisaient, pourquoi diable avais-je pris la peine de développer tout l'arsenal de la théorie quantique pour décrire des effets parfaitement expliqués par le traitement classique du champ électromagnétique, traitement qu'il avait lui-même si bien exposé dans son ouvrage de référence, *Les Principes du magnétisme nucléaire.*

La question était largement rhétorique et pour le bénéfice du public présent à la soutenance, car Claude et moi avions déjà plaidé la cause de l'*atome habillé* devant lui, en expliquant combien notre approche synthétique, qui traitait de façon symétrique les atomes et le champ, nous avait permis d'éclairer d'un jour nouveau la résonance magnétique, de faire des rapprochements féconds avec la théorie de l'électrodynamique quantique, et comment ce point de vue nous avait guidés dans l'exploration de phénomènes inattendus. Heureux qu'Abragam m'ait ainsi donné l'occasion de répéter ces arguments devant toute l'assistance, je m'exécutai. Abragam prolongea alors sa question en me demandant si je pouvais imaginer des effets nouveaux, pour lesquels une description quantique du champ ne serait pas simplement un artifice utile, mais s'avérerait nécessaire. Autrement dit, y avait-il des phénomènes intrinsèquement quantiques, dans lesquels la granularité des quanta de rayonnement se manifesterait d'une façon qu'une description classique du champ ne pourrait expliquer ?

Je lui répondis qu'il fallait pour cela que le nombre de photons habillant les atomes puisse être réduit à quelques unités, de façon à ce que la différence entre n et $n+1$ photons devienne significative. La situation idéale ultime correspondait au cas de l'oscillation de Rabi entre 0 et 1 quantum de rayonnement. C'était à l'époque totalement théorique. Il manquait au moins vingt ordres de grandeur si l'on voulait rendre le couplage entre l'atome et le champ assez fort pour que cette oscillation puisse se produire en un temps raisonnable, n'excédant pas la durée d'une expérience réalisable, ne serait-ce que pendant la durée de quelques années que l'on pouvait consacrer à une thèse.

Je reconstitue ici un échange vieux de près d'un demi-siècle et le présente peut-être rétrospectivement d'une façon influencée par ce que j'ai appris et fait par la suite. Il n'en reste pas moins que le défi que m'a alors lancé Abragam, consistant à explorer des phénomènes rendant nécessaire la quantification du champ électromagnétique, m'a à partir de ce jour stimulé et orienté dans mes recherches. Pour résumer la suite de façon lapidaire, il s'est agi pour moi d'une longue chasse aux ordres de grandeur, conduisant à raccourcir de quelques milliards d'années à quelques microsecondes la période de l'oscillation de Rabi dans le vide. L'instrument qui allait rendre cette exploration possible était le laser, que je n'avais pas utilisé dans ma thèse, mais avec lequel il fallait que je me familiarise. Je décidai donc, après mon service militaire, de partir faire un stage postdoctoral à l'Université de Stanford en Californie pour travailler dans le groupe d'Arthur Schawlow, l'un des inventeurs de cette nouvelle source de lumière si prometteuse.

Initiation aux lasers en Californie

Le laser allait en effet apporter, par rapport aux sources de lumière classiques que sont le soleil ou les lampes à incandescence ou à décharge, plusieurs avantages décisifs pour les physiciens désireux d'explorer le monde quantique : l'intensité et la directivité de son rayonnement, sa monochromaticité et sa cohérence temporelle et enfin sa grande intensité. Les nombreuses expériences de physique fondamentale du demi-siècle passé ont exploité ces propriétés, isolées ou combinées, pour gagner jusqu'à une dizaine d'ordres de grandeur ou davantage dans la précision et la sensibilité des mesures, dans leur résolution temporelle ou encore dans le domaine de températures des phénomènes explorés. De tels sauts quantitatifs ont permis des découvertes de phénomènes qualitativement nouveaux et ouvert des perspectives que nous ne pouvions imaginer à l'époque.

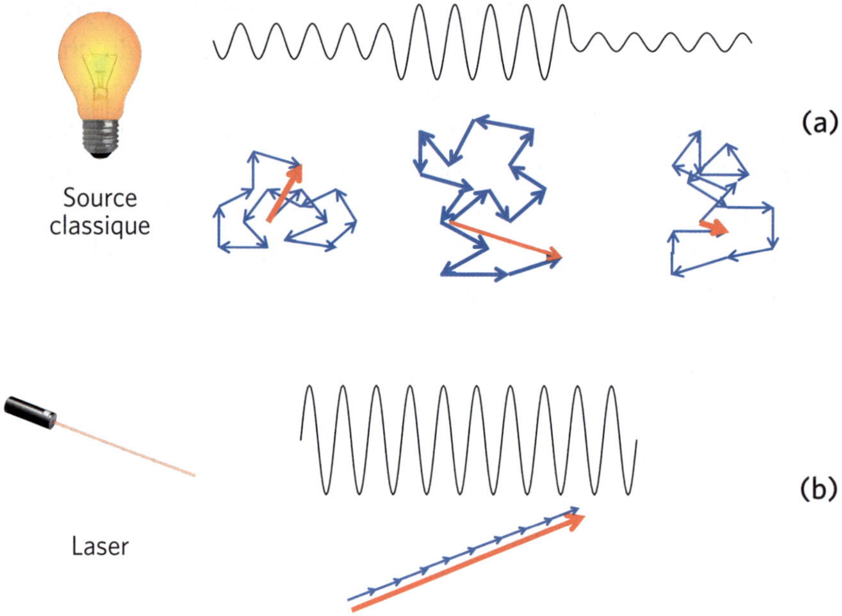

Figure VI.2. (a) Rayonnement d'une source atomique classique : le vecteur représentant le champ total dans le plan de Fresnel est la somme de pas aléatoires constituant une marche au hasard. Les atomes changent de phase rapidement et indépendamment les uns des autres (trois configurations successives de la marche au hasard sont représentées), ce qui produit des sauts rapides d'amplitude et de phase de la lumière. (b) Rayonnement d'un laser : les atomes émettent à l'unisson avec la même phase. Le champ résulte d'une marche certaine dans le plan de Fresnel, produisant un champ de grande amplitude et de phase stable.

La monochromaticité et la cohérence du rayonnement laser, le fait que son champ électromagnétique oscille sans perturbation d'amplitude ou de phase pendant un nombre gigantesque de périodes optiques proviennent de ce que les atomes ou les molécules du milieu amplificateur de lumière produisent des photons à l'unisson, dans le même mode du champ. Ce phénomène d'émission stimulée, découvert par Einstein, est à opposer à l'émission spontanée d'une source classique, dans laquelle les atomes rayonnent de façon indépendante des photons ayant des fréquences, des directions d'émission et des polarisations distribuées de façon aléatoire. Pour reprendre la représentation introduite par Fresnel (voir chapitre III), les vecteurs associés aux amplitudes des champs émis par les différents atomes d'un laser sont tous orientés dans la même direction du plan de Fresnel et s'ajoutent par interférence constructive, alors que dans une source classique, ils sont orientés dans des directions diverses, le champ global résultant de l'addition de vecteurs élémentaires constituant une marche aléatoire dans ce plan. Cela explique que la lumière laser ait une intensité plus grande qu'une lumière classique. Quant à la cohérence temporelle, elle est due au fait que les atomes du milieu laser gardent pendant un temps long la même phase de rayonnement, donnant au vecteur de Fresnel du champ résultant une direction stable alors que dans une source classique, les trains d'onde émis par les différents atomes changent de phase au bout d'un temps très court, de l'ordre de la durée de vie des niveaux atomiques excités. Cela conduit à un changement rapide de la distribution des vecteurs associés aux différents atomes du milieu et à des sauts aléatoires d'amplitude et de phase du champ résultant.

Pour que le phénomène d'émission stimulée devienne dominant, il faut que le nombre d'atomes ou de molécules dans un niveau excité atteigne un seuil critique, de façon à ce que l'amplification de la lumière par les atomes excités l'emporte sur l'absorption par les atomes restés dans l'état fondamental. L'excitation est généralement produite par une décharge électrique ou encore par une source de lumière classique intense éclairant le milieu amplificateur. Pour abaisser le seuil d'oscillation du laser, ce milieu est en général placé entre deux miroirs réfléchissants se faisant face, permettant à la lumière de repasser un grand nombre de fois dans le milieu et allongeant ainsi le parcours sur lequel elle est amplifiée. Les miroirs constituent une cavité optique de longueur L dans laquelle le champ se bâtit par interférence constructive lorsque L est égal à un nombre entier de demi-longueurs d'onde.

La technologie des lasers a considérablement évolué au cours du temps, conduisant au développement de sources diverses cherchant à optimiser telle ou telle propriété du rayonnement pour des applications spécifiques. Des lasers à milieux amplificateurs gazeux, liquides ou solides se sont développés et diversifiés. Leur taille et leur puissance couvrent aujourd'hui une gamme extrêmement étendue, allant des lasers gigantesques de plusieurs dizaines de mètres de longueur produisant des puissances lumineuses intenses équivalentes à celles de plusieurs centrales nucléaires pendant un temps très bref jusqu'aux minuscules diodes laser d'une puissance de quelques milliwatts qui équipent les lecteurs de nos disques CD ou DVD.

Quand je suis arrivé à Stanford en 1972, les lasers étaient encore dans leur enfance. Deux qualités de ces sources de lumière étaient particulièrement recherchées en physique atomique : leur monochromaticité et leur accordabilité, permettant de balayer un rayonnement de fréquence bien définie sur un intervalle spectral étendu, afin de faire coïncider la fréquence de la lumière avec celles des transitions entre niveaux des atomes ou des molécules que l'on cherchait à étudier. Les premiers lasers offrant cette possibilité venaient d'être développés dans le laboratoire d'Arthur Schawlow par un jeune chercheur allemand, Theodor Hänsch, dont le prénom avait été américanisé en Ted. Il s'agissait de lasers utilisant comme milieu amplificateur des molécules de colorants organiques diluées dans une petite cuvette remplie d'alcool. Celle-ci était éclairée par les flashs de lumière ultraviolette produits par un laser de pompage, dans lequel de l'azote gazeux était excité par de brèves décharges électriques.

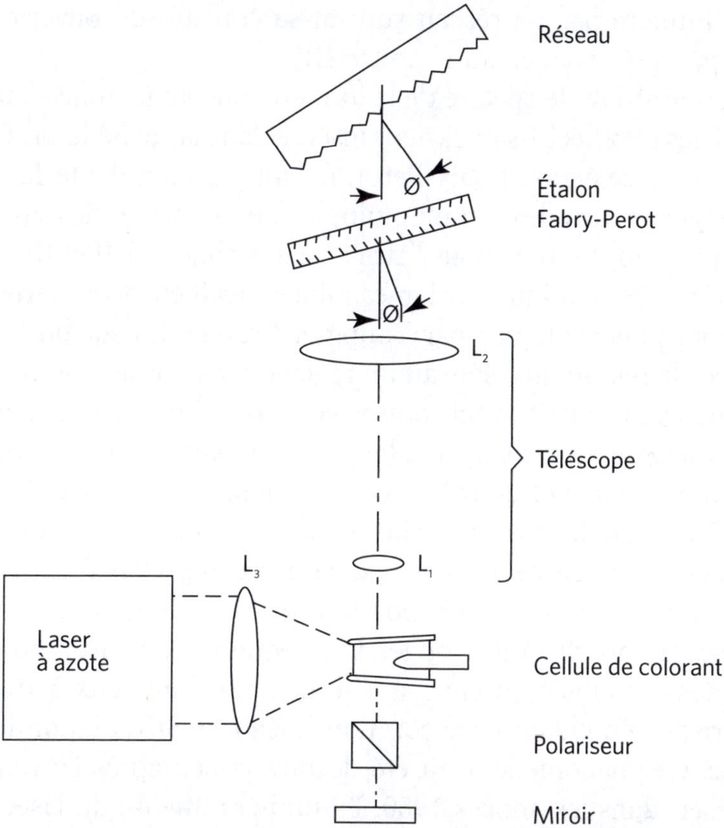

Figure VI.3. Schéma du premier laser à colorant de Ted Hänsch. Un laser à azote pompe la cellule contenant le colorant. La cavité laser est fermée en bas par un miroir et en haut par un réseau sélectionnant la longueur d'onde. Un télescope entre la cellule et le réseau élargit le faisceau incident sur le réseau, augmentant sa résolution. Un filtre interférentiel (étalon Fabry-Perot) affine le spectre. Un polariseur en option définit la polarisation du faisceau lumineux *(d'après T. Hänsch,* Applied Optics, *1972, 11, 895)*.

L'un des miroirs du laser à colorant était remplacé par un réseau dispersif constitué de fines striures tracées sur un substrat de verre. La longueur d'onde du laser à colorant était réglée grossièrement en faisant tourner le réseau autour d'un axe perpendiculaire à celui de la cavité laser à l'aide d'une vis micrométrique, ce qui changeait la couleur de la lumière renvoyée par le réseau vers la cellule amplificatrice (la propriété de dispersion de la lumière par un réseau suivant sa couleur, découverte par Young, a été évoquée au chapitre III).

Pour affiner le spectre de la lumière, une lame mince à faces parallèles et réfléchissantes était insérée dans la cavité laser. Cette lame, appelée étalon Fabry-Perot, filtrait par effet d'interférence les longueurs d'onde dont un multiple demi-entier coïncidait avec son épaisseur. Comme nous l'avons vu aux chapitres II et III, cette propriété chromatique des lames minces avait été découverte par Newton, puis expliquée par Young et Fresnel. Lorsqu'on faisait tourner le réseau qui réalisait un réglage grossier de la fréquence lumineuse, il fallait synchroniser cette rotation avec celle de la lame filtrante pour changer la longueur du parcours de la lumière à travers la lame et entraîner continûment la fréquence filtrée.

On obtenait ainsi un balayage continu sur un intervalle de longueurs d'onde de plusieurs dizaines d'angströms. En changeant de colorant, il était possible de couvrir tout le spectre visible ou proche infrarouge. La fréquence du laser pouvait être aussi doublée en envoyant le faisceau lumineux à travers un cristal répondant de façon non linéaire à l'irradiation lumineuse. Ce phénomène avait été découvert peu après l'invention du laser, dans les années 1960. La lumière intense du laser à la fréquence ν induisait dans les atomes de ce cristal des dipôles oscillants présentant une composante de Fourier à la fréquence 2ν, rayonnant un champ harmonique dans la direction du faisceau laser incident.

La génération de cet harmonique optique permettait d'étendre le spectre du rayonnement du laser dans l'ultraviolet, augmentant ainsi la gamme des expériences de spectroscopie possibles. Pour enregistrer un spectre, on pouvait mesurer l'intensité de la lumière transmise par la cellule contenant le gaz étudié et détecter la diminution du signal due à l'absorption de lumière par les atomes lorsque la fréquence du laser coïncidait avec une transition atomique. On pouvait aussi récolter la lumière de fluorescence des atomes dans une direction normale au faisceau laser, qui augmentait de façon importante chaque fois que la lumière entrait en résonance avec les atomes.

Ted jonglait de façon magistrale avec les divers éléments optiques, miroirs, réseaux, filtres interférentiels, cristaux doubleurs de fréquence. Il les ajustait avec précision et modifiait leurs dispositions pour réduire autant que possible la largeur spectrale de la lumière de ses lasers. J'admirai son habileté expérimentale, son imagination et son intuition physique qui allaient au cours des trente années suivantes le conduire à faire de grandes découvertes. Ces premiers lasers accordables étaient par rapport aux instruments d'aujourd'hui aussi primitifs que les engins volants du début du XXe siècle le sont comparés aux avions modernes. Tous leurs éléments étaient contrôlés manuellement. Le dispositif était bruyant, accompagné du tic-tac lancinant des éclairs du laser à azote de pompage. Les pannes étaient fréquentes et il n'était pas question de laisser l'instrument enregistrer automatiquement des données sans la présence des étudiants pilotant l'expérience qui devaient surveiller en permanence que tout fonctionnait bien, à une époque où les ordinateurs n'étaient pas encore capables de remplacer l'homme pour le pilotage des machines.

Je fus aussi frappé par les relations étroites établies à Stanford entre les chercheurs et des ingénieurs qui travaillaient dans des compagnies privées à développer les premiers lasers commerciaux. On trouvait rassemblés dans cette collaboration entre milieux académiques et industrie privée tous les éléments qui allaient, une décennie plus tard, conduire à la naissance de la Silicon Valley. La connivence et la collaboration entre chercheurs universitaires et ingénieurs et techniciens du privé conduisirent rapidement à la réalisation de lasers commerciaux, plus robustes et plus pratiques que les premiers instruments bricolés au laboratoire. Ces appareils se perfectionnèrent très vite. Le pompage en impulsions brèves du colorant par un laser à azote fut remplacé par une excitation continue procurée par un laser à atomes d'argon. Ces sources accordables continues produisirent un rayonnement beaucoup plus monochromatique que les lasers en impulsion des premières expériences, rendant les mesures d'autant plus précises.

Dans cette course à la précision, les chercheurs de Stanford avaient sur ceux de Paris un avantage décisif. Ils étaient les premiers à bénéficier des avancées techniques de l'industrie naissante des lasers. Les premiers prototypes leur étaient vendus à prix réduit ou simplement prêtés. Les expériences spectaculaires que les chercheurs réalisaient avec ces appareils, publiés dans les journaux de physique les plus prestigieux, servaient d'excellente publicité à leurs vendeurs. Cette collaboration était, pour les chercheurs comme pour les commerciaux, comme on dit familièrement, une démarche « gagnant-gagnant ».

Je me souviens de l'enthousiasme et du dynamisme de cette époque dans le laboratoire d'Arthur Schawlow. Cet homme chaleureux, bon vivant et plein d'humour animait une équipe de jeunes chercheurs qui travaillaient sans relâche, sous la pression d'une intense compétition internationale. L'atmosphère restait cependant décontractée, et des canulars venaient souvent l'égayer. Schawlow réalisa un jour que le colorant dissous dans la gelée alimentaire tremblotante qui faisait les délices de ses petits déjeuners pouvait être le milieu amplificateur de ce qu'il appela le premier laser comestible. Une expérience fut faite sans tarder et un article à ce sujet publié dans un journal scientifique sérieux. Voilà qui était inimaginable dans l'austère laboratoire de Kastler et Brossel où l'humour ne manquait pas, mais où une telle expérience n'aurait jamais été envisagée. Il est vrai que nous n'avions pas les mêmes goûts alimentaires que les Américains, et notre imagination ne nous aurait jamais conduits à inventer ce type de laser comestible.

Victoire sur l'effet Doppler

Blagues mises à part, les chercheurs de Stanford réalisèrent à cette époque un grand nombre de premières en spectroscopie atomique et moléculaire. Parmi celles-ci, je mentionnerai celles qui atteignirent une grande résolution en éliminant le grand ennemi de la spectroscopie atomique qu'est l'effet Doppler. Pour qu'une raie de résonance atomique et moléculaire soit fine il ne suffit pas que la source qui excite les atomes soit bien monochromatique. Encore faut-il que les atomes ou les molécules ne bougent pas trop. S'ils avancent vers l'onde lumineuse, le champ vu dans leur repère est décalé vers les hautes fréquences. S'ils fuient le faisceau laser, ils voient au contraire un champ dont la fréquence est diminuée. Cet effet bien connu fut découvert au XIXe siècle par le physicien allemand Christian Doppler et son étude approfondie par Hippolyte Fizeau, l'homme de la mesure de la vitesse de la lumière (voir chapitre III). Cet effet s'applique aussi bien aux ondes lumineuses qu'aux ondes sonores. Nous avons tous entendu une sirène passer de l'aigu au grave quand une ambulance ou un camion de pompier nous croise sur une route.

L'effet Doppler a aussi une interprétation corpusculaire simple en termes de photons. Pour pouvoir absorber un quantum de lumière, il faut que l'atome subisse un processus qui conserve à la fois l'énergie et l'impulsion globale de la matière et du champ. Si un atome de masse M se déplaçant dans le sens de la lumière absorbe un photon d'impulsion $h\nu/c$, son impulsion p doit augmenter de cette quantité et sa vitesse $V = p/M$ s'accroît de $\Delta V = h\nu/Mc$. Son énergie cinétique $E_c = (1/2)(MV^2)$ augmente alors de la quantité $\Delta E_c = MV\Delta V = h\nu\ (V/c)$. L'atome, porté de l'état d'énergie électronique interne E_1 à un état excité d'énergie E_2, voit donc son énergie totale augmentée de la quantité $E_2 - E_1 + \Delta E_c$. Cette énergie doit être égale à celle $h\nu$ du photon absorbé. On a donc l'égalité $E_2 - E_1 = h\nu - \Delta E_c = h\nu\ (1 - V/c)$ qui peut s'écrire encore, si V/c est très petit devant 1, $\nu = [(E_2 - E_1)/h]\ (1 + V/c)$. Ainsi, un photon se propageant dans la direction du mouvement d'un atome ne pourra être absorbé que si sa fréquence ν est supérieure à la fréquence de Planck $(E_2 - E_1)/h$ d'une fraction égale à V/c, rapport de la vitesse de l'atome à celle de la lumière.

Cela équivaut à dire que l'atome « voit » dans son repère le champ osciller à une fréquence plus petite que celle qu'il verrait s'il était immobile et il faut donc augmenter cette fréquence de la quantité $v(V/c)$ pour rendre le champ résonnant avec la transition atomique. Le décalage de fréquence d'absorption change de signe et devient négatif si le photon se déplace dans le sens opposé au mouvement de l'atome. L'atome est alors ralenti chaque fois qu'il absorbe un photon, un effet qui se révélera essentiel pour la mise en œuvre du refroidissement laser des atomes. J'ai raisonné ici pour simplifier dans les cas où le faisceau laser est parallèle ou antiparallèle à la vitesse de l'atome. On montre simplement que l'effet Doppler ne dépend en fait que de la projection de la vitesse atomique le long du faisceau laser. Cet effet est donc nul pour des atomes qui se déplacent dans un plan perpendiculaire à ce faisceau.

Pour des atomes bougeant avec des vitesses thermiques à la température ambiante, nous avons déjà vu que V/c est de l'ordre de 10^{-6}. Le décalage Doppler pour un champ lumineux de 10^{15} hertz est donc de l'ordre de 1 gigahertz (10^9 hertz). Lorsqu'on éclaire avec un laser monochromatique un gaz atomique formé d'atomes dont les vitesses sont aléatoires, la raie d'absorption a donc une largeur de l'ordre du gigahertz, noyant dans une raie de résonance unique toutes les structures fines ou hyperfines des spectres atomiques, dues aux interactions des moments magnétiques électroniques et nucléaires, qui sont typiquement de l'ordre de quelques dizaines de mégahertz ou moins. Une solution pour éliminer l'effet Doppler et observer ces structures était d'illuminer les atomes d'un jet atomique, dans lequel tous les atomes se propagent le long d'une direction bien définie, par un laser orienté perpendiculairement à ce jet. La méthode est efficace mais elle demande un dispositif assez lourd, avec un four pour émettre des atomes et une enceinte vidée de tout gaz résiduel.

Ted préféra commencer par utiliser une autre méthode, opérant sur les atomes d'un gaz contenu dans une petite cellule en verre, mais s'arrangeant pour que le signal de résonance ne soit sensible qu'aux atomes dont la vitesse était dans ce gaz perpendiculaire à la direction du faisceau laser. Il fit pour cela appel à un phénomène dit d'*absorption saturée*, qu'il avait découvert au cours de sa thèse en Allemagne quelques années auparavant.

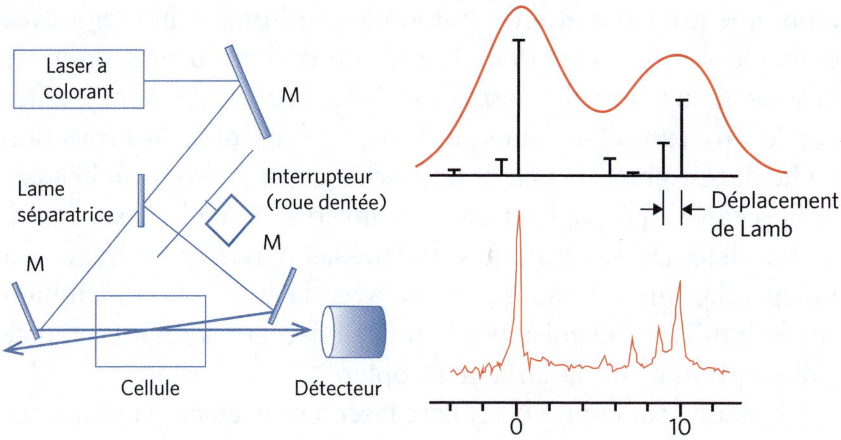

Figure VI.4. Spectroscopie par absorption saturée de la transition de l'hydrogène entre les niveaux de nombre quantique principal $n = 2$ et $n = 3$. (a) Montage expérimental : le faisceau d'un laser à colorant rouge (accordable autour de 656 nanomètres) est divisé en deux par une lame séparatrice de façon à éclairer par deux ondes se propageant en sens inverse une cellule contenant un gaz d'hydrogène H_2. Une décharge électrique dissocie l'hydrogène sous forme atomique H et excite les atomes dans le niveau $n = 2$. La variation en fonction de la longueur d'onde laser de l'intensité de la lumière transmise par le faisceau se propageant de gauche à droite dans la cellule est mesurée par le photodétecteur. Une roue dentée interrompt périodiquement le faisceau contre-propageant de droite à gauche, de façon à moduler le signal et à isoler par soustraction la composante due à la saturation de l'absorption. (b) Spectre observé par Ted Hänsch sans faisceau contre-propageant (*en haut*) et avec ce faisceau (*en bas*) *(d'après* Nature, *1972, 235, 63)*. Les barres verticales indiquent les fréquences des transitions calculées par la théorie de l'électrodynamique quantique. Alors que les structures fines et hyperfines sont complètement noyées dans une largeur Doppler de l'ordre de 3 à 4 gigahertz en l'absence de faisceau contre-propageant, la spectroscopie d'absorption saturée révèle clairement ces structures. Pour la première fois le *Lamb shift* (séparation des niveaux $^2S_{1/2}$ et $^2P_{1/2}$ de l'hydrogène, voir chapitre I), de l'ordre de 1 gigahertz, est directement observable sur un spectre optique.

La cellule de résonance contenant les atomes étudiés est maintenant éclairée par deux faisceaux se propageant en sens inverses, obtenus en séparant le faisceau laser en deux ondes qu'un dispositif de miroirs envoie le long de deux directions opposées dans la cellule contenant le gaz à étudier. Lorsque la fréquence ν du laser ne coïncide pas avec celle ν_0 de la transition atomique pour des atomes immobiles, la lumière interagit avec deux classes d'atomes dans le gaz. Ceux dont la projection de la vitesse sur l'axe des lasers est égale à $c\ (\nu-\nu_0)/\nu$ sont excités par le faisceau allant dans un sens, et ceux dont la projection de la vitesse prend la valeur opposée $-\ c\ (\nu-\nu_0)/\nu$ sont excités par le faisceau se propageant en sens inverse. Si ν n'est pas égal à ν_0, ces deux classes d'atomes de vitesses opposées interagissent indépendamment l'une de l'autre avec la lumière, contribuant sur la lumière transmise par l'un des faisceaux à une résonance d'absorption ayant la largeur Doppler.

Lorsque par contre la lumière laser a exactement la fréquence ν_0, les deux classes de vitesse coïncident en $V = 0$ et correspondent aux atomes se propageant normalement au faisceau lumineux. Ces atomes sont alors sollicités par une intensité lumineuse deux fois plus grande que ceux qui n'interagissent qu'avec un faisceau. Si l'intensité lumineuse est grande, ils ne peuvent absorber deux fois plus que les atomes dont la vitesse le long du faisceau laser est non nulle. Le régime d'intensité lumineuse où les atomes ne sont plus capables de répondre proportionnellement à l'excitation laser correspond à ce qu'on appelle l'*optique non linéaire*, un domaine de la science de la lumière né avec l'invention du laser.

L'effet de saturation de la réponse atomique produit un léger creux au centre du profil de la résonance transmise par l'un des faisceaux. On l'appelle en anglais le *Lamb dip*, car c'est Willis Lamb, l'homme du *Lamb shift*, qui en fit le premier calcul. La largeur spectrale de ce creux est idéalement égale à la largeur naturelle du niveau atomique excité, dont nous avons vu qu'elle correspond à l'inverse de la durée de vie de ce niveau. Cette largeur est celle imposée par la relation d'incertitude de Heisenberg reliant l'énergie et le temps. Elle est typiquement plus petite que la largeur Doppler par deux ou trois ordres de grandeur. Pour faire apparaître le signal d'absorption saturée de façon claire, on peut soustraire de l'intensité lumineuse mesurée en présence du faisceau saturant celle que la cellule transmet quand ce faisceau est bloqué. Seul le *Lamb dip* apparaît alors, révélant les détails du spectre que l'effet Doppler cache en spectroscopie ordinaire.

Ted Hänsch n'a pas été le seul inventeur de cette méthode élégante pour s'affranchir de l'effet Doppler. Christian Bordé, un jeune chercheur français, avait au cours de sa thèse découvert cet effet à la fin des années 1960, indépendamment de Ted. Je m'étais moi-même intéressé à l'absorption saturée et j'avais écrit un article théorique la décrivant avec Francis Hartmann, un chercheur du CNRS qui m'avait accueilli brièvement dans son laboratoire d'Orsay en 1971, juste après ma soutenance de thèse. J'y avais effectué un stage comme « scientifique du contingent » à l'époque où cette possibilité permettait aux jeunes chercheurs d'éviter une année sous les drapeaux, en remplaçant le service militaire par un travail dans un laboratoire de recherche. J'étais donc familier de l'absorption saturée, sur le plan théorique tout au moins, et je fus fasciné par ce que Ted en fit lorsqu'il eut la possibilité de l'appliquer aux atomes en les irradiant avec ses lasers à colorant.

Il réalisa en particulier une magnifique expérience d'absorption saturée de l'hydrogène, le plus simple de tous les atomes, celui dont Bohr, Schrödinger et Dirac avaient calculé les niveaux d'énergie aux débuts de la physique quantique. L'expérience de Hänsch résolvait pour la première fois clairement dans un spectre optique les structures fines et hyperfines prévues par Dirac et le fameux *Lamb shift* qui n'avait jusqu'alors été détecté que dans des expériences de spectroscopie radiofréquence entre niveaux atomiques excités (voir chapitre I).

Dans cette première expérience sur l'hydrogène, Ted utilisait son laser à colorant en impulsion pompé par les flashs d'un laser à azote. La largeur spectrale du laser, de l'ordre de la centaine de mégahertz, était limitée par l'inverse de la durée des impulsions, de l'ordre de quelques dizaines de nanosecondes. Ted devait par la suite considérablement améliorer la méthode en utilisant des lasers à colorant commerciaux générant de la lumière continue.

Il remplaça quelques années plus tard dans ses expériences l'absorption saturée par une autre méthode d'optique non linéaire, l'*absorption à deux photons sans effet Doppler*. Le dispositif expérimental est le même que pour l'absorption saturée, avec un faisceau laser intense se repliant sur lui-même. Sa fréquence est maintenant accordée pour coïncider avec *la moitié* de celle correspondant à une transition entre un état atomique fondamental et un état excité. L'atome peut alors être excité en absorbant simultanément *non pas un, mais deux* photons, dans un processus qui conserve l'énergie. L'effet Doppler est éliminé lorsque les atomes absorbent un photon dans chacun des faisceaux se propageant en sens inverses. Les effets Doppler des deux photons sont alors de signes opposés et s'annulent mutuellement. Tous les atomes contribuent au signal de résonance, et non plus seulement ceux se propageant dans un plan normal aux faisceaux lumineux.

Cette méthode avait été imaginée au début des années 1970 par Bernard Cagnac, un collègue de Claude Cohen-Tannoudji à l'ENS, travaillant avec son étudiant Gilbert Grynberg, un des condisciples de mes années de thèse. Un chercheur russe, Veniamin Chebotaev, l'avait également suggérée indépendamment. Ted Hänsch et les élèves de Cagnac à Paris devaient s'en servir de façon remarquable pour raffiner l'étude du spectre de l'atome d'hydrogène. Ted a poursuivi jusqu'à ces dernières années ces expériences. Pour donner une idée des progrès accomplis depuis l'époque que j'évoque ici, les largeurs des raies obtenues par Ted et son équipe sont maintenant de l'ordre de quelques hertz seulement, pour des fréquences de transition de l'ordre de 10^{16} hertz. Non seulement il n'y a plus d'effet Doppler, mais la largeur naturelle de la raie de résonance est extrêmement faible, parce qu'elle correspond à l'excitation d'un niveau dont la durée de vie est très grande (de l'ordre d'un dixième de seconde).

Les battements quantiques

Pendant l'année passée à Stanford, je ne me suis pas contenté d'apprendre les techniques des lasers et d'admirer les prouesses expérimentales de Ted. Arthur Schawlow avait mis à ma disposition un laboratoire avec un laser à colorant et m'avait demandé d'encadrer un de ses étudiants, Jeffrey Paisner. J'étais pour la première fois libre de décider de mon sujet de recherche, avec la responsabilité de former à mon tour un jeune chercheur. Je décidai d'observer la dépendance temporelle de la lumière de fluorescence émise par des atomes de césium excités par les courtes impulsions de mon laser à colorant.

Lorsque les atomes sont portés à un instant donné dans un état excité unique de durée de vie τ, on s'attend à ce qu'ils retournent à l'état fondamental en émettant de la lumière dont l'intensité décroît exponentiellement avec une constante de temps égale à τ. Ce temps est de l'ordre d'une centaine de nanosecondes dans le cas des niveaux excités du césium que je me proposais d'étudier. Ces niveaux sont en fait regroupés en structures hyperfines, avec des séparations entre les niveaux voisins de l'ordre de quelques dizaines de mégahertz. Ces structures sont dues à l'interaction entre les moments magnétiques électroniques et le spin du noyau de l'atome. Une impulsion laser de durée T de quelques nanosecondes a une largeur spectrale au moins égale à $1/T$ et excite à la fois tous les niveaux de structure hyperfine, dans une fenêtre d'énergie $\hbar/T$. En observant la lumière de fluorescence émise à la suite de cette excitation dans une direction et avec une polarisation données, on s'attend alors à observer une décroissance de l'intensité lumineuse présentant des modulations aux fréquences correspondant aux écarts entre les niveaux hyperfins simultanément excités. Il s'agit typiquement d'un effet d'interférence quantique. À chaque impulsion laser, les atomes suivent plusieurs chemins à la fois, passant par les différents niveaux excités avant de retomber dans le même état fondamental. Les amplitudes de probabilité associées à tous les chemins interfèrent à condition qu'aucune information sur le chemin suivi par les atomes ne soit disponible. Comme dans l'expérience des fentes de Young, chaque atome est au moment de l'excitation dans une superposition d'états et la question de savoir s'il est dans tel ou tel n'a pas de sens.

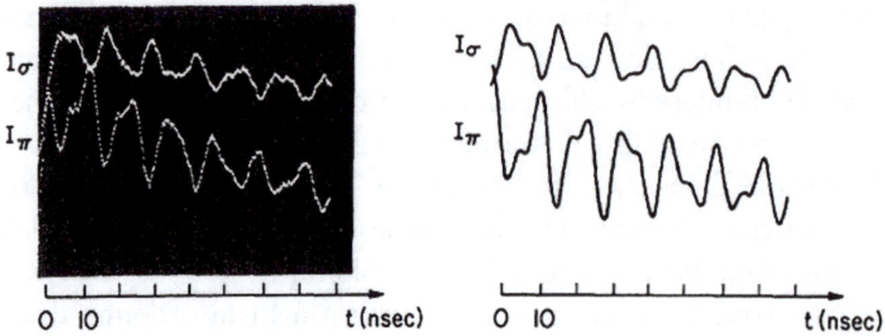

Figure VI.5. Battements quantiques de l'atome de césium. À gauche, signaux détectés sur la lumière de fluorescence émise selon deux polarisations orthogonales après une brève excitation laser préparant les atomes dans une superposition cohérente de trois sous-niveaux hyperfins. Chaque signal est la somme de trois sinusoïdes amorties. À droite, les signaux calculés théoriquement. L'excellent accord entre expérience et théorie a démontré que cette méthode pouvait s'appliquer à la détermination de structures fines ou hyperfines inconnues *(d'après* Physical Review Letters, *1973, 30, 948).*

Jeff et moi préparâmes rapidement l'expérience et après quelques semaines fiévreuses nous commençâmes à enregistrer les signaux de fluorescence sur un oscilloscope qui moyennait des milliers de traces induites par les impulsions successives du laser excitateur, se répétant au rythme de dix excitations par seconde. Au début de chaque expérience, nous observâmes une simple exponentielle décroissante, une trace large et bruitée. Après quelques minutes, nous commençâmes à apercevoir dans ce bruit une petite modulation qui se précisa progressivement, jusqu'à faire apparaître clairement au bout d'une demi-heure le signal oscillant que nous attendions. La joie de ces premiers instants où se révèle un secret de la nature est difficile à décrire. Nous avions calculé le signal que nous attendions et les atomes présents dans la petite cellule de verre répondaient aux impulsions lumineuses que nous leur envoyions exactement comme nous l'avions prédit. La signature modulée que les atomes nous révélaient était unique, tout comme l'empreinte digitale d'un individu. Elle se présentait comme une somme de courbes sinusoïdales amorties. Sa transformée de Fourier, qu'un ordinateur nous révéla rapidement, permettait de retrouver toutes les fréquences associées aux transitions entre les différents niveaux hyperfins excités par la lumière. Il s'agissait là d'une expérience de démonstration qui ne nous apprenait rien que nous ne sachions déjà sur le spectre du césium, car ces structures avaient déjà été mesurées par d'autres méthodes.

Le phénomène de *battement quantique*, comme on l'appelle, était déjà connu dans d'autres contextes expérimentaux. Nous avions simplement montré que ce *battement* pouvait être facilement induit par un laser à colorant en impulsion, ouvrant la voie à une nouvelle méthode de spectroscopie optique qui se révéla effectivement utile par la suite pour mesurer d'autres structures jusqu'alors inconnues. Je ne saurais dire exactement ce qui m'avait amené à étudier ce phénomène particulier. La raison en est sans doute multiple. J'avais eu l'occasion de discuter au cours de ma thèse avec George Series, un professeur d'Oxford, qui s'était intéressé aux battements lumineux induits par des lampes classiques dont la lumière était hachée pour produire des impulsions de quelques microsecondes, un peu à la manière des expériences du XIXe siècle de Fizeau. La durée des impulsions ne permettait d'observer que des modulations très lentes de la fluorescence atomique. Me souvenant de ces expériences, j'ai pensé que la lumière laser, beaucoup plus intense et plus ramassée dans le temps, était idéale pour les reprendre avec cette source nouvelle et leur donner une utilité pratique.

Je fus aussi séduit par l'idée que cette méthode spectroscopique était complémentaire de celle que Ted Hänsch mettait en œuvre dans la salle du laboratoire voisine de la mienne. Il étudiait la réponse en fréquence des atomes excités par un laser dont il balayait la longueur d'onde, alors que je révélais leur réponse temporelle à une percussion lumineuse. Que la lumière de ces premiers lasers à colorant soit constituée d'impulsions brèves était un défaut pour les expériences de Ted, puisque cela limitait la finesse des raies qu'il était capable d'observer. Pour moi, c'était au contraire un atout car je pouvais couvrir un intervalle spectral d'autant plus large et exciter d'autant plus de niveaux que la durée des impulsions lumineuses était plus courte.

Bien que cette méthode porte le nom de battement *quantique*, elle pouvait s'interpréter par des images classiques car les signaux observés étaient la moyenne des réponses des milliards d'atomes excités dans la cellule. Chaque atome obéissait cependant à l'étrange logique de la physique quantique. Le battement ne pouvait en effet être que la somme de phénomènes atomiques individuels. La lumière venant de deux atomes distincts, volant avec des vitesses différentes dans la cellule, ne pouvait interférer, ne serait-ce que parce que l'effet Doppler, différent pour les deux atomes, brouillait le battement correspondant. Enfin, toute tentative de chercher à savoir par quel niveau excité un atome était passé faisait disparaître la modulation. On pouvait par exemple essayer de placer un filtre interférentiel dans le faisceau laser pour en affiner le spectre de façon à n'exciter qu'un niveau hyperfin à la fois. Cela avait pour effet d'allonger la durée des impulsions lumineuses et le battement disparaissait. On pouvait également jouer sur la polarisation de la lumière pour changer la probabilité d'excitation de tel ou tel niveau hyperfin. Là encore le contraste des modulations en était affecté, de façon à toujours respecter le principe de complémentarité.

Plus grande était l'information acquise sur le chemin suivi par chaque atome dans l'expérience, plus faible était le contraste des oscillations observées. Il était ainsi possible, en discutant de la physique de ce système très simple, de reproduire tous les arguments de l'expérience de pensée des fentes de Young. Cette étude me donna confiance dans ma capacité à explorer la nature de façon originale. C'était la première fois que j'avais conçu et mené à bien un projet de recherche personnel. J'avais rempli mon contrat implicite auprès d'Arthur Schawlow et de Jeff Paisner et j'entamais avec Ted une longue amitié.

Anecdotes californiennes

Ce premier séjour en Californie renforça aussi le sentiment très fort que je ressentais d'avoir rejoint une communauté privilégiée de chercheurs qui, avec leurs cultures et histoires différentes, étaient mus par la même curiosité. Cette communauté prenait ses racines dans l'histoire passée de la physique de la lumière et de l'électromagnétisme et je pouvais le ressentir avec une grande intensité à Stanford. Au cours des dîners conviviaux organisés chez Arthur Schawlow et sa femme Aurelia, j'ai rencontré Felix Bloch, le père (avec Edward Purcell) de la résonance magnétique nucléaire. Il était aussi l'homme qui avait expliqué au début des années 1930 la structure des métaux par la physique quantique. De la génération de Dirac et de Heisenberg, il avait skié avec ce dernier dans les Alpes de Bavière, à la fin des années 1920. Avec une extrême gentillesse, il manifesta de l'intérêt pour le jeune chercheur que j'étais. C'était très impressionnant de discuter ainsi avec un des grands acteurs et témoins de la révolution scientifique du XXe siècle, quelqu'un qui avait aussi connu les tragédies de l'histoire, émigrant comme Einstein d'Europe en Amérique à l'arrivée de Hitler au pouvoir. Claudine, n'étant pas scientifique, était moins impressionnée que moi et, plus à l'aise pour parler avec Bloch, elle facilita sans doute notre contact.

Claudine devint aussi l'amie d'Aurelia Schawlow qui était la sœur de Charles Townes, l'inventeur du maser. Cet instrument, le premier à exploiter l'émission stimulée, avait été dans le domaine des micro-ondes le précurseur du laser (« maser » est l'acronyme anglais de *microwave amplification by stimulated emission of radiation*). Je me souviens d'une anecdote à ce sujet racontée par Schawlow au cours d'un des dîners où il nous avait invités. Dans l'été 1952, les familles Townes et Schawlow occupaient deux chambres voisines dans un hôtel de Washington. Les deux beaux-frères y étaient venus pour assister à une conférence de la Société américaine de physique. Charles avait deux jeunes enfants, qui rendaient ses soirées et ses nuits un peu agitées. Laissant ses bébés avec sa femme, il s'éclipsa une nuit pour pouvoir réfléchir tranquillement en allant s'asseoir sur un banc du Mall, la grande promenade qui va de l'obélisque au Capitole de la capitale fédérale américaine. C'est là que lui vint soudain, comme une révélation, l'idée du maser, exploitant le phénomène d'émission stimulée de molécules d'ammoniac traversant une cavité micro-onde. C'était le point de départ d'une grande aventure, scientifique et technologique, qui allait déboucher quelques décennies plus tard sur un marché annuel du laser correspondant à un chiffre d'affaires de plusieurs dizaines de milliards de dollars. Townes allait pour cela recevoir le prix Nobel de physique en 1964, alors que Schawlow dut attendre 1981 pour être distingué à son tour.

En 1973, il racontait cette histoire avec son rire communicatif, théorisant sur les avantages que procure la vie familiale pour favoriser les grandes découvertes. N'ayant pas encore à l'époque d'enfants, il avait pu dormir tranquillement ce soir-là et n'avait pas partagé avec Charles ce moment d'exaltation révélatrice. Claudine et moi étions arrivés en Californie avec nos deux jeunes enfants, Julien et Judith, et je pouvais bien comprendre ce qui avait motivé Charles Townes à chercher un peu de calme dans la nuit d'été.

Quelques années plus tard, Townes et Schawlow avaient écrit ensemble un article qui annonçait comment on pourrait généraliser l'effet maser aux ondes lumineuses, appelant l'instrument à venir un « maser optique ». Ils avaient essayé de réaliser le premier appareil de ce type, mais avaient été devancés en 1960 par Theodore Maiman, un ingénieur travaillant pour Hughes Laboratories, une compagnie privée. Quant à l'acronyme « laser » – qui remplaçait simplement le M du maser par un L pour *light* –, il avait été forgé par Gordon Gould, un autre personnage haut en couleur de cette histoire. Étudiant en thèse à l'Université Columbia dans les années 1950, à l'époque où Townes y était professeur, Gould avait eu l'idée du laser mais, au lieu de la publier comme Townes et Schawlow, il l'avait gardée secrète en la consignant dans un projet de brevet. Après l'invention du laser, il s'engagea dans une longue bataille juridique pour faire valoir ses droits d'antériorité sur le laser et ses applications. Il finit par gagner sur certains aspects auprès des tribunaux américains dans les années 1980 et devint riche, bien après l'époque que j'évoque ici.

Townes et Schawlow avaient entretenu des relations difficiles avec Gould, sans doute en raison de leurs approches différentes de la recherche. Ils avaient suivi la voie académique, divulguant leurs idées ouvertement dans un journal scientifique. Gould, pressentant les immenses potentialités industrielles du laser, préféra un chemin secret, celui de la recherche privée dans une compagnie commerciale qu'il créa spécifiquement pour construire et exploiter le nouvel instrument. Il abandonna pour cela sa thèse à Columbia, ce qui contribua à l'éloigner de Townes, et fut finalement battu lui aussi dans la course à la réalisation du premier laser. Cet échec lui fut plus préjudiciable qu'à Townes et à Schawlow, qui avaient aussi pris des brevets sur le laser, mais avaient en même temps publié ouvertement leurs travaux. Au lieu de soumettre ses idées aux rapporteurs d'un journal scientifique, Gould les avait exposées dans le texte obscur et juridique d'un brevet à l'intention de juristes et d'avocats incapables d'en juger la véritable portée.

L'affaire s'est encore compliquée du fait que Gould avait été communiste dans sa prime jeunesse. Fiché comme tel à l'époque du maccarthysme, il lui avait été interdit par le FBI de communiquer avec les chercheurs et ingénieurs qui, dans la compagnie qu'il avait lui-même fondée, travaillaient infructueusement à la construction du premier laser. Cette histoire était rocambolesque et fascinante. Elle mélangeait des aspects politiques, financiers et scientifiques. Racontée par Arthur Schawlow, avec son humour et son parti pris anti-Gould évident et compréhensible, elle me révélait des aspects de la science insoupçonnés, loin de ce que j'avais pu apprendre à Paris au contact des scientifiques idéalistes qu'étaient Kastler, Brossel et Claude. L'Amérique était décidément un monde étonnant, comme me le démontraient aussi les auditions du Sénat américain de l'affaire du Watergate, que la télévision diffusait en boucle en ce printemps 1973.

Première grande conférence internationale

À l'été de cette année, il fut temps de songer à rentrer à Paris. Mais auparavant, j'allai présenter mon travail sur les battements quantiques dans ce qui fut la première conférence de spectroscopie laser, à Vail dans le Colorado. J'y rencontrai tous les acteurs de cette physique nouvelle, dans le cadre majestueux des montagnes Rocheuses. Mes maîtres Claude Cohen-Tannoudji et Jean Brossel étaient là, ainsi que Christian Bordé qui était venu de la ville voisine de Boulder où il faisait son stage postdoctoral dans le laboratoire de John Hall, un des grands spécialistes du laser. Avec son équipe du JILA, le Joint Institute for Laboratory Astrophysics, que j'avais visité quatre ans auparavant au cours de mon premier voyage en Amérique (voir chapitre I), Hall venait de faire l'ultime mesure de la vitesse de la lumière, lui donnant la valeur c = 299 792 458 m/s, avec une incertitude de 3 milliardièmes. La méthode était très simple dans son principe. Les chercheurs du JILA avaient mesuré à la fois la fréquence ν et la longueur d'onde λ d'un laser verrouillé sur une raie fine dans le proche infrarouge de la molécule de méthane CH_4, en utilisant pour éliminer l'effet Doppler la technique de l'absorption saturée. Ils en déduisirent la valeur de c égale au produit $\nu\lambda$.

La mesure de λ avait été faite par interférométrie en comptant le nombre de longueurs d'onde de la transition moléculaire de CH_4 dans un mètre, qui était alors lui-même défini comme un multiple de la longueur d'onde d'une raie rouge de l'atome de krypton. Cela revenait à une simple comparaison par interférométrie de deux longueurs d'onde. L'incertitude était de quelque 10^{-9}, limitée par la définition du mètre qui dépendait à l'époque de la précision du pointé de la résonance du krypton, elle-même limitée par l'effet Doppler dans la cellule qui contenait ce gaz.

Plus délicate était la mesure de *ν*, la fréquence de la transition moléculaire de CH_4, qui est de l'ordre de 10^{14} hertz. Aucun instrument n'était capable de compter cette fréquence directement. Partant d'une basse fréquence, dans le domaine des micro-ondes, qui pouvait directement être mesurée à l'aide d'une horloge atomique, les expérimentateurs du JILA ont progressivement synthétisé des fréquences plus élevées, multiples de la fréquence initiale, amplifiant les signaux successifs en asservissant des lasers aux différents harmoniques, jusqu'à atteindre une fréquence assez grande pour pouvoir être directement comparée, par battement, avec celle d'un laser asservi sur la transition du méthane. Ce tour de force expérimental, dont les résultats furent présentés à Vail, fut réalisé dans un immense hangar abritant tous les éléments de cette chaîne de fréquence, qui devaient fonctionner en même temps pour réaliser le pont entre les micro-ondes et la fréquence optique.

C'était la mesure finale de la vitesse de la lumière car il devint clair dès ce moment qu'il était vain de tenter d'en augmenter la précision puisque l'étalon de longueur utilisé pour la mesure présentait cette incertitude. Inversant le problème, les métrologistes décidèrent quelques années plus tard de fixer par convention la vitesse de la lumière à la valeur trouvée au JILA et de définir le mètre comme la distance parcourue par la lumière en 1/299 792 458e de seconde. Ils reliaient ainsi l'unité de longueur à celle du temps, déterminé grâce aux horloges atomiques avec une bien plus grande précision, la seconde étant définie comme un multiple exact de la période d'une transition micro-onde de l'atome de césium. Un long chemin avait été parcouru depuis la première détermination par Römer de la vitesse de la lumière, au siècle de Louis XIV (voir chapitre II). Nous avons vu que l'erreur était alors de 30 à 40 %, l'étalon de longueur utilisé à l'époque étant le diamètre mal connu de l'orbite terrestre. Trois siècles plus tard, on avait gagné neuf ordres de grandeur dans la connaissance de ce paramètre fondamental de la physique. Et l'histoire ne s'arrêta pas là. Dans les cinquante années qui ont suivi la conférence de Vail, la mesure des fréquences optiques a fait d'immenses progrès, résultant dans le gain de neuf ordres de grandeur supplémentaires dans la mesure de ces quantités, ouvrant des perspectives nouvelles et fascinantes en instrumentation optique et en métrologie. Le gigantesque hangar des chaînes de fréquence du JILA a été abandonné. Il est remplacé avantageusement par ce qu'on appelle un laser « peigne de fréquence » qui peut tenir dans une boîte de moins d'un mètre de côté, une invention extraordinaire que l'on doit conjointement à John Hall et à Ted Hänsch, pour laquelle ils reçurent ensemble le prix Nobel en 2005.

La Terra incognita *des atomes géants*

De retour à Paris à l'automne 1973, j'entrepris de démarrer un projet expérimental original utilisant le type de laser à colorant avec lequel je m'étais familiarisé en Californie. Les expériences de battement quantique m'avaient montré que cette source lumineuse permettait d'exciter des atomes dans des niveaux éloignés de l'état fondamental. À l'aide de photons de longueur d'onde de plus en plus courte, ou bien en réalisant une excitation « en échelon » dans laquelle l'atome absorberait successivement deux photons en passant par un état d'excitation intermédiaire, on s'attendait à pouvoir atteindre des niveaux proches de la limite d'ionisation de l'atome. Cette limite correspond à une énergie de liaison de l'électron périphérique tendant vers 0. Ces états très excités étaient impossibles à préparer avec des sources de lumière classiques car la probabilité d'absorption d'un photon par l'atome décroît très vite lorsqu'on s'approche de la limite d'ionisation. Les lasers, avec leur grande intensité concentrée sur un petit intervalle spectral, devaient par contre permettre d'exciter ces atomes avec efficacité, ouvrant la voie à l'exploration au laboratoire de cette *Terra incognita* de la physique atomique.

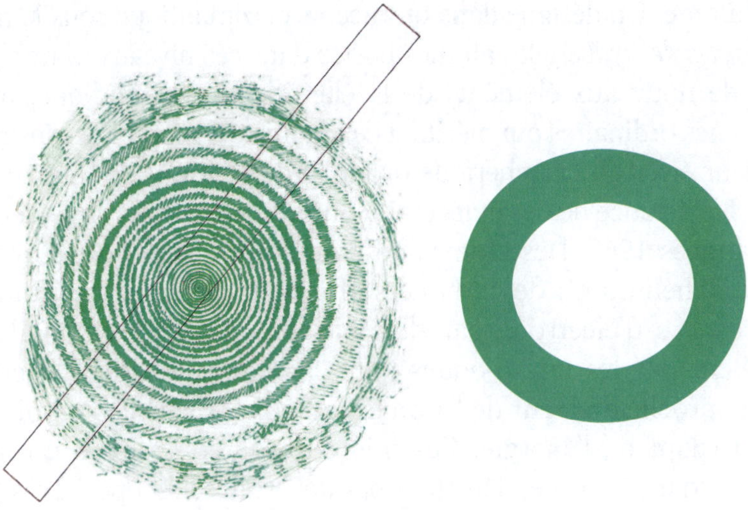

Figure VI.6. Distribution du nuage électronique dans un atome de Rydberg. (a) Dessin d'un article que j'ai écrit dans *La Recherche* en 1978. Il représente l'orbitale électronique de l'état 30S de l'hydrogène de nombre quantique principal $n = 30$ et de moment cinétique orbital $l = 0$. La fonction d'onde est formée de 30 ondulations concentriques de plus en plus espacées lorsqu'on s'éloigne du proton, point invisible au centre. Le rectangle superposé à l'atome donne en comparaison les dimensions du virus de la mosaïque du tabac. (b) Orbitale électronique du même atome dans le niveau $n = 30$ de moment cinétique maximum ($l = n - 1$) aligné le long d'un axe normal à la figure. L'électron de cet atome de Rydberg circulaire est localisé dans un tore. Il a une probabilité de présence maximale sur un cercle de rayon égal à 900 rayons de Bohr centré sur le proton (invisible à cette échelle). J'ai représenté la surface torique sur laquelle la probabilité de présence électronique est la moitié de sa valeur maximum.

On appelle états de Rydberg ces états très excités, du nom du physicien suédois qui, à la fin du XIXe siècle, avait établi la formule donnant les longueurs d'onde des transitions reliant dans l'hydrogène ces niveaux à l'état fondamental de l'atome. La formule empirique de Rydberg, déduite des observations spectroscopiques de l'hydrogène alors qu'aucune théorie ne les expliquait, avait par la suite guidé Bohr dans son élaboration du premier modèle quantique de l'atome. On désigne dans un raccourci sémantique sous le nom d'*atomes de Rydberg* les atomes portés dans ces niveaux. Il ne s'agit pas de nouveaux éléments de la classification périodique, mais d'atomes ordinaires qui méritent ce qualificatif pendant les instants où leur électron périphérique orbite loin du noyau de l'atome.

L'existence de ces états était connue en astrophysique depuis les années 1960. Des atomes de Rydberg intersidéraux d'hydrogène, d'hélium ou de carbone se forment dans l'espace lors de la capture d'électrons par des ions de ces éléments et ils se révèlent par les micro-ondes qu'ils émettent lorsque l'électron se rapproche du cœur de l'atome, cascadant de niveau en niveau en perdant de l'énergie. Ces micro-ondes sont, après un long voyage dans l'espace, détectées par des radiotélescopes. Très fragiles parce que leur électron, faiblement lié au noyau, peut être facilement perturbé par des collisions avec d'autres atomes, ces atomes de Rydberg peuvent subsister pendant un temps relativement long dans le vide quasi parfait de l'espace. Les observer au laboratoire allait demander, outre l'utilisation de lasers, des précautions particulières.

Pourquoi ai-je décidé de m'intéresser à ces atomes ? L'idée de faire de la physique atomique à une échelle inhabituelle a certainement joué un rôle. Lorsqu'un atome est porté dans un état de Rydberg, les dimensions sur lesquelles s'étend la fonction d'onde électronique deviennent gigantesques par rapport à ce qu'elles sont dans l'état fondamental. Depuis Rydberg et Bohr, on repère l'énergie de ces états par un nombre quantique principal n (à ne pas confondre ici avec un nombre de photons), l'énergie de liaison de l'électron avec le noyau décroissant comme la fonction $1/n^2$. Conventionnellement, on parle d'état de Rydberg lorsque l'entier n est de l'ordre de 10 ou plus. Les dimensions de l'orbite électronique augmentent comme n^2 et il n'y a en principe aucune limite à la valeur de n. Un atome de Rydberg avec $n = 50$ a une « taille » deux mille cinq cents fois plus grande qu'un atome dans son état fondamental, de l'ordre de 0,25 micron. C'est déjà une dimension approchant celle des objets biologiques que sont des virus ou des bactéries. Avec $n = 1\,000$, nous obtenons des atomes dont les dimensions sont de l'ordre d'un dixième de millimètre, l'épaisseur d'un cheveu. Si *n* atteignait la valeur 10 000, l'atome aurait la taille d'un petit pois ou d'une cerise.

Pour me ramener à la réalité et m'empêcher de trop rêver, je réalisais bien sûr que l'énergie de liaison de l'électron périphérique dans ces atomes artificiellement « gonflés », variant en $1/n^2$, deviendrait d'autant plus petite qu'ils seraient plus gros, ce qui me confirmait qu'il faudrait prendre des mesures spéciales pour les protéger des perturbations. Il était clair cependant que leur fragilité même les rendrait utiles comme sondes ultrasensibles de leur environnement. J'entrevoyais ainsi une aventure semblable à celle de Gulliver au pays des géants, l'exploration d'un monde aux ordres de grandeur inhabituels qui devait réserver bien des surprises.

Une autre raison m'attirait vers les atomes de Rydberg. C'étaient des systèmes quantiques très simples. Une fois l'électron périphérique éloigné du noyau, celui-ci lui apparaissait comme une charge presque ponctuelle, quasiment identique à un simple proton. Le fait que le cœur soit en fait un système complexe constitué d'un noyau de charge Z entouré de Z – 1 électrons gravitant à environ 1 angström n'a plus d'importance pour décrire en première approximation la dynamique de l'électron orbitant à des milliers d'angströms, qui voit simplement le centre de l'atome comme un point. Les atomes de Rydberg de tous les éléments sont ainsi, dès que *n* est assez grand, semblables à de l'hydrogène dans un état excité. Toute la physique se ramène avec une bonne approximation à celle d'un électron évoluant dans le champ central du noyau. Il reste certes de petits effets liés à la structure du cœur atomique qui différencient les états de Rydberg de différents éléments, mais ces effets sont petits, négligeables en première approximation.

L'analogie avec l'astronomie me motiva également. Elle fut, comme on l'a vu au premier chapitre, ma première passion scientifique. L'électron de Rydberg gravitant autour du cœur atomique peut être comparé à une planète tournant autour du Soleil. Certes, c'est un système quantique pour lequel la notion de trajectoire n'a pas vraiment de sens, mais l'image classique en termes d'orbites de Bohr reste néanmoins utile pour décrire le système et évaluer les ordres de grandeur des différents paramètres qui le définissent.

En astronomie, les planètes obéissent aux lois empiriques de Kepler, justifiées par les calculs de Newton, basés simplement sur le fait que la force d'attraction gravitationnelle varie en $1/r^2$, où r est la distance du Soleil aux planètes. La même dépendance avec la distance au cœur atomique caractérise la force subie par l'électron dans l'atome. Les lois de Kepler doivent donc aussi s'appliquer. La troisième de ces lois dit que le carré de la période d'une planète autour du Soleil divisée par le cube du rayon de son orbite est une constante, la même pour toutes les planètes. Traduite à la physique atomique, cette loi nous dit que le carré de la période de révolution de l'électron de Rydberg sur une orbite de Bohr doit varier comme n^6, le cube du rayon proportionnel à n^2. On en déduit que la période de l'électron de Rydberg varie comme n^3. Cette période, évaluée ainsi par le modèle de Bohr, est proportionnelle à la longueur d'onde des photons que l'atome de Rydberg émet en sautant d'une orbite de Bohr à la voisine, n changeant de n à $n - 1$. Pour $n = 50$ les longueurs d'onde ainsi évaluées sont millimétriques, quelques milliers de fois plus grandes que celles, micrométriques, des photons optiques émis sur les transitions entre niveaux profonds de l'atome. Elles tombent dans le domaine des micro-ondes, correspondant à des fréquences de l'ordre de quelques dizaines de gigahertz. Un simple calcul d'ordre de grandeur, basé sur cette analogie astronomique, me fit ainsi comprendre que ces atomes allaient être des sondes ultraprécises et ultrasensibles de photons micro-onde.

J'étais excité par le défi d'explorer des états atomiques qui n'avaient jamais été observés auparavant au laboratoire et par l'espoir que les ordres de grandeur inhabituels de ces systèmes allaient conduire à mettre en évidence des effets nouveaux. Il y avait peut-être aussi l'idée que ces systèmes étaient conceptuellement simples et que les effets qu'ils allaient manifester dans leur interaction avec les ondes électromagnétiques permettraient d'illustrer de façon claire et directe les lois étranges de la physique quantique. Mais je reconstruis là sans doute ce qui ne s'est dégagé progressivement que par la suite. Au moment où je revins à Paris après l'année californienne, je n'avais qu'une idée vague de ce que les atomes de Rydberg allaient apporter.

Pour me lancer dans cette aventure je n'eus qu'à écrire depuis Stanford une lettre manuscrite de deux ou trois pages à Jean Brossel pour lui exposer, plus succinctement que je ne viens de le faire ici, pourquoi l'étude des atomes de Rydberg me paraissait intéressante. Je ne promettais aucun résultat spécifique, seulement d'essayer et de voir où cette recherche allait me conduire. Il me fallait pour cela de l'argent pour acheter le laser à azote pompant le laser à colorant, ainsi que les éléments d'optique et l'électronique nécessaires à la construction de quelques lasers accordables. Il fallait ajouter toute la mécanique qui me permettrait de construire un jet d'atomes alcalins, car les atomes de Rydberg de *n* élevé ne pouvaient survivre que dans un jet se propageant dans un très bon vide, reproduisant les conditions de l'espace. Et il fallait aussi qu'on me confie la responsabilité d'encadrer un ou deux étudiants. Brossel me fit confiance et m'accorda immédiatement ce que je demandais, sans consulter personne, en prenant les crédits sur ceux que le CNRS allouait alors à son laboratoire. Je pus ainsi me lancer, l'esprit libre, dans une aventure de plusieurs décennies.

Je ne peux m'empêcher de comparer ma situation d'alors à celle des jeunes chercheurs qui abordent aujourd'hui la recherche en France. Sans crédits, même s'ils ont eu la chance d'obtenir un poste au CNRS ou dans une université qui ne disposent pratiquement plus de budgets récurrents, il leur faut tout de suite présenter un projet de recherche pour être financés par une agence française (l'Agence nationale de la recherche, l'ANR) ou européenne (l'European Research Council, l'ERC). Ce projet leur demande des semaines de travail. Il leur faut remplir des dizaines de tableaux de chiffres, expliquer en détail ce qu'ils espèrent trouver, détailler les étapes d'une recherche qui par définition est imprévisible, et imaginer à quoi leur recherche pourra un jour être utile.

Soumis à des comités d'experts, mis en concurrence immédiate avec des centaines d'autres projets, ils n'ont *a priori* qu'une chance sur dix de succès et doivent donc, en moyenne, recommencer ce fastidieux exercice plusieurs fois avant de pouvoir vraiment commencer à travailler. Il y a là de quoi doucher l'enthousiasme des jeunes les plus passionnés. Ceux qui réussissent sont souvent obligés de renoncer à un projet ambitieux, nécessairement risqué, pour une recherche plus conventionnelle ou plus directement « utile ». Si j'avais eu à franchir tous ces obstacles, qui conduisent inévitablement à « survendre » et à promettre des résultats qu'on ne peut prévoir à l'avance, je ne crois pas que je me serais lancé dans cette aventure. J'aurais peut-être cherché à faire autre chose, ou je serais resté aux États-Unis.

Pendant les cinq années qui suivirent mon retour à Paris, j'appris à préparer et à détecter les atomes de Rydberg d'atomes alcalins, sodium, césium et rubidium, qui possèdent un électron externe gravitant autour d'un cœur dont les couches électroniques fermées ont la structure compacte, chimiquement inerte, d'un gaz rare. L'excitation optique impulsionnelle s'effectuait en deux échelons successifs, à l'aide de deux lasers accordables de couleurs différentes portant les atomes dans un niveau intermédiaire avant d'atteindre le niveau de Rydberg final. Je commençais par exciter des battements quantiques dans des niveaux de nombre quantique principal variant de 10 à 20, des atomes de taille encore modérée qui survivaient bien dans une cellule de résonance. La détection des modulations de la fluorescence de ces atomes après leur excitation en impulsion brève me permit de mesurer leurs intervalles de structure fine, due à ce qu'on appelle le couplage spin-orbite. Il s'agit d'un effet relativiste, le champ électrique du cœur atomique se transformant dans le référentiel de l'électron de Rydberg en un champ magnétique orbital, couplé au moment magnétique de spin de cet électron. Suivant que ce spin pointe dans la direction du champ magnétique orbital ou dans la direction opposée, l'atome de Rydberg acquiert une petite énergie magnétique additionnelle positive ou négative.

Il en résulte, pour chaque état de moment angulaire orbital, l'existence de deux niveaux de structure fine d'énergies légèrement différentes. Leur excitation simultanée par les impulsions des lasers à colorant produisait les battements quantiques de fluorescence révélant la structure fine et permettant ainsi de mesurer le champ magnétique vu par l'électron de Rydberg. L'effet diminuait lorsque la taille de l'atome augmentait. Cela traduisait à la fois la décroissance du champ électrique vu par l'électron de plus en plus loin du cœur et celle de la vitesse de cet électron évoluant de plus en plus lentement sur une orbite de plus en plus grande, rendant les effets relativistes de plus en plus petits. La fluorescence des atomes retombant vers un état atomique peu excité devenait aussi de plus en plus faible et difficile à détecter lorsqu'on montait dans l'échelle des niveaux de Rydberg, la probabilité d'émission d'un photon optique par ces états diminuant fortement avec leur degré d'excitation. Il devenait difficile d'étudier par cette méthode des atomes de nombre quantique principal supérieur à 20 et nous dûmes nous tourner vers d'autres méthodes.

Nous préparâmes alors les états de Rydberg en illuminant à l'aide de nos lasers à colorant un jet d'atomes alcalins. Les atomes étaient obtenus en évaporant un petit échantillon de sodium, de rubidium ou de césium contenu dans un four percé d'un petit trou. Ce four était placé dans une enceinte d'où l'air avait été pompé. Les atomes s'échappaient du four en ligne droite, formant un jet légèrement divergent se propageant dans le vide. Les lasers excitaient en impulsions brèves les atomes qui volaient ensuite vers un détecteur constitué de deux plaques métalliques parallèles entre lesquelles une différence de potentiel électrique était appliquée. Le champ électrique entre les plaques ionisait les atomes en arrachant les électrons de Rydberg dès que son amplitude excédait celle du champ qui les retenait au cœur atomique. Ce champ décroît avec le degré d'excitation de l'atome et cette dépendance nous permettait de détecter sélectivement les niveaux de Rydberg ayant des énergies de liaison différentes, avec une sensibilité bien supérieure à celle procurée par l'observation de leur fluorescence.

Les électrons échappant au cœur atomique étaient accélérés vers un multiplicateur d'électrons constitué de cathodes successives opérant en cascade. Chaque électron de Rydberg arrachait plusieurs électrons à la première cathode, qui à leur tour en arrachaient plusieurs à la seconde, et ainsi de suite. Cela conduisait à une amplification importante du courant, finalement enregistré par un oscilloscope à mémoire qui stockait les signaux induits par les impulsions successives du laser, répétées au rythme d'une dizaine par seconde. Nous détections dans nos premières expériences un grand nombre d'atomes excités à la fois. En diminuant l'intensité de la lumière du laser, nous arrivâmes progressivement à observer les signaux produits par des nombres d'atomes de Rydberg de plus en plus faibles. Nous parvînmes enfin à détecter des signaux correspondant à la préparation d'un seul atome de Rydberg en moyenne par impulsion laser.

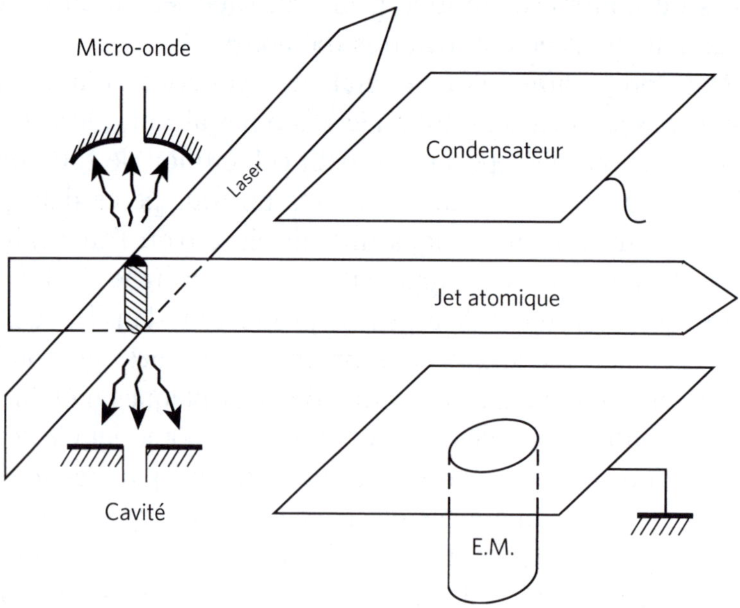

Figure VI.7. Schéma du premier montage expérimental pour l'étude des spectres micro-onde des atomes de Rydberg. Les lasers excitent un jet atomique dans une cavité ouverte formée de miroirs (*à gauche*). Après avoir traversé la cavité, les atomes passent dans un condensateur où ils sont ionisés par un champ électrique. Les électrons éjectés sont comptés par le multiplicateur d'électrons (E.M.).

Naissance de l'électrodynamique quantique en cavité

Nous entreprîmes alors des expériences systématiques de spectroscopie micro-onde. Entre leur excitation par le laser et leur détection, nos atomes étaient soumis au champ produit par une source rayonnant dans le domaine des ondes millimétriques, dont les fréquences étaient de l'ordre de quelques dizaines de gigahertz. Le champ micro-onde était concentré dans une petite cavité formée de miroirs de cuivre en forme de calottes sphériques se faisant face. Il se propageait de la source à la cavité dans un guide d'onde aboutissant à un petit trou percé dans l'un des miroirs. Les atomes animés d'une vitesse thermique de quelques centaines de mètres par seconde étaient soumis au champ stocké dans la cavité pendant le temps de quelques microsecondes qu'ils mettaient à la traverser.

La fréquence de la micro-onde était balayée en même temps que la distance entre les miroirs de la cavité, de façon à ce que le champ s'y bâtisse par interférence constructive (il fallait pour cela que la distance L entre les miroirs soit un multiple de la demi-longueur d'onde du champ). Nous observions les variations du courant de détection des atomes de Rydberg lorsque la fréquence du champ coïncidait avec celle d'une transition du niveau excité initial vers un niveau de Rydberg final. L'expérience revenait, en adoptant une image classique, à mesurer les fréquences de précession des électrons de Rydberg sur leurs orbites de Bohr. Nous avons vu que ces fréquences sont voisines de celles d'un électron de l'atome d'hydrogène sur les orbites correspondantes. Les petites différences avec les fréquences de l'hydrogène proviennent de l'effet perturbateur du cœur atomique qui n'est une charge ponctuelle qu'en première approximation. En enregistrant systématiquement ces spectres pour des atomes alcalins et des états de Rydberg de n et de moment cinétique orbital l différents, nous entreprîmes ainsi une étude approfondie des interactions de l'électron de Rydberg avec le cœur atomique.

Les écarts au spectre de l'hydrogène s'expriment à l'aide d'un modèle simple. Au lieu de varier en $1/n^2$ comme dans l'hydrogène, les énergies de liaison des électrons de Rydberg varient comme $1/(n - \delta_l)^2$ où δ_l, appelé *défaut quantique*, est un nombre, petit devant n, qui dépend de la probabilité que l'électron de Rydberg pénètre dans le cœur quasi ponctuel de l'atome. Cette probabilité varie, dans l'image de Bohr, avec l'ellipticité de l'orbite, ou encore du moment cinétique l de l'électron. Les orbites de faible l (l = 0,1 ou 2) sont très elliptiques et l'électron à son périhélie s'approche beaucoup du cœur, d'où un défaut quantique δ_l relativement grand (de l'ordre de l'unité). Les orbites de l plus grand (l = 3, 4...) ne pénètrent pratiquement pas le cœur et leurs défauts quantiques sont très petits. Ils ne s'annulent pas complètement cependant car, même en dehors du cœur atomique, l'électron de Rydberg subit une faible influence de sa part.

L'analogie avec l'astronomie peut nous aider à comprendre cet effet. Nous savons que la Lune, gravitant autour de la Terre, induit le phénomène des marées. La force gravitationnelle qu'elle exerce sur la Terre déplace les masses océaniques, déformant périodiquement la forme du géoïde terrestre. En retour, cette déformation réagit sur le champ de gravitation de la Terre. La période de la Lune se trouve ainsi être légèrement différente de ce qu'elle serait si la Terre était un solide parfaitement rigide et indéformable. De la même façon, l'électron de Rydberg modifie légèrement par son champ électrique la distribution des charges électroniques dans le cœur des atomes alcalins et cette modification affecte son mouvement. Elle se traduit dans le modèle décrit plus haut par l'existence d'un petit défaut quantique résiduel, décroissant avec n et l.

Un jour de 1979, ces expériences nous réservèrent une surprise. Nous étudions une transition entre un niveau de Rydberg de n = 23 et un niveau moins excité de n = 22 dans l'atome de sodium, dont la fréquence était de l'ordre de 340 gigahertz. Nous n'avions pas branché le champ micro-onde et fûmes très étonnés de constater que les atomes sautaient d'un niveau à l'autre, *sans micro-onde appliquée*. Il suffisait pour cela que la distance entre les miroirs soit convenablement accordée. Le signal de transfert de population entre les niveaux supérieur et inférieur passait par un maximum résonnant lorsque la distance L entre les miroirs satisfaisait la condition de résonance *pour un champ qui ne devait pas être là* ! Il ne nous fallut pas longtemps pour comprendre. Nous avions ainsi réalisé, sans l'avoir voulu, un *maser à atomes de Rydberg*. Tout comme les molécules d'ammoniac dans le maser de Charles Townes, nos atomes de Rydberg rayonnaient par émission stimulée un champ cohérent dans notre cavité. Ce champ les faisait collectivement basculer vers l'état inférieur de la transition. C'était un maser en impulsion, l'émission se répétant au rythme de répétition de notre laser excitateur. Nous évaluâmes alors le seuil de ce maser en diminuant progressivement le nombre moyen d'atomes de Rydberg préparés à chaque impulsion. Il suffisait pour cela d'atténuer l'intensité des lasers excitateurs.

Nous trouvâmes, à notre grande excitation, que le seuil de ce maser était extrêmement bas. L'effet ne disparaissait que lorsque nous préparions moins de deux ou trois cents atomes par impulsion. Par comparaison, il fallait des milliards de molécules dans la cavité de Townes pour que son maser oscille. Ce résultat fut une révélation. La sensibilité extrême des atomes de Rydberg aux micro-ondes se manifestait pour nous permettre d'observer un système qui commençait à s'approcher de ce dont j'avais rêvé à la fin de ma thèse, huit ans auparavant. Dans notre cavité, quelques centaines d'atomes interagissaient avec quelques centaines de photons micro-onde.

Ce n'était pas encore la situation ultime d'un atome et d'un photon mais cela commençait à s'en rapprocher sérieusement. Nous n'avions jusqu'à ce moment accordé que peu d'attention à la qualité de notre cavité. Nous comprîmes que si nous pouvions augmenter son facteur de qualité Q, nous pourrions atteindre le régime où le maser ne demanderait qu'un seul atome pour fonctionner (le facteur Q est un nombre proportionnel au nombre de réflexions qu'un photon peut subir entre les miroirs avant d'y être absorbé). Nous remplaçâmes pour cela la cavité en cuivre par deux miroirs en niobium, un métal qui devient supraconducteur au-dessous de 9 degrés absolus. La conductivité théoriquement infinie de ces miroirs devait augmenter considérablement leur réflectivité et donc le *Q* de la cavité.

Cette nouvelle technologie nous contraignait à passer à un montage expérimental cryogénique, dans lequel le cœur de l'expérience était refroidi à la température de l'hélium liquide contenu dans un réservoir avec lequel les miroirs étaient en contact thermique. La cryogénie avait un autre avantage. En abaissant la température des miroirs, on diminuait aussi celle du champ thermique qu'ils rayonnaient spontanément. À $T = 4K$, la loi de Planck nous dit qu'il y a moins d'un photon thermique de fréquence 340 gigahertz dans une cavité. Nous pouvions ainsi étudier les effets quantiques d'interaction entre les atomes et le champ sans être gênés par le bruit thermique présent à la température ambiante.

Après avoir adapté notre montage à la cryogénie, nous pûmes tenter l'expérience en 1983. Nous constatâmes alors qu'un seul atome était rapidement transféré du niveau supérieur au niveau inférieur de la transition lorsque la cavité de niobium était convenablement accordée. Nous avions atteint le régime où un atome interagit avec un seul photon, en conduisant à un signal détectable. C'était excitant, mais il manquait encore quelques ordres de grandeur pour que notre joie soit complète. Le photon émis dans la cavité disparaissait dans ses parois avant de pouvoir réinteragir avec l'atome. La durée de vie du photon était d'environ 300 nanosecondes, correspondant à un facteur *Q* de l'ordre de 7.10^5. Il nous manquait encore un ou deux ordres de grandeur pour que le photon reste assez longtemps dans la cavité et nous permette d'observer l'oscillation de Rabi dans le champ du vide.

Nous savions cependant ce qu'il fallait faire : allonger encore la durée de vie des photons dans notre cavité et aussi celle des atomes de Rydberg. Ceux que nous avions préparés jusqu'alors, excités par deux impulsions laser, correspondaient à des orbites très elliptiques de faible moment angulaire, dans lesquelles l'électron de Rydberg avait une durée de vie relativement courte, de l'ordre de quelques centaines de nanosecondes. Pour disposer de durées de vie plus longues, il fallait préparer des atomes de Rydberg de faible ellipticité et de grand moment angulaire, idéalement le niveau de Rydberg circulaire de moment angulaire orbital maximum $l = n - 1$. Augmenter ainsi parallèlement la durée de vie des photons et celle des atomes allait nécessiter la construction d'un nouveau montage et la mise en œuvre de nouvelles techniques qui nous conduiraient progressivement aux expériences que je décris au chapitre suivant.

Nous n'étions pas les seuls à nous intéresser dans les années 1980 aux propriétés des atomes de Rydberg en cavité. Aux États-Unis, Daniel Kleppner, un physicien de MIT qui était devenu un ami depuis que nous nous étions rencontrés à la conférence de Vail de 1973, fit en 1983 une belle expérience montrant que la durée de vie d'un atome de Rydberg était allongée lorsqu'on le confinait dans une cavité excluant les modes dans lesquels il pouvait rayonner un photon de façon spontanée. Pour faire cette expérience, il avait utilisé les atomes de Rydberg circulaires que j'ai évoqués plus haut et inventé la méthode qui permettait de les préparer. Cette expérience d'inhibition de l'émission était l'opposé de celle que nous venions de faire avec notre maser de Rydberg à un seul atome. Dans notre cas, la présence de la cavité augmentait la probabilité d'émission spontanée de l'atome alors que dans l'expérience de MIT cette émission était inhibée par la cavité.

Ces effets de modification de durée de vie des atomes en présence de cavité avaient été prédits dans une brève note écrite en 1946 par Edward Purcell, l'homme de la résonance magnétique nucléaire. Il s'était intéressé aux modifications de l'émission spontanée d'un spin sous l'effet de son couplage avec les bobines résonnantes des circuits qu'il utilisait pour induire la résonance magnétique dans des solides ou des liquides. Le contexte était différent de celui de nos expériences d'atomes en cavité, mais l'effet était analogue. L'« habillage » d'un système quantique par un environnement de parois ou de fils métalliques modifie les modes du vide de rayonnement dans lequel baigne l'atome et change ainsi les propriétés de rayonnement spontané de ces systèmes. Daniel Kleppner forgea un nom pour cette physique nouvelle. Il l'appela l'*électrodynamique quantique en cavité* (*cavity quantum electrodynamics* ou plus simplement *Cavity QED* en anglais).

D'autres chercheurs se lancèrent alors dans cette physique. Herbert Walther en Allemagne fit de très belles expériences de masers à atomes de Rydberg dans lesquelles des atomes alimentaient un à un le champ d'une cavité supraconductrice en y émettant successivement des photons. Différents groupes, aux États-Unis et en Europe, généralisèrent les concepts de l'électrodynamique quantique en cavité au domaine optique en développant des microcavités confinant des photons de lumière visible dans de tout petits volumes et couplant ces photons à des atomes traversant la cavité dans leur état fondamental.

Recherche et enseignement des deux côtés de l'Atlantique

Je me souviens avec plaisir et nostalgie de cette période d'intense activité, de surprises et de découvertes au laboratoire de Kastler et Brossel. Avec trois étudiants en thèse et Philippe Goy, un collègue venu de la physique des solides pour m'aider à dominer les techniques des micro-ondes et de la cryogénie, nous formions un petit groupe partageant non seulement notre passion pour la physique des atomes et des photons qui se révélait sous nos yeux, mais aussi plein d'autres choses, allant de la musique et la peinture à la politique. L'humour n'était jamais loin, qui nous permettait de surmonter les difficultés quotidiennes. Mes premiers étudiants, Michel Gross et Claude Fabre, m'ont aidé à monter le laboratoire. Les recherches que je viens d'esquisser ont fait l'objet de leurs thèses et ils ont ensuite continué leurs carrières au CNRS et à l'université. L'étudiant suivant fut une de mes grandes découvertes. Un jeune normalien, Jean-Michel Raimond, rejoignit mon groupe en 1978 et ne l'a plus quitté depuis. Il a d'abord été mon étudiant en thèse, avant de devenir mon collègue à l'université. Son sens profond de la physique, ses vastes connaissances en informatique, sa grande culture en science et dans les humanités, son sens dévastateur de l'humour ont contribué à l'esprit particulier de notre groupe, fait de complicité amicale, animé par la certitude que nous participions à la grande aventure d'exploration du monde quantique que les lasers avaient rendue possible.

Cette exploration, nous la vivions intensément pendant les longues nuits passées au laboratoire pour mener à bien des expériences demandant une longue accumulation de données. La vie d'un chercheur n'est pas ponctuée par des horaires bureaucratiques fixes. Très souvent, les atomes et les photons demandent de longues heures de préparation et d'ajustements expérimentaux avant d'être prêts à nous livrer leurs secrets. Quand vient le temps de prendre des données, la nuit est souvent tombée. L'atmosphère particulière qui règne alors au laboratoire, plus silencieuse et plus calme, est souvent celle où la vérité d'une expérience se révèle. Il faut alors redoubler d'attention pour lutter contre la fatigue et garder les sens en alerte. Travailler ensemble dans une atmosphère amicale est alors un atout essentiel.

La rédaction d'un article ou d'une lettre présentant les résultats de nos travaux était un autre moment crucial. Il fallait trouver la bonne approche, celle qui recadrait le travail dans le courant de recherche auquel il appartenait, tout en soulignant son originalité et les prolongements prometteurs qu'on pourrait lui donner. Un manuscrit accepté à la *Physical Review Letters* de la Société américaine de physique, la revue hebdomadaire de référence pour la physique, était la consécration d'un travail de qualité. Son titre et son introduction ainsi que la liste des références, souvent les seules parties qui seraient lues, devaient être particulièrement soignés. En quelques mots clés, il fallait attirer l'attention des collègues travaillant dans le même domaine partout dans le monde. La concision de la lettre qui devait tenir en quatre pages ne devait pas sacrifier la précision, permettant en principe à quiconque de reproduire l'expérience ou de refaire les calculs. C'était tout un art auquel nous nous adonnions en rédigeant certaines parties ensemble, en nous critiquant et nous encourageant dans la bonne humeur, jusqu'à être finalement satisfaits du résultat.

Mais le travail de la recherche n'était pas tout. D'abord chercheur au CNRS, j'ai été coopté à l'âge de 30 ans, en 1975, comme professeur à l'université Pierre-et-Marie-Curie. Je pus partager mon enseignement entre celui délivré en premier et en second cycle de licence aux étudiants de l'université et celui que je donnais aux étudiants normaliens et à ceux qui les rejoignaient à l'ENS dans le cadre de l'enseignement de troisième cycle dirigé par Jean Brossel, dont j'avais été un des étudiants une décennie auparavant. J'ai été heureux de quitter le CNRS et de rejoindre l'université car j'ai toujours aimé enseigner. En essayant d'expliquer au mieux les concepts subtils de la physique moderne, j'apprenais moi-même beaucoup. L'effort pédagogique de l'enseignement m'a souvent aidé à comprendre plus en profondeur et, parfois, m'a donné des idées d'expériences à tenter que je n'aurais pas eues si je n'avais été que chercheur. L'enseignement, si sa charge n'est pas trop lourde, aide aussi le chercheur à se changer les idées, à s'évader des difficultés inhérentes à la recherche, pour pouvoir ensuite les aborder avec un esprit nouveau et reposé.

Au tournant des années 1980, je fus confronté à un choix difficile. Devais-je rester en France dans le laboratoire qui m'avait formé et donné toute la liberté que je pouvais souhaiter pour faire la recherche que j'aimais, ou devais-je céder à l'appel de l'Amérique où on m'offrait des postes de professeur dans des universités prestigieuses ? Mes recherches sur les atomes de Rydberg avaient été reconnues. Je commençais à être invité dans le monde entier pour donner des séminaires ou des conférences dans des congrès internationaux. J'avais le profil de ces jeunes chercheurs prometteurs que Harvard, le MIT ou Stanford s'arrachent dans l'espoir de toujours élever la qualité de leurs départements de recherche.

Ces offres étaient tentantes. J'avais aimé l'atmosphère compétitive mais décontractée de mon année postdoctorale en Californie et l'idée de m'y replonger en étant cette fois responsable d'un groupe de recherche me plaisait. J'étais également séduit par la grande mobilité des chercheurs américains que l'intense compétition entre les universités de ce pays entraînait à bouger, à connaître des expériences de recherche variées et constamment renouvelées. Je sentais que cela devait les enrichir, élargir leur vision de la recherche alors que l'appartenance permanente à l'École normale supérieure pouvait mener à un certain confinement de la pensée, à limiter les possibilités de la recherche. En même temps, je sentais qu'il serait difficile de retrouver de l'autre côté de l'Atlantique l'esprit qui régnait dans mon groupe à Paris. Faire de la recherche aux États-Unis, c'était déjà à l'époque une entreprise qui demandait des qualités de chercheur certes, mais aussi celles d'un entrepreneur habile à lever des fonds et à défendre ses intérêts face à ceux de ses collègues et de l'administration de son institution. Cette organisation était très différente de celle à laquelle j'avais été habitué en travaillant sous l'aile protectrice du directeur de laboratoire éclairé qu'était Jean Brossel.

Pour ne pas avoir à choisir de façon définitive entre la France et l'Amérique, je proposai à l'Université Yale de m'accorder une position à temps partiel, me permettant d'y enseigner et d'y faire de la recherche pendant un semestre chaque année. En revenant à Paris pendant l'autre semestre, je pouvais y continuer à faire de l'enseignement et surtout ne pas me couper du groupe qui m'avait tant apporté, avec lequel je voulais poursuivre mon rêve de manipulation des particules quantiques isolées. Je ne regrette pas ces semestres passés à Yale entre 1983 et 1992, qui me firent vivre la vie d'un professeur américain dans l'atmosphère particulière d'une université de la Ivy League de la côte Est des États-Unis. Les relations entre professeurs de différentes disciplines, en sciences et en humanités, y étaient plus étroites qu'en France. Les cérémonies de distributions de diplômes à la fin de l'année, que les Américains appellent curieusement « Commencement Day », ces occasions au cours desquelles enseignants et étudiants doivent se présenter vêtus en robes académiques, les réunions hebdomadaires des départements où se discutent les recrutements des professeurs à venir, les réceptions au club de l'université où le président et les doyens accueillent leurs collègues de passage de façon à la fois formelle et décontractée, tous ces événements auxquels je participais me permirent de vivre des traditions qui avaient plus ou moins disparu dans le monde universitaire français.

Plus sérieusement, j'ai apprécié enseigner à Yale à des étudiants très différents des normaliens. Venant du monde entier et sélectionnés sur des critères très variés, ils formaient un ensemble moins homogène qu'à l'ENS. Avec en général moins de connaissance en mathématique, ils possédaient moins bien les bases de la physique que les étudiants que j'avais à Paris, mais le système éducatif américain les poussait davantage à s'exprimer, à poser des questions, sans être gênés de révéler leur ignorance. Paradoxalement, leurs limitations les rendaient plus hardis et les cours n'en étaient que plus vivants. Je menai aussi une recherche intéressante à Yale après avoir créé avec un collègue une petite équipe expérimentale. Je ne décrirai pas ici ces travaux qui n'ont pas de lien direct avec ceux qui devaient être reconnus plus tard par le Nobel.

Malgré tout l'intérêt de ce double poste de part et d'autre de l'Atlantique, il devint évident au bout de quelques années que je ne pouvais rester plus longtemps dans une « superposition cohérente » entre deux situations aussi éloignées. Cela devenait de plus en plus difficile pour la vie familiale également. Claudine, elle-même chercheur en sciences sociales au CNRS, pouvait facilement me suivre à Yale en y poursuivant son travail dans la magnifique bibliothèque de l'université, mais Julien et Judith, adolescents à l'époque, avaient besoin de stabilité et ne pouvaient commuter au rythme de mes déplacements. Ils passaient l'année scolaire à Paris, ce qui posait des problèmes logistiques à la famille. Je choisis finalement en 1992 de revenir à temps plein à Paris. Nos travaux sur les atomes et les photons y prenaient une tournure prometteuse. Jean-Michel Raimond avait pendant un de mes séjours à Yale recruté un jeune étudiant exceptionnel, Michel Brune, qui devait rester avec nous et compléter notre équipe pour l'aventure qui allait suivre.

La révolution du refroidissement laser

L'enthousiasme et l'exaltation que nous ressentions à l'époque étaient alimentés par un flux accéléré de découvertes et d'inventions liées au laser. Les années 1970 avaient été celles des progrès foudroyants de la spectroscopie laser. Dans la décennie qui suivit, le laser apparut aussi comme un instrument idéal pour contrôler le mouvement des atomes, les arrêter dans leur course, les piéger et les étudier individuellement. Arrêter les atomes, cela revient à annuler ou presque leur énergie cinétique, donc à abaisser leur température. Ce domaine devint ainsi rapidement ce qu'on appelle le refroidissement laser (*laser cooling* en anglais). Nos expériences cherchaient plutôt à contrôler et manipuler les grains de lumière que sont les photons, mais même si nous n'y participions pas directement, nous suivions de près les progrès de nos collègues, refroidisseurs et piégeurs d'atomes et d'ions. Ces deux lignes de recherche ont de nombreux points communs et les avancées de l'une profitent à l'autre, comme c'est souvent le cas en recherche fondamentale. Cette physique se développait de part et d'autre de l'Atlantique et mes fréquents séjours aux États-Unis me permirent de suivre de près l'évolution des expériences qui s'y menaient et l'intense compétition internationale qui opposait dans le domaine du refroidissement laser les chercheurs américains et européens.

Refroidir et piéger des atomes jusqu'à figer leurs mouvements autant que la physique quantique le permet apparut vite comme le but ultime de la spectroscopie, le moyen de s'affranchir totalement de l'ennemi de la métrologie qu'est l'effet Doppler. Les méthodes d'optique non linéaire des années 1970 permettaient certes d'éliminer jusqu'à un certain point cet effet, mais elles demandaient de soumettre les atomes à des champs lumineux intenses qui provoquaient des effets perturbateurs sur les niveaux d'énergie, déplaçant et élargissant les raies spectrales de quantités qu'il fallait corriger. D'autre part, ces expériences portaient sur des échantillons contenant des grands nombres de particules qui subissaient des collisions entre elles, ajoutant d'autres perturbations responsables d'élargissements et de déplacements des transitions atomiques. Il apparut vite que la solution pour éviter tous ces désagréments était de stopper les atomes et, si possible, de les maintenir isolés et éloignés les uns des autres. Les lasers allaient pouvoir faire cela. Le but initial était d'augmenter encore la précision spectroscopique. Il fut atteint au-delà des rêves des métrologistes et entraîna d'autres découvertes fondamentales, totalement inattendues.

Le refroidissement laser repose sur la pression de radiation exercée par la lumière sur la matière. Nous avons vu qu'en absorbant un photon, un atome encaisse l'impulsion du grain de lumière. Si l'atome se déplace vers la source laser, sa vitesse s'en trouve diminuée. Après avoir absorbé le photon l'atome retombe dans son état fondamental par émission spontanée. Celle-ci se produisant dans une direction aléatoire, l'impulsion encaissée par l'atome lors de ce processus de retombée est en moyenne nulle, car les probabilités d'émission spontanée dans deux directions opposées sont égales. Soumis à la lumière intense d'un rayon laser résonnant et orienté dans le sens opposé à leur vitesse, les atomes d'un jet subissent par seconde un grand nombre de cycles d'absorption et d'émission, perdant à chaque cycle une petite fraction de leur vitesse.

Pour que le processus soit efficace et conduise à freiner les atomes jusqu'à quasiment les arrêter, il faut les maintenir en résonance avec la lumière du laser et donc compenser la variation de l'effet Doppler. Celui-ci fait « voir » aux atomes une lumière de fréquence plus grande que celle du laser dans le référentiel du laboratoire. Cette fréquence apparente diminue cependant au fur et à mesure que la vitesse des atomes décroît. Pour éviter que le laser ne sorte de résonance et que l'efficacité du freinage radiatif diminue, on peut exploiter une propriété du magnétisme atomique. Les atomes, qui, comme nous l'avons vu au chapitre I, portent de petits aimants, voient leurs énergies déplacées d'une quantité proportionnelle à l'amplitude du champ magnétique auquel ils sont soumis. C'est ce qu'on appelle l'effet Zeeman, du nom du physicien hollandais, collègue de Lorentz, qui avait étudié à la fin du XIXe siècle l'influence d'un champ magnétique sur les spectres atomiques.

Pour mettre l'effet Zeeman à contribution dans le processus de refroidissement laser, on envoie le jet d'atomes dans un solénoïde, constitué d'un enroulement de fil électrique sur un cylindre. Ce solénoïde crée un champ magnétique inhomogène, aligné le long du jet. Le nombre de tours de fil par centimètre diminue le long de l'axe du solénoïde de façon à ce que les atomes, au fur et à mesure qu'ils perdent de la vitesse, soient soumis à un champ magnétique décroissant. L'effet Zeeman compense alors exactement la variation de l'effet Doppler, ce qui maintient les atomes en résonance avec la lumière tout au long de leur trajet.

Ce dispositif astucieux qu'on appelle un *ralentisseur Zeeman* (*Zeeman slower* en anglais) a été inventé par William Phillips, un ancien étudiant de Daniel Kleppner travaillant au NIST (National Institute of Standards and Technology), dans la banlieue de Washington. Phillips réussit ainsi en 1983 à stopper les atomes d'un jet de sodium excités par un laser à colorant de lumière jaune. Il fut le premier à observer à l'œil nu et à photographier à la sortie de son solénoïde un petit nuage fluorescent formé d'atomes quasiment à l'arrêt.

Deux années plus tard, un autre Américain, Steven Chu, travaillant aux laboratoires Bell dans le New Jersey, généralisa aux trois dimensions de l'espace la méthode de refroidissement à une dimension démontrée par Phillips. Un jet atomique de sodium, initialement prérefroidi par un laser contre-propageant et un ralentisseur Zeeman, était irradié par trois couples de faisceaux laser se propageant à double sens, le long de trois axes orthogonaux. À l'intersection de ces faisceaux les atomes étaient ainsi soumis à de la lumière les ralentissant, allant à l'encontre de leur vitesse dans les trois directions, mais aussi à des photons les poussant dans leur direction de propagation, donc les accélérant. Afin de rendre l'effet de ralentissement plus important que celui de l'accélération, Chu décala légèrement vers le rouge la fréquence commune des six faisceaux laser. L'effet Doppler faisait alors que les atomes voyaient toujours la lumière se propageant dans la direction opposée à leur vitesse plus proche de résonance que celle qui se propageait dans le même sens. Ils étaient donc davantage freinés qu'accélérés et se trouvaient finalement, en une fraction de seconde, ralentis dans les trois directions jusqu'à une vitesse très faible.

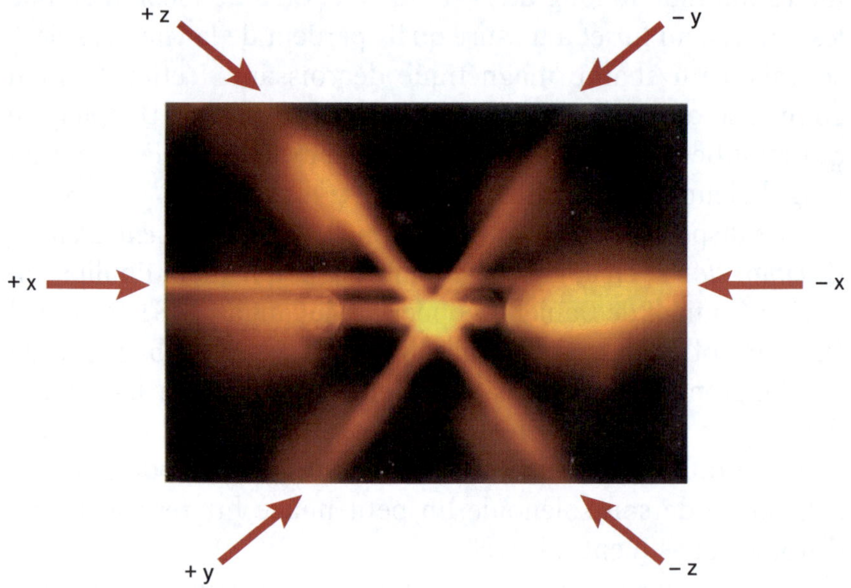

Figure VI.8. Mélasse optique d'atomes de sodium photographiée dans le laboratoire de William Phillips au NIST. Les six faisceaux laser se propageant dans les deux sens le long de trois axes orthogonaux sont visibles grâce à la lumière diffusée par les atomes rapides qu'ils rencontrent sur leur trajet. À l'intersection des faisceaux une tache de diffusion plus intense révèle la présence d'environ 1 milliard d'atomes froids, se déplaçant aléatoirement suivant un mouvement brownien avec une vitesse de quelques dizaines de centimètres par seconde. Le faisceau de lumière horizontal apparaît double. On voit au-dessus des lasers horizontaux de la mélasse le faisceau laser qui a prérefroidi le jet d'atomes de sodium.

L'idée d'exploiter ainsi l'effet Doppler pour ralentir les atomes dans une configuration de six faisceaux laser avait été proposée en 1975 par Hänsch et Schawlow. La réalisation de l'expérience dut attendre une dizaine d'années les progrès technologiques des lasers et l'habilité expérimentale de Steven Chu. Les atomes du gaz refroidi se déplaçaient lentement à l'intersection des six faisceaux laser sous l'effet de l'irradiation lumineuse, subissant une force opposée à leur vitesse et proportionnelle à celle-ci. Cette force est analogue à la force de viscosité qui s'oppose au mouvement d'une bille tombant dans un pot de miel, d'où le nom de « mélasse optique » donné à ce dispositif. L'énergie cinétique résiduelle d'un atome de la mélasse devait, selon la théorie admise, être en moyenne égale à l'incertitude en énergie des photons de fluorescence. D'après les relations de Heisenberg, cette incertitude est égale à $\hbar/\tau$ où τ est la durée de vie de l'ordre de 10^{-7} à 10^{-8} seconde de l'état atomique excité. La théorie prédisait une température T du gaz refroidi de l'ordre de $\hbar/k_B\tau$, soit quelques centaines de microkelvins, correspondant à une vitesse atomique moyenne de quelques mètres par seconde.

Phillips, reprenant l'expérience de Chu, s'attela à mesurer cette température. Il coupa les faisceaux laser d'une mélasse optique, laissa les atomes tomber dans le noir pendant quelques millisecondes, puis ralluma la lumière pour mesurer, grâce à la détection de la fluorescence qu'ils émettaient, la position finale des atomes. Il en déduisit la distribution de leurs vitesses initiales dans la mélasse et détermina la température du gaz. Il la trouva, à sa grande surprise, de l'ordre de quelques microkelvins, cent fois plus basse que celle qui était attendue !

Claude Cohen-Tannoudji et son étudiant Jean Dalibard donnèrent, quelques mois plus tard, l'explication de cette heureuse surprise. Ils comprirent que la théorie avait négligé le fait que l'atome de sodium possède deux états de spins dans son niveau fondamental, rendant l'échange d'impulsion et d'énergie entre les atomes et les lasers plus complexe qu'un simple refroidissement explicable par effet Doppler. Les faisceaux laser superposés de la mélasse forment des franges d'interférence. Ils induisent, en « habillant » les atomes, une modulation spatiale des énergies des états de spins différents. Les atomes se déplacent ainsi dans un paysage de collines et de vallées d'énergie potentielle dépendant de l'état dans lequel ils se trouvent.

La polarisation des faisceaux qui interfèrent entre eux varie aussi spatialement et favorise l'absorption d'un photon laser lorsqu'un atome dans un état de spin atteint le sommet d'une colline de potentiel. Il retombe alors en émettant un photon dans l'autre état, au fond d'une vallée, et doit remonter sur la colline suivante avant d'absorber un autre photon. Le refroidissement laser, combinant des échanges d'énergie et de moment cinétique entre atomes et lumière, est ainsi beaucoup plus efficace que le simple freinage par pression de radiation agissant sur des atomes qui n'auraient qu'un seul état fondamental. Claude et Jean ont nommé « refroidissement Sisyphe » ce mécanisme de freinage atomique qui rappelle le destin du personnage mythologique condamné sans fin à remonter une pente avec son rocher. Pour ces découvertes faites dans les années 1980, Chu, Phillips et Claude partagèrent le prix Nobel de physique en 1997. J'étais un témoin privilégié de ces travaux qui se déroulaient dans la salle de laboratoire voisine de la mienne à Paris et, sur la côte Est des États-Unis, dans des instituts de recherche que j'avais l'occasion de visiter lorsque j'étais à Yale.

Dans les recherches sur le refroidissement laser, le déplacement des niveaux d'énergie d'un atome soumis à une lumière non résonnante allait jouer un rôle important. Cet effet avait été découvert comme nous l'avons vu par Claude au cours de sa thèse. Les déplacements lumineux, minuscules et simples curiosités lorsqu'ils étaient produits par des lampes classiques de faible intensité, devinrent très importants avec la lumière des lasers. En superposant des faisceaux laser de directions et de polarisation convenablement choisies, on réalise par interférence des configurations de champs optiques présentant des structures périodiques alternant des maxima et des minima d'intensité lumineuse. Des atomes soumis à cette lumière voient leurs énergies acquérir une dépendance spatiale, à l'instar d'une bille qui, roulant sur une surface présentant des creux et des bosses, voit son énergie potentielle de gravitation spatialement modulée.

Si l'énergie cinétique de la bille est trop petite pour lui permettre de passer d'un creux au suivant, elle restera piégée dans un des puits. De la même façon, des atomes refroidis par laser peuvent être piégés dans les réseaux de puits de potentiels optiques réalisés par des configurations de faisceaux laser non résonnants interférant entre eux. En immergeant un gaz d'atomes froids dans ces structures optiques, on réalise des réseaux d'atomes piégés dont l'étude a commencé à se développer au début des années 1990, enrichissant considérablement les possibilités expérimentales.

Une température de 1 microkelvin correspond à des atomes se déplaçant avec des vitesses de l'ordre de quelques centimètres par seconde. Pour les empêcher de tomber dans le champ de gravitation terrestre, il faut alors les soumettre à une force s'opposant à la gravité. Jean Dalibard inventa un dispositif astucieux, associant aux effets de pression de radiation ceux d'un champ magnétique variant spatialement. Ce piège, qui équipa dès les années 1980 un grand nombre de laboratoires, s'appelle une MOT (acronyme pour *magneto-optical trap*). D'autres types de pièges atomiques purement magnétiques, permettant aux atomes de rester dans le noir sans subir de perturbation lumineuse, furent aussi inventés. Dans ces pièges, sortes de « bouteilles magnétiques » aux parois immatérielles, la configuration des champs exerce sur le spin des atomes une force magnétique qui les confine dans une petite région de l'espace.

Carl Wieman et Eric Cornell, deux chercheurs du laboratoire JILA de Boulder – celui où John Hall avait mesuré la vitesse de la lumière en 1972 –, s'attelèrent au début des années 1990 à refroidir encore plus un gaz de bosons déjà très froid piégé dans une bouteille magnétique. Le but était d'atteindre la température seuil de la condensation de Bose-Einstein, atteinte avec des atomes se déplaçant à des vitesses de l'ordre du millimètre par seconde, correspondant à des longueurs d'onde brogliennes de l'ordre du micron. Suivant la prédiction d'Einstein faite soixante-dix ans auparavant (chapitre V), les bosons devaient alors tous se rassembler dans l'état fondamental du piège, décrit par une fonction d'onde unique pour tous les atomes.

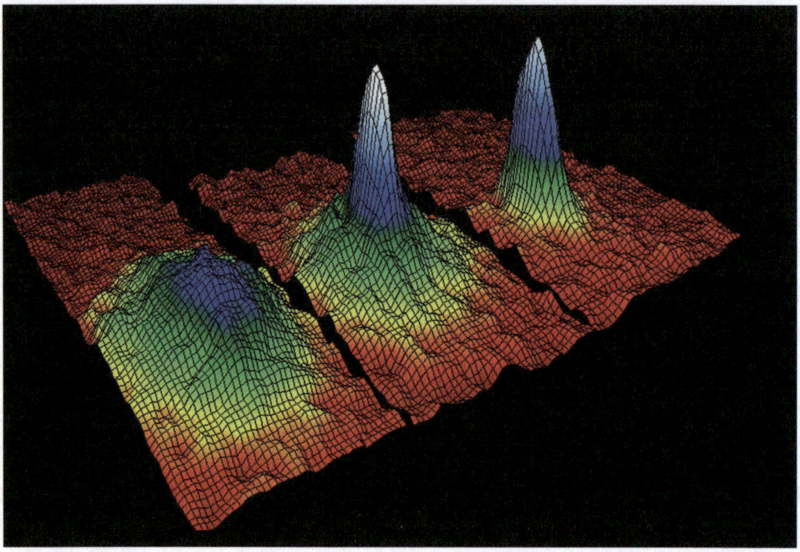

Figure VI.9. Première image de condensat de Bose-Einstein. Un gaz d'atomes de rubidium ultrafroids, piégé dans une bouteille magnétique, est refroidi par évaporation. Pour mesurer la distribution des atomes à différents stades du refroidissement, on supprime le piège brusquement et on détecte après un délai, grâce à l'absorption d'un laser sonde, la position des atomes dans le nuage en expansion. On obtient ainsi la distribution des vitesses atomiques au moment où le piège a été éteint. Cette distribution est représentée pour trois températures décroissant de gauche à droite dans une image 3D en fausses couleurs, la densité atomique étant portée dans la dimension verticale. À gauche, on observe la relativement large distribution thermique des atomes au-dessus de la température critique de condensation. Lorsque celle-ci est atteinte (*image du milieu*) un pic étroit apparaît au centre d'un piédestal plus large d'atomes non condensés. Pour une température plus basse (*image de droite*), ce piédestal s'efface, la plupart des atomes tombant dans la phase condensée *(image de Mike Matthews, JILA)*.

Pour atteindre cette température, de l'ordre de la centaine de nanokelvin, le refroidissement par laser était insuffisant. Wieman et Cornell soumirent leurs atomes à un autre mécanisme, dit de *refroidissement par évaporation*. En abaissant progressivement la barrière magnétique qui retenait les atomes dans leur piège, ils permirent aux atomes les plus chauds, ceux dont l'énergie cinétique était la plus grande, de s'échapper. Les atomes restants se remettaient ensuite en équilibre par collisions mutuelles à une température plus basse. Le procédé est analogue à celui que nous utilisons intuitivement pour refroidir un liquide chaud. En soufflant dessus, nous accélérons l'évaporation des molécules les plus rapides proches de la surface. Celles qui restent dans le liquide acquièrent après équilibrage thermique une énergie cinétique moyenne plus faible et sont donc refroidies.

Il fallut plusieurs années à Wieman et Cornell pour réussir finalement, en 1995, à atteindre le seuil de la condensation de Bose-Einstein d'un gaz de rubidium, créant ainsi un nouvel état de la matière aux propriétés fascinantes. Quelques mois plus tard, Wolfgang Ketterle travaillant au MIT réussissait à son tour à condenser un gaz d'atomes de sodium. Wieman, Cornell et Ketterle partagèrent pour cette découverte le prix Nobel de physique en 2001.

Ions piégés et sauts quantiques

Pour achever cette vision panoramique de la recherche sur les atomes froids, je dois aussi évoquer la physique des ions et électrons piégés. Un ion est un atome auquel un électron a été arraché, soit par photo-ionisation, soit par collision avec d'autres particules. Il porte ainsi une charge élémentaire positive et subit une force dans un champ électrique. Diverses configurations de champs, statiques ou oscillants, produits par des électrodes et des boucles de courants permettent, en agissant sur la charge et le moment magnétique des ions, de les retenir autour d'une position d'équilibre. Les forces ainsi subies par une charge élémentaire sont beaucoup plus intenses que celle de la pression de radiation agissant sur des atomes neutres. Les pièges à ions sont donc beaucoup plus profonds et plus stables que les pièges optiques décrits plus haut. Ils sont capables de retenir des particules dont les températures, de l'ordre de 1 kelvin ou plus, sont des milliers de fois plus élevées que celle des atomes capturés dans des pièges lumineux. La même technique de piégeage s'applique également aux électrons et aux positrons, beaucoup moins massifs que les ions, mais portant eux aussi une charge élémentaire sur laquelle des configurations de champs exercent des forces de rappel.

Le mouvement des particules piégées induit des courants oscillant dans le métal des électrodes ou des fils qui constituent la structure du piège et la détection de ces courants permit dès les années 1950 d'étudier la dynamique de ces particules. Cette physique, dont le pionnier a été le physicien allemand Wolfgang Paul, a atteint un degré de sophistication extraordinaire dans les expériences réalisées dans les années 1960 et 1970 sur des électrons ou des positrons. Dans une série d'expériences qui ont été de véritables tours de force technologiques, Hans Dehmelt, un autre physicien allemand émigré à Seattle aux États-Unis, parvint à piéger un électron isolé, puis un positron isolé, et à les garder plusieurs mois dans son appareil.

Il exploita les signaux électriques que ces particules induisaient dans les parois du piège pour mesurer avec une précision extraordinaire leurs moments magnétiques. Il s'agissait là de la première étude portant sur des particules quantiques isolées de leur environnement, réalisant les conditions idéales des expériences de pensée des années 1920. Ces expériences permirent de vérifier avec une grande précision la théorie de l'électrodynamique quantique, en constatant l'accord jusqu'au dixième chiffre significatif entre les résultats de l'expérience et de la théorie.

Lorsque les lasers devinrent opérationnels en physique atomique, Dehmelt comprit très vite comment ils pourraient être utilisés sur des ions piégés, pour les observer et les manipuler. Avec un collègue allemand, Peter Toschek, il réalisa en 1978 la première expérience spectaculaire de détection optique d'un ion isolé. Éclairant un petit nuage d'ions de baryum à l'aide d'un laser résonnant sur une transition couplant l'état fondamental des ions avec un

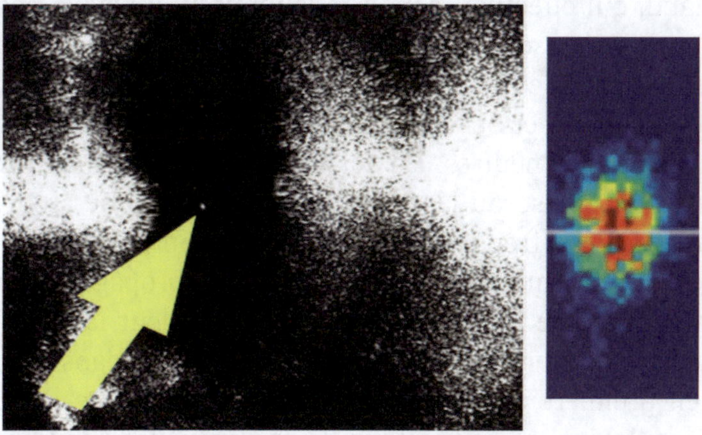

Figure VI.10. La première observation optique d'un atome unique : un ion de baryum détecté par sa lumière de fluorescence. Le temps de pose était de dix minutes pour cette photographie analogique sur film Kodak prise en 1978 par Dehmelt et Toschek. La lumière parasite diffusée par les électrodes du piège n'éclipsait pas tout à fait le petit point brillant indiqué par la flèche *(d'après* Physical Review A, *1978, 22, 1137)*. À droite, l'image numérique d'un ion unique de magnésium, telle qu'elle est à présent obtenue en une fraction de seconde de façon routinière dans les expériences modernes d'ions piégés.

état excité, ils observèrent la lumière de fluorescence de l'échantillon atomique à l'aide d'un microscope. Les ions, constamment réexcités par la lumière intense du laser, diffusaient des millions de photons par seconde vers l'objectif du microscope. En atténuant la décharge électrique qui créait les ions avant leur piégeage, ils parvinrent à diminuer le taux de remplissage du piège jusqu'à ce qu'il n'y reste qu'un seul ion, dont la fluorescence apparaissait comme une petite étoile brillant faiblement au centre du piège. Les photos qu'ils en firent furent les premières montrant un atome isolé suspendu dans le vide, une particule quantique que l'on pouvait observer avec de la lumière sans la détruire. La prédiction de Schrödinger qui avait considéré que ce genre d'expérience ne pouvait que conduire à des conséquences ridicules était ainsi spectaculairement contredite.

Les lasers furent très vite utilisés non seulement pour observer des ions piégés, mais aussi pour les manipuler. Avec David

Wineland, qui effectuait dans son laboratoire un stage postdoctoral après sa thèse de physique à Harvard, Dehmelt imagina en 1975 une méthode de refroidissement laser des ions, analogue à celle que Hänsch et Schawlow avaient proposée la même année pour des atomes neutres. En éclairant les ions oscillant dans le piège avec un faisceau laser légèrement désaccordé au-dessous de l'une de leur fréquence de résonance, on devait leur faire absorber préférentiellement des photons se propageant dans la direction opposée à leur mouvement, ce qui leur faisait perdre de l'énergie de vibration. Le mouvement d'un ion dans son piège peut en première approximation être décrit comme celui d'un petit oscillateur vibrant autour de sa position d'équilibre. Les niveaux d'énergie de cet oscillateur sont quantifiés, comme ceux d'un mode du champ électromagnétique. L'échelle d'énergie des quanta de vibration est constituée de barreaux équidistants, comme celle des photons dans une cavité. Le plus bas de ces niveaux est l'état fondamental de vibration dans le piège.

La particule piégée dans l'état fondamental est alors aussi immobile que le permet la physique quantique. Sa position et son impulsion résiduelle présentent des fluctuations obéissant à la relation d'incertitude de Heisenberg. En mettant en pratique la méthode de refroidissement laser adaptée aux ions piégés, Wineland, qui était allé travailler à Boulder après son stage à Seattle, devait finalement parvenir à refroidir un seul ion dans cet état.

Je m'intéressai beaucoup aux expériences de David Wineland, que je rencontrai dans plusieurs congrès dans les années 1980. Son ion oscillant dans un piège présentait une grande analogie avec un atome de Rydberg interagissant avec les photons micro-onde de notre cavité. Dans les deux cas, l'état du système était décrit par deux paramètres quantiques, l'un associé à l'état électronique interne de l'atome ou de l'ion (que l'on peut dans beaucoup d'expériences décrire comme un spin évoluant entre deux niveaux + et – de longue durée de vie) et l'autre à l'état d'un oscillateur quantique (décrit par le nombre de photons pour les atomes de Rydberg en cavité et le nombre de quanta de vibration pour l'ion oscillant).

Pour expliciter cette analogie, considérons un ion dans son état fondamental de vibration préparé dans l'état –. Faisons-le interagir avec deux faisceaux laser dont la *différence* des fréquences $\nu_1 - \nu_2$ est accordée pour coïncider avec l'écart en énergie des états + et – divisé par *h*. Il doit alors se produire un échange de photons entre les deux modes laser. On l'appelle « processus de *diffusion Raman* », du nom d'un physicien indien qui fut un des fondateurs dans les années 1920-1930 de la spectroscopie moléculaire. L'ion bascule de l'état – à l'état +, absorbant un photon dans l'un des faisceaux laser et en émettant un par émission stimulée dans l'autre. Ce phénomène réversible est analogue à une oscillation de Rabi. La diffusion Raman fait osciller l'ion entre les états – et +, sans modifier son état de vibration ni le nombre total de photons qui s'échangent entre les faisceaux laser. Ajustons maintenant la différence des fréquences $\nu_1 - \nu_2$ pour qu'elle soit égale à $(E_+ - E_-)/h$ augmentée de la fréquence de vibration de l'ion piégé. La conservation de l'énergie impose alors que le basculement de l'ion de – vers + s'accompagne de l'excitation d'un quantum de vibration. L'ion doit maintenant osciller entre les états |–,0> et |+,1>. De même, l'atome de Rydberg que nous étudiions dans nos expériences parisiennes devait, si la cavité pouvait conserver les photons assez longtemps, osciller entre deux états électroniques corrélés à la présence dans le champ de 0 ou 1 photon.

La physique de l'atome de Rydberg et celle de l'ion piégé obéissaient à la même équation ! Dans les deux cas, on devait observer une oscillation de Rabi. Dans notre expérience, elle devait se produire spontanément, sous l'effet du couplage entre l'atome de Rydberg et le champ du vide de la cavité convenablement accordée. Dans le cas de l'ion piégé, elle était induite par la lumière laser. Cette analogie nous frappa, David Wineland et moi, bien avant que nous ne fussions parvenus à observer clairement ces phénomènes au laboratoire. Nous allions dans les années 1980 vers le même but, avec des moyens différents. À de multiples reprises, la similarité entre nos deux systèmes nous guida pour imaginer des expériences nouvelles inspirées par nos travaux respectifs.

Il me faut finalement mentionner une expérience d'ion piégé des années 1980 qui me fit rêver et que je cherchai ensuite à étendre à nos expériences d'électrodynamique quantique en cavité. Nous avons vu qu'un ion isolé dans son piège, irradié par un laser sonde résonnant avec une transition couplant l'état fondamental *g* à un état excité *e*, diffuse un flux important de photons par seconde. Cette fluorescence est observable à l'aide d'un simple microscope.

Considérons maintenant un autre niveau excité de l'ion que j'appelle *d*. Un second laser résonnant avec la transition entre les niveaux *g* et *d* est également focalisé sur l'ion. Le couplage avec ce second laser est beaucoup plus faible qu'avec le premier, résultant en une probabilité d'excitation de l'ion de *g* vers *d* beaucoup plus petite que celle de l'absorption d'un photon sur la transition de *g* vers *e*. Qu'observe-t-on alors sur la fluorescence de l'ion à la fréquence du laser sonde ? Le microscope reçoit un flux important de photons tant que l'atome n'a pas subi de transition de *g* vers *d*. Dès que le second laser l'a porté dans le niveau d, la fluorescence intense de l'ion s'éteint brusquement, signalant qu'il a quitté le niveau *g* capable de diffuser la lumière du laser sonde. La disparition brusque de la fluorescence marque ainsi un saut quantique de l'ion de l'état diffuseur *g* vers l'« état sombre » *d* (*dark state* en anglais, d'où la lettre que j'ai choisie pour le nommer), incapable de diffuser la lumière de la sonde. Au bout d'un certain temps, l'atome retombe spontanément de *d* vers *g* et la lumière de fluorescence reparaît aussi soudainement qu'elle avait disparu.

Cette expérience a été réalisée en 1986 par Wineland et son groupe à Boulder sur un ion de mercure. Dehmelt à Seattle et Toschek en Allemagne firent à la même époque des expériences analogues, observant directement les sauts brusques d'un ion unique entre deux niveaux. Je me souviens d'un petit film présenté dans une conférence internationale au cours de cette année-là. L'assistance, hypnotisée, voyait un seul ion, isolé dans un piège, scintillant comme une petite étoile qui s'éteignait et se rallumait à des instants aléatoires. Pour la première fois, les sauts quantiques prédits par Bohr, mais dont l'existence n'avait jamais été acceptée par Schrödinger, étaient directement visibles.

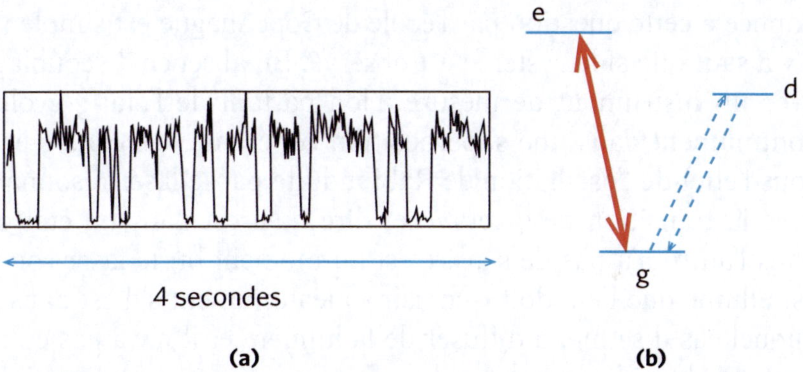

Figure VI.11. (a) Sauts quantiques d'un ion piégé observés sur les intermittences de la lumière de fluorescence émise par un ion de mercure piégé. (b) Schéma des niveaux d'énergie de l'ion : la fluorescence est induite par un faisceau laser intense recyclant l'atome rapidement sur la transition entre les niveaux *g* et *e*. Un laser excite en même temps la transition entre *g* et *d*, un niveau de très longue durée de vie. La fluorescence s'interrompt lorsque l'atome est porté de *g* à *d* et réapparaît brusquement quand l'ion retombe spontanément dans *g* *(d'après* Physical Review Letters, *1986, 57, 1699)*.

Cette expérience fut un choc pour la communauté de la physique atomique qui se divisait entre ceux qui admettaient l'existence de ces sauts et ceux qui, comme Schrödinger, n'y croyaient pas. Leur scepticisme venait de ce qu'on n'avait observé jusque-là que des ensembles de particules, dont l'évolution statistique masquait l'existence des sauts atomiques individuels. Sur le plan théorique, l'équation de Schrödinger ne prédit aucune discontinuité dans l'évolution de la fonction d'onde d'un système quantique. Tant que l'on confronte cette théorie à des expériences portant sur des ensembles, la notion de saut ne s'impose pas. L'observation d'une particule isolée changeait radicalement la situation.

La question sur la réalité de ces sauts peut se poser en termes simples. En absence du laser sonde qui mesure la présence de l'ion dans le niveau « brillant » *g*, est-ce que l'atome saute ou non de façon discontinue dans l'état « sombre » *d* sous l'effet de l'interaction avec le laser excitant la transition de *g* vers *d* ? En d'autres termes, y a-t-il saut quantique de l'ion initialement préparé dans l'état *g* si on ne « regarde » pas cet état ? La réponse donnée à cette question par l'école de Copenhague est simple : il n'y a saut que si le système est observé. En absence de couplage avec un instrument de mesure, l'ion partant de l'état *g* évolue continûment dans une superposition cohérente des états *g* et *d* sous l'effet de l'oscillation de Rabi induite par le laser résonnant avec la transition de *g* vers *d*, et dire qu'il est dans un état ou dans l'autre n'a pas de sens. C'est au moment où le laser sonde est allumé que l'ion doit « choisir » aléatoirement s'il est dans *g*, auquel cas il se met à diffuser de la lumière et il n'y a pas eu de saut, ou dans *d*, auquel cas il ne fluoresce pas et reste invisible, signalant qu'un saut s'est produit. Si le laser sonde continue à mesurer l'état de l'atome, il y a une grande probabilité que juste après avoir été trouvé dans *g*, l'ion y reste pendant un certain temps car la faible excitation par le laser le portant dans *d* ne bâtit que lentement l'amplitude de probabilité de le trouver dans cet « état sombre ». La fluorescence de l'ion s'observe donc sur un certain intervalle de temps. L'ion finira cependant par sauter vers *d* et la fluorescence de l'« état brillant » *g* s'éteindra alors brusquement.

On reconnaît dans cette analyse les mêmes arguments que ceux qui sont invoqués pour interpréter l'expérience des fentes de Young. Il n'y a pas plus de sens à se demander si, en absence de faisceau sonde, l'ion est dans un état ou dans l'autre que de se poser la question de savoir si une particule a traversé l'interféromètre de Young par une fente ou l'autre, lorsque aucun dispositif n'est capable de répondre à cette question. Dans les deux cas le système quantique est dans une superposition cohérente d'états, et il y reste tant qu'on ne cherche pas à lever cette ambiguïté quantique par une mesure.

Les piégeurs d'ions se servaient de faisceaux de lumière pour manipuler de façon non destructive des particules de matière isolées. Je cherchais avec mon équipe, à partir de la fin des années 1980, à inverser les rôles de la matière et de la lumière. Nous voulions nous servir de jets d'atomes de Rydberg pour manipuler des photons piégés dans une cavité. La difficulté extrême était que les quanta de lumière sont beaucoup plus fragiles que des ions ou des atomes. En captivité, ils ont tendance à disparaître rapidement au contact de la matière. Les observer continûment sans les détruire et détecter les sauts quantiques d'un champ électromagnétique était une gageure. Il nous fallut quinze ans pour y parvenir et faire les expériences décrites au chapitre suivant qui nous conduisirent à explorer avec des photons la limite entre les mondes quantique et classique.

CHAPITRE VII

Apprivoiser le chat de Schrödinger

Regarder est l'activité la plus naturelle du monde. Nous percevons la réalité de tout ce qui nous entoure grâce à la lumière que les sources lumineuses rayonnent et que les objets de notre environnement diffusent vers notre œil. Nous recevons ainsi l'essentiel de l'information que notre cerveau traite pour nous rendre conscients du monde dans lequel nous vivons. Toute cette information passe par les photons, particules élusives et omniprésentes voyageant à travers l'espace à la vitesse de la lumière. En interagissant avec la matière – celle des objets autour de nous, celle de nos rétines et celle de nos détecteurs de rayonnements visibles et invisibles –, ces particules nous font appréhender le monde. Les photons nous renseignent sur ce qui nous est directement perceptible et nous permettent ainsi de nous former une compréhension intuitive de notre environnement. Ils nous apportent aussi, à travers leur détection à l'aide d'instruments de plus en plus sophistiqués, une connaissance sur l'Univers, sur son origine et son évolution.

Les informations que les photons transportent dépendent de leurs différents attributs. Leur couleur est un paramètre essentiel, analysé par la spectroscopie qui mesure les longueurs d'onde de la lumière. Les raies spectrales sont la signature des différents éléments présents dans les étoiles et dans l'espace interstellaire. Leurs fréquences changent selon la vitesse relative de la source et de l'observateur. C'est l'effet Doppler qui nous renseigne sur le mouvement des atomes, qu'ils soient dans nos laboratoires sur Terre, ou entraînés par le déplacement des astres depuis lesquels ils nous envoient leurs messages. La couleur change aussi suivant le rythme de l'écoulement du temps dans les champs de gravitation d'où sont émis les photons que nous recevons. C'est l'effet de dilatation des temps de la relativité générale qui nous informe sur la courbure de l'espace-temps. La polarisation des photons, dont le plan tourne autour de la direction des champs magnétiques le long desquels ils se propagent (c'est l'effet Faraday évoqué au chapitre III), nous informe sur la distribution de ces champs autour des étoiles et des planètes. La longueur d'onde des photons change enfin du fait de l'expansion de l'Univers, qui allonge les distances sur des ères cosmologiques et explique le refroidissement du rayonnement fossile, dont les longueurs d'onde étaient très courtes à l'origine et qui maintenant s'étalent dans le spectre des ondes radio.

Une part essentielle de l'information véhiculée par les photons réside simplement dans l'intensité de leur flux. C'est le nombre de photons par seconde arrivant des différentes directions de l'espace sur notre cristallin, sur l'objectif de nos caméras ou sur les paraboles de nos télescopes qui crée les images du monde que nous observons. Une autre composante de l'information, plus subtile, est contenue dans la phase du champ électromagnétique, qui ne peut être détectée que par l'observation d'un phénomène d'interférence. Le principe est de comparer la phase de l'onde qui nous provient d'un objet à celle d'une onde de référence que l'on lui superpose. Cette superposition présente des variations spatiales d'amplitude. L'information contenue dans la phase de l'onde objet se transforme ainsi en une information d'intensité, simplement collectée sur une plaque sensible.

Exploiter à la fois les informations d'intensité et de phase est un art qui a considérablement accru les performances de nos instruments d'optique et de l'imagerie dans les domaines des ondes visibles et invisibles. Les hologrammes en sont un exemple. On enregistre sur une plaque photographique les interférences entre la lumière d'un faisceau laser et celle qu'un objet éclairé par ce faisceau diffuse sur cette plaque. Elle recueille ainsi une information qui permet, en éclairant la plaque avec un laser de lecture, ou même avec de la lumière naturelle, de reconstituer une image en trois dimensions de l'objet, alors que la photographie ordinaire qui n'exploite que l'intensité de la lumière ne donne que des images plates à deux dimensions. Généralisant les principes de l'interférométrie et de l'holographie à l'observation du ciel, les astronomes ont considérablement accru la résolution des images des planètes et des étoiles en réduisant de diverses façons astucieuses les fluctuations de phase de la lumière dues à la turbulence de notre atmosphère.

Les principes de l'imagerie que je viens de rappeler à grands traits peuvent, à l'exclusion des effets relativistes, être qualifiés de classiques. Ils ne font appel qu'aux lois de l'optique géométrique et ondulatoire et à des phénomènes connus depuis le temps de Fresnel, de Doppler, de Fizeau et de Maxwell. Mais il ne faut pas oublier que le photon, particule caméléon, est à la fois une onde et un corpuscule. La reconnaissance de ce dualisme par Einstein en 1905 a été le point de départ de la physique quantique. Dans l'information que les photons véhiculent, il y a une part qui ne peut se réduire aux aspects corpusculaire ou ondulatoire envisagés séparément. L'ambiguïté qui fait qu'avant une mesure le photon ne « choisit » pas s'il est onde ou particule est une caractéristique purement quantique qui a fait l'objet des débats illustrés par les expériences de pensée des années 1920 et 1930 rappelés au chapitre V. Étudier au laboratoire cette ambiguïté sur des photons piégés a été mon but et celui de mon équipe, dès qu'il nous est apparu possible de le faire en appliquant les méthodes de l'électrodynamique quantique en cavité.

La difficulté de l'entreprise était double. L'une était liée à la fragilité des photons. Dans l'espace libre, ils sont éternels, comme le prouvent ceux du rayonnement fossile qui ont voyagé dans l'Univers pendant plus de treize milliards d'années. Mais lorsqu'on cherche à les capturer, ils s'évanouissent facilement au contact de la matière. Les miroirs les plus réfléchissants et les milieux les plus transparents les absorbent vite. Même les fibres optiques les plus performantes atténuent la lumière sur quelques dizaines de kilomètres, parcourus par les photons en moins d'une milliseconde.

L'autre difficulté est une conséquence de cette fragilité. La détection habituelle des photons les détruit, qu'elle se produise dans notre œil, dans un photomultiplicateur, une cellule photoélectrique, une caméra infrarouge ou une antenne radio. L'effet photoélectrique, analysé par Einstein en 1905, décrit bien ce phénomène. Le photon disparaît en cédant son énergie à un électron éjecté de la cathode métallique sur laquelle il est tombé. Le clic qui en résulte signale la mort du photon. L'effet est analogue à la détection des traces laissées par les particules étudiées dans des accélérateurs, qui se révèlent par l'observation des débris résultant de leurs collisions.

En ce sens, dans une gamme d'énergie très différente, la détection des photons rappelle l'image de Schrödinger qui voyait les trajectoires observées dans une chambre à bulles comme des signaux *post mortem* laissés par des particules évanouies. Il en est de même des clics enregistrés par les photodétecteurs usuels, l'œil y compris. Le photon détecté est une particule disparue. Pour observer des photons *in vivo*, sans les tuer, il nous fallait donc construire une cavité les maintenant en captivité pendant longtemps et les détecter à l'aide d'atomes ultrasensibles, capables d'en extraire de l'information sans les détruire.

Cette façon nouvelle de contrôler, manipuler et observer la lumière allait nous conduire à des expériences fondamentales. Voir les photons sans les démolir nous permit de tailler pour la lumière des habits nouveaux et étranges. On parvint à la préparer dans des superpositions d'états où, à la fois, elle oscille avec une phase et la phase opposée. On put aussi générer des états où elle éclaire les miroirs de la cavité qui la piège et, en même temps, les laisse dans l'obscurité. Nous mîmes en évidence l'extrême fragilité de ces états exotiques du champ et montrâmes comment ils redevenaient en un éclair de la lumière classique ordinaire. Nous explorâmes ainsi la frontière entre le monde quantique microscopique et celui, macroscopique, de notre expérience quotidienne. En mettant au point des méthodes pour préserver le plus longtemps possible l'étrangeté quantique dans notre cavité, nous commençâmes ainsi à explorer les possibilités de l'exploiter dans des dispositifs innovants de traitement de l'information. C'est de cette aventure que je parle dans ce chapitre.

La boîte à photons

La boîte à photons que nous sommes parvenus finalement à réaliser ne ressemble pas vraiment à celle offerte par Gamow à Bohr et à Einstein pour rappeler leurs débats du congrès Solvay de 1930. Nous verrons cependant qu'elle en partage certains éléments et qu'on peut y loger une horloge très spéciale, qui nous a permis de déterminer les instants où des photons y entrent ou en sortent. Sans changer la géométrie de la cavité de nos premières expériences, faite de miroirs en forme de calottes sphériques se faisant face, nous en améliorâmes progressivement la qualité, rendant les surfaces métalliques de plus en plus réflectrices en les usinant dans du cuivre poli avec une précision optique et en recouvrant ce métal d'une fine couche de niobium supraconducteur. Les irrégularités de la surface de nos miroirs actuels n'excèdent pas quelques nanomètres, rendant extrêmement faible la diffusion des micro-ondes en dehors de la cavité. La conductivité quasi infinie de la fine couche supraconductrice minimise aussi l'absorption des photons dans le métal.

Les progrès réalisés entre 1990 et 2006 se mesurent en comparant deux nombres. Alors que les photons ne pouvaient rebondir que cinq mille fois sur nos premiers miroirs supraconducteurs taillés dans du niobium massif, ils se réfléchissent plus d'un milliard de fois avant de disparaître dans nos miroirs de cuivre recouverts de niobium. Nous profitons à la fois de la grande qualité mécanique du cuivre qui s'usine beaucoup plus facilement que le niobium, et de la supraconductivité de ce métal recouvrant le cuivre sur une épaisseur d'une dizaine de micromètres.

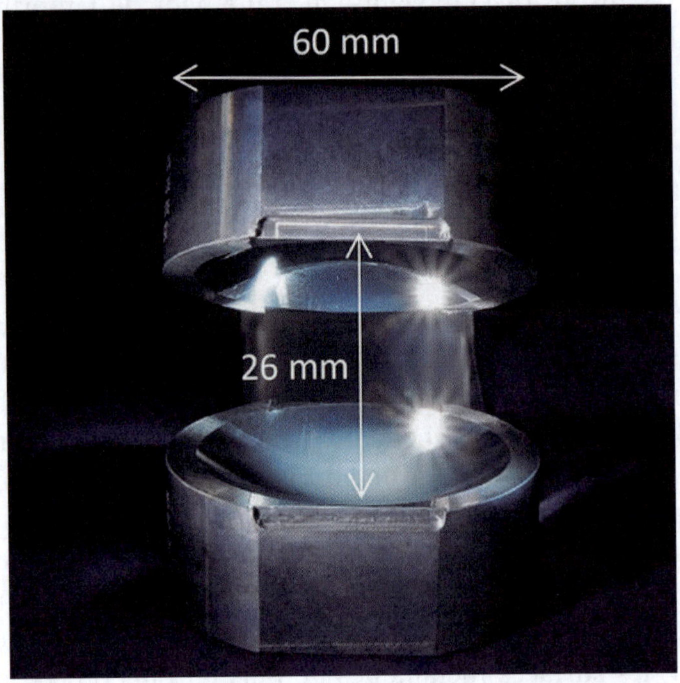

Figure VII.1. La boîte à photons de l'ENS. Le champ micro-onde à 51 gigahertz est stocké entre deux miroirs de cuivre en forme de calottes sphériques revêtues d'une fine couche de niobium supraconducteur. Les photons rebondissent plus d'un milliard de fois sur les miroirs et restent piégés en moyenne 130 millisecondes. Les pertes sont dues à l'absorption résiduelle dans le métal et à la diffraction de la micro-onde sur les imperfections des surfaces. La cavité est maintenue à 0,8 kelvin. À cette température le nombre moyen de photons thermiques est 0,05. Pour certaines expériences, on injecte dans la cavité un petit champ cohérent contenant en moyenne quelques photons. Ce champ est rayonné par un petit cornet proche des miroirs, couplé à une source classique de micro-onde par un guide d'onde (non représenté sur la figure). Il se couple au mode de la cavité par diffraction sur les bords des miroirs.

Le mode du champ dans cette cavité forme une onde stationnaire, et présente neuf ventres entre les miroirs séparés de 2,6 centimètres. Les nœuds entre ces ventres, points sur lesquels l'amplitude du champ de la cavité s'annule, sont séparés de 2,95 millimètres, la moitié de la longueur d'onde de 5,9 millimètres du rayonnement micro-onde qui oscille à 51 gigahertz. Les photons rebondissant entre les miroirs de la meilleure cavité que nous avons réalisée survivent en moyenne 130 millisecondes et parcourent un trajet replié de l'ordre de 40 000 kilomètres, égal à la circonférence terrestre. Parler de trajectoire pour ces photons revient à se référer à une image classique qui n'a pas à proprement parler de sens en physique quantique. Les photons sont en fait complètement délocalisés dans l'onde stationnaire, dont le carré est proportionnel à la probabilité que l'on aurait de les détecter en chaque point si on y disposait un détecteur.

Nous pouvons nous faire une idée de la qualité de cette cavité en évoquant une expérience que nous avons tous vécue dans un ascenseur aux parois latérales réfléchissantes. En nous tournant vers ces miroirs, nous pouvons voir quelques répliques de nous-mêmes se perdant vite dans un flou lointain dû aux imperfections des surfaces réflectrices. Si nous étions dans un ascenseur muni de miroirs plans aussi parfaits dans le domaine de fréquence de la lumière visible que ceux de notre cavité micro-onde, c'est plus d'un milliard de copies de nous-mêmes que nous pourrions y observer, faisant une longue chaîne humaine aussi peuplée que la Chine ou l'Inde ! Il est vrai que notre situation ne serait pas très confortable car ces miroirs doivent être maintenus à une température plus que glaciale de 0,8 kelvin, de façon à rendre la conductivité des surfaces quasi infinie et à éliminer pratiquement leur rayonnement thermique.

Nous ne sommes parvenus à cette boîte idéale qu'après de longs tâtonnements, de nombreuses tentatives conduisant à des impasses et des expériences semées d'incidents divers. Nous avons été aidés dans cette quête de la cavité idéale par des chercheurs et des ingénieurs du Commissariat à l'énergie atomique de Saclay qui avaient une grande expertise dans la mise au point de cavités micro-onde pour accélérateurs de particules. Les contraintes de leurs cavités étaient cependant très différentes des nôtres et nous dûmes adapter leurs procédures de fabrication à notre expérience.

Même si nous savions que rien n'interdisait théoriquement de réaliser la cavité que nous souhaitions, il n'était pas sûr que nous pourrions y arriver en pratique. La moindre rayure sur le substrat de cuivre, la plus minuscule poussière déposée sur les miroirs au moment de leur manipulation, un infime défaut d'adhésion de la pellicule de niobium, suffisait à raccourcir la durée de vie des photons de plusieurs ordres de grandeur, rendant impossibles les expériences que nous ambitionnions de faire. Je me rappelle notre joie et notre soulagement le jour du printemps 2006 où Michel Brune est entré dans mon bureau avec un grand sourire pour m'annoncer que nos étudiants avaient pu finalement mesurer une durée de vie de nos photons de plus de cent millisecondes. Nous avons su ce jour-là que les expériences dont nous avions rêvé étaient devenues possibles.

L'atome circulaire

Pour réaliser ces expériences, une cavité aux miroirs quasi parfaits ne suffisait pas. Il nous fallait pour sonder son champ des atomes spéciaux portés dans des niveaux de durée de vie très longue et extrêmement sensibles aux photons micro-onde. Les sondes que nous avons utilisées sont des *atomes de Rydberg circulaires*, de nombre quantique principal n de l'ordre de 50, dans lesquels l'électron externe tourne autour du cœur ionique sur un cercle de diamètre deux mille cinq cents fois plus grand que celui de l'orbite d'un atome ordinaire dans son état fondamental.

Ces atomes circulaires géants sont différents de ceux que nous utilisions dans nos premières expériences. Ils avaient alors un faible moment angulaire correspondant à des orbites classiques très elliptiques de l'électron externe, similaires aux orbites allongées des comètes du système solaire. Ces atomes étaient préparés par absorption de deux photons laser qui ne pouvaient apporter chacun qu'une unité de moment angulaire à l'électron. Dans ces états, l'électron de Rydberg s'approchait du cœur au périhélie de l'orbite elliptique et sa grande accélération au voisinage du noyau lui donnait une probabilité importante de rayonner un photon en cascadant vers un état moins excité. La durée de vie de ces états elliptiques, ainsi limitée à quelques microsecondes, était trop courte pour en faire de bonnes sondes des photons micro-onde de nos cavités. Dans un état circulaire par contre, l'électron externe tourne sur un cercle et reste toujours loin du cœur atomique. Il subit alors une accélération minimale, ce qui confère à l'atome une durée de vie d'une trentaine de millisecondes, de l'ordre de celle des photons de notre cavité.

La préparation des atomes circulaires, réalisée pour la première fois par Daniel Kleppner au MIT en 1983, s'effectue en deux étapes. Tout d'abord une excitation laser porte l'atome dans un état très excité de faible moment angulaire. On lui applique ensuite un champ de radiofréquence polarisé circulairement, dont il absorbe une cinquantaine de photons de très basse fréquence, chacun apportant une unité $\hbar$ de moment angulaire à l'électron externe, en n'augmentant que très légèrement son énergie. Cette seconde étape rappelle les ajustements de l'orbite d'un satellite artificiel dont l'ellipticité est changée en lui appliquant de petites poussées grâce à une fusée d'appoint. Les atomes circulaires sont en fait les plus classiques des atomes, ceux pour lesquels la distribution spatiale de la fonction d'onde électronique se rapproche le plus d'une orbite classique. La région de l'espace dans laquelle l'électron a une probabilité de présence non négligeable est un tore, semblable à un pneu de camion dont l'épaisseur est environ sept fois plus petite que le rayon.

Ce tore définit une trajectoire circulaire un peu floue. L'impossibilité de trop préciser le rayon de l'orbite reflète le principe d'incertitude de Heisenberg entre position et impulsion de l'électron. L'état de l'électron est décrit par une fonction d'onde broglienne tournant dans le volume torique. La condition de stabilité de l'orbite exige qu'il y ait un nombre entier de longueurs d'onde sur sa circonférence. Cette condition de quantification est identique à celle que Bohr avait découverte empiriquement dans sa première théorie quantique de l'atome d'hydrogène en 1913. Le nombre quantique principal n de l'atome circulaire mesure simplement la circonférence de l'orbite en unités de longueurs d'onde de De Broglie.

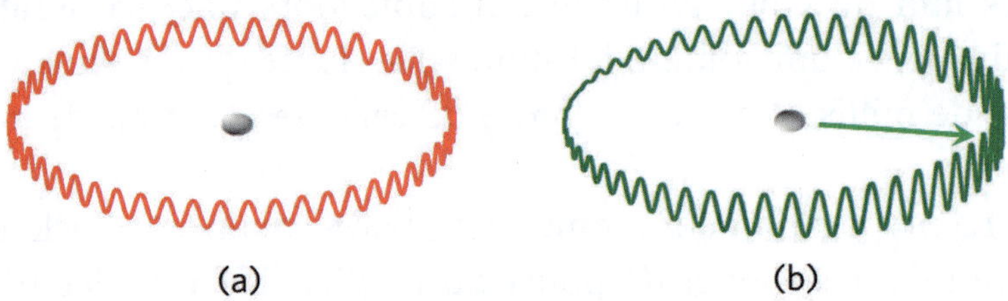

Figure VII.2. Représentation d'un atome circulaire par l'onde de De Broglie de son électron externe. (a) L'orbite circulaire $n = 50$ est associée à une onde tournant autour du cœur atomique sur un cercle dont la circonférence est égale à 50 longueurs d'onde brogliennes. L'amplitude de l'onde est constante autour du cercle et le dipôle électrique de l'atome est nul. (b) La superposition des orbites circulaires $n = 50$ et $n = 51$, réalisée par une impulsion micro-onde $\pi/2$, prépare une onde circulaire présentant un ventre en un point de l'orbite électronique et un nœud au point opposé. L'atome acquiert un dipôle électrique (*flèche*) qui tourne autour du cœur atomique à la fréquence de Bohr de la transition entre les niveaux $n = 50$ et $n+1$ (environ 51 gigahertz).

Dans un atome de Rydberg circulaire de nombre quantique *n*, l'énergie de l'électron externe est parfaitement définie. Il en résulte que sa position sur son orbite à un instant donné ne peut l'être, en raison de la relation d'incertitude de Heisenberg entre le temps et l'énergie. La physique quantique nous décrit ainsi une particule qui tourne à une fréquence bien précise, mais avec une phase complètement indéterminée le long de son orbite. La charge électronique ayant des probabilités égales de se trouver en deux points opposés de l'orbite, le centre de la distribution électronique coïncide avec la position du cœur chargé positivement de l'atome. Le dipôle électrique, qui mesure la séparation des centres de gravité des charges positives et négatives de l'atome, est donc nul dans un état de Rydberg circulaire.

Il est possible cependant de préciser la localisation de l'électron sur son orbite et de donner une phase bien définie à sa rotation en créant dans l'atome un dipôle électrique non nul. Il faut pour cela préparer une superposition de deux états circulaires voisins, de nombres quantiques n et $n+1$, par exemple $n = 50$ et $n = 51$. Une impulsion micro-onde accordée à la fréquence de la transition entre ces deux états induit une oscillation de Rabi entre eux qui porte l'atome dans une superposition des deux états. On peut ainsi préparer une superposition dont les amplitudes de probabilité sont contrôlées, en ajustant la durée et la phase de l'excitation micro-onde. Interrompons par exemple cette excitation après un temps égal à un quart de la période de l'oscillation de Rabi (on l'appelle dans le langage de la résonance magnétique « pulse $\pi/2$ » car elle dure un quart d'une oscillation de Rabi complète de 2π radians). L'atome est alors porté dans une superposition à poids égaux des deux états circulaires de nombres quantiques principaux n et $n+1$.

L'onde électronique broglienne tournant autour du cœur atomique devient la superposition de deux ondes présentant 50 et 51 oscillations le long des orbites aux rayons quasi identiques des deux états. Si les deux ondes sont en phase en un point de l'orbite, elles sont alors en opposition de phase au point diamétralement opposé, puisqu'il y a exactement une différence d'une demi-longueur d'onde entre les trajets parcourus par les deux ondes le long d'une demi-circonférence.

L'interférence entre les deux ondes de matière est alors constructive d'un côté de l'orbite et destructive de l'autre. La superposition crée ainsi une onde en forme de croissant, avec un ventre et un nœud en deux points diamétralement opposés. Ce paquet de deux ondes brogliennes, ainsi localisé par interférence, tourne autour du cœur ionique à la fréquence de la transition entre les deux états de la superposition, soit 51 gigahertz dans le cas des états $n = 50$ et $n = 51$ considérés ici. On crée ainsi sur l'atome un dipôle tournant, analogue à une planète en rotation autour du Soleil, ou encore à l'aiguille d'une horloge tournant sur un cadran. La phase de cette rotation est elle aussi contrôlable en ajustant celle de l'impulsion micro-onde qui a créé la superposition des deux états. On peut enfin faire varier légèrement la fréquence de la rotation de l'électron en appliquant à l'atome un champ électrique statique perpendiculaire au plan de l'orbite. Ce champ déplace légèrement les énergies des deux niveaux de Rydberg et donc la fréquence de la transition qui les sépare.

Les atomes de Rydberg circulaires sont des systèmes quantiques très simples sur le plan théorique, mais très délicats à préparer en pratique et à protéger des perturbations de leur environnement. Pour piloter les atomes depuis leur état fondamental jusqu'à l'état circulaire, il nous a fallu adapter à notre montage expérimental la méthode inventée par Kleppner, combiner les impulsions laser et micro-onde avec l'application de champs électriques et magnétiques parfaitement calibrés et maintenir le jet atomique dans une enceinte refroidie à une température très basse, inférieure à 1 kelvin. Nous avons appris à contrôler aussi la vitesse et la position de ces atomes. En les excitant en échelon par deux impulsions laser séparées spatialement et temporellement, nous parvenons à sélectionner dans le jet atomique les atomes ayant une vitesse bien définie, comprise à quelques unités près entre 200 et 300 m/s. Ce filtrage en vitesse nous permettait de connaître à chaque instant la position des atomes, depuis la zone où ils sont portés dans l'état circulaire en amont, jusqu'à leur détection après la traversée de la cavité en aval. Dans des versions récentes de l'expérience, nous avons aussi préparé des atomes circulaires très lents, se déplaçant avec des vitesses de l'ordre de quelques mètres par seconde seulement. Ils sont obtenus en excitant des atomes préalablement refroidis par laser dans un jet atomique vertical.

La mise au point de ces manipulations complexes nous occupa pendant plusieurs années, en parallèle avec nos recherches portant sur le perfectionnement des miroirs de nos cavités. Nous vérifiâmes durant cette période un principe de complémentarité qui n'a rien à voir avec la physique quantique : plus on cherche à simplifier une expérience sur le plan conceptuel en contrôlant aussi clairement et précisément que possible tous ses paramètres, plus les procédures deviennent complexes sur le plan technique. Conceptuellement, nous cherchions à établir une situation aussi dépouillée que possible : un électron atomique tournant sur un cercle interagit avec quelques photons oscillant entre deux miroirs. Les deux systèmes en interaction sont à la fois ondes et particules, révélant suivant les mesures effectuées l'un ou l'autre aspect de leur dualité quantique.

Un ping-pong quantique

Le test crucial qui nous montra que le système atome-cavité se comportait de façon idéale pour nos expériences d'électrodynamique quantique en cavité fut d'observer l'oscillation de Rabi dans le champ du vide. J'en avais rêvé depuis le temps de ma thèse et de ma discussion avec Anatole Abragam en 1971. L'évolution des atomes de Rydberg circulaires couplés aux fluctuations du champ du vide entre les miroirs de notre cavité était facilement calculable. La théorie de l'atome habillé évoquée au chapitre précédent nous indiquait qu'un atome préparé dans l'état circulaire $n = 51$ et entrant dans la cavité initialement vide devait, en oscillant entre cet état et l'état circulaire $n = 50$, émettre et absorber périodiquement un seul photon. Ce phénomène devait se produire à la fréquence de Rabi du vide $\nu_{R,0} = 50$ kilohertz, dont la valeur ne dépendait que du rayon de nos atomes géants et du volume occupé par le champ dans la cavité.

Il fallait pour observer cette oscillation que la fréquence de la transition atomique entre les états $n = 51$ et $n = 50$ (qui seront notés *e* et *g* dans la suite) soit exactement égale à celle du champ de la cavité, une condition de résonance que l'on pouvait réaliser en ajustant l'amplitude du champ électrique entre les miroirs. Cette oscillation correspond à une évolution périodique du système atome-champ entre les états $|e,0>$ et $|g,1>$ décrivant respectivement l'atome dans l'état *e* en présence du vide et dans l'état *g* en présence d'un seul photon. Elle peut s'interpréter – nous l'avons vu au chapitre précédent – comme un effet d'interférence quantique entre les amplitudes de probabilité associées à deux chemins suivis par le système dans le diagramme d'énergie de l'atome habillé par le champ de la cavité. Pour observer cette oscillation, il faut que le photon survive entre les miroirs pendant un temps long devant la période $1/\nu_{R,0}$, égale à 20 microsecondes. Nous pûmes ainsi l'observer dès l'année 1996, avec une cavité encore imparfaite, qui ne gardait les photons que pendant une centaine de microsecondes.

Chaque atome circulaire traversait la cavité suivant une trajectoire horizontale. On l'injectait dans l'état *e* et on le laissait interagir avec le champ de la cavité pendant un temps *t* fixé, avant d'interrompre le couplage atome-champ en modifiant brusquement le champ électrique entre les miroirs. La condition de résonance n'étant plus satisfaite, l'évolution du système était gelée à cet instant et on détectait par ionisation l'atome à la sortie de la cavité dans l'état qu'il avait atteint à l'instant *t*.

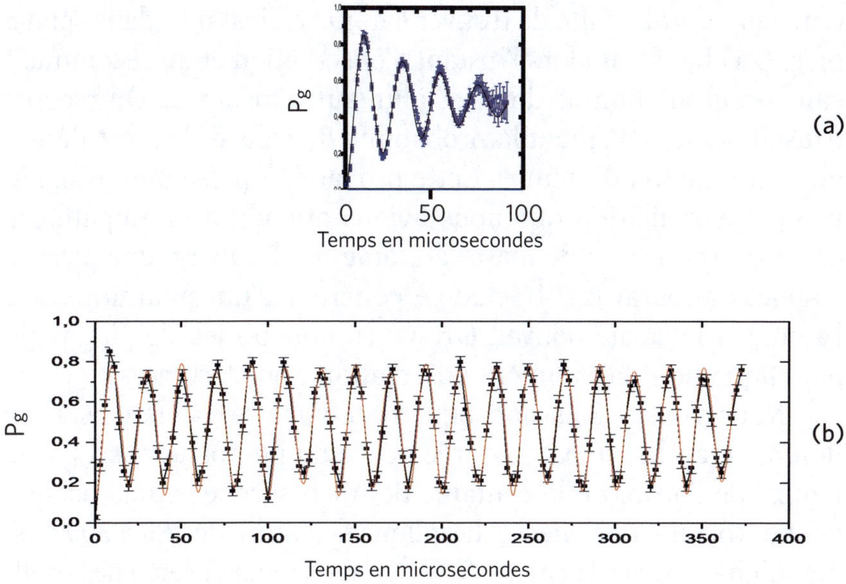

Figure VII.3. Oscillations de Rabi dans le champ du vide. (a) Signal observé en 1996 avec des atomes de Rydberg circulaires traversant la cavité en une centaine de microsecondes. La durée de vie du photon dans la cavité est 220 microsecondes. En injectant dans une cavité vide les atomes un à un dans l'état *e* et en répétant l'expérience un grand nombre de fois pour des valeurs croissantes du temps d'interaction atome-cavité, on observe que la probabilité de trouver l'atome dans l'état *g* en fonction du temps oscille régulièrement, révélant un jeu de ping-pong quantique : l'atome et le champ échangent réversiblement un quantum d'énergie. Aux maxima et minima de l'oscillation, le système atome-champ se trouve dans les états |g,1> et |e,0> respectivement. Entre les deux, le système est dans un état intriqué entre l'atome et le champ *(d'après Brune* et al., Physical Review Letters, *1996, 76, 1800)*. (b) Même signal observé avec des atomes de Rydberg circulaires « froids » dans une cavité gardant le photon pendant 10 millisecondes. Pour cette expérience le jet atomique est vertical. Les atomes de rubidium sont refroidis par irradiation laser dans un piège MOT situé sous la cavité. Ils sont injectés dans la cavité avec une vitesse de 8 m/s par une impulsion laser verticale. Ils sont ensuite préparés dans l'état de Rydberg circulaire à l'intérieur de la cavité en leur faisant subir une excitation optique suivie d'une interaction avec un champ de radiofréquence polarisé circulairement, produit par des électrodes entourant les miroirs de la cavité. Le jeu de ping-pong quantique est maintenant beaucoup plus long, avec une vingtaine d'échanges au lieu de trois ou quatre *(expérience de Fréderic Assemat et Sébastien Gleyzes, 2019)*.

En recommençant l'expérience un grand nombre de fois, on obtenait la probabilité de trouver l'atome à l'instant *t* dans l'état *e* ou *g*. On changeait alors l'instant d'observation et on recommençait l'accumulation de données à un autre instant *t'*. On reconstruisait ainsi finalement la probabilité de trouver l'atome dans *e* ou *g* en fonction du temps. Cette probabilité présentait le signal typique d'oscillation que nous avions attendu avec impatience dès nos expériences de maser à atomes de Rydberg, une dizaine d'années auparavant. L'échange cohérent d'un quantum entre l'atome et la cavité pouvait être vu comme un jeu de ping-pong quantique dont la première observation nous fascina.

Nous n'observions alors que trois ou quatre oscillations. Leur nombre était limité par la durée de vie du photon et aussi par le temps, de l'ordre de la centaine de microsecondes, que chaque atome, volant à une vitesse thermique de l'ordre de 200 à 300 m/s, mettait à traverser la cavité. Nous avons depuis observé des oscillations de Rabi du vide bien plus nombreuses, en faisant interagir avec des cavités de grand facteur de qualité des atomes lents, refroidis par laser. Ces atomes, injectés verticalement de bas en haut dans la cavité, la traversent en une demi-milliseconde, ce qui permet aujourd'hui de compter jusqu'à 20 belles oscillations.

L'oscillation de Rabi dans le champ du vide réalise une intrication quantique entre l'atome et le champ. On peut régler le temps d'interaction entre ces deux systèmes pour qu'ils se retrouvent à la sortie de l'atome de la cavité dans l'état |e,0> + |g,1> qui présente les corrélations quantiques à distance qu'Einstein avait analysées dans le fameux papier EPR (voir chapitre V). Pour générer cette intrication, il suffit d'un quart d'oscillation de Rabi, et nous pûmes donc faire les expériences qui démontraient ce phénomène dès l'année 1996.

Tricot quantique

La possibilité qui nous fut ainsi offerte d'étudier l'intrication entre l'atome et le champ était excitante car elle nous rapprocha d'un courant de recherche qui se développait très activement à l'époque, celui de l'information quantique, qui cherchait à exploiter la logique quantique pour renouveler les méthodes de calcul et de communication. La manipulation des systèmes quantiques individuels a alors été vue sous un éclairage nouveau.

La possibilité d'inscrire de l'information dans des systèmes quantiques manipulables et détectables par les méthodes que les chercheurs travaillant sur des ions, des atomes ou des photons mettaient au point dans leurs laboratoires stimulait l'imagination des informaticiens et mathématiciens qui inventèrent des algorithmes exploitant l'étrangeté quantique pour calculer ou communiquer de façon plus efficace ou plus rapide que ne le permettaient les appareils classiques.

Inversement, l'apparition de ces algorithmes poussait les physiciens atomistes à orienter leurs recherches vers l'information quantique en présentant leurs expériences comme des démonstrations de procédures élémentaires de calcul ou de communication quantiques. Artur Ekert, un théoricien anglais de l'information quantique, a joué au milieu des années 1990 un rôle important pour rapprocher la communauté des expérimentateurs de physique atomique de celle des informaticiens. Il m'a expliqué un jour, à l'occasion d'un congrès où nous nous rencontrâmes, que notre montage expérimental d'atomes de Rydberg en cavité était un dispositif idéal pour réaliser une porte quantique, l'élément de base de ce qui pourrait être un jour un ordinateur quantique. Je suis sorti de cet entretien avec l'impression que tel Monsieur Jourdain qui faisait de la prose sans le savoir, j'étais en train de faire de l'information quantique sans en être conscient !

Dans une certaine mesure, la recherche fondamentale que nous aimions tant prenait une tournure plus appliquée. Je dois dire que mon groupe et moi-même avons quelque peu résisté à cette tendance, parce que nous pensions qu'il restait, avant de songer aux applications, de nombreux points fondamentaux à éclaircir. Nous estimions aussi qu'en présentant trop tôt nos travaux comme devant déboucher sur des applications, nous risquions de les « survendre », ce qui est un problème récurrent en recherche.

Tout en continuant à améliorer nos cavités, nous avons cependant suivi la mode de l'information quantique et orienté certains de nos travaux dans cette nouvelle direction en exploitant les caractéristiques des oscillations de Rabi dans le champ du vide. Nous nous sommes en particulier intéressés aux propriétés des états intriqués de la forme |e,0>+|g,1> préparés par cette oscillation quand on la limite à un quart de période de Rabi.

En détectant l'atome à la sortie de la cavité, nous provoquions l'*effondrement à distance* du champ dans un état photonique corrélé à l'état atomique mesuré. Si nous trouvions l'atome dans l'état *e*, le champ était vide. Il devenait un état à un photon si nous trouvions l'atome dans *g*. Si on mélangeait les états atomiques *e* et *g* par une impulsion micro-onde après la sortie de l'atome de la cavité, la mesure finale de l'atome préparait alors le champ dans l'état |0> + |1> ou |0> – |1>.

Nous pouvions aussi préparer une superposition cohérente d'états photoniques en envoyant dans la cavité un atome dans l'état superposé |e> + |g> avant de lui faire subir une impulsion de Rabi d'une demi-période dans le champ du vide. Le résultat d'une telle opération était facile à prévoir en invoquant le principe de superposition. L'atome dans l'état |e> devait après une demi-oscillation se retrouver dans l'état |g> après avoir déposé un photon dans la cavité. S'il était dans l'état |g>, il devait par contre rester dans cet état en laissant la cavité vide. S'il était préparé dans la superposition de ces deux états, on devait retrouver à la sortie la superposition des deux situations, un état où l'atome ressortait dans |g>, avec un champ préparé dans l'état |0> + |1>. Inversement cet état pouvait être retransformé en superposition atomique en envoyant un second atome à travers la cavité dans l'état *g* où il subissait lui aussi une demi-oscillation de Rabi.

Ces expériences démontraient l'opération d'une mémoire quantique qui inscrit l'état quantique d'un atome dans le champ de la cavité pour le relire ensuite à l'aide d'un autre atome.

En poursuivant ces expériences nous parvînmes ainsi à intriquer grâce à leur interaction avec le champ deux, voire trois, atomes se succédant dans l'appareil. Ces expériences de « tricotage quantique » exploitaient la combinaison d'impulsions de Rabi qui durent un quart de période (pulse de Rabi $\pi/2$), une demi-période (pulse π) et une période entière (pulse 2π). On pouvait les voir comme des démonstrations d'étapes élémentaires de traitement quantique de l'information. L'expertise acquise au cours des années 1990 dans l'art de jongler avec des atomes et des photons nous a grandement servi quand il s'est agi de réaliser les expériences de physique fondamentale que nous projetions avec une cavité piégeant les photons pendant plus d'un dixième de seconde.

Comment voir les photons sans les détruire ?

Pendant toutes ces années, notre rêve restait de jongler avec des photons et des atomes pour contrôler la lumière sans la détruire et préparer des états exotiques du champ dans notre cavité. En 2006 ce rêve devint une réalité. Avant de décrire nos expériences, revenons un moment dans le monde virtuel des expériences de pensée. Cela nous permettra d'introduire simplement les principes qui nous ont guidés dans l'élaboration de nos méthodes de contrôle non destructif de la lumière. L'idée directrice est qu'il faut absolument éviter que la mesure du champ repose sur un simple échange d'énergie entre la lumière et la matière. Nous avons vu que dans ce cas les photons sont détruits. Il faut donc extraire de l'information des photons d'une façon plus délicate. La première idée qui vient à l'esprit est de détecter non pas l'énergie des photons, mais leur impulsion.

Imaginons que nos miroirs se faisant face soient libres de se mouvoir dans l'espace, dans un repère inertiel, loin de toute masse gravitationnelle et que des photons captifs entre ces miroirs fassent des allers et retours sans subir aucune perte en se réfléchissant. À chaque rebond sur les miroirs, l'impulsion des photons change de signe et la conservation de cette quantité implique que les miroirs voient leur propre impulsion augmenter. Sous l'effet de cette pression de radiation, la cavité subit ainsi une expansion continue, la séparation des miroirs augmentant au cours du temps. En mesurant la force sur les miroirs, on pourrait donc ainsi, en principe, compter sans les détruire les photons qui rebondissent dans la cavité. C'est bien sûr une expérience virtuelle, encore plus impossible à réaliser en pratique que celle de la boîte à photons d'Einstein.

Notons que la conservation de l'énergie joue ici un rôle important. L'accélération des miroirs s'accompagne d'une augmentation de leur énergie cinétique. Celle-ci ne peut être prise qu'à celle des photons, dont la fréquence doit diminuer après chaque rebond sur les miroirs. Ce déplacement vers le rouge de la couleur de la lumière captive dans la cavité n'est en fait qu'un effet Doppler. Un observateur chevauchant un des miroirs en mouvement verrait la lumière qui arrive sur lui décalée vers les grandes longueurs d'onde, et ce décalage serait doublé après le rebond. L'expansion de la cavité s'accompagne ainsi d'un étalement de la longueur d'onde des photons qu'elle contient, tout comme l'expansion de l'Univers a entraîné le décalage cosmologique vers le rouge du rayonnement du Big Bang.

Maintenir une cavité flottant dans l'espace intersidéral étant peu pratique, imaginons une expérience un peu plus réaliste. Nos miroirs sont maintenant fixes dans notre laboratoire sur Terre et piègent toujours un ensemble de photons de lumière visible rebondissant sans perte entre eux. Supposons que nous insérions une fine lame de verre parfaitement transparente entre les miroirs. La vitesse de propagation des photons y est divisée par un facteur égal à l'indice de réfraction du verre, ce qui change la longueur d'onde du rayonnement à l'intérieur de la lame. Mais, à l'instar d'une corde de violon fixée entre deux points, il faut toujours que le mode du champ contienne un nombre entier de ventres entre les miroirs qui n'ont pas bougé. Pour compenser l'allongement du temps de propagation dans la lame, il faut que la longueur d'onde du champ diminue à l'extérieur de celle-ci, ce qui impose que la fréquence du champ se déplace légèrement. L'insertion de la lame s'accompagne donc, ici aussi, d'un petit échange d'énergie entre les photons et la matière.

En analysant l'expérience de plus près, on montre que les photons subissent une légère déviation s'ils passent au bord de la lame au moment où on commence à l'insérer dans le mode. Cette déviation change leur impulsion et, en retour, celle de la lame en sens inverse, en vertu du principe de l'action et de la réaction. Le travail de cette force agissant sur la lame modifie légèrement son énergie cinétique. Si on pouvait mesurer ce changement, on réaliserait encore un comptage non destructif des photons. L'expérience de pensée rappelle alors celle de la fente mobile de l'interféromètre de Young décrite au chapitre V. Elle est tout aussi infaisable en pratique, mais elle nous rapproche de la réalité.

Remplaçons la lame transparente macroscopique qui n'absorbe pas la lumière visible par un seul atome de Rydberg *non résonnant* avec un champ micro-onde stocké dans notre cavité. La force que l'atome subit de la part du champ va, à l'instar de ce qui se passe pour la lame transparente virtuelle, se traduire par un petit changement de l'énergie de l'atome. En détectant ce changement, on pourra, sans les détruire, extraire une information sur le nombre de photons présents dans la cavité. Il faut bien sûr que l'atome soit extraordinairement sensible au champ électromagnétique, une propriété que possède notre atome de Rydberg circulaire.

Notons cependant que, même si elle ne les annihile pas, la mesure perturbe les photons que l'on observe ainsi. Comme dans l'expérience virtuelle de la lame transparente, la fréquence des photons est légèrement altérée pendant le temps où ils interagissent avec l'atome qui les sonde. Cet effet va nous permettre de contrôler la phase du champ dans la cavité, pour le préparer dans un état quantique rappelant la situation du fameux chat de Schrödinger suspendu entre deux états classiquement différents. Compter des photons sans les détruire et étudier les états ambigus que le savant autrichien considérait comme des curiosités théoriques burlesques constituent ainsi des expériences voisines qui dévoilent des aspects complémentaires et fondamentaux de la physique quantique.

Vie et mort d'un photon

L'expérience la plus simple que nous réalisâmes durant l'été 2006, dès que nous pûmes piéger le champ dans notre supercavité, consista à détecter pour la première fois continûment un photon sans le détruire. Nous utilisâmes pour cela des atomes circulaires non résonnants avec le champ, jouant pour celui-ci le rôle de la lame transparente évoquée plus haut. Envoyant les atomes un à un dans la cavité dont les miroirs étaient refroidis à 0,8 kelvin nous mesurâmes le rayonnement thermique résiduel du mode de la cavité. La loi de Planck prédit qu'à cette température, le champ dans la cavité doit être vide (avec une probabilité de 95 %) ou contenir un seul photon (avec une probabilité de 5 %). Le nombre de photons est donc dans ce cas un paramètre binaire (prenant les valeurs 0 ou 1) et la cavité ne contient qu'exceptionnellement deux photons ou plus. Il nous fallait donc réaliser une procédure optimale par laquelle l'atome, lui aussi un système binaire, était porté à la sortie de la cavité dans l'état circulaire e ($n = 51$) s'il y avait un photon dans le mode ou dans l'état circulaire g ($n = 50$) si la cavité était vide.

Le champ de la cavité devait ainsi contrôler l'état de l'atome sans être absorbé dans le processus. Si un atome annonçait la présence d'un photon, d'autres atomes se succédant dans la cavité devaient confirmer ce résultat. C'est ce qu'on appelle dans le jargon de la physique une mesure quantique non destructive (*quantum non demolition* ou QND en anglais). Ce type de mesure du champ est fondamentalement différent de la photodétection ordinaire qui après un clic signalant la présence d'un photon laisserait la cavité vide pour l'atome sonde suivant.

Nous tentâmes l'expérience pour la première fois le 11 septembre 2006, le jour de mes 62 ans. Au milieu du dîner d'anniversaire, j'ai été appelé au téléphone par Stephan Kuhr, le postdoctorant allemand qui pilotait l'expérience ce soir-là. Il me prévenait qu'après une journée de mises au point délicates, il était prêt à commencer les mesures. Avant d'entamer le gâteau, je me précipitai au laboratoire à temps pour voir s'inscrire sur l'écran de l'ordinateur qui pilotait l'expérience le signal tant attendu : une suite télégraphique de barres verticales rouges signalant que les atomes sortaient de la cavité dans le niveau *e*, indiquant que la cavité contenait un photon, suivie d'une suite de barres bleues correspondant au niveau *g*, signalant que la cavité était vide.

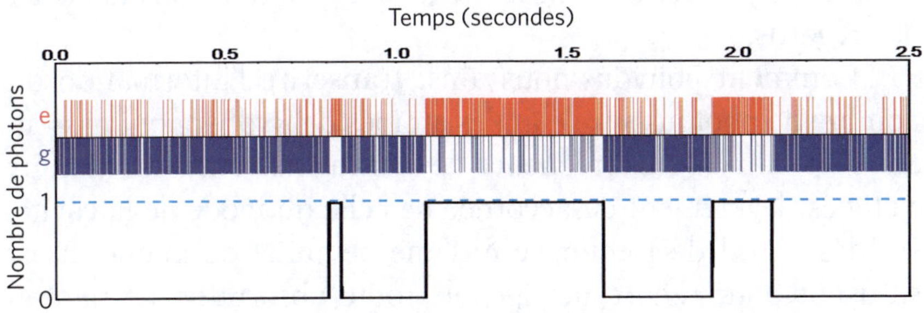

Figure VII.4. La vie et la mort d'un photon. Les atomes, se succédant dans la cavité au rythme de 200 par seconde, mesurent sans le détruire le nombre (0 ou 1) de photons thermiques piégés entre les miroirs (à la température de l'expérience, la probabilité que la cavité contienne deux photons ou plus est négligeable). Les barres rouges et bleues correspondent à des atomes détectés respectivement dans les états *e* (n = 51) et *g* (n = 50). Le signal se compose de suites d'atomes détectés majoritairement dans le même état, interrompues par des sauts quantiques correspondant à la naissance ou à la mort d'un photon. La détection d'atomes dans le niveau opposé à celui de la majorité est due aux imperfections expérimentales. Le photon détecté au milieu de cette trace a survécu plus d'une demi-seconde (trois fois la durée de vie moyenne des photons dans notre cavité) *(d'après* Nature, *2007, 446, 297)*.

L'expérience se répétait toutes les secondes, montrant à chaque fois une trace différente, avec toujours des intervalles rouges espacés par des intervalles bleus. Les suites rouges, provenant de centaines d'atomes traversant la cavité les uns derrière les autres, montraient clairement que la méthode était non destructive pour la lumière. Statistiquement, la durée moyenne des intervalles rouges occupait 5 % du temps total d'observation et celle des intervalles bleus 95 %. Toutes les propriétés de la loi de Planck se dévoilaient directement à nos yeux. La joie de constater, après tant d'années d'efforts, que la nature nous révélait ainsi une de ses propriétés fondamentales était indicible. Je rentrai à la maison pour annoncer la nouvelle à Claudine et à la famille qui m'attendaient en plaisantant sur la manie que les physiciens ont de travailler à des heures indues. Le champagne qui coula ce soir-là célébrait autant l'anniversaire que la réussite de l'expérience. J'en apportai plus tard à l'ENS où nous en bûmes encore – modérément – tout en continuant à enregistrer pendant toute la nuit ces premières données dont nous ne pouvions détacher nos regards.

Comment pouvons-nous ainsi transcrire l'information du nombre de photons sur l'état des atomes de Rydberg qui passent entre les miroirs ? La fréquence de la transition entre les niveaux e et g est légèrement désaccordée de celle du mode de la cavité. Un désaccord de fréquence δ d'une centaine de kilohertz est suffisant pour rendre négligeable toute absorption de photon par l'atome. Chaque atome, ainsi rendu « transparent », modifie par un effet d'indice la fréquence du champ, comme le ferait une microscopique lame de verre insérée dans la cavité. Cette fréquence augmente ou diminue légèrement d'une quantité $\Delta\nu$ de l'ordre de quelques kilohertz, selon que l'atome de Rydberg se trouve dans le niveau e ou g. La valeur de ce déplacement de fréquence dépend du désaccord δ de fréquence entre l'atome et le mode de la cavité et peut être finement ajustée. L'énergie totale de la cavité lorsqu'elle contient N photons change donc de $\pm Nh\Delta\nu$. Par conservation de l'énergie, l'atome voit, quand il se trouve entre les miroirs, l'énergie de ses niveaux changée de cette même quantité, proportionnelle au nombre de photons. Cet effet n'est autre que le déplacement lumineux découvert par Claude Cohen-Tannoudji, dont nous avons vu qu'il joue un rôle important dans les expériences de refroidissement laser des atomes.

Le déplacement de fréquence du champ et celui des énergies atomiques sont ainsi deux effets complémentaires, exprimant en quelque sorte le principe de l'action et de la réaction dans les processus d'interaction non résonnante entre matière et lumière. La mesure du nombre de photons se ramène donc à celle de l'énergie $Nh\Delta\nu$ transférée du champ à l'atome au cours de cette interaction non résonnante. Cette énergie est extrêmement petite comparée à l'énergie totale $Nh\nu$ du champ. Le déplacement relatif de fréquence de la cavité induit par un atome, $\Delta\nu/\nu$, est en effet de l'ordre de 10^{-7}, un dix millionième. Le prix en énergie à payer pour déterminer le nombre de photons dans la cavité est ainsi minuscule, comparé à ce que coûterait une mesure par effet photoélectrique, qui absorberait les photons de la cavité.

En fait, si on y regarde de plus près, la mesure non destructive ne coûte finalement rien. L'énergie $Nh\Delta\nu$ n'est en effet échangée que transitoirement entre le champ et l'atome. Lorsque celui-ci sort de la cavité après l'avoir traversée, la matière et la lumière cessent d'interagir et chacun des deux systèmes retrouve son énergie initiale, sans que le nombre de photons ait changé. Il est donc plus exact de dire, si l'on veut poursuivre la métaphore d'un troc, que l'atome emprunte une toute petite fraction de l'énergie du champ pendant un court instant et la lui restitue ensuite, avant d'être mesuré. Ce court emprunt lui permet d'enregistrer une information précieuse sur le nombre de photons qu'il nous faut ensuite décoder.

Une méthode classique pour effectuer ce décodage consisterait à mesurer l'effet direct de la force exercée sur l'atome par le champ, qui le freine ou l'accélère transitoirement dans son mouvement, selon que son énergie augmente ou diminue pendant qu'il passe entre les miroirs. Au lieu de faire cette mesure directe, pratiquement impossible, nous avons mis en œuvre une méthode d'interférométrie quantique, basée sur la mesure de la phase d'une superposition d'états atomiques traversant la cavité. Avant que chaque atome n'y pénètre, il est soumis dans une petite cavité auxiliaire R_1 à une impulsion micro-onde π/2 le portant depuis l'état *g* dans une superposition à poids égaux des deux états de Rydberg circulaires *e* et *g*. Cette superposition correspond, comme nous l'avons vu, à un dipôle électrique qui se met à tourner dans le plan de l'orbite circulaire à la fréquence de la transition atomique *déplacée* de la quantité $2N\Delta\nu$ lorsque *N* photons se trouvent dans la cavité (l'un des niveaux est déplacé de $+Nh\Delta\nu$ et l'autre de la quantité opposée $-Nh\Delta\nu$, d'où le facteur 2 dans l'expression du décalage de fréquence de la superposition).

L'information sur le nombre de photons est ainsi inscrite dans la phase de ce dipôle tournant. L'accumulation de phase induite par le champ de *N* photons pendant le temps *T* passé par l'atome entre les miroirs est donc $2N\Delta\nu T$. La sensibilité des atomes de Rydberg circulaires au champ est si grande que le *déphasage par photon*, $2\Delta\nu T$, peut atteindre la valeur π (soit 180°). Pour mesurer la phase de la superposition d'états, une seconde impulsion micro-onde est appliquée à l'atome, à sa sortie de la cavité, dans une deuxième petite cavité auxiliaire R_2, identique à R_1. L'état final de l'atome est ensuite mesuré dans un détecteur à ionisation placé derrière R_2, le résultat étant une information binaire, indiquant que l'atome est trouvé dans *e* ou *g*. L'ensemble des cavités auxiliaires R_1 et R_2 encadrant la cavité qui stocke les photons constitue un interféromètre de Ramsey, du nom du physicien américain, élève de Rabi et mentor de David Wineland, qui l'inventa en 1949 pour mesurer avec précision la phase quantique d'un système oscillant entre deux niveaux.

Entre sa préparation initiale dans l'état *g* et sa détection finale dans *e* ou dans *g*, l'atome suit deux chemins dont les amplitudes de probabilité interfèrent dans le dispositif. Si on le trouve finalement dans *e*, c'est soit parce qu'il a basculé de *g* vers *e* dans R_1 et est resté dans *e* en traversant R_2, soit parce qu'il est resté dans *g* après le pulse R_1 et qu'il a transité de *g* vers *e* dans R_2. Dans le premier cas il était à l'intérieur de la cavité dans l'état *e*, dans le second cas il l'a traversée dans l'état *g*. Comme l'expérience ne peut donner aucune information sur l'état de l'atome entre R_1 et R_2, les amplitudes de probabilité associées à ces deux chemins s'ajoutent et donnent lieu à un phénomène d'interférence. Pour l'observer, il suffit de balayer autour de la fréquence atomique ν_0 la fréquence ν de la micro-onde auxiliaire réalisant les impulsions $\pi/2$ dans R_1 et R_2. La probabilité de trouver finalement l'atome dans *e* varie périodiquement entre 0 et 1 lorsqu'on balaie ν, constituant ce qu'on appelle un signal de franges de Ramsey. Ces franges sont d'autant plus fines que les deux impulsions R_1 et R_2 sont plus séparées dans le temps. La sensibilité des franges à de faibles variations de ν est ainsi d'autant plus grande que l'atome est plus lent, mettant plus de temps à traverser la cavité en passant de R_1 à R_2. Si au lieu d'enregistrer la probabilité de trouver l'atome en *e*, on mesure celle de le détecter en *g*, on trouve des franges de Ramsey en opposition de phase, les deux réseaux de franges échangeant simplement leurs maxima et leurs minima.

L'intérêt de cette méthode interférométrique réside dans sa sensibilité à la variation de la phase de la superposition d'états étudiée. Lorsque la différence de phase entre les deux amplitudes de probabilité change de π, les franges de Ramsey se translatent exactement d'une demi-interfrange, un maximum de probabilité devenant un minimum. En réglant le désaccord de fréquence de l'atome de Rydberg avec la cavité pour que le déphasage par photon $2\Delta\nu T$ soit égal à 180°, on obtient donc des franges en opposition de phase selon que la cavité contient 0 ou 1 photon. Fixant ν pour trouver à coup sûr l'atome dans *e* lorsque la cavité contient 1 photon, on le trouve certainement dans *g* si elle est vide. C'est ce réglage idéal qui nous permit d'obtenir les signaux observés en ce 11 septembre 2006. Notons que si la cavité contient un plus grand nombre de photons, l'interféromètre de Ramsey ainsi réglé mesure en fait la parité du nombre de photons puisque les atomes sont tous détectés dans *e* si $N = 1,3, 5\ldots$ et dans *g* si $N = 0,2,4\ldots$

L'analogie entre les interféromètres de Ramsey et de Young est frappante. Les zones de Ramsey R_1 et R_2 jouent un rôle similaire à celui des deux fentes de Young. L'impossibilité de savoir

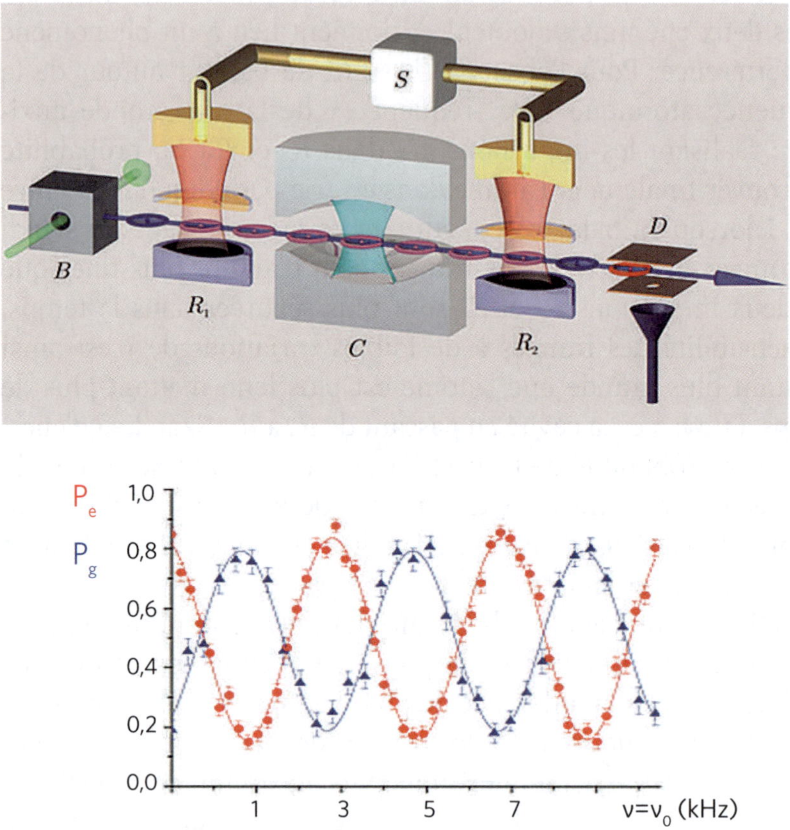

(a)

(b)

Figure VII.5. L'interféromètre de Ramsey utilisé pour compter les photons sans les détruire. (a) Schéma du dispositif : les atomes circulaires produits dans la boîte B traversent la cavité *C* avant d'être détectés en *D* (ionisation dans un champ électrique mesurant de façon sélective les états *e* et *g*). Ils sont soumis avant et après la traversée de *C* à deux impulsions micro-ondes π/2 dans les cavités auxiliaires R_1 et R_2 qui encadrent la cavité. Ces impulsions de micro-ondes sont produites par la source cohérente *S* (*d'après* Nature, *2007, 446, 297*). (b) Probabilité de détecter les atomes dans *e* (*points rouges*) et dans *g* (*points bleus*) en fonction de la fréquence *ν* de cette micro-onde balayée autour de la fréquence atomique ν_0. Le déphasage par photon du dipôle atomique est égal à π. En réglant *ν* pour ajuster le signal interférométrique au maximum d'une frange, on détecte les atomes dans un état ou dans l'autre suivant que le champ contient un nombre pair ou impair de photons.

dans quelle zone R_1 ou R_2 l'atome a subi la transition de *g* vers *e* maintient l'ambiguïté quantique qui conduit à l'observation des franges de Ramsey, de même que c'est l'incapacité de savoir par quelle fente la particule passe dans l'expérience des fentes qui permet aux franges d'interférence de Young de se bâtir statistiquement sur l'écran de détection. Changer l'accumulation de la phase du dipôle atomique entre R_1 et R_2 en déposant un photon dans la cavité est analogue à l'interposition d'une lame transparente derrière une des deux fentes de Young. En changeant la différence de marche entre les deux chemins, cette lame va déplacer les franges, de même que le photon dans la cavité déplace les franges de Ramsey. On notera encore la complémentarité des rôles de l'atome et du champ. La matière et le champ jouent l'un pour l'autre le rôle d'une lame dispersive, l'atome changeant la phase (et donc la fréquence) du champ alors que le photon modifie la phase de la superposition atomique qui traverse la cavité.

Le déplacement de fréquence $\Delta\nu$ subi par la transition atomique entre les états *e* et *g* lorsque la cavité non résonnante contient un photon est relié par la théorie de l'atome habillé à la fréquence $\nu_{R,0}$ de l'oscillation de Rabi de l'atome dans le champ du vide. On montre, avec une bonne approximation, que $\Delta\nu$ est égal à $\nu_{R,0}{}^2/2\delta$. Lorsque le désaccord de fréquence δ est de l'ordre de $2\nu_{R,0}$, ce qui suffit à rendre négligeable la probabilité d'absorption du photon par l'atome, l'effet dispersif du couplage atome-champ produit donc sur la transition atomique un déplacement de fréquence $\Delta\nu$ de l'ordre de $\nu_{R,0}/4$ = 12,5 kilohertz. Le temps *T* nécessaire pour que l'atome non résonnant accumule dans l'interféromètre un déphasage de π radians par photon est alors d'environ 40 microsecondes, du même ordre que celui qu'il lui faut, lorsqu'il est résonnant, pour accomplir deux oscillations de Rabi complètes dans le champ du vide. Dans les deux cas, l'atome est capable d'acquérir de l'information sur le photon en un temps très bref, de l'ordre d'un millième de durée de vie du champ dans la cavité. Cette extrême sensibilité de l'atome aux champs micro-onde s'est avérée essentielle à toutes les expériences d'électrodynamique en cavité de comptage et de manipulation de photons que nous fîmes à partir de 2006.

Retour à l'expérience de Young avec une fente mobile

La mise au point de notre interféromètre de Ramsey nous avait amenés au début des années 2000 à réfléchir à la différence de nature entre les oscillations de Rabi induites par le vide dans notre cavité et les impulsions micro-onde qui préparaient les superpositions d'états atomiques dans les zones de Ramsey encadrant la cavité. Le champ qui fait basculer l'atome entre *e* et *g* dans ces zones est classique. Il agit sur un atome de Rydberg et le prépare dans une superposition d'états sans être lui-même modifié. Les photons injectés dans ces zones n'y subsistent en effet qu'un temps très bref et ne peuvent enregistrer aucune information sur l'état des atomes qu'ils influencent. Ces zones se comportent ainsi comme la fente fixe de l'interféromètre de Young dans l'expérience de pensée d'Einstein et de Bohr.

Le champ de la cavité oscillant entre 0 et 1 photon lorsqu'un atome la traverse est par contre l'analogue de la fente légère et mobile du dispositif de l'expérience de pensée car son état final est intriqué à celui de l'atome. Cette différence nous a donné l'idée de réaliser un interféromètre combinant les deux formes d'impulsion, la première mélangeant les états *e* et *g* de façon quantique, en intriquant l'atome et le champ de la cavité, la seconde faisant subir à l'atome une impulsion classique de micro-onde. Nous pouvions réaliser ainsi une expérience d'interférence très proche de celle qu'Einstein et Bohr avaient imaginée avec leur fente mobile.

En faisant passer les atomes de Rydberg circulaires dans ce dispositif de Ramsey ainsi modifié, nous avons constaté l'absence de franges. La première impulsion laissait en effet une information sur le chemin suivi par l'atome dans l'appareil qui pouvait en principe être lue. Si l'on avait trouvé le champ de la cavité dans le vide, l'atome aurait traversé l'interféromètre dans l'état *e* alors qu'il l'aurait fait dans l'état *g* si l'on comptait un photon dans la cavité. Il n'était pas nécessaire que le champ soit détecté pour que les franges disparaissent. Le simple fait que cette détection était possible suffisait à les effacer.

Pour compléter l'expérience, nous avons ensuite réalisé la première impulsion grâce à un petit champ cohérent d'amplitude croissante injecté dans la cavité en la couplant pendant un bref

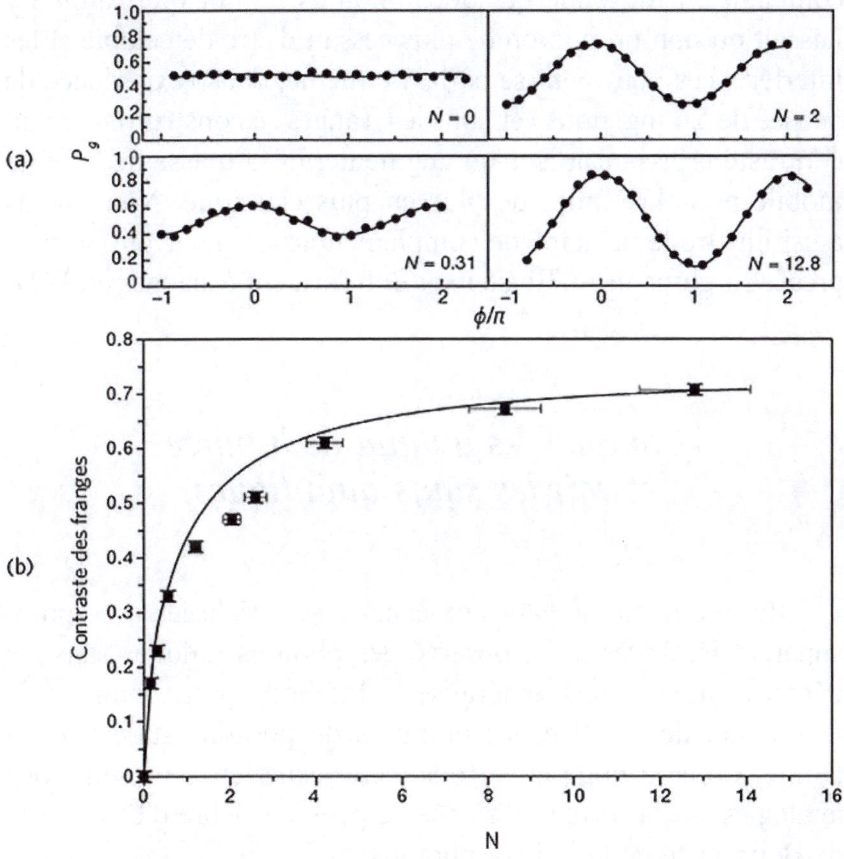

Figure VII.6. (a) Franges d'un interféromètre de Ramsey dans lequel la première impulsion $\pi/2$ est produite dans un champ cohérent contenant en moyenne un très petit nombre moyen N de photons, la seconde impulsion étant classique. On réalise ainsi l'équivalent de l'expérience de pensée de Young avec une petite fente mobile. On voit que le contraste des franges, nul pour $N = 0$, augmente progressivement lorsque le champ devient de plus en plus grand. (b) Contraste des franges en fonction de N (points expérimentaux et courbe théorique) *(d'après* Nature*, 2001, 411, 166)*.

instant avec une source de micro-onde classique. Pour que l'impulsion fasse toujours effectuer aux atomes un quart d'oscillation de Rabi, nous avons diminué le temps d'interaction des atomes avec la cavité en proportion inverse de l'augmentation de l'amplitude du champ quantique ainsi généré. Nous avons alors constaté une réapparition progressive des franges au fur et à mesure que l'on augmentait cette amplitude. Dès que le champ de la cavité contenait en moyenne quelques photons, le fait que l'atome y laissait ou non un photon de plus cessait d'être détectable et les interférences pouvaient se bâtir. De même, dans l'expérience de pensée de Young, nous verrions les franges se construire avec un contraste croissant lorsqu'on augmenterait la masse de la fente mobile pour la rendre de plus en plus classique. Nous avons ainsi illustré le principe de complémentarité en suivant au plus près les arguments qu'Einstein et Bohr avaient échangés en 1927.

Compter les quanta de lumière et voir les sauts quantiques

Revenons maintenant aux expériences réalisées avec notre supercavité. Après avoir observé des photons uniques sans les détruire, nous avons généralisé la méthode pour compter de façon non destructive des nombres de photons supérieurs à l'unité. Comme nous le verrons, cette expérience présente des analogies avec l'autre expérience de pensée célèbre d'Einstein et de Bohr, celle de la boîte à photons.

Afin de bien comprendre l'expérience, il nous faut préciser la nature du champ que nous injections dans la cavité. C'était un petit champ cohérent produit par une source classique émettant une très brève impulsion de micro-onde rayonnant à l'intérieur de notre enceinte vide dans une direction transversale à l'axe des miroirs. Quelques photons diffractés par les bords des surfaces réfléchissantes tombent dans le mode de la cavité et y restent piégés pendant une centaine de millisecondes. La préparation du champ est analogue à l'excitation d'une cloche par une percussion brève, produisant une longue vibration qui s'amortit progressivement. Le champ ainsi généré oscille avec une phase définie, celle de la source classique qui a créé le champ. Dans nos expériences, cette source est fortement atténuée et le nombre moyen de photons injecté dans la cavité est de l'ordre de quelques unités.

Ce nombre présente, ainsi que la phase du champ, des fluctuations importantes, de façon à respecter la relation d'incertitude de Heisenberg discutée au chapitre V. On peut associer à ce champ cohérent un nombre complexe dont l'amplitude et la phase sont les moyennes des variables fluctuantes du champ quantique. Ce nombre est représenté par un vecteur, une petite flèche dans le plan de Fresnel du rayonnement, comme nous l'avons vu au chapitre III. Le « flou » associé aux fluctuations quantiques peut se décrire comme une incertitude sur la position exacte de la pointe de ce vecteur.

Les fluctuations quantiques traduisent le fait que le champ de notre source classique est préparé dans une superposition cohérente d'états de nombre de photons différents. Ces superpositions et leurs propriétés ont été étudiées en détail par le physicien américain Roy Glauber, d'où le nom d'états de Glauber qui leur est souvent donné. La probabilité de trouver par comptage non destructif les différentes valeurs de N de la superposition est en théorie donnée par une courbe en cloche, centrée autour d'une valeur moyenne N_m, avec une dispersion de l'ordre de $\sqrt{N_m}$ autour de cette valeur. La formule qui décrit cette courbe s'appelle *loi de Poisson*, du nom du mathématicien du XIXe siècle contemporain de Fresnel que nous avons déjà rencontré dans notre histoire de la lumière. Attaché à la description corpusculaire du rayonnement, il doutait, nous l'avons vu, de sa nature ondulatoire. Il est donc ironique de voir son nom attaché deux siècles plus tard à une loi qui concilie ces deux aspects, en exprimant comment la physique quantique associe les deux visages du rayonnement pour lui donner à la fois une phase ondulatoire et une granularité corpusculaire.

Le champ cohérent ainsi injecté dans la cavité est maintenant l'analogue d'une lame quantique transparente « suspendue » entre plusieurs épaisseurs, déphasant le dipôle atomique de plusieurs angles différents à la fois. Pour compter le nombre de photons ou, si on poursuit l'analogie de la lame, pour en mesurer l'épaisseur, on envoie une succession d'atomes de Rydberg circulaires dans l'interféromètre de Ramsey. Chacun nous donne, par sa détection dans *e* ou dans *g*, une unité binaire d'information. Au bout de quelques dizaines d'atomes traversant la cavité en un temps court devant son temps d'amortissement, le nombre de photons se réduit à une valeur unique.

Sans entrer dans le détail du processus d'acquisition de cette information, indiquons-en simplement le principe. Supposons que les franges de Ramsey soient réglées pour que l'atome ne puisse pas être détecté dans l'état *e* s'il y a un nombre N_1 de photons dans le champ. Autrement dit, la phase des franges de Ramsey associée à N_1 photons est fixée de sorte que la détection de l'atome dans *e* ait une probabilité de détection nulle pour cette épaisseur de la lame quantique. Si l'atome est détecté dans cet état, on ne peut alors qu'en conclure qu'il ne peut y avoir N_1 photons, puisque cette éventualité aurait conduit à un résultat incompatible avec l'observation. L'information délivrée par l'atome détecté dans *e* nous permet ainsi de supprimer N_1 dans la distribution initiale du nombre de photons. Un autre atome traversant l'interféromètre avec un autre ajustement des franges nous permettra ensuite de « décimer » un autre nombre de photons, N_2, et ainsi de suite, jusqu'à ce qu'il ne reste qu'un seul nombre N. Acquérir ainsi de l'information *par élimination* est une démarche appliquant ce qu'on appelle la *loi de Bayes*, du nom du pasteur anglais qui fut au XVIIIe siècle l'un des pères de la théorie des probabilités. Il introduisit ce type de raisonnement très puissant pour l'évaluation de quantités *a priori* inconnues. Le principe est d'estimer la probabilité des valeurs de paramètres qui influent sur un phénomène observé et d'obtenir ainsi une information sur la cause d'un événement lorsqu'on connaît la loi qui relie cette cause à la probabilité de tel ou tel résultat de mesure.

Ici, nous connaissons la loi qui régit les probabilités de détecter les atomes dans *e* ou dans *g* pour les diverses valeurs de *N*, qui jouent dans cette expérience le rôle de paramètre à mesurer. Ces probabilités, décrites par les franges de Ramsey correspondant aux différents nombres de photons, sont des fonctions sinusoïdales de la fréquence ν, décalées de $2\Delta\nu$ lorsque *N* augmente d'une unité. En choisissant judicieusement la phase des franges pour chaque atome, on décime progressivement différents nombres de photons, jusqu'à obtenir finalement le seul nombre qui a passé les tests auxquels les atomes traversant successivement la cavité ont soumis le champ qu'elle contient. À l'issue de cette mesure, le champ, dont l'énergie initiale était incertaine, est devenu un état à nombre de photons et à l'énergie bien définis, ce qu'on appelle un état de Fock, en l'honneur du physicien russe Vladimir Fock, spécialiste dans les années 1940 et 1950 de la théorie quantique des champs.

L'expérience est pilotée par un ordinateur qui adapte les paramètres de l'interféromètre et enregistre en temps réel les détections successives d'atomes dans les niveaux *e* et *g*. À partir de ces données, l'ordinateur reconstruit, au fur et à mesure de l'arrivée des atomes, l'histogramme des probabilités des différents nombres de photons possibles, actualisé grâce au raisonnement bayésien. La suite des états atomiques détectés en quelques millisecondes, bien avant que le champ n'ait eu le temps de s'amortir, apparaît comme une séquence de la forme *eegeggeeeg*... qui détermine, à la manière d'un code-barres, le nombre final de photons créé par la mesure.

Une fois ce nombre obtenu, l'ordinateur continue à déchiffrer l'information fournie par les atomes qui se suivent dans l'interféromètre. Ces atomes confirment pendant un certain temps le résultat initialement trouvé, démontrant que notre méthode de comptage est bien non destructive. L'absorption du champ dans les miroirs finit cependant par se produire. Elle fait passer brusquement le nombre de photons de *N* à *N–1*, puis à *N–2*... jusqu'au vide. Chaque réalisation de la mesure recommencée sur le même champ initial génère ainsi un signal en marches d'escalier descendant.

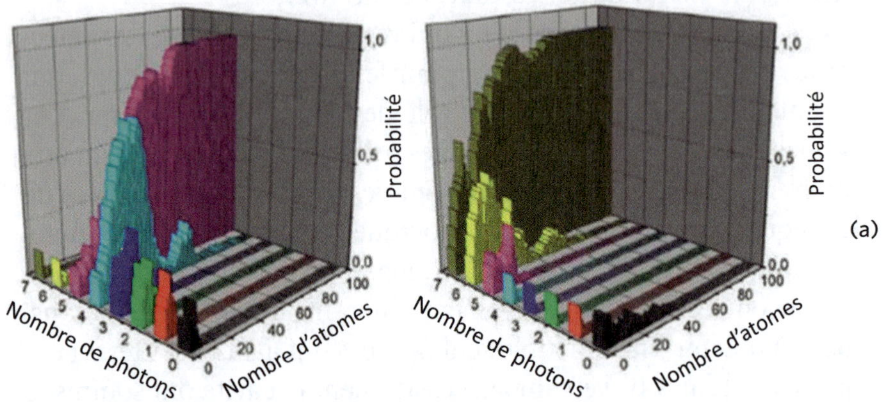

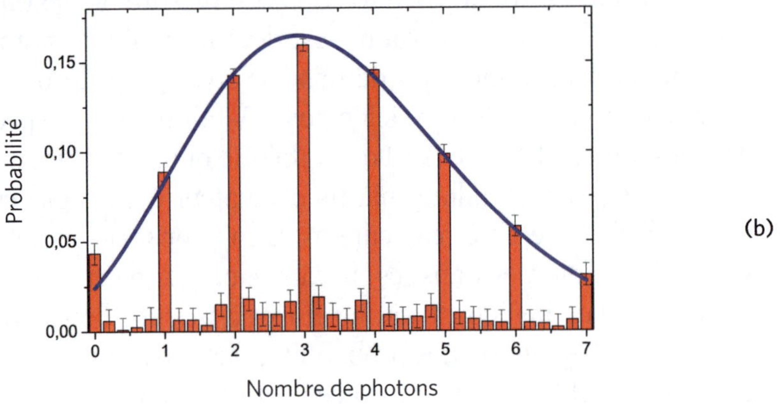

Figure VII.7. (a) Évolution des histogrammes représentant la probabilité que la cavité contienne différents nombres de photons, en fonction du nombre d'atomes détectés, pour deux réalisations de la procédure de comptage. Au départ, la distribution du nombre de photons est plate entre 0 et 7 car la seule information dont on dispose est que ce nombre est probablement inférieur à 8 (on ajuste la source qui a injecté le champ dans la cavité pour que le nombre moyen de photons dans le champ cohérent soit voisin de 3). Au fur et à mesure que les atomes sont détectés dans chaque séquence, la distribution du nombre de photons est actualisée par inférence bayésienne. Finalement le champ converge vers 5 photons dans la réalisation de gauche et vers 7 photons dans celle de droite. (b) Histogramme de la distribution du nombre de photons dans le champ cohérent mesuré, reconstitué après 2 000 séquences de comptage indépendantes. La courbe correspond à la loi de Poisson théorique *(d'après* Nature*, 2007, 448, 889)*.

Le palier de départ et la durée de chacune des marches de cet escalier changent aléatoirement à chaque réalisation de l'expérience. L'évolution rapide entre deux marches successives signale un saut quantique du champ, analogue à ceux que les piégeurs d'ions avaient observés dès les années 1980 sur des atomes isolés. Dans leur cas, les sauts atomiques étaient révélés par une suite télégraphique de photons soudainement interrompue. Dans notre expérience, les sauts de photons sont signalés par la variation du signal fournie par une suite télégraphique de résultats binaires de mesures atomiques. Les rôles de la matière et de la lumière sont inversés, mais ce sont les mêmes propriétés quantiques qui sont illustrées dans ces deux expériences, miroirs l'une de l'autre.

En recommençant un grand nombre de fois la même expérience, on reconstruit les propriétés statistiques du champ cohérent initial. Les probabilités de compter N photons au départ de chaque signal en escalier obéissent bien à la loi de Poisson théorique. La durée des paliers à N photons varie aléatoirement d'une réalisation à l'autre, avec une durée moyenne τ_N égale à T_c/N où T_c est le temps d'amortissement de l'amplitude du champ dans la cavité. Cette loi en $1/N$ reflète la fragilité croissante des états de Fock à nombre de photons bien défini, qui deviennent de plus en plus difficiles à conserver dans la cavité à mesure que N augmente.

L'interféromètre de Ramsey qui joue un rôle essentiel dans nos expériences est le dispositif utilisé dans toutes les horloges atomiques à micro-ondes développées depuis les années 1950. C'est le cas en particulier des horloges à césium qui définissent la seconde du système d'unités international et sont des instruments cruciaux du système de navigation GPS. Les atomes de césium d'un jet atomique horizontal sont soumis à deux impulsions $\pi/2$ de micro-onde sur la transition à 9,2 gigahertz entre les deux niveaux hyperfins de l'état fondamental de cet atome. La fréquence de la micro-onde, verrouillée sur le sommet de la frange de Ramsey centrale, constitue le signal d'horloge qui peut être stable à 10^{-14}.

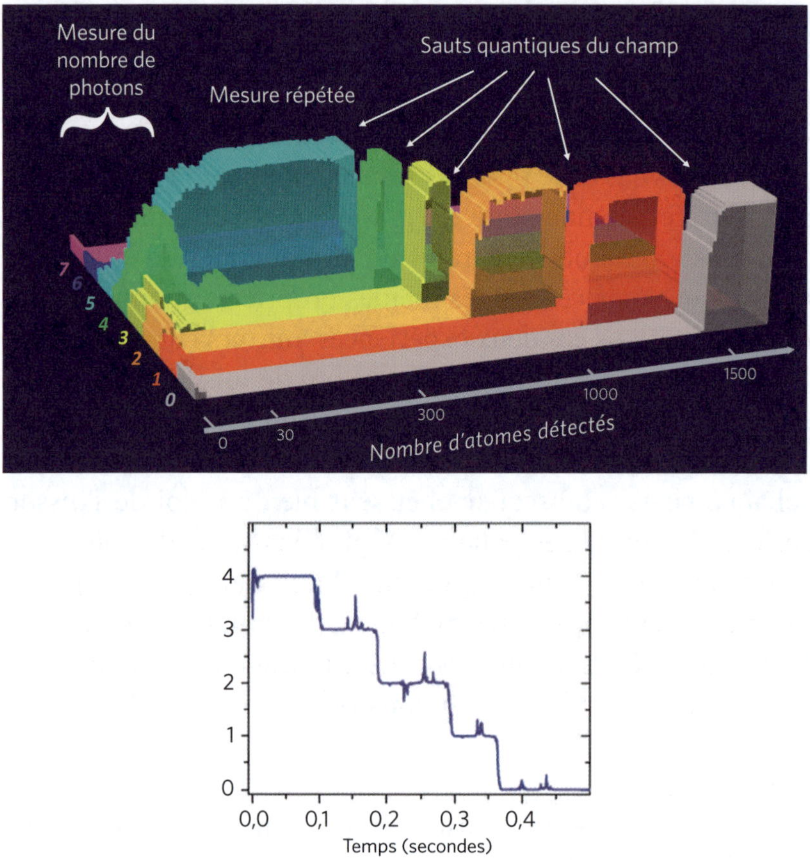

(a)

(b)

Figure VII.8. Observation des sauts quantiques du champ. (a) Évolution de l'histogramme de la distribution du nombre de photons dans une longue séquence de comptage. Le nombre de photons converge au départ vers 5 dans cette réalisation. Des mesures répétées après cette convergence confirment cette valeur, avant que les pertes de la cavité ne se manifestent par des sauts quantiques successifs conduisant par paliers le nombre de photons vers 0. (b) Évolution du nombre de photons dans une autre séquence, partant d'un état de Fock à 4 photons. La décroissance du champ en marches d'escalier est clairement visible *(d'après* Nature*, 2007, 448, 889)*.

Pour affiner les franges et augmenter encore la précision de l'horloge, on utilise dans une version plus moderne des atomes lents, refroidis par laser et lancés verticalement vers le haut dans le champ gravitationnel terrestre. Ces atomes, dont la vitesse est de quelques mètres par seconde, forment un jet en fontaine, suivant une trajectoire parabolique ascendante puis descendante. Ils subissent les impulsions $\pi/2$ dans la même région de l'espace, à la montée puis à la descente. En les détectant optiquement à leur retombée, on obtient des franges cent fois plus fines qu'avec le dispositif standard à jet horizontal et une stabilité de l'horloge de l'ordre de 10^{-16}, soit moins d'une seconde d'imprécision dans la mesure du temps sur cent millions d'années.

Notre dispositif expérimental est en fait une horloge atomique spéciale, dont le tic-tac est sensible au nombre de photons stockés dans la cavité encadrée par les deux zones de Ramsey. En raison de l'extrême sensibilité des atomes de Rydberg au champ, la présence d'un seul photon change la période de l'horloge d'environ un dix millionième, soit une seconde en trois mois. Ce petit décalage, obtenu sans absorption de lumière, permet à notre horloge d'être sensible à un photon unique.

Même si notre appareil est conceptuellement très différent de la boîte à photons d'Einstein et de Bohr, il présente avec elle des similarités frappantes. Les deux dispositifs mesurent l'énergie du rayonnement sans le détruire, utilisant la gravitation dans l'expérience de pensée et l'interaction dispersive entre matière et lumière dans la nôtre. Dans les deux expériences une horloge est utilisée pour déterminer les instants où un photon sort de la boîte. Dans le dispositif imaginé par Einstein et Bohr, l'horloge active un obturateur. Dans le nôtre, elle détecte l'instant où un saut quantique signalant la disparition d'un photon se produit.

La boîte virtuelle d'Einstein avait été conçue dans le but de tester la relation d'incertitude de Heisenberg entre le temps et l'énergie. Nous avons vu au chapitre V qu'après une analyse subtile du fonctionnement de la boîte, cette relation avait été confirmée. Notre expérience va-t-elle dans le même sens ? Elle montre qu'un état de Fock à N photons a une durée de vie $\tau_N = T_c/N$,

N fois plus courte que le temps moyen T_c de l'amortissement exponentiel de l'énergie du champ dans la cavité. L'analyse de Fourier nous indique que l'incertitude sur la fréquence de ce champ est $\Delta\nu = 1/2\pi T_c$. Il en résulte que l'énergie de N photons est définie avec une imprécision $\Delta E_N = Nh\Delta\nu = N\hbar/T_c$ et on vérifie bien la relation $\Delta E_N.\tau_N = \hbar$, en accord avec la relation d'incertitude de Heisenberg.

Notre expérience de comptage non destructif des photons illustre les principes fondamentaux de la mesure quantique. Elle montre comment l'information sur le système quantique observé (le champ) se construit à partir d'une interaction entre ce système et un dispositif de mesure (la succession d'atomes traversant l'interféromètre de Ramsey). Chaque atome ne donnant qu'une unité binaire d'information (un bit en langage informatique), il est nécessaire, dès que le nombre de photons est supérieur à l'unité, d'extraire l'information d'une suite d'atomes. L'information se bâtit alors de façon progressive et l'ordinateur pilotant l'expérience permet de suivre cette progression, pour la première fois dans une mesure quantique réelle. Avant la mesure irréversible qui crée l'information (ici la détection de chaque atome dans e ou g, un processus aléatoire dont on ne peut prévoir le résultat que statistiquement), le système mesuré et l'appareil sont dans un état intriqué. Si le champ est dans une superposition d'états de N différents, chacun de ces états déphase les dipôles atomiques d'un angle différent et le système global évolue dans une superposition d'états atomiques et photoniques corrélés, un état fortement intriqué. C'est la mesure de chaque atome qui, en le détruisant après qu'il a quitté la cavité, abolit cette intrication et « force » le champ à subir une transformation irréversible vers un état qui dépend de l'information délivrée par le résultat obtenu (e ou g). Cette évolution irréversible correspond à ce qu'on appelle l'« effondrement » de l'état quantique du champ (*collapse* en anglais).

J'ai pris soin en décrivant ce processus à ne pas donner l'impression que la mesure ne fait que révéler un résultat *a priori* inconnu, mais déjà présent sous forme cachée dans la cavité.

On pourrait croire en effet que l'incertitude initiale sur le nombre de photons est d'origine statistique, due à une connaissance imparfaite du système, et que le nombre de photons se dévoile par le comptage, un peu comme on compterait des billes dans une boîte.

La situation quantique est tout autre. Le nombre de photons *n'existe pas* avant d'être mesuré, comme nous l'avons déjà discuté dans le cadre des expériences de pensée. Tout ce que l'on peut dire, c'est que le champ possède dans l'état de Glauber initial des amplitudes de probabilité de contenir des nombres de photons différents. Ces amplitudes, qui sont des nombres complexes ayant un module et une phase, sont susceptibles d'interférer entre elles dans des expériences révélant la phase classique du champ. Le nombre N qui émerge du processus de mesure est créé par ce processus et ne lui est pas préexistant. Toute tentative de lui donner un sens classique avant la mesure conduit à des inconsistances et à des paradoxes du genre de ceux que nous avons décrits au chapitre V.

Cette analyse du comptage du nombre de photons permet de préciser ce que le qualificatif de *mesure non destructive* signifie en physique quantique. Au cours du processus d'acquisition d'information *l'état du système change* en général. Il passe par exemple progressivement d'un état de Glauber, superpositions d'états de Fock de N différents, à un état dont le nombre de photons est bien défini. L'énergie de cet état, $Nh\nu$, diffère en général de l'énergie moyenne de l'état cohérent initial. Cela ne veut pas dire que la mesure a changé l'énergie du système au sens classique du terme. L'énergie du champ présente en effet un certain flou au départ, dû à la dispersion des valeurs de N dans la superposition d'états initiale. Cette incertitude est supprimée par la mesure qui concentre, après l'effondrement de l'état du système, toute la probabilité sur un nombre de photons précis, un peu comme un instrument d'optique réglé de façon à focaliser le rayonnement qui le traverse rend nette une image floue.

Il peut se trouver que le nombre de photons ainsi pointé par la mesure diffère de plusieurs unités du nombre le plus proche du nombre moyen de photons N_m dans le champ cohérent initial. Ces événements reflètent l'existence de fluctuations quantiques d'intensité de la lumière. Lorsqu'on moyenne les mesures sur un grand nombre de réalisations de l'expérience, on vérifie cependant toujours que l'énergie du champ est statistiquement conservée. De plus, une fois l'énergie ainsi fixée, des mesures ultérieures confirment le résultat, tant que le champ ne subit pas les effets inévitables de l'amortissement. C'est en ce sens que l'on qualifie la méthode de *non destructive*.

La mesure de l'énergie du champ n'épuise pas toute l'information qu'il contient. Focalisée sur la détermination du nombre de photons, elle ne s'intéresse pas aux relations de phase entre les amplitudes de probabilité associées à des nombres de photons différents. Ces relations de phase sont en fait détruites par la mesure de l'énergie. Partant d'un champ cohérent dont la phase est définie, la mesure aboutit en effet à un champ dans un état de Fock, dont l'énergie est parfaitement connue, mais la phase complètement indéterminée. L'acquisition de l'information sur l'énergie du système brouille complètement celle sur sa phase, illustrant le principe de complémentarité de Bohr. Le compteur de photons qui révèle l'aspect corpusculaire du champ est complètement insensible à son aspect ondulatoire.

Radiographie du champ quantique

Notre expérience nous posa alors un autre défi. Pouvait-elle, au prix d'une simple modification de l'appareil, nous permettre de décoder toute l'information contenue dans un champ quantique quelconque, en d'autres termes reconstruire son état quantique complet ? Cette reconstruction doit résulter du traitement d'un grand nombre de mesures de différentes variables, sensibles soit à l'intensité du champ, soit à sa phase. Une mesure sur une observable effaçant toute information sur la variable complémentaire, la reconstruction ne peut se faire sur une réalisation unique de l'expérience. Il faut disposer d'un grand nombre de systèmes identiques préparés dans le même état et effectuer sur eux des moyennes de mesures.

On met ainsi l'accent sur une propriété essentielle de la physique quantique, qui dit que l'état d'un système est un concept statistique et qu'il est impossible de déterminer la fonction d'onde d'un système inconnu si l'on n'en possède qu'une réalisation. En d'autres termes, l'état quantique ou la fonction d'onde d'un système n'est pas un objet réel au sens classique du terme. C'est une abstraction mathématique constituant l'identité quantique du système, permettant de déterminer les probabilités des résultats des mesures que l'on pourrait effectuer sur lui. Cette identité quantique ne peut être copiée par un appareil de duplication sans entraîner l'effacement de l'information sur le système original. C'est ce qu'on appelle la propriété de *non-clonage* (*no-cloning* en anglais).

Si le clonage était possible, il suffirait en effet d'inclure un copieur quantique dans un instrument de mesure qui effectuerait sur différents sous-groupes de copies des mesures de variables complémentaires. On reconstruirait ainsi l'état quantique complet à partir d'un système unique. Cela donnerait à la fonction d'onde un statut d'individualité et de réalité contraire aux postulats de la physique quantique. La seule façon de reconstruire un état quantique est de faire des mesures sur un grand nombre d'exemplaires obtenus par la préparation répétée de cet état sur des systèmes physiques identiques.

Nous pouvons générer dans notre expérience des ensembles en nombre illimité de champs dans des états quantiques variés. Il peut s'agir d'états cohérents contenant quelques photons en moyenne, préparés en couplant de façon répétée la cavité à une source classique comme nous l'avons vu plus haut, ou encore d'états de Fock obtenus par comptage non destructif des photons de ces états cohérents. Diverses superpositions quantiques du champ peuvent également être préparées de façon reproductible, comme nous le verrons plus loin. On réalise alors une mesure sur chacune de ces réalisations, puis on laisse le champ revenir au vide de photons et on recommence la séquence sur une nouvelle préparation du système dans le même état initial, et ainsi de suite.

L'expérience de comptage de photons réalisée sur ces ensembles constitue une partie du travail de reconstruction de l'état. Afin d'obtenir les informations complémentaires sur la phase du champ, on injecte ensuite dans la cavité, immédiatement après la préparation de l'état que l'on cherche à reconstruire, un champ « sonde » cohérent d'amplitude et de phase contrôlée. La source de ce champ sonde accordable couplée à l'interféromètre de Ramsey devient alors partie intégrante de notre appareil de mesure. Le champ à mesurer et la sonde s'ajoutent dans la cavité et l'on procède immédiatement au comptage du nombre de photons dans le champ résultant de leur interférence. Après un grand nombre de mesures répétées, on obtient l'histogramme donnant la distribution de probabilité des nombres de photons dans le champ résultant. Cette distribution renseigne sur l'état d'interférence entre le champ initial et le champ sonde. On recommence ensuite avec des sondes d'amplitudes et de phases différentes. Toute cette information, stockée dans l'ordinateur qui pilote l'expérience, permet de reconstruire l'état quantique complet des systèmes identiques initialement préparés. La méthode présente des points communs avec l'holographie dont le principe a été rappelé au début de ce chapitre, puisqu'elle consiste à acquérir des informations de phase sur un champ lumineux en effectuant des mesures d'intensité, après mélange de ce champ avec des champs de référence de phase et d'amplitude connus.

On appelle ce procédé *tomographie quantique* car l'acquisition d'information mise en œuvre est analogue à la méthode qui porte ce nom en radiologie, consistant à détecter l'intensité de rayons X transmise par le corps d'un patient en l'irradiant sous différents angles, de façon à en reconstituer une image à deux ou trois dimensions. Dans notre cas, combiner le champ étudié à des ondes d'amplitude et de phases variées équivaut à modifier l'angle suivant lequel les rayons X irradient le corps du patient en tomographie médicale, appelée en anglais CAT-scan (acronyme de *computer assisted tomography*). Les intensités recueillies par les détecteurs du scanner à rayons X selon les différentes directions d'irradiation sont des données brutes qu'un ordinateur transforme en une image du corps radiographié. De même, en tomographie quantique, les informations contenues dans les histogrammes associés aux combinaisons du champ à mesurer avec des sondes d'amplitudes et de phases variées sont codées dans des nombres que l'ordinateur transforme en une image à trois dimensions, représentation visuelle de l'état quantique du champ. En observant ces images, nous pouvons en déduire les propriétés des états quantiques ainsi reconstruits. Comme en radiographie médicale, il y faut l'œil exercé du spécialiste et je me contenterai ici de décrire simplement ce que ces images représentent.

Nous sommes, dans le cas d'un champ cohérent, sur un terrain familier pour un physicien classique. L'état du champ est en effet représenté dans le plan de Fresnel, une scène que nous avons déjà rencontrée et étudiée en détail au chapitre III. Un champ classique y est décrit à un instant donné par un vecteur dont on peut faire coïncider l'origine avec celle des axes de coordonnées. L'extrémité de ce vecteur, un point dans le plan de Fresnel, résume toute l'information sur l'amplitude et la phase certaines de ce champ. Si l'on veut ajouter une troisième dimension à cette description, on représentera un champ classique par un pic vertical infiniment fin, se dressant dans le plan horizontal de Fresnel. Lorsqu'on tient compte des fluctuations quantiques d'un état cohérent, ce pic se transforme en une colline dont le profil mathématique est donné par une fonction en forme de cloche appelée fonction gaussienne du nom du mathématicien allemand Carl Friedrich Gauss, déjà rencontré au chapitre III, qui a étudié cette fonction jouant un rôle important dans la théorie des probabilités. Cette colline gaussienne est centrée en un point distant de l'origine de $\sqrt{N_m}$ et sa base circulaire a une aire égale à l'unité, de façon à satisfaire la relation d'incertitude entre l'amplitude et la phase du champ quantique.

Le vide est un cas particulier de champ cohérent, représenté par une colline à l'origine des axes du plan de Fresnel.

L'extension de sa base décrit alors les fluctuations du champ du vide. Les champs cohérents d'amplitude finie sont représentés par des collines gaussiennes identiques, simplement translatées dans le plan de Fresnel. Lorsque le nombre moyen de photons devient très grand, le rayon de la base de ces collines, égal à l'unité, devient négligeable devant leur distance à l'origine et les effets quantiques s'évanouissent. Ces images se généralisent à un champ quantique quelconque, représenté dans le plan de Fresnel par un paysage de collines d'altitudes positives au-dessus du plan, et de vallées de profondeurs négatives au-dessous de ce plan. Ce relief peut se représenter en perspective 3D ou sur une image à deux dimensions en codant à la manière des géographes les altitudes par des couleurs.

La fonction à deux variables du plan de Fresnel que je viens de décrire qualitativement s'appelle la *fonction de Wigner* du champ quantique, du nom du physicien américain d'origine hongroise qui l'a introduite le premier en physique quantique. C'est une sorte de fonction d'onde à valeurs réelles qui contient toute l'information permettant de calculer les probabilités des résultats de mesures quelconques effectuées sur le champ. Il n'est pas nécessaire ici de détailler comment on reconstruit cette fonction à partir des mesures de comptage de photons. Je me contenterai de dire qu'il suffit en principe d'extraire de chaque histogramme un nombre mesurant la différence entre les probabilités d'y trouver un nombre de photons pair ou impair. Cette différence, nombre réel compris entre +1 et –1, donne la valeur de la fonction de Wigner en un point du plan de Fresnel et l'ensemble des mesures effectuées avec des sondes d'amplitudes et de phases différentes reconstruit la fonction de Wigner globale du champ quantique. La situation est en pratique plus compliquée car les signaux mesurés sont entachés d'un bruit qui vient quelque peu brouiller le profil idéal des fonctions de Wigner théoriques. Je ne m'attarderai pas sur les méthodes classiques d'évaluation et d'extraction des données qui permettent de minimiser les erreurs et d'obtenir de belles images de nos états quantiques du rayonnement.

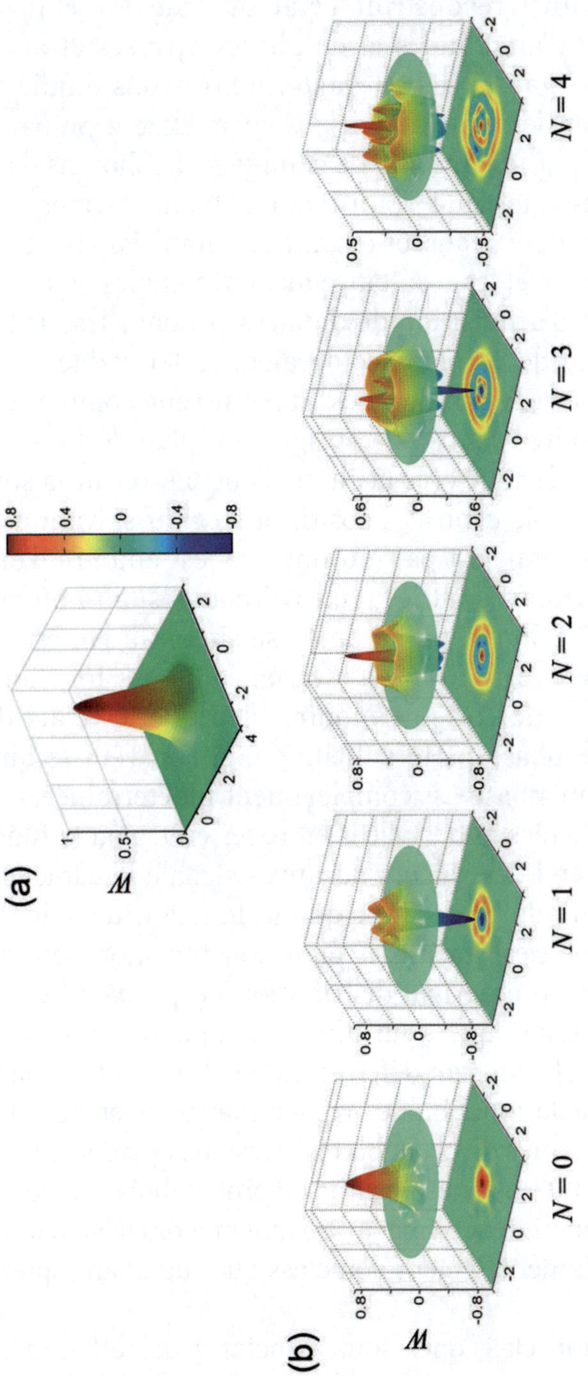

Figure VII.9. Reconstruction expérimentale de l'état quantique du champ dans la cavité. (a) Le champ cohérent a une fonction de Wigner gaussienne. (b) États de Fock : l'état $N = 0$ est représenté par une gaussienne centrée à l'origine du plan de Fresnel (vide du rayonnement). L'état $N = 1$ a une fonction de Wigner en forme de « chapeau mexicain » avec une forte valeur négative au centre. Les états de Fock successifs ($N = 2, 3, 4$...) présentent des ondulations circulaires avec des crêtes positives et des vallées négatives (ces fonctions de Wigner sont montrées en 3D et, en dessous, en version 2D avec un code couleur pour représenter le « relief » : les valeurs positives sont en rouge et les négatives en bleu. L'« altitude » 0 est verte) *(d'après* Nature, *2008, 455, 510).*

Après avoir ainsi reconstruit l'état du vide et celui de champs cohérents d'amplitudes et de phases diverses et avoir admiré leur forme gaussienne élégante, nous avons étudié la fonction de Wigner des états de Fock. Ceux-ci étaient préparés de façon aléatoire par une mesure de comptage de photons d'un état cohérent. Dès que l'état voulu était obtenu, les mesures tomographiques étaient réalisées avant que l'amortissement du champ ne se produise et les résultats étaient accumulés au cours de longues heures d'acquisition de données pendant lesquelles tous les paramètres de l'expérience devaient rester stables. Les fonctions de Wigner d'états de Fock apparaissent comme des ondulations circulaires centrées à l'origine du plan de Fresnel, ressemblant aux ondes que crée la chute d'une pierre sur la surface d'un étang. Un pic central – positif ou négatif suivant que le nombre N de photons est pair ou impair – est entouré d'ondulations concentriques dont les crêtes circulaires, au nombre de $N/2$ ou $(N+1)/2$ selon la parité de N, se situent à l'intérieur d'un cercle de rayon égal à $\sqrt{N}$. L'invariance de ces fonctions par rotation autour de l'origine montre bien que les états de Fock n'ont pas de phase préférentielle ou, si l'on veut le dire autrement, que leur phase est complètement indéterminée.

La présence de pics et de vallées entre les crêtes où la fonction de Wigner prend des valeurs négatives signale le caractère quantique des états de Fock. Tant que la fonction de Wigner est positive, comme c'est le cas des états cohérents, on peut en effet la considérer comme une distribution de probabilité, en assimilant le flou quantique à un bruit classique qui affecte la précision avec laquelle on peut déterminer l'amplitude et la phase du champ. Lorsque la fonction de Wigner change de signe cette interprétation en termes de probabilités classiques perd son sens car elle impliquerait l'existence absurde de probabilités négatives. Les vallées de la fonction de Wigner deviennent alors la signature de propriétés fondamentalement non classiques du champ piégé dans la cavité.

Ces aspects non classiques sont associés à des effets d'interférence quantique extrêmement fragiles, qui s'évanouissent vite sous l'effet de la moindre perturbation. Les ondulations de la fonction de Wigner se brouillent en effet en un temps très court devant le temps d'amortissement T_c de l'énergie du champ dans la cavité, transformant rapidement les états quantiques en mélanges statistiques à fonction de Wigner positive, auxquels on peut redonner une interprétation classique. Ce phénomène, qui porte le nom de décohérence quantique, se comprend qualitativement en comparant l'évolution dans le temps des fonctions de Wigner associées aux états de Fock à celle des états cohérents. Les pics gaussiens qui correspondent à ces derniers évoluent continûment de leur position initiale vers le vide, sans changer de forme, se rapprochant de l'origine des coordonnées suivant une loi d'exponentielle décroissante décrivant l'amortissement classique de l'amplitude du champ. Cette évolution s'effectue en un temps moyen de l'ordre de T_c.

Les fonctions de Wigner des états de Fock à N photons changent par contre très vite d'aspect, en un temps de l'ordre de T_c/N. La théorie montre que les ondulations de ces fonctions se brouillent et les vallées négatives disparaissent, conduisant à une crête circulaire classique dont le rayon se contracte en un temps de l'ordre de T_c. Cet effacement des caractéristiques quantiques du champ est dû au fait que l'état à N photons subit en un temps de l'ordre de T_c/N un saut quantique vers l'état $N-1$, qui lui-même cascade rapidement vers $N-2$ et ainsi de suite. Les instants de ces sauts varient d'une réalisation à l'autre du champ initial et la reconstruction quantique décrit une moyenne statistique correspondant à toutes les évolutions possibles du système. On comprend ainsi que la fonction de Wigner résultante doit évoluer très rapidement vers celle d'un mélange classique d'états, analogue à celle d'un champ thermique dans lequel les amplitudes de probabilité associées aux différents nombres de photons n'ont pas de relations de phases entre elles. La disparition très rapide de la signature quantique de ces états explique pourquoi il devient de plus en plus difficile de reconstruire leur fonction de Wigner dès que N dépasse quelques unités.

Chats de Schrödinger de lumière

Les expériences les plus spectaculaires que nous ayons faites sur les états non classiques du champ ont porté, à partir de l'année 1996, sur l'étude des « chats de Schrödinger photoniques ». Dans l'environnement protégé du monde extérieur par nos miroirs supraconducteurs, nous avons pu préparer des superpositions d'états du champ retraçant le destin du fameux félin que le savant autrichien avait imaginé suspendu entre deux états classiquement incompatibles. Nous avons placé un champ contenant plusieurs photons dans un état quantique ayant *en même temps* deux phases ou deux amplitudes différentes. En reconstruisant ces états et en observant comment ils perdent progressivement leurs caractéristiques quantiques, nous avons pu explorer la limite entre les mondes quantique et classique et explorer les aspects essentiels de la *décohérence* quantique.

Disons tout de suite pour dissiper tout malentendu que le nom « chat » donné à ces états est purement métaphorique. Nos systèmes ne contiennent que quelques particules et sont loin d'être aussi gros et complexes que l'animal de la fable de Schrödinger. Le nom donné à ces états s'est popularisé dans la communauté scientifique et au-delà parce que les questions étudiées avec ces systèmes sur l'intrication quantique, la mesure et la décohérence sont précisément celles que Schrödinger s'était posées de façon ironique et provocatrice en exposant sa métaphore féline.

Nos expériences ont été réalisées avec l'interféromètre de Ramsey utilisé dans l'expérience de comptage de photons, dont nous analysons les informations qu'il nous fournit de façon complémentaire. Au lieu d'étudier comment la phase d'un dipôle atomique est altérée par le champ, nous nous intéressons maintenant à l'effet réciproque, la modification de la phase du champ par l'atome. Nous commençons, comme dans l'expérience de comptage, par préparer un champ dans un état de Glauber dont le nombre moyen de photons peut être varié continûment du vide

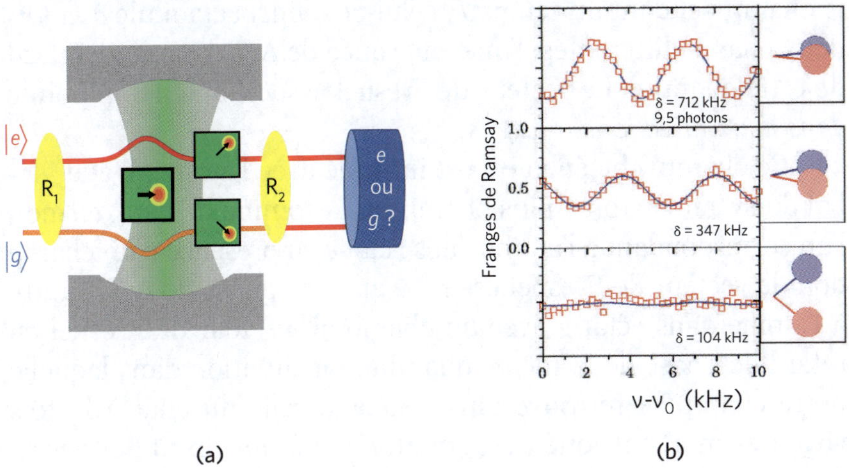

Figure VII.10. Préparation d'un chat de Schrödinger photonique à partir d'un champ cohérent contenant en moyenne 9 photons. (a) Schéma de l'expérience : un atome, préparé par une impulsion micro-onde π/2 dans R_1, traverse la cavité et donne au champ deux phases opposées à la fois. L'atome subit ensuite une autre impulsion π/2 dans R_2 avant d'être détecté dans *e* ou *g*. (b) Franges de Ramsey détectées sur les atomes pour trois valeurs différentes du déphasage entre les deux composantes du « chat ». Ce déphasage est ajusté en changeant le désaccord de fréquence δ entre l'atome et la cavité. La trace supérieure montre des franges bien contrastées, lorsque la séparation des composantes du chat est petite. Au fur et à mesure que cette séparation augmente le contraste des franges diminue (*trace du milieu*). Il s'évanouit totalement (*trace du bas*) lorsque les deux composantes sont bien distinctes. Cette diminution du contraste des franges lorsque l'information sur l'état de l'atome dans la cavité s'inscrit de façon de plus en plus claire dans le champ illustre le principe de complémentarité *(d'après* Physical Review Letters, *1996, 77, 4887)*.

à quelques unités. Ce champ est représenté dans le plan de Fresnel par un pic gaussien centré à l'extrémité du vecteur de Fresnel associé au champ classique de même phase et amplitude. Nous avons vu qu'un seul atome déplace la fréquence ν du champ de $+\Delta\nu$ ou $-\Delta\nu$, suivant le niveau *e* ou *g* dans lequel il se trouve.

Avant d'entrer dans la cavité, l'atome est préparé en traversant la zone R_1 dans une superposition à poids égaux de ces deux niveaux. Le champ va alors se mettre à osciller *en même temps* avec les deux fréquences, l'une plus petite, l'autre plus grande que ν. Lorsque l'atome sort de la cavité après avoir interagi avec le champ pendant un temps T, celui-ci a ainsi accumulé *à la fois* deux phases différentes, l'une en avance de $\Delta\nu T$, l'autre en retard de cette quantité. Le vecteur de Fresnel associé au champ pointe *dans deux directions à la fois*.

Ce champ « bicéphale » est intriqué avec l'atome. L'état global du système atome plus champ est la somme de deux termes, l'un correspondant à l'atome dans l'état e en présence d'un champ dont le vecteur de Fresnel est en avance de phase de $\Delta\nu T$, l'autre à l'atome dans l'état g avec un champ au vecteur de Fresnel en retard de phase de la même quantité. La situation dans laquelle notre champ se retrouve ainsi rappelle celle du chat à la fois vivant et mort intriqué avec un atome *à la fois* excité et désexcité. On peut dire aussi que dans cette expérience le champ de la cavité est l'instrument qui mesure l'énergie de l'atome. Il est représenté par une flèche dans le plan de Fresnel, semblable à l'aiguille d'un cadran qui pointe dans deux directions différentes selon que l'atome a une énergie ou l'autre. Nous illustrons ici le premier stade d'une mesure quantique, celui où l'appareil de mesure (le champ) s'intrique avec le système mesuré (l'atome) pour que l'information sur l'observable mesurée puisse passer d'un système à l'autre.

Remarquons qu'à ce stade, il n'y a aucune différence avec l'expérience du comptage de photons décrite plus haut. Au moment où l'interaction entre la matière et la lumière cesse, on peut aussi bien dire que c'est l'atome qui mesure l'énergie du champ (en emportant sur son dipôle une information sur le nombre de photons) ou que c'est le champ qui mesure l'atome (en tournant dans le plan de Fresnel d'un angle dépendant de l'énergie atomique). Il existe cependant une différence qui brise cette symétrie. L'atome est une particule microscopique ne pouvant dans cette expérience évoluer qu'entre deux états, alors que le champ est un objet, certes petit, mais dont le nombre d'états peut être augmenté à volonté, simplement en injectant de plus en plus de photons dans la cavité. Dans une expérience où on ne fait intervenir qu'un seul atome interagissant avec un champ contenant plusieurs photons, il est donc plus naturel de considérer que c'est ce dernier qui est l'appareil de mesure. En augmentant le nombre de photons, on est ainsi à même de passer continûment d'une situation où l'instrument de mesure, initialement décrit comme un système quantique, devient un objet de plus en plus classique.

Continuons à décrire l'histoire de notre atome qui s'est intriqué au champ en traversant la cavité et laissons-le finir son trajet dans l'interféromètre, après avoir subi une seconde impulsion micro-onde $\pi/2$ dans la zone de Ramsey R_2. Lorsqu'on le détecte finalement, que peut-on dire de la probabilité de le trouver dans *e* ou dans *g* ? Résulte-t-elle d'un effet d'interférence quantique entre les amplitudes associées aux deux chemins suivis par l'atome dans l'interféromètre, selon qu'il a traversé la cavité dans *e* ou dans *g* ? La réponse à cette question dépend de l'état du champ. Si la cavité est vide, il y a interférence car l'atome n'a laissé aucune trace de son passage. En recommençant l'expérience un grand nombre de fois en balayant la fréquence ν des impulsions $\pi/2$ dans R_1 et R_2, on enregistre de belles franges de Ramsey. Si par contre la cavité contient initialement un champ cohérent de plusieurs photons, le contraste des franges diminue et peut même s'évanouir. Nous avons en fait réalisé cette expérience, bien avant celles de reconstruction complète des états, car elle ne nécessite que la détection d'un atome unique dans chaque préparation du chat, et peut donc se faire avec une cavité moins performante que celle de 2006.

Cette expérience, réalisée en 1996, est en fait un test de la complémentarité. Si l'information sur le chemin suivi par l'atome s'inscrit sur un élément de l'interféromètre, l'ambiguïté quantique est levée et les franges disparaissent. Dans notre interféromètre, l'information se transmet au champ de la cavité d'autant mieux que la distance entre ses deux composantes est plus grande. On peut faire varier cette distance, à nombre moyen de photons constants, en changeant le déphasage du champ induit par l'atome. Il suffit pour cela de modifier le désaccord de fréquence entre celui-ci et la cavité. À grand désaccord, le déphasage est petit et les deux composantes gaussiennes du champ se chevauchent, maintenant l'ambiguïté sur l'état de l'atome dans la cavité et résultant en une bonne visibilité des franges. Au fur et à mesure que le désaccord atome-cavité est réduit, les composantes du champ se séparent davantage et le contraste des franges diminue. Il s'annule entièrement lorsque les deux composantes gaussiennes du chat cessent complètement de se recouvrir. Comme dans l'expérience décrite plus haut avec le montage interférométrique modifié dans lequel on remplaçait un des pulses de Ramsey par un champ quantique, nous retrouvons encore la complémentarité entre le caractère distinguable des chemins et la visibilité des interférences.

Remarquons à nouveau qu'il n'est pas nécessaire d'effectuer une mesure explicite sur le champ pour que les interférences disparaissent. Le simple fait que ce champ ait pu enregistrer l'information sur le chemin en s'intriquant avec l'atome suffit à supprimer l'ambiguïté quantique. En effectuant cette expérience dix ans avant d'être capable de mesurer le champ, nous savions donc, en observant simplement la disparition des franges, que nous avions préparé un état de type chat de Schrödinger dans la cavité.

Nous avons pu confirmer l'existence de ce chat en recommençant cette expérience dans les années 2006 et 2007, lorsque nous avons disposé de notre cavité de temps d'amortissement très long. Revenons à l'histoire de notre atome à l'instant qui précède sa détection. Il est alors intriqué de façon non locale au champ qu'il a laissé derrière lui dans la cavité, une situation analogue à celle qu'Einstein avait décrite dans le fameux papier EPR. La mesure finale de l'atome va alors détruire l'intrication et provoquer l'effondrement de l'état du champ, sous l'action fantomatique à distance qui gênait tant Einstein. Comme l'atome a subi un mélange de ses états en traversant R_2, sa détection dans l'état e ou g ne permet pas de savoir dans quel état il était quand il a traversé la cavité. La zone R_2 joue ainsi le rôle d'une *gomme quantique* qui efface l'information sur la phase acquise par le champ en interagissant avec l'atome. L'ambiguïté quantique sur la phase du champ survit alors à cette détection. La mesure détruit l'intrication entre l'atome et le champ, mais celui-ci reste suspendu entre deux états, dans une superposition de deux champs cohérents de phases différentes. Suivant que l'atome est détecté dans *e* ou *g*, la phase relative entre les deux amplitudes de probabilité change de π. Pour une raison explicitée plus loin, on appelle « chat pair » et « chat impair » ces deux états.

Nous avons reconstruit ces états par tomographie quantique, à l'aide d'une succession d'atomes traversant l'interféromètre et d'injections de champs sondes interférant avec le chat photonique. La suite des opérations incluant la préparation du chat et sa mesure se succédait dans chaque réalisation de l'expérience en un temps de quelques millisecondes, très court devant le temps d'amortissement du champ. Après avoir généré un grand nombre de chats identiques, nous reconstruisîmes leur fonction de Wigner. Celle-ci fit apparaître deux pics gaussiens bien séparés, correspondant aux deux états cohérents de phase avancée et retardée. Entre ces pics, des ondulations prennent des valeurs alternativement positives et négatives. Ce sont des interférences quantiques qui signent le caractère cohérent de la superposition entre les deux états. Les chats pair et impair montrent les mêmes pics gaussiens et ne diffèrent l'un de l'autre que par les signes de leurs ondulations. En les ajoutant, on efface les interférences et on obtient une fonction de Wigner constituée simplement des deux pics, représentant une situation statistique classique. C'est celle que l'on obtiendrait si l'on avait fait les mesures sur deux ensembles de réalisations, dans lesquels le champ aurait été initialement préparé avec une phase classique *ou* l'autre.

Les « chats » de nos expériences contenaient une poignée de photons au maximum. Au-delà, un atome de Rydberg circulaire n'était plus capable d'agir globalement sur le champ quantique sans que des effets de saturation et de distorsion forte des fonctions de Wigner ne viennent altérer la situation idéale que je viens de décrire. La différence de phase entre les deux composantes du champ était de 135°. Il est plus facile de décrire ce qui se passe lorsque cette différence vaut 180°, une situation que nous avons pu réaliser depuis en effectuant la même expérience avec des atomes plus lents, imprimant au champ un plus grand déphasage.

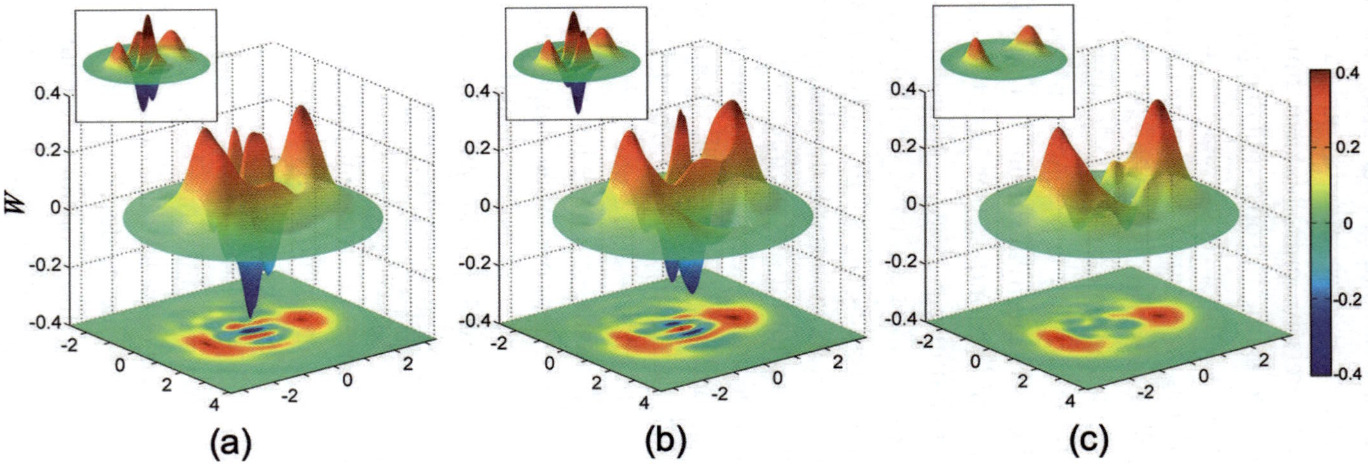

Figure VII.11. Fonctions de Wigner reconstruites expérimentalement d'un chat de Schrödinger photonique pair (a) et impair (b) préparés à partir d'un champ cohérent contenant en moyenne 3 photons. Ces chats sont obtenus en détectant les atomes dans l'état *e* (chat impair) ou *g* (chat pair). On distingue nettement les deux pics gaussiens associés aux deux composantes des chats et les franges d'interférence entre les deux, prenant des valeurs alternativement positives et négatives. Ces interférences ont des signes opposés dans les états pair et impair. Ne pas distinguer les deux états atomiques revient à sommer les fonctions de Wigner des deux chats. On obtient alors la fonction représentée en (c). Elle décrit un mélange classique dans lequel les franges d'interférence ont disparu. Le champ dans la cavité oscille avec une phase ou l'autre et non plus avec les deux phases « à la fois ». Les figures dans les petits cadres en haut montrent les fonctions de Wigner théoriques *(d'après* Nature*, 2008, 455, 510)*.

Analysons donc maintenant cette situation idéale. Elle correspond au réglage de phase que nous avons utilisé dans notre première expérience de comptage de 0 ou 1 photon : un atome déphase le champ de + ou –90° et réciproquement, un seul photon change la phase du dipôle atomique de 180°. Dans ce cas nous avons vu que l'atome est détecté dans l'état *e* ou *g*, selon que le nombre de photons est impair ou pair. En d'autres termes, le compteur de photons mesure alors la parité du nombre de photons (cette parité s'identifie au nombre de photons lui-même si celui-ci ne peut excéder l'unité, comme c'était le cas dans notre première expérience de comptage).

Cela justifie les noms donnés à ces chats. Si le déphasage entre les deux états cohérents de la superposition est exactement π, le chat dans lequel les deux amplitudes de probabilité ont le même signe contient seulement des nombres pairs de photons, alors que celui dans lequel ces amplitudes sont de signes opposés ne contient que des nombres impairs. Les distributions des photons de ces deux chats font ainsi apparaître une valeur de *N* sur deux. L'absence de nombre de photons impairs ou pairs dans ces histogrammes est un effet d'interférence quantique, l'équivalent de franges sombres d'un interféromètre, qui signale le caractère non classique de ces états. Cette propriété est liée à l'existence d'ondulations présentant des vallées négatives dans la fonction de Wigner des chats pair et impair, que l'on ne peut interpréter en termes de probabilités classiques.

La génération des chats comme première étape d'un comptage non destructif de photons illustre encore une fois le principe de complémentarité. En mesurant l'énergie du champ à l'aide d'atomes successifs on détruit progressivement l'information sur sa phase. La préparation d'un chat à deux composantes représente le premier stade de cette destruction. Alors que le champ initial avait une phase bien définie (à l'incertitude quantique près), il voit en se dédoublant sa phase perdre de la précision. Après le second atome, chaque composante sera à nouveau décomposée en deux, le processus de dédoublement continuant jusqu'à ce que la phase se répartisse uniformément sur 360°, conduisant à la fonction de Wigner d'un état de Fock à la phase complètement indéterminée. En ce sens, un état à nombre de photons bien défini est un chat de Schrödinger à composantes multiples, suspendu entre un grand nombre d'états cohérents aux phases également réparties entre 0 et 2π.

Arrêtons-nous un instant sur l'étrangeté des états à deux composantes que nous avons ainsi préparés et reconstruits. On pourrait naïvement penser que cette situation est identique à celle que l'on obtiendrait en injectant dans la cavité simultanément ou successivement deux champs de phases différentes. Il est facile de voir cependant que les deux expériences ne conduisent pas du tout au même résultat. Dans le cas de deux injections, on réaliserait une expérience d'interférence classique revenant à ajouter deux vecteurs du plan de Fresnel. On obtiendrait alors simplement un champ cohérent dont l'amplitude serait la somme, au sens des vecteurs, de l'amplitude des deux champs, un résultat très différent du chat généré par notre expérience. Dans le cas de deux champs de phases opposées, l'addition ramènerait simplement le champ dans le vide, un résultat trivial. L'énergie du champ serait celle des fluctuations du vide, alors que le chat que nous avons généré a l'énergie de plusieurs photons. Pour préparer les chats de Schrödinger, une manipulation classique de champs cohérents ne suffit pas. Il faut se livrer à une opération quantique qui génère d'abord une superposition d'états atomiques et l'intriquer ensuite à l'état du champ.

Si la notion d'un champ suspendu entre deux états de phase différents ne parle pas trop au lecteur, il pourra envisager un *chat de Schrödinger* équivalent qui le surprendra peut-être plus. Après la génération d'une superposition d'états cohérents de même amplitude et de phases opposées, on injecte dans la cavité un champ identique à l'une des composantes de ce chat. Celle-ci s'ajoute à cette composante, doublant sa valeur, et se retranche de l'autre, ramenant au vide cette autre composante de la superposition. On a alors transformé notre chat de phase en un chat d'amplitude. Nous avons maintenant une cavité qui est *à la fois* vide et remplie d'un champ cohérent contenant jusqu'à une dizaine de photons en moyenne.

La fonction de Wigner de ce chat se déduit de celle du chat de phase par une translation qui ramène un de ses pics à l'origine du plan de Fresnel. L'étrangeté quantique de cette superposition est décrite par des ondulations de la fonction de Wigner identiques à celle du chat de phase initial, à cette translation près. On crée ainsi une situation classiquement absurde, une boîte qui est à la fois vide et remplie, avec la possibilité d'observer des phénomènes d'interférence entre les deux termes de cette alternative. Pour reprendre la métaphore du félin de Schrödinger, on a créé une situation où la boîte serait vide *et à la fois* emprisonnerait un chat, avec des amplitudes quantiques d'égale amplitude. Pour sonder cet état étrange, on pourrait y envoyer une *souris quantique* qui serait dévorée par le chat dans le premier terme de l'alternative et qui resterait vivante dans le second.

Saisir le passage du quantique au classique

Nous avons testé la fragilité d'un chat de phase en reconstruisant sa fonction de Wigner en fonction du temps, laissant le champ évoluer dans la cavité avant de le sonder par tomographie. On observe en prenant des clichés de cette fonction de Wigner correspondant à des temps d'évolution croissants que les ondulations quantiques disparaissent rapidement. La fonction de Wigner devient très vite une simple superposition de deux pics gaussiens qui convergent ensuite lentement vers le vide. On distingue ainsi dans cette évolution une constante de temps rapide, de l'ordre de T_c/N, mesurant la durée de vie moyenne de la cohérence quantique, et une constante de temps lente, T_c, associée à la décroissance classique de l'énergie du champ dans la cavité.

Comment expliquer la rapidité de la décohérence ? Ici encore nous pouvons invoquer le principe de complémentarité.

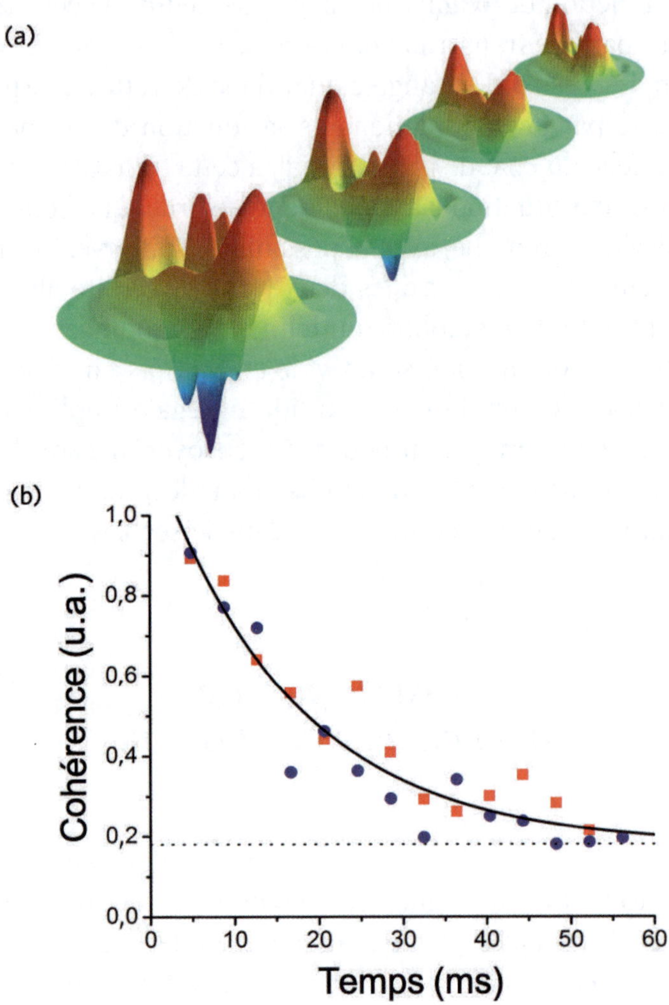

Figure VII.12. Décohérence d'un chat de Schrödinger. (a) Fonctions de Wigner du chat représenté à quatre instants successifs. On observe la disparition progressive des interférences, alors que la position des pics gaussiens n'a que très peu changé. On voit ainsi que le temps de décohérence est beaucoup plus court que le temps d'amortissement du champ dans la cavité. (b) Mesure de la décroissance en fonction du temps du terme de cohérence pour les chats pair (*points rouges*) et impair (*points bleus*). On établit à partir de ces courbes la loi de décroissance exponentielle de la cohérence des chats, avec un temps de décohérence variant en *1/N* (*d'après* Nature, *2008, 455, 510*).

Dès qu'un photon disparaît dans l'environnement, il emporte avec lui une information sur la phase du champ piégé, ce qui détruit la cohérence quantique. Si le champ contient en moyenne N_m photons dont l'énergie se dissipe en un temps moyen T_c, le premier de ces photons disparaîtra en un temps de l'ordre de T_c/N_m et la cohérence quantique ne pourra pas survivre plus longtemps.

Cette décohérence se comprend aisément dans le cas d'un chat dont les composantes ont des phases opposées. Si c'est un chat à nombre pair de photons, la perte du premier photon le transformera en chat impair qui à son tour redonnera un chat pair après perte de deux photons et ainsi de suite. Comme les instants des pertes de photons ne sont pas mesurés par la tomographie, la fonction de Wigner du chat reconstitué devient après un temps de l'ordre de T_c/N la somme des fonctions de chats pairs et impairs, dans laquelle le terme d'interférence quantique a disparu. En d'autres termes, la perte d'information sur la parité du nombre de photons détruit l'ambiguïté quantique et la réduit à une simple incertitude classique. Le chat n'a plus une phase *et* l'autre, mais une phase *ou* l'autre.

Au lieu de correspondre à un résultat unique (le chat est trouvé vivant ou mort), la fonction de Wigner donne un poids statistique égal aux deux possibilités, car la reconstruction rend compte de mesures effectuées sur un grand nombre de systèmes identiques. La décohérence conduit à une situation classique où le chat est mort (ou vivant) dans 50 % des cas. Cette analyse se généralise à une superposition quelconque de deux états cohérents, même s'ils ne sont pas en opposition de phase. Leur décohérence intervient en un temps inversement proportionnel au carré de la distance des pics gaussiens associés aux composantes de cet état.

Cette expérience illustre le destin très différent de deux familles d'états du champ piégé dans la cavité quand on les laisse évoluer librement sous l'effet des pertes des miroirs. Les états cohérents, qui décrivent un champ bien localisé dans le plan de Fresnel, gardent une fonction de Wigner de forme invariante, évoluant continûment vers le pic gaussien représentant le vide.

Leurs superpositions, par contre, sont très instables et perdent leur cohérence quantique d'autant plus rapidement que leurs composantes sont plus distantes dans le plan de Fresnel.

En couplant continûment le champ à la source micro-onde qui a créé le champ, on peut compenser les pertes de la cavité et y maintenir un état cohérent stationnaire. Aux relations d'incertitude près, qui imposent au champ un petit flou gaussien, les états cohérents décrivent ainsi une situation classique qui n'aurait étonné ni Young ni Fresnel. Par contre, contrecarrer l'amortissement du champ en maintenant un couplage continu de la cavité et de la source du champ ne permet pas de conserver un chat de Schrödinger suspendu de façon cohérente entre deux états représentés par des pics distincts. La disparition des ondulations non classiques de la fonction de Wigner des chats de Schrödinger photoniques est irréversible et ne peut être compensée par des méthodes classiques.

Pourquoi les états cohérents sont-ils stables et leurs superpositions si fragiles ? La raison fondamentale réside dans leur façon différente de se coupler à l'environnement et à y laisser fuir de l'information. Essayons d'analyser cette différence. Le champ de la cavité s'amortit sous l'effet de sa diffusion sur les petites rugosités et de l'absorption résiduelle des miroirs. Les détails de ces phénomènes ne sont pas importants. On peut les modéliser en assumant de façon générale que le champ fuyant la cavité excite de petits oscillateurs dans l'environnement extérieur, qu'il s'agisse de modes du champ électromagnétique diffusé latéralement à l'extérieur de la cavité ou des oscillations d'électrons dans les miroirs. Si le champ de la cavité est cohérent, on peut se représenter le champ de la cavité comme une petite source, une petite station radio qui perd de l'énergie et rayonne avec une phase bien définie en se couplant faiblement à tous les oscillateurs de l'environnement. Chacun se comporte comme une petite antenne indépendante captant le signal de la cavité et se mettant à osciller en phase avec lui.

Ces antennes reçoivent toutes la même information qui indique que le champ de la cavité oscille avec une phase et une amplitude donnée. Il n'y a pas dans ce cas d'intrication entre le champ et les oscillateurs extérieurs qui le détectent. L'état du système global est simplement le produit de l'état du champ par celui de l'environnement. Cette imperméabilité à l'intrication est une propriété fondamentale des états cohérents du rayonnement qui explique leur grande stabilité.

Si au contraire le champ de la cavité est dans une superposition d'états cohérents, chaque composante du chat va se corréler à un état de phase et d'amplitude particulier de chacune des petites antennes qui l'espionnent. Cela va induire très vite une intrication entre le chat et son environnement, au sens discuté par Einstein dans l'article EPR. L'état global du champ et des antennes environnantes aura deux composantes, superposées de façon cohérente. Dans chacune, le champ de la cavité aura une phase bien définie, corrélée à celle de toutes les antennes. Une mesure d'une de ces antennes microscopiques de l'environnement, dont l'état est très proche du vide, n'apporte qu'une information très partielle sur l'état du chat. Mais ces antennes « espionnes » sont en très grand nombre, ce qui fait que très vite la mesure de leur état global révèle celui du champ de la cavité. Il n'est d'ailleurs pas nécessaire que cette mesure par l'environnement soit réellement effectuée. Que cette mesure soit possible est suffisant pour détruire tous les effets d'interférence liés à la cohérence du chat. On retrouve toujours le même argument de complémentarité.

Il y a une remarquable analogie entre les états du champ dans la cavité et ceux d'une particule – électron ou ion – qui évolue comme une petite masse oscillant linéairement sous l'effet de la force de rappel du piège dans lequel elle est confinée. On peut classiquement représenter l'état de cette particule à un instant donné par un point dans un plan analogue au plan de Fresnel. L'abscisse et l'ordonnée de ce point décrivent la position et la vitesse de la particule. La relation d'incertitude de Heisenberg remplace ce point discret par une petite région dans laquelle la probabilité de trouver la position et la vitesse de la particule s'exprime par une loi gaussienne. On représente ainsi un état cohérent de l'oscillateur, dont la description mathématique est identique à celle d'un état cohérent du champ dans notre cavité.

David Wineland et son groupe ont pu préparer un ion piégé dans une superposition de deux états dans lesquels il oscille avec deux phases différentes à la fois, un état qui présente les mêmes caractéristiques que celles de nos chats photoniques. Ils ont pu étudier ces chats de Schrödinger ioniques ainsi que leur décohérence dans des expériences similaires aux nôtres, en aboutissant aux mêmes conclusions. Les états qui décrivent une particule se trouvant à la fois en deux points distincts avec deux vitesses différentes voient leur étrangeté quantique disparaître d'autant plus vite que ces points sont plus séparés l'un de l'autre.

Ces expériences, effectuées sur des photons ou des ions, nous permettent ainsi d'éclairer un aspect fondamental de la mesure quantique et de la transition entre les mondes quantique et classique. Les systèmes qui résistent le mieux à la décohérence sont ceux qui sont bien localisés, qu'il s'agisse de leur position dans l'espace réel (dans le cas des ions) ou de l'espace du plan de Fresnel (pour les photons). L'information sur cette localisation se dissémine dans l'environnement sans intrication avec celui-ci. Par exemple, un ion donnera une information sur sa position en diffusant des photons laser qui le localiseront à une fraction de longueur d'onde de la lumière près. Tout observateur en lisant l'environnement obtiendra la même information sur la position du système, ce qui confère à cette variable un caractère classique. Il en est de même d'un champ dans un état cohérent. Les signaux qu'il émet dans l'environnement renseignent tous sans ambiguïté sur sa position dans le plan de Fresnel. On peut ainsi dire que la position et la vitesse d'une particule, ou l'amplitude et la phase d'un champ sont des quantités *semi-classiques*, auxquelles on peut, aux incertitudes de Heisenberg près, associer un caractère de réalité objective puisque des observateurs indépendants, effectuant chacun des mesures sur des parties distinctes de l'environnement, s'accorderont sur ce qu'ils voient.

On appelle « états pointeurs » (*pointer states* en anglais) ces états *objectivables* car ils représentent de façon idéale l'extrémité d'une aiguille couplée à un système quantique pointant dans une direction et donnant une information non ambiguë sur une observable de ce système. Ainsi, dans le cas de notre champ quantique, l'état cohérent pointe dans une direction permettant de mesurer l'énergie de l'atome traversant la cavité.

Il en va autrement des superpositions d'états cohérents du champ qui s'intriquent quasi instantanément avec l'environnement et deviennent très vite des mélanges statistiques. Confirmant l'analyse qualitative qui précède, la théorie précise de la décohérence montre de façon générale que le temps moyen T_D pendant lequel ces superpositions restent dans un état suspendu entre des réalités classiques différentes est égal à $2T_c/D^2$ où D est, dans le plan de Fresnel, la distance de leurs pics gaussiens. La décohérence est d'autant plus rapide que D est plus grand. Pour les chats de Schrödinger pairs ou impairs, superpositions de champs de phases opposées contenant en moyenne N_m photons, D est égal à $2\sqrt{N_m}$ et le temps de décohérence $T_D = T_c/2N_m$ est $2N_m$ fois plus court que le temps T_c d'amortissement de l'énergie du champ. Le temps de décohérence T_D des états chats de Schrödinger d'un oscillateur atomique est donné par la même expression, où T_c est le temps d'amortissement de son énergie et N_m le nombre moyen de ses quanta de vibration.

La théorie de la décohérence ainsi résumée laisse un paramètre libre. Elle dit que le temps caractéristique de décohérence est inversement proportionnel au carré de la séparation entre les composantes du chat, mais la constante de cette loi de proportionnalité dépend de la vitesse avec laquelle l'énergie du système se perd dans l'environnement. Dans le cas de nos expériences, cette constante est le temps d'amortissement T_c de notre cavité, qui dépend de la qualité de ses miroirs. Il s'agit d'un paramètre technique qui mesure la qualité de la protection que nous pouvons assurer aux cohérences quantiques de nos états chats de Schrödinger. Il n'y a pas de limite théorique évidente à ce niveau d'isolation quantique. Notre cavité record avait un temps d'amortissement de 130 millisecondes, mais on pourrait imaginer des durées dix fois plus grandes, qui permettraient de maintenir pendant des temps du même ordre des chats contenant dix fois plus de photons. Ainsi, il n'y a pas de frontière nette entre les mondes classique et quantique. Repousser cette limite en réalisant des chats de Schrödinger de plus en plus gros est un problème de technologie, plus que de physique fondamentale. C'est néanmoins un problème essentiel si on cherche à exploiter la logique quantique pour des applications pratiques au traitement de l'information.

Pour en revenir à l'image du chat de Schrödinger, nous comprenons maintenant pourquoi il est pratiquement impossible de préparer un vrai animal dans une superposition cohérente des états vif et mort. Une telle superposition impliquerait qu'il serait au début de l'expérience dans un état quantique bien déterminé. Or notre félin est un système complexe couplé à un vaste environnement de molécules et de photons thermiques indispensables à sa survie. Il est donc en permanence intriqué à un environnement dans lequel l'information sur tout ce qui lui arrive est immédiatement enregistrée. En un mot, la théorie de la décohérence nous dit que le chat est dès le début de notre expérience un objet classique qui ne peut être que vivant *ou* mort, jamais vivant *et* mort. Si on l'enferme dans une boîte avec un atome radioactif, c'est lui, le système classique, qui jouera le rôle d'instrument de mesure pour déterminer l'état de l'atome. En passant de vie à trépas il déterminera le moment du saut quantique de l'atome. La fable du chat de Schrödinger ne peut que servir de métaphore pour décrire les états de superposition non classiques de quelques particules étudiées dans les expériences de photons en cavité ou d'ions piégés.

Ce qui nous a motivés avant tout dans notre recherche, c'est la curiosité et l'envie passionnée de mettre en évidence de la façon la plus démonstrative possible les lois étranges de la physique quantique, sans chercher aucune application spécifique. En ce sens nous avons suivi les pas des pères fondateurs de la théorie, avec l'avantage de disposer d'une technologie dont ils ne pouvaient même pas rêver. Notre travail a toujours mêlé les aspects théoriques et expérimentaux. Pendant que nous mettions au point notre montage, nous réfléchissions en parallèle aux expériences que nous pourrions faire. Dans une série d'articles théoriques, nous avons proposé, avant de les réaliser, les méthodes nécessaires aux manipulations d'atomes et de photons décrites plus haut.

Nous avons été accompagnés dans ce travail théorique par deux chercheurs brésiliens, Luiz Davidovich et Nicim Zagury, avec qui j'étais devenu ami dès notre première rencontre à Rio, au cours d'un colloque de physique France-Brésil organisé à la fin de 1983, au moment où ce pays sortait de longues années de dictature. Luiz et Nicim nous ont par la suite rendu visite à Paris à de nombreuses reprises, dans les années 1980 et 1990. C'est avec eux que nous avons écrit nos papiers préparatoires aux expériences de mesure non destructives de photons. C'est en écrivant ces papiers que nous avons aussi réalisé que cette méthode de comptage impliquait de façon naturelle la préparation de chats photoniques dont nous pourrions étudier la décohérence expérimentalement. Cette décohérence avait été analysée théoriquement de façon générale par un chercheur américain, Wojciech Zurek. Inspirés par ses articles, nous avons montré comment nous pouvions adapter notre montage d'électrodynamique quantique en cavité pour étudier expérimentalement la décohérence.

Ces travaux théoriques ont fait l'objet de plusieurs de mes cours au Collège de France. J'y ai été nommé en 2001, sur les propositions de Claude Cohen-Tannoudji et Pierre-Gilles de Gennes, deux maîtres du DEA de physique quantique que j'avais suivi dans les années 1960 et qui avaient depuis poursuivi des carrières scientifiques exceptionnelles. Nos travaux théoriques sur les chats de Schrödinger, le comptage non destructif de photons et la décohérence ont été analysés en détail dans un livre que Jean-Michel Raimond et moi-même avons écrit entre les années 2001 et 2006. Ironiquement, le livre en anglais, intitulé *Exploring the Quantum : Atoms, Cavities and Photons*, a été achevé dans l'été 2006, quelques semaines avant que les expériences que nous y décrivions théoriquement ne deviennent réalisables au laboratoire. Cette chronologie nous a laissé un sentiment d'inachevé, et nous avons souvent pensé écrire une suite qui décrirait toutes les expériences que nous avons effectuées depuis. Le présent livre, moins technique qu'*Exploring the Quantum*, répond en partie à ce désir. J'espère avoir ainsi pu présenter à un large public les expériences qui nous ont occupés pendant tant d'années et à lui faire partager notre fascination pour la physique quantique et ses paradoxes.

Vers un ordinateur quantique : utopie ou réalité future ?

Chaque fois que je présente les résultats de nos travaux dans un séminaire ou une conférence, on me demande inévitablement quand ils vont aboutir à la construction d'un véritable ordinateur quantique. La question est un peu frustrante, car nos recherches n'ont pas été réalisées dans ce but, mais je dois tenter de répondre à la question. Il me faut donc évoquer cet appareil encore mythique. Dans un ordinateur « classique » les opérations élémentaires sont réalisées par des portes logiques qui couplent entre eux des signaux électriques binaires prenant deux valeurs que l'on peut coder comme des bits classiques 0 ou 1. À chaque porte, un bit dit « contrôle », qui reste inchangé pendant l'opération, détermine ce qui arrive à un autre bit dit « cible ». Par exemple il n'arrive rien au bit cible si le contrôle vaut 0 et le bit cible bascule d'un état à l'autre si le contrôle vaut 1. N'importe quel calcul de l'ordinateur est réalisé par une combinaison appropriée d'un très grand nombre de telles opérations effectuées sur un très grand nombre de bits.

Dans un ordinateur quantique, les bits deviendraient des objets quantiques que l'on appelle des qubits, pouvant être préparés et évoluer dans une superposition cohérente de 0 et de 1. Les portes opéreraient suivant le même principe que des portes classiques mais les bits qui les alimentent vivraient dans l'espace des états superposés de la physique quantique. De telles portes ont été réalisées dès les années 1990 avec des ions piégés dans le groupe de David Wineland, suivant la proposition faite par Peter Zoller et Ignacio Cirac, deux théoriciens de l'optique quantique. Mon groupe a aussi montré à la même époque qu'il était possible de faire fonctionner une porte quantique dans laquelle le champ de la cavité contenant 0 ou 1 photon était le qubit contrôle et l'atome de Rydberg le qubit cible. De nombreuses expériences, portant sur un nombre limité de qubits, ont montré dès les années 1990 qu'il était possible de créer et de détecter de l'intrication à la demande avec de telles portes.

L'opération de portes successives sur un grand ensemble de qubits créerait une intrication massive et la machine se trouverait très vite portée dans un état de superposition géant dans lequel l'évolution des bits serait suspendue entre non pas quelques, mais un très grand nombre de chemins classiques différents. On montre que cette superposition accélère l'exécution de certains calculs bien au-delà de ce que peut faire un ordinateur classique qui ne suit qu'un chemin à la fois. À la fin du calcul quantique, le résultat cherché se révélerait par une mesure sensible à un effet d'interférence entre tous les chemins suivis en parallèle par la machine.

Un exemple de calcul qui bénéficierait de l'accélération quantique serait celui qui permet de décomposer en facteurs premiers un nombre contenant des centaines de chiffres. Un ordinateur classique est incapable d'accomplir cette tâche en un temps physiquement acceptable alors qu'un algorithme, inventé par le mathématicien américain Peter Shor, permettrait de le faire. Cette possibilité est inquiétante pour l'économie mondiale. Le système de clés cryptographiques utilisé pour assurer le secret des communications bancaires et pour protéger toutes les cartes de crédit est en effet basé sur l'extrême difficulté à découvrir les facteurs premiers d'un nombre très grand publiquement accessible. La recherche de l'ordinateur quantique présente ainsi un enjeu économique considérable. L'arrivée au cours des dernières années dans cette recherche des grandes compagnies de l'Internet – Google, Microsoft et IBM – est un signe de l'intérêt stratégique que suscite cette machine hypothétique.

Construire un ordinateur quantique présente cependant une immense difficulté à surmonter. Ce que l'on cherche à construire serait un superchat de Schrödinger calculateur qui effectuerait des opérations logiques conduisant à une intrication massive entre ses bits, sans être affecté par la décohérence, c'est-à-dire sans que de l'information sur le calcul fuie dans l'environnement.

Au-delà d'une certaine taille du système, la décohérence devient cependant inévitable. S'il est possible au prix de beaucoup d'efforts de faire fonctionner quelques dizaines de portes quantiques élémentaires agissant sur quelques dizaines de qubits, il est impossible de protéger passivement les bits de la décohérence au-delà de ces ordres de grandeur, qui ne permettent pas de faire des calculs utiles. On est ainsi très loin de faire fonctionner une machine qui pourrait calculer vite et mieux qu'un ordinateur classique.

Une piste pour résoudre cette difficulté consisterait à maintenir de façon active la cohérence de la machine en détectant les perturbations produites par l'environnement et en en corrigeant les effets au fur et à mesure. C'est ce qu'on appelle la correction d'erreurs quantique. Une approche dans cette direction consiste à détecter les sauts quantiques aléatoires associés aux pertes d'information dans l'environnement et à rétroagir sur le système pour le restaurer dans l'état antérieur au saut. Nous avons dans nos expériences démontré que l'on pouvait maintenir un état non classique – un état de Fock du rayonnement – pendant un temps indéfini dans notre cavité. Une suite d'atomes mesure de façon continue le nombre de photons et quand celui-ci change, d'autres atomes « correcteurs » sont injectés dans la cavité pour y ajouter ou retrancher un photon. Ce genre de méthode reste cependant incapable de protéger une machine quantique des effets de la décohérence.

Des méthodes plus subtiles ont été mises en œuvre pour maintenir la cohérence d'états chats de Schrödinger pairs ou impairs dans une cavité. Ces expériences sont réalisées dans un domaine expérimental nouveau de l'information quantique que l'on appelle l'électrodynamique quantique des circuits (*circuit QED* en anglais). Nos atomes de Rydberg sont remplacés par des systèmes quantiques artificiels réalisés par des circuits supraconducteurs. Ces petits circuits possèdent des niveaux quantifiés entre lesquels ils peuvent évoluer en absorbant ou émettant des photons de radiofréquence. Ces photons peuvent être stockés dans des cavités supraconductrices dont la géométrie est différente de celle de nos expériences. La physique est cependant très voisine de celle de l'électrodynamique quantique en cavité. Les circuits supraconducteurs sont des qubits couplés entre eux soit par des contacts électriques directs, soit par le couplage aux photons d'une cavité micro-onde, suivant des mécanismes analogues à ceux de nos expériences.

L'évolution de ces systèmes est plus rapide car les qubits artificiels, de taille macroscopique, ont un couplage aux micro-ondes beaucoup plus fort que celui de nos atomes de Rydberg. Les constantes de temps des opérations en électrodynamique des circuits se mesurent en nanosecondes, au lieu des microsecondes de nos expériences. La décohérence est aussi plus rapide, ce qui fait que le nombre d'opérations réalisables sans correction d'erreurs reste cependant limité.

Une méthode astucieuse développée dans ces expériences pour lutter contre la décohérence consiste à coder les bits 0 et 1 dans des chats de Schrödinger photoniques pair et impair à un ou deux photons en moyenne, stockés dans des cavités supraconductrices. Les opérations logiques des portes sont réalisées en couplant ces champs à des qubits supraconducteurs. La décohérence se manifeste par la perte de photons qui fait sauter la parité des chats, transformant un qubit photonique 0 en 1 et inversement. Ce changement de parité est détecté par des qubits supraconducteurs mesurant la parité du champ de façon non destructive, comme nous l'avons fait dans nos expériences. Les erreurs qui se manifestent par des sauts de parité des chats sont corrigées en rétroagissant sur le champ. Il faut pour effectuer ces procédures coder un qubit logique dans deux qubits photoniques intriqués entre eux et l'opération de détection des erreurs et de leur correction implique des opérations complexes sur les champs et les qubits supraconducteurs que je ne détaillerai pas ici. Ces opérations de correction d'erreurs, développées à l'Université Yale par Robert Schoelkopf, Michel Devoret et Steven Girvin, restent pour l'instant du domaine de la démonstration de principe et il est difficile de les étendre à des systèmes contenant plus de quelques qubits.

Le rêve de Feynman : la simulation quantique

Si l'ordinateur quantique reste encore dans les limbes, d'autres applications de la manipulation des systèmes quantiques individuels sont plus réalistes, à brève ou moyenne échéance. La simulation quantique consiste à imiter les arrangements de particules de la physique de la matière condensée dans des architectures artificielles à une, deux ou trois dimensions de qubits. On peut placer des atomes froids dans un réseau de puits de potentiels optiques réalisés par l'intersection de faisceaux laser interférant entre eux. On peut aussi piéger des ensembles d'ions qui s'arrangent de façon régulière dans l'espace sous l'effet de la force attractive du piège et de leurs forces de répulsion coulombienne. On peut encore coupler entre eux un ensemble de qubits supraconducteurs imprimés sur une puce électronique. En ajustant les interactions entre ces qubits, on cherche à reproduire à une échelle différente celles qui s'exercent entre les atomes dans le système réel que l'on imite. Les ordinateurs actuels sont incapables de calculer exactement le comportement de ces ensembles d'atomes dès que leur nombre dépasse quelques dizaines. Les superpositions quantiques deviennent alors trop nombreuses et l'équation de Schrödinger à résoudre contient trop de variables. En émulant au laboratoire le système réel avec des qubits contrôlés et mesurables individuellement, on peut observer l'évolution du système artificiel et en déduire le comportement du système réel dans des circonstances analogues, ce qu'un calculateur classique ne saurait faire.

Alors que dans une molécule ou dans un solide, les atomes sont séparés par des distances de l'ordre de l'angström, les séparations entre les qubits des simulateurs quantiques d'atomes froids sont de l'ordre du micron. Dans un piège à ions, les distances entre les particules sont du même ordre de grandeur. Pour les

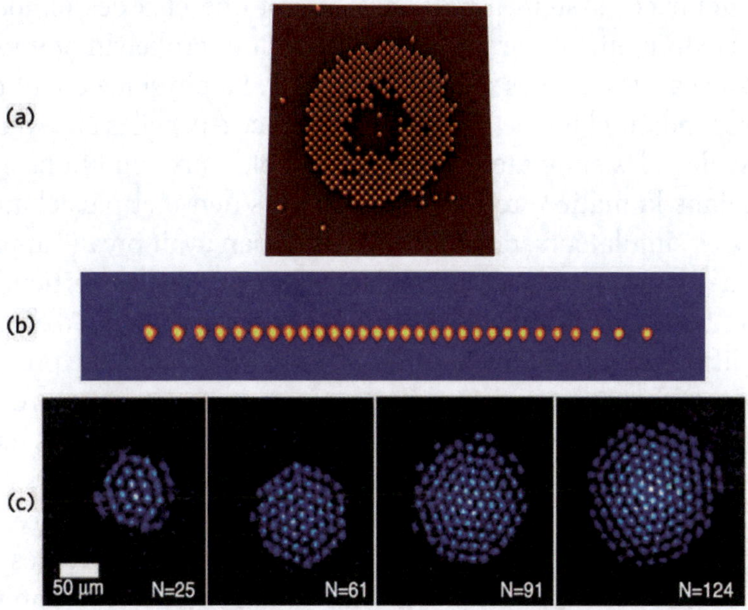

Figure VII.13. Exemples de simulateurs quantiques. (a) Atomes de rubidium ultrafroids piégés dans un réseau optique à deux dimensions. Chaque point est un atome diffusant de la lumière dans un microscope de très haute résolution (séparation des atomes : 0,53 micron) *(crédit Immanuel Bloch, Munich)*. (b) Chaîne de 30 ions de calcium dans un piège à une dimension. Les ions sont en équilibre sous l'effet de leur attraction au centre du piège et de leur répulsion coulombienne (distance entre les ions : 3 microns). Chaque ion est un qubit évoluant entre deux états, l'un diffusant la lumière, l'autre non. Le couplage des états du qubit avec un mode de vibration collectif de l'ensemble, réalisé par des impulsions laser, permet de créer des interactions contrôlées entre les ions *(crédit Rainer Blatt, Innsbruck)*. (c) Cristaux d'ions de béryllium dans un piège (le nombre d'ions est indiqué dans chaque figure). Les ions s'arrangent dans un réseau ordonné sous les effets combinés de leur attraction au centre du piège et de leur répulsion coulombienne *(d'après J. Bollinger, NIST,* Science*, 2016, 352, 1297)*.

atomes comme pour les ions, les énergies d'interaction sont toujours beaucoup plus faibles que dans la matière condensée où la distance interatomique est mille à dix mille fois plus petite. Pour maintenir ces systèmes ordonnés, il faut opérer à des températures extrêmement basses, de l'ordre d'un microkelvin ou moins dans le cas des atomes refroidis par laser. La physique quantique est cependant la même malgré la différence d'échelles et ce qui se passe dans les simulateurs peut s'extrapoler aux conditions existant dans la matière réelle beaucoup plus dense et plus chaude.

Ces simulateurs, dont Richard Feynman avait prévu l'apparition dès les années 1980, sont adaptés aux problèmes particuliers qu'on leur demande de résoudre. Il s'agit par exemple d'étudier les différentes phases ou configurations que peuvent prendre des systèmes atomiques ou électroniques suivant la nature des particules (bosons ou fermions), la portée des interactions entre elles, la dimension du réseau dans lequel elles sont confinées (une ligne, une surface ou un volume), ou encore la température. On espère ainsi trouver des configurations atomiques nouvelles qui pourraient avoir des propriétés intéressantes pour des applications diverses.

Ces simulations quantiques pourraient par exemple ouvrir des pistes pour fabriquer des matériaux supraconducteurs à haute température ou encore pour synthétiser des grosses molécules possédant des propriétés thérapeutiques nouvelles. Ces simulations ciblées pour résoudre des problèmes spécifiques peuvent supporter un certain niveau de décohérence, qui existe aussi dans la matière naturelle que l'on cherche à émuler. Elles ne demandent donc pas de correction d'erreur systématique et sont beaucoup moins difficiles à mettre en œuvre qu'un ordinateur quantique. Les premières réalisations encourageantes laissent penser que ce domaine de recherche va connaître une expansion rapide dans les années qui viennent.

Action fantomatique à distance, cryptographie et téléportation quantiques

La communication quantique est un autre domaine très actif de l'information quantique, permettant à deux partenaires éloignés d'échanger des messages en secret. Une façon de procéder consiste à distribuer entre des stations éloignées des paires de photons intriqués se propageant soit dans des fibres, soit dans l'atmosphère, en se servant de satellites comme relais. La mesure de l'état de ces photons par les deux partenaires donne des résultats aléatoires, séquences de 0 et de 1 distribuées au hasard mais parfaitement identiques, qui leur servent de clés inviolables de codage et de décodage pour les messages qu'ils veulent s'échanger. L'action fantomatique à distance qui déplaisait tant à Einstein permet ainsi de transmettre de façon secrète de l'information entre différentes stations. C'est ce qu'on appelle la *cryptographie quantique*. Tout essai d'interception des clés par un espion conduit à une destruction détectable de l'intrication et permet de suspendre la communication avant qu'elle ne soit utilisée pour transmettre un message.

Pour rendre la communication quantique par fibre optique réalisable sur de grandes distances, il faut combattre l'atténuation des photons qui sont absorbés dès que leur trajet dans les verres les plus transparents dépasse quelques dizaines de kilomètres. Cela nécessite la réalisation de *répéteurs quantiques* connectant des segments de fibres entre eux de façon à propager l'intrication sur de longs trajets. Ces dispositifs sont beaucoup plus délicats à mettre au point que les répéteurs classiques amplifiant les signaux dans les réseaux de fibres qui transportent les signaux optiques de l'Internet classique. L'information quantique véhiculée par les photons d'un segment de fibre doit être transmise au segment suivant par un connecteur constitué d'atomes ou de qubits artificiels, les échanges d'informations entre lumière et matière pouvant se faire par des processus analogues à ceux démontrés dans les expériences d'électrodynamique quantique en cavité. Le développement de ces dispositifs fait l'objet de nombreuses études dans différents laboratoires.

Disposer de paires de qubits intriqués permet à deux partenaires, Alice et Bob, séparés par une grande distance de se transmettre l'état |ψ> d'un qubit, superposition d'états |0> et |1> affectés d'amplitudes de probabilité arbitraires. Le principe de cette opération, appelée *téléportation quantique*, a été imaginé dans les années 1990 par un groupe de théoriciens de l'information quantique animé par le Canadien Gilles Brassard et l'Américain Charles Bennett, qui avaient quelques années auparavant proposé le premier protocole d'échange de clés cryptographiques. Pour réaliser la téléportation, Alice fait interagir la particule dans l'état |ψ> avec le qubit d'une paire intriquée qu'elle partage avec Bob. Lorsqu'elle effectue une mesure sur ce système, le qubit en possession de Bob est projeté dans un état dépendant du résultat obtenu. Alice communique ce résultat à Bob qui peut, grâce à cette information classique, appliquer à son qubit une opération qui l'amène à coup sûr dans l'état |ψ>. Ni Alice ni Bob ne connaissent l'état qu'ils se sont ainsi échangé. Contrairement à un fax classique permettant de conserver une copie de l'information transmise, la téléportation détruit chez Alice l'état téléporté, conformément au principe de *non-clonage* qui interdit la duplication d'un état quantique.

Des démonstrations de téléportation de qubits portés par des photons ont été réalisées dès les années 1990 par les groupes d'Anton Zeilinger, Francesco De Martini et Nicolas Gisin en Europe, et par l'Américain Jeffrey Kimble en Californie. Une expérience de téléportation de l'état d'un photon à grande distance entre une station terrestre et un satellite a été récemment effectuée en Chine par le groupe de Jianwei Pan. Si l'ordinateur quantique devenait un jour une réalité, la téléportation d'information quantique entre stations éloignées permettrait, en échangeant des qubits, de connecter entre eux des machines quantiques travaillant en réseau. On réaliserait ainsi ce qu'on peut appeler un Internet quantique.

Métrologie quantique et horloges de lumière

Évoquons enfin la métrologie quantique. Un système quantique individuel contrôlé et manipulé de façon précise peut être une sonde extrêmement sensible pour mesurer les paramètres physiques dont dépend son évolution. Dans une situation classique idéale, le système, préparé dans un état « pointeur », se comporte comme l'aiguille d'un instrument de mesure qui s'oriente dans des directions différentes selon la valeur du paramètre mesuré. Les incertitudes quantiques de Heisenberg imposent un flou à la direction de cette aiguille et donc une imprécision fondamentale à la mesure, que l'on appelle la « limite quantique standard ». Dans certains cas, il est possible de dépasser cette limite en préparant le système sonde dans un état non classique. Par exemple, on peut placer l'aiguille quantique dans un état de type chat de Schrödinger dans lequel elle pointe à la fois dans deux directions différentes. En observant un effet d'interférence quantique associé à cette superposition, on obtiendra une information sur le paramètre mesuré dont la précision dépassera la limite standard.

On peut avoir l'intuition de ce résultat remarquable en observant la fonction de Wigner d'un chat de Schrödinger photonique contenant en moyenne N_m photons. Les pics gaussiens de cette fonction ont une largeur de l'ordre de l'unité dans le plan de Fresnel, alors que les ondulations entre les pics ont des crêtes séparées de seulement $1/\sqrt{N_m}$. On conçoit donc que si on perturbe le système (par exemple en ajoutant un tout petit champ cohérent dans la cavité), les fines ondulations cohérentes de l'état du chat seront plus sensibles à cette perturbation que les larges pics gaussiens. La mise en œuvre de ces méthodes de mesure ultraprécises est délicate. Elle exige en particulier d'opérer en un temps court devant celui de la décohérence. Mon groupe de recherche a démontré ces possibilités dans des expériences récentes sur des états « chats de Schrödinger » photoniques et atomiques.

Mais c'est dans le domaine de la mesure du temps que la métrologie quantique a fait ces dernières années les progrès les plus spectaculaires. Nous avons vu combien les études sur la lumière ont été au cours des siècles intimement liées au développement d'horloges de plus en plus précises. Conclure par l'évocation des dernières avancées de la science dans ce domaine va nous faire apprécier l'immensité des progrès réalisés au cours des dernières années dans la mesure du temps grâce aux lasers.

Les pendules de Huygens, qui ont joué un rôle si essentiel aux débuts de la science moderne, ont laissé place un siècle plus tard aux chronomètres mécaniques de Harrison qui, embarqués sur les navires, ont permis les premières mesures précises des longitudes. Au début du XXe siècle les horloges à quartz ont remplacé le décompte des périodes d'oscillateurs mécaniques par celui des vibrations électriques excitées dans un cristal oscillant comme un petit diapason. En trois siècles, l'imprécision de la mesure du temps a décru d'environ une dizaine de secondes à une milliseconde par jour, une amélioration de quatre à cinq ordres de grandeur qui reflète essentiellement l'augmentation de la fréquence des oscillations décomptées (une par seconde pour le pendule, plusieurs dizaines de milliers pour les quartz).

L'avènement des horloges atomiques qui comptent les périodes des micro-ondes absorbées et émises par des atomes de césium a au milieu du siècle dernier permis un saut de six ordres de grandeur dans l'incertitude des horloges, réduite en quelques années à une nanoseconde par jour. Ce saut traduit encore l'augmentation de la fréquence des horloges, passée à environ 9,2 gigahertz pour le césium. Nous avons vu que l'utilisation d'atomes refroidis, en permettant d'allonger le temps d'interrogation des atomes, a encore augmenté cette précision déjà extraordinaire de deux autres ordres de grandeur, la portant à environ 10 picosecondes par jour (dix millièmes de milliardième de seconde, soit une incertitude relative de 10^{-16}).

Un dernier bond gigantesque a été réalisé au début des années 2000 lorsqu'on est parvenu à compter les oscillations beaucoup plus rapides de la lumière émise ou absorbée par des atomes sur des transitions optiques entre l'état fondamental et un niveau excité de très longue durée de vie d'un atome ou d'un ion. La fréquence des oscillations est alors de l'ordre de centaines de térahertz, comprise entre 10^{14} et 10^{15} hertz. L'imprécision des horloges de recherche les plus récentes se réduit maintenant à quelques dizaines de femtosecondes par jour (dix millionièmes de milliardième de seconde), correspondant à une incertitude de 3.10^{-19}. Sachant que l'âge de l'Univers est d'environ 10^{18} secondes (un milliard de milliards de secondes), cela signifie que deux horloges optiques qui auraient été synchronisées au début des temps ne dévieraient pas l'une de l'autre de plus de deux ou trois dixièmes de seconde aujourd'hui ! Ce saut extraordinaire dans la précision a été accompli lorsqu'on est parvenu à compter les fréquences optiques en les divisant par un facteur de l'ordre de cent mille, pour les ramener à des fréquences directement mesurables par des circuits électroniques.

L'instrument qui a permis cette division est le peigne de fréquence, mentionné au chapitre précédent. C'est un laser oscillant sur une centaine de milliers de modes équidistants, couvrant une octave entre l'infrarouge et l'ultraviolet. Ses modes sont exactement verrouillés en phase et atteignent périodiquement aux mêmes instants leurs maxima d'oscillation. Ce verrouillage résulte d'un couplage entre tous les modes, dû au fait qu'ils s'alimentent tous au même milieu amplificateur. Huygens découvrit un phénomène analogue en mécanique alors que, malade, il observait les oscillations de deux pendules accrochés sur un mur en face de son lit. Sous l'effet des vibrations qu'ils induisaient dans le mur, les pendules se mettaient en phase et oscillaient à l'unisson.

L'histoire de la science est pleine de ces rapprochements saisissants qui illustrent son unité et sa connectivité par-delà les siècles. Il est frappant de constater que le grand horloger du XVIIe siècle, en découvrant le phénomène de verrouillage de phase des pendules, a fourni la clé d'un effet qui allait trois siècles et demi plus tard conduire ses descendants, les horlogers atomiques du XXIe siècle, à améliorer de façon spectaculaire la précision de leurs instruments.

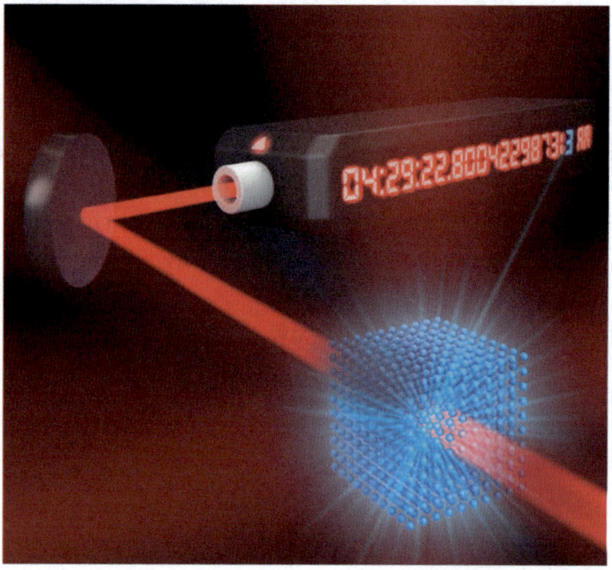

Figure VII.14. Vue simplifiée de l'horloge optique à atomes de strontium ultrafroids. La fréquence d'un laser très stable est verrouillée sur celle d'une transition optique d'atomes de strontium piégés dans un réseau optique à trois dimensions. Ce laser stabilise à son tour un laser peigne de fréquence (non représenté) qui transfère la fréquence optique dans le domaine des micro-ondes. L'incertitude de cette horloge, 3.10^{-19}, correspond à une erreur de moins d'une seconde sur l'âge de l'Univers. Elle permet de définir la fréquence de la transition du strontium avec 17 chiffres significatifs (ν = 429 228 004 229 873,13 hertz). Cette précision est limitée par celle des meilleures horloges à césium qui définissent la seconde aujourd'hui. À terme, la seconde sera rattachée à la fréquence d'une horloge optique dont la valeur exacte sera fixée par convention *(crédit Jun Ye, JILA)*.

Le verrouillage des modes du laser régulièrement espacés en fréquence conduit à une interférence constructrice périodique de toutes les ondes, résultant en une suite d'impulsions lumineuses se succédant avec une période égale au temps d'aller-retour de la lumière entre les miroirs du laser. On obtient ainsi une horloge dont le tic-tac est matérialisé par les clics produits par les impulsions lumineuses successives qui s'échappent de la cavité. Ces horloges réalisent en fait l'expérience de pensée d'Einstein (décrite au chapitre IV) qui lui a permis d'illustrer le phénomène de dilatation des temps.

Pour s'assurer de la précision de ces horloges, un laser extrêmement stable en fréquence sonde la raie d'absorption ultrafine d'un ion d'aluminium piégé ou d'un petit ensemble d'atomes de strontium ou d'ytterbium ultrafroids confinés dans un réseau optique. La fréquence de ce laser sonde est asservie au centre de la raie ionique ou atomique, puis comparée à celle d'un des modes du laser peigne de fréquence, qui lui est asservi à son tour en ajustant finement la séparation de ses miroirs. Le battement entre deux modes consécutifs du peigne est alors un diviseur précis de la fréquence optique. Un oscillateur à quartz dont la fréquence est lue directement par un compteur électronique digital est verrouillé sur cette fréquence de battement. L'étalonnage du dispositif est fait par comparaison avec une horloge à césium.

La précision ainsi obtenue dépasse largement celle de l'horloge micro-onde. L'étude de la stabilité de ces dispositifs optiques ne peut se faire qu'en les comparant entre eux. À terme, l'horloge à césium a vocation à disparaître et la *nouvelle seconde* sera dans quelques années définie comme un multiple de la fréquence d'oscillation de l'une de ces nouvelles horloges optiques. Leur précision est telle qu'on peut mesurer au laboratoire la variation du temps avec l'altitude prévue par la relativité générale. L'effet, de 3.10^{-16} par mètre, a été démontré il y a une dizaine d'années par David Wineland opérant avec deux horloges à ion d'aluminium dont l'une était sur une table reposant sur un vérin hydraulique qui lui permettait de la surélever d'une hauteur ajustable par rapport à l'autre. Il a alors observé, pour une différence d'altitude d'un pied (31 centimètres) un décalage de 10^{-16} entre les deux horloges. Les progrès faits depuis dix ans devraient permettre aujourd'hui de déceler la différence des temps indiqués par deux horloges dont les altitudes ne différeraient que de quelques millimètres.

Cette horlogerie d'une précision extraordinaire doit tout aux lasers qui jouent un rôle essentiel dans les différents éléments du dispositif. C'est un laser qui refroidit l'ion de référence dans l'horloge à aluminium en portant cet ion dans l'état fondamental de vibration autour de sa position d'équilibre, éliminant ainsi tout effet Doppler préjudiciable à la stabilité de l'oscillateur. Dans les horloges à atomes neutres de strontium, ce sont encore des lasers qui réalisent le réseau optique maintenant les atomes dans un cristal artificiel parfait et ce sont d'autres lasers qui refroidissent les atomes dans ces réseaux optiques. Un laser ultrastable s'ajoute pour sonder la transition de référence et transfère l'information au dernier laser, le peigne de fréquence.

On peut voir cet apport extraordinaire de la lumière à la mesure du temps comme l'accomplissement d'un cycle de la science qui illustre son caractère pluridisciplinaire. Ce sont les premières horloges mécaniques de l'ère moderne qui ont permis la détermination de la vitesse de la lumière, ouvrant la voie à d'autres découvertes fondamentales en optique. Après plusieurs siècles, la lumière offre en retour à la science de la mesure du temps les moyens de se perfectionner à un point que les horlogers du XVIIe siècle n'auraient pu imaginer.

L'histoire ne s'arrête pas ici. La métrologie quantique ouvre des pistes pour améliorer encore la précision de ces horloges. Dans les dispositifs actuels qui interrogent des atomes froids piégés, les particules répondent indépendamment les unes des autres au laser qui les sonde. En intriquant les atomes entre eux, on pourrait réaliser une situation où l'ensemble atomique sollicité par le champ optique du laser évoluerait dans un état de type chat de Schrödinger, où tous les atomes seraient à la fois dans l'état fondamental *et* dans l'état excité de la transition sondée.

La cohérence quantique de cet état non classique évoluerait dans le temps beaucoup plus vite que celle des atomes individuels et la sensibilité à la mesure du temps du dispositif en serait accrue. Si on pouvait placer une centaine d'atomes dans un tel état, la précision déjà extraordinaire des horloges optiques serait encore augmentée d'un ordre de grandeur.

Que faire d'horloges aussi sensibles aux effets relativistes ? Combinées aux informations que nous donne le système GPS actuel, elles permettront sans doute un jour de relever la carte du géoïde terrestre, la surface d'égale gravité de la Terre, avec une précision de l'ordre de quelques millimètres. Les changements liés à la variation du niveau des océans ou à l'épaisseur des calottes glaciaires seront mesurables avec une précision accrue, ainsi que la dérive des continents. La détection de variations infimes de gravité, signaux précurseurs de tremblements de terre, deviendra peut-être possible.

Là encore, cette science nous ramène au passé. Les mesures d'une extrême précision de la forme de la Terre que nous pouvons ainsi entrevoir nous rappellent les aventures de La Condamine et de Maupertuis. Ce n'est plus en kilomètres, mais en millimètres que s'évalue maintenant la précision de la détermination de la figure de la Terre. Les ordres de grandeur sont très différents, mais l'esprit de la recherche est le même. Les scientifiques se livrent à ces études parce qu'ils veulent savoir. Et, comme Maupertuis au XVIIIe siècle, ils sont persuadés que leur soif de connaissance sera un jour utile.

L'exercice de futurologie auquel je m'essaie ici a ses limites. Souvenons-nous des cartes postales de 1900 tentant de prévoir ce que serait le monde en l'an 2000. Les retombées de la science fondamentale d'aujourd'hui dans les applications de demain restent largement imprévisibles et c'est ce qui fait le charme de la recherche. Les scientifiques avec lesquels j'ai travaillé ou échangé au cours de ma vie ont tous été mus par l'envie de repousser toujours plus loin le domaine de la connaissance, pas parce que c'était utile, mais parce que cela satisfaisait leur curiosité et leur besoin de savoir. J'ai eu le privilège de participer avec eux à cette grande aventure, commencée il y a quatre siècles, dont le fil conducteur a été la lumière. L'histoire n'est pas finie. Elle continuera à approfondir nos connaissances et nous livrera des instruments nouveaux, sans doute plus inattendus et surprenants que ceux auxquels nous pouvons penser aujourd'hui.

POSTFACE

Science et vérité

À travers l'histoire de la lumière, j'ai essayé d'illustrer ce qu'est la recherche de la vérité en science. La démarche qui l'a conduite pas à pas à comprendre de façon de plus en plus profonde ce qu'est la lumière a donné à l'humanité des connaissances fondamentales sur l'Univers et le monde dans lequel nous vivons. Participer au cours du dernier demi-siècle à cette histoire a été une aventure exaltante, qui m'a fait vivre par la pensée auprès des grands esprits qui nous ont précédés et côtoyer les scientifiques, proches et lointains, qui ont mené cette recherche jusqu'à aujourd'hui. J'ai éprouvé dans mes recherches la joie particulière qui accompagne la première observation d'un phénomène dévoilant un aspect caché de la nature. J'ai aussi eu le privilège d'être le témoin de grandes découvertes faites par d'autres, qui procurent un plaisir d'une autre nature mais non moins profond.

Pour mener à bien leurs recherches, les scientifiques ont besoin de temps et de confiance. Le temps est nécessaire car la nature ne révèle pas facilement ses secrets. Elle nous conduit souvent vers de fausses pistes et met parfois à l'épreuve notre patience et notre résolution. La confiance, quant à elle, a de multiples visages. C'est d'abord celle que nous devons avoir en nous-mêmes, en notre capacité d'analyser, de comprendre et d'imaginer des approches nouvelles lorsqu'une situation inattendue se présente. C'est aussi le sentiment profond que les phénomènes naturels obéissent à des lois rationnelles, que les modèles du monde que nous construisons forment une toile cohérente que la science tisse jour après jour, découverte après découverte.

La confiance dont nous avons besoin c'est aussi celle des institutions auxquelles nous appartenons qui doivent nous apporter un soutien matériel et moral. La confiance, c'est enfin et surtout celle de la société qui doit partager notre soif de savoir et la conviction qu'elle constitue un élément essentiel de notre culture et de notre civilisation. J'ai personnellement travaillé dans un environnement où ces conditions étaient réunies. Le temps et la confiance ne m'ont pas manqué. Pendant longtemps, j'ai eu le sentiment que ma situation n'avait rien d'exceptionnel et que les scientifiques étaient généralement compris et soutenus par le public et les gouvernants.

Mon optimisme est cependant mis aujourd'hui à l'épreuve. Les difficultés économiques ont réduit les moyens alloués à la recherche en France et dans de nombreux pays, rendant en particulier très difficiles les conditions de travail des jeunes chercheurs. Mais il y a plus grave. À une époque où jamais la science n'a été plus riche de découvertes qui élargissent notre vision du monde et où elle nous offre des moyens d'action et de contrôle sur la nature qui étaient inimaginables il y a quelques décennies seulement, elle se trouve paradoxalement mal comprise, voire dénigrée et attaquée dans le grand public. Les courants antiscientifiques ont toujours existé, mais ils prennent maintenant une tournure particulièrement pernicieuse avec la montée de la *postvérité* et des *faits alternatifs*.

La science n'est pas la seule visée par cette marée de fausses informations et de mensonges, mais elle est particulièrement vulnérable. Ces théories du complot s'appuient sur une forme pernicieuse du doute, totalement opposée au doute rationnel et constructif de la méthode scientifique. En parodiant ainsi pour le dévoyer un élément essentiel de la démarche scientifique, les détracteurs de la science développent une stratégie perverse et efficace.

Qu'est-ce qui fait donc que les scientifiques doivent, quatre siècles après l'avènement de la science moderne, se défendre contre le mensonge ? Il y a à cela des raisons liées à l'évolution des sociétés dans un monde soumis à des crises profondes, à la psychologie d'individus qui se sentent de plus en plus isolés et tendent à se rattacher de façon tribale à des cultures ou à des croyances religieuses qui leur apparaissent rassurantes. La globalisation de l'économie et du marché a laissé beaucoup de monde au bord de la route, sans protection. La peur engendrée par cette situation fait apparaître comme une menace toute activité globale qui, comme la science, est porteuse de valeurs universelles qu'aucun groupe ne peut s'approprier.

Ce tribalisme antiscientifique engendre des malentendus auprès d'un public qui, comprenant mal la démarche scientifique, se laisse facilement influencer. La perception de certains domaines de la physique, de la chimie, de la biologie et de la médecine est ainsi déformée, sciemment ou inconsciemment manipulée par des passions idéologiques ou des intérêts financiers. On entend ainsi par exemple que le réchauffement climatique est une invention chinoise visant à affaiblir l'Occident économiquement, que les organismes génétiquement modifiés empoisonnent nos cultures ou que la vaccination est dangereuse pour nos enfants. L'impression que ces visions du complot véhiculent est que les scientifiques cherchent à imposer leur pouvoir occulte à la société.

Ces contre-vérités, propagées de façon redoutablement efficace sur l'Internet notamment, ramènent les théories scientifiques au rang d'opinions que l'on peut nier sans preuves et mettre sur le même plan que des croyances issues de traditions diverses. On voit là resurgir un relativisme culturel prôné par certains courants de la sociologie et de l'anthropologie. Si la science n'était qu'une activité dont les résultats dépendent des conditions sociales et culturelles dans lesquelles elle est pratiquée, alors pourquoi ne pourrait-on mettre ses théories sur le même plan que des opinions qui se dispensent d'être étayées par des preuves ?

Le relativisme culturel, s'il n'est pas la cause des difficultés auxquelles la science doit faire face aujourd'hui, est sans doute un élément qui les accompagne. Pour défendre la science et ses valeurs, il faut étudier les origines sociologiques et psychologiques profondes de ces mensonges et analyser en particulier les conditions dans lesquelles les réseaux sociaux fonctionnent en favorisant l'enfermement de communautés d'internautes dans des délires qu'ils entretiennent entre eux. Les effets d'un accès permanent et incontrôlé à un flot d'information qui s'accélère constamment jouent également un rôle dans la crise que nous traversons. C'est un sujet que j'ai souvent abordé avec Claudine que son travail de sociologue a amenée, ces dernières années, à traiter de ces questions.

Comme scientifique, j'ai pensé que la meilleure défense de la science que je puisse proposer est d'expliquer au public, et en particulier à un public non scientifique, ce qui fait la puissance et la beauté de la démarche des scientifiques. C'est ce que j'ai tenté dans ce livre, en parlant de la lumière. J'ai cherché à exposer ce qu'est la vérité en science, à décrire la façon dont elle évolue et se construit patiemment, dans un aller-retour permanent entre observation, expérimentation et théorie. J'ai évoqué les doutes et les interrogations inhérents à la méthode scientifique, qui remet constamment en question les modèles qu'elle construit, au fur et à mesure qu'ils sont soumis à des tests de plus en plus exigeants et précis.

J'ai aussi parlé de la force avec laquelle la science physique s'est imposée comme explication et interprétation du monde, qui nous donne des moyens d'action et de contrôle sur la nature. J'ai mentionné également son caractère réductionniste et sa « connectivité », impliquant que toute remise en cause d'un aspect de sa vérité peut avoir des répercussions sur l'ensemble de la description qu'elle nous donne du monde. L'histoire que j'ai brossée illustre aussi l'universalité de la science qui, contrairement à ce qu'avancent les tenants du relativisme culturel, ne connaît pas de frontières. J'ai enfin analysé les difficultés que les chercheurs ont dû surmonter au cours de l'histoire pour vaincre les préjugés et dissiper les illusions qui nous ont pendant longtemps mis des œillères, nous empêchant de voir et de comprendre une nature dont la description met de plus en plus au défi notre intuition.

L'histoire de la lumière a été riche et complexe, pleine de surprises, de nuages qui ont obscurci notre vue à certains moments et d'éclairs qui, brusquement, ont ouvert des horizons nouveaux. C'est ce qui s'est passé il y a un siècle avec l'avènement de la relativité et de la physique quantique. Nous vivons aujourd'hui une autre période clé où la lumière va sans doute nous guider encore plus loin dans la connaissance du monde. Il n'est pas indifférent que certaines des questions les plus profondes qui se posent à la science se réfèrent toujours à la notion de lumière. Quand on évoque la matière noire ou les trous noirs, c'est encore, en creux, de lumière dont on parle. Lorsqu'on évoque le mariage non encore accompli de la relativité générale avec la physique quantique, on cherche une unification ultime des lois de la physique qui s'inspirera peut-être de celles qui l'ont précédée, dans lesquelles la lumière a joué un rôle essentiel.

Quand on évoque les promesses de l'information quantique, c'est toujours dans la lumière, véhicule de l'information et instrument de contrôle et de manipulation de la matière quantique, que l'on met ses espoirs. Il reste encore beaucoup à découvrir et à inventer. Je me plais à imaginer l'étonnement qui saisirait Galilée, Newton, Fresnel, Maxwell ou Einstein s'ils revenaient parmi nous et apprenaient ce que les chercheurs qui les ont suivis ont compris et accompli en jonglant avec des photons. Et j'aimerais, tel le jumeau de Langevin, revenir sur Terre, ne serait-ce qu'un moment, dans cinquante ou cent ans, pour apprendre ce que les générations de chercheurs qui me suivent auront trouvé. Mais c'est un rêve impossible. Aucune fusée ne sera assez rapide pour m'amener ainsi dans le futur. Et cette certitude, que me donne la théorie de la relativité, vient encore de la lumière.

BIBLIOGRAPHIE

Quelques ouvrages pour compléter la lecture de ce livre

Cette liste, loin d'être exhaustive, inclut des ouvrages qui m'ont inspiré et d'autres où le lecteur trouvera des détails parfois romancés sur des personnages ou des épisodes de l'histoire des sciences mentionnés dans ce livre. La plupart de ces ouvrages sont écrits en anglais. Quand elle existe, c'est la traduction française qui est indiquée. Trois ouvrages personnels complètent cette bibliographie. Le premier, *Physique quantique*, est le texte de ma leçon inaugurale au Collège de France (2001). Le deuxième, *Exploring the Quantum : Atoms, Cavities and Photons*, écrit avec Jean-Michel Raimond, est une présentation détaillée de l'électrodynamique quantique en cavité et de ses relations avec d'autres domaines de la physique quantique moderne. Le dernier est le texte de la conférence que j'ai donnée à Stockholm quand j'ai reçu le prix Nobel de physique.

Biographies et autobiographies de scientifiques cités

Anatole Abragam, *De la physique avant toute chose ?*, Odile Jacob, 2000.

C. D. Andriesse, *Huygens : The Man Behind the Principle*, Cambridge University Press, 2011.

Bernard Cagnac, *Alfred Kastler*, Paris, Éditions Rue d'Ulm, 2013.

Claude Cohen-Tannoudji, *Sous le signe de la lumière*, Odile Jacob, 2019.
Niccolò Guicciardini, *Isaac Newton and Natural Philosophy*, Reaktion Books, 2018.
Alan W. Hirshfeld, *The Electric Life of Michael Faraday*, Walker Publishing Company, 2006.
James Lequeux, *Le Verrier, savant magnifique et détesté*, EDP Sciences, 2009.
James Lequeux, *Hippolyte Fizeau, physicien de la lumière*, EDP Sciences, 2014.
Thomas Levenson, *Einstein in Berlin*, Bantam, 2004.
Walter J. Moore, *Schrödinger : Life and Thought*, Cambridge University Press, 1992.
Abraham Pais, *Subtle Is the Lord : The Science and the Life of Albert Einstein*, Oxford University Press, 2005.
Abraham Pais, *Niels Bohr's Times*, Clarendon Press, 1991.
Dava Sobel, *La Fille de Galilée*, Odile Jacob, 2001.

Ouvrages sur l'histoire de l'optique et de l'électromagnétisme

Jed Z. Buchwald, *The Rise of the Wave Theory of Light : Optical Theory and Experiment in the Early Nineteenth Century*, The University of Chicago Press, 1984.
Olivier Darrigol, *A History of Optics : From Greek Antiquity to the Nineteenth Century*, Oxford University Press, 2012.
Olivier Darrigol, *Electrodynamics from Ampère to Einstein*, Oxford University Press, 2000.

Sur l'histoire de la navigation et de la mesure de la Terre

Ken Alder, *Mesurer le monde. L'incroyable histoire de l'invention du mètre, 1792-1799*, Flammarion, 2005.
Peter Galison, *Einstein's Clocks, Poincaré's Maps*, Norton & Company, 2003.
Allan W. Hirshfeld, *Parallax : The Race to Measure the Cosmos*, Palgrave Macmillan, 2001.
Dava Sobel, *Longitude. L'histoire vraie du génie solitaire qui résolut le plus grand problème scientifique de son temps*, J.-C. Lattès, 1996.
Florence Trystram, *L'Épopée du méridien terrestre*, J'ai Lu, 1979.

Sur la théorie de la relativité et les tests qui la vérifient

Albert Einstein, *Relativity : The Special and the General Theory, 100th Anniversary Edition*, Princeton University Press, 2015.

Hanoch Gutfreund, Jürgen Renn, *The Road to Relativity : The History and Meaning of Einstein's « The Foundation of General Relativity »*, Princeton University Press, 2015.

John Waller, *Einstein's Luck : The Truth Behind Some of the Greatest Scientific Discoveries*, Oxford University Press, 2002, notamment le chapitre 3 de la partie I sur l'observation de l'éclipse de Soleil par Eddington en 1919.

Richard Wolfson, *Simply Einstein : Relativity Demystified*, Norton & Company, 2003.

Sur les fondations de la physique quantique et ses implications philosophiques

Niels Bohr, *Physique atomique et connaissance humaine*, Éditions Gonthier, 1961.

Roland Omnès, *Les Indispensables de la mécanique quantique*, Odile Jacob, 2006.

Abraham Pais, *Inward Bound : Of Matter and Forces in the Physical World*, Clarendon Press, 1986.

Erwin Schrödinger, *Physique quantique et représentation du monde*, Seuil, 1992.

Sur les contributions essentielles d'Einstein à la naissance de la physique quantique et son opposition à l'« interprétation de Copenhague »

Edmund Blair Bolles, *Einstein Defiant*, Joseph Henry Press, 2004.

Albert Einstein, Max Born, *Correspondance (1916-1955)*, Seuil, « Science ouverte », 1972.

A. Douglas Stone, *Einstein and the Quantum : The Quest of the Valiant Swabian*, Princeton University Press, 2013.

Sur les avancées récentes en optique quantique et en physique atomique dues au laser

Claude Cohen-Tannoudji, David Guéry-Odelin, *Avancées en physique atomique. Du pompage optique aux gaz quantiques*, Hermann, 2016.

Nicolas Gisin, *L'Impensable Hasard. Non-localité, téléportation et autres merveilles quantiques,* Odile Jacob, 2012.

Anton Zeilinger, *Dance of the Photons : From Einstein to Quantum Teleportation*, Farrar, Straus and Giroux, 2010.

De l'auteur

Serge Haroche, *Physique quantique,* leçon inaugurale au Collège de France, Fayard, 2005.

Serge Haroche, Jean-Michel Raimond, *Exploring the Quantum : Atoms, Cavities and Photons*, Oxford University Press, 2006.

Serge Haroche, *Nobel Lecture : Controlling Photons in a Box and Exploring the Quantum to Classical Boundary*, https://www.nobelprize.org/uploads/2018/06/haroche-lecture.pdf.

Index des scientifiques cités

Remerciements

Ce livre doit beaucoup aux étudiants, aux collègues et aux visiteurs postdoctoraux avec qui j'ai cherché au cours des ans à approfondir nos connaissances sur les atomes et la lumière. J'ai eu la chance de travailler au sein d'un groupe où la curiosité scientifique pouvait s'exercer sans contrainte, dans une atmosphère de confiance et d'amitié. Je n'aurai rien pu accomplir si ces conditions n'avaient pas été réunies. Ma gratitude va d'abord à Jean-Michel Raimond et à Michel Brune qui m'ont accompagné tout au long de l'aventure qui nous a conduits à apprivoiser les photons. Tous ceux qui, venant du monde entier, sont passés dans notre groupe ont apporté des contributions essentielles aux stades successifs de nos recherches. Ils ont pour la plupart poursuivi ensuite de brillantes carrières en France ou à l'étranger. Je ne peux les citer tous ici, mais qu'ils sachent que je suis heureux et fier d'avoir partagé avec eux des moments exaltants de cette aventure. N'étant pas un adepte de l'écriture inclusive, je précise que mon « ils » englobe bien sûr toutes les étudiantes et jeunes chercheuses qui ont travaillé avec nous.

L'âge de passer la main étant venu, je suis maintenant libéré des tâches administratives et d'enseignement. Il me reste le privilège de pouvoir suivre les recherches menées dans mon groupe par la génération qui a pris la relève. Sébastien Gleyzes, Igor Dotsenko et Clément Sayrin, travaillant avec Michel et

Jean-Michel dans un contexte administratif et financier beaucoup plus dur que celui que j'ai connu, font année après année des découvertes qui mènent leurs recherches dans de nouvelles directions pleines de promesses. J'admire leur inventivité et leur dynamisme et je leur suis reconnaissant de maintenir, avec leurs étudiants, la passion pour le savoir sans lequel aucune recherche n'est possible.

Conscient du fait que chaque génération de scientifiques est le maillon d'une chaîne d'un savoir accumulé au cours du temps, j'ai tenu dans ce livre à remonter cette chaîne jusqu'à son point d'ancrage, au XVIIe siècle qui fut l'origine de la pensée scientifique moderne. Pour brosser cette épopée de la science de la lumière, je me suis appuyé sur des ouvrages d'historiens des sciences. J'ai eu le plaisir de discuter avec l'un d'entre eux, Olivier Darrigol, qui m'a décrit les représentations subtiles et paradoxales que les savants des siècles passés se faisaient de la lumière. Je le remercie de son éclairage qui m'a grandement aidé à développer les chapitres II et III.

Je tiens aussi à remercier deux lecteurs particulièrement exigeants : Jean-Michel Raimond qui a étudié le manuscrit avec le regard attentif de l'expert et m'a permis de corriger certaines inexactitudes, et mon gendre, Thomas Peugeot, qui a lu ces pages avec l'œil d'un non-spécialiste passionné par les sciences. Leurs avis et encouragements m'ont été très précieux. Patrick Imbert, du service photo du Collège de France, m'a aidé à mettre en forme plusieurs illustrations et je lui en suis reconnaissant.

Un grand merci enfin à Odile Jacob qui m'a proposé d'écrire ce livre et a eu la patience d'attendre que les circonstances me donnent le temps de le faire. Toute l'équipe de sa maison d'édition m'a grandement aidé à résoudre les nombreux problèmes matériels qui accompagnent la préparation d'un tel ouvrage.

Je dois dire pour finir que c'est à ma compagne Claudine que je dois le plus. Elle m'a accompagné depuis le début de ma carrière et m'a constamment aidé et soutenu. Je ne peux dissocier ma vie scientifique de la richesse de notre vie personnelle et suis incapable d'imaginer ce que j'aurais accompli sans elle.

La remercier pour tout cela serait dérisoire. Je peux tout au plus lui dire merci de m'avoir supporté pendant les longs mois où mon attention a été accaparée par la rédaction de ces pages.

Paris, février 2020.

Cet ouvrage a été composé
par Nord Compo
à Villeneuve-d'Ascq (Nord).

N° d'édition : 7381-5171-1 – N° d'impression : 89190
Dépôt légal : septembre 2020

Imprimé en Belgique
en octobre 2020 sur les presses de SNEL - www.snel.be